JIXIE GONGCHENG CAILIAO

机械工程材料

王顺兴 编著

化学工业出版社

·北京·

本书是为了适应在线开放课程或慕课教学需要而编写的教学用书。

《机械工程材料》为机械类和近机械类各专业的技术基础课教材。本书阐述了材料成分、组织结构与性能关系的基本原理和材料的应用。全书共分 6 章：材料的结构、材料的力学性能、合金的结晶和合金化原理、金属热处理、金属材料和非金属材料。本书除作为机械类专业的教材外，也可作为机械类工程技术人员的参考书或培训用教材。

图书在版编目（CIP）数据

机械工程材料/王顺兴编著．—北京：化学工业出版社，2019.3

ISBN 978-7-122-33677-4

Ⅰ.①机… Ⅱ.①王… Ⅲ.①机械制造材料-高等学校-教材 Ⅳ.①TH14

中国版本图书馆 CIP 数据核字（2019）第 005854 号

责任编辑：邢　涛　　　　文字编辑：李　玥

责任校对：王　静　　　　装帧设计：韩　飞

出版发行：化学工业出版社（北京市东城区青年湖南街 13 号　邮政编码 100011）

印　　装：北京市白帆印务有限公司

787mm×1092mm　1/16　印张 16¼　字数 398 千字　2019 年 3 月北京第 1 版第 1 次印刷

购书咨询：010-64518888　　售后服务：010-64518899

网　　址：http://www.cip.com.cn

凡购买本书，如有缺损质量问题，本社销售中心负责调换。

定　　价：78.00 元

前言

《机械工程材料》是机械类各专业的一门重要技术基础课。为适应在线开放课程或慕课这一新的教学形式特编写本教材。读者可通过有关教学平台学习本课程。教师可通过出版社或直接与编者联系免费获取慕课视频、在线练习题、作业题、录制视频用的PPT和脚本，您可以在此基础上建设自己的课程。

本教材架构和说明：

1. 课程目标

《机械工程材料》是面向机械类设计学员编写的，包括材料科学的基础知识、金属热处理、各类机械中常用的材料三方面内容。通过学习材料的结构、材料的力学性能、合金的结晶和合金化原理，掌握分析成分-工艺-结构（相结构和组织结构）-性能之间关系的基本原理。通过学习金属热处理的基本原理和工艺，掌握通过热处理发挥金属材料潜能，提高解决实际问题的能力。通过学习金属材料和非金属材料，掌握通过对零构件的受力分析、使用环境分析和可能的失效形式分析，提出对材料性能的要求，根据对材料性能的要求进行合理选材和制定冷热加工工艺的基本原理。在工作中，利用上述原理，将设计图纸变成实际的零构件，将零构件在实际工况下使用，发现使用中出现（如果存在）的问题，针对问题进一步改进，直到满足使用要求。

2. 教材构架

针对上述课程目标，本课程的构架如下。

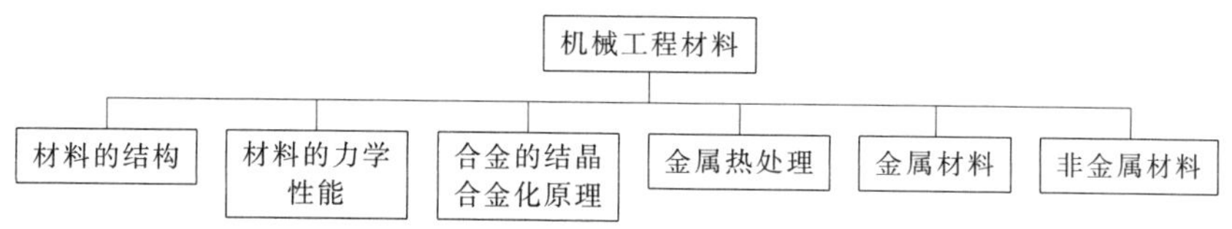

第1章分三个层次，即结合键和结合能、相结构、组织结构展开介绍。第2章材料的力学性能包括弹性变形、永久变形、断裂和硬度四个方面介绍材料的力学行为。第3章合金的结晶和合金化原理包括扩散现象和扩散定律、纯金属的结晶、二元合金的结晶和合金化原理。第4章介绍金属热处理。第5章金属材料包括了合金钢、铸铁和有色金属材料。第6章非金属材料包括了工程塑料、橡胶、陶瓷材料和复合材料。

前 5 章内容主要以小节为题制作视频，少数以节为题制作视频。在教材中，在制作一个视频的内容后有“知识巩固”，将本视频内容出成选择题和判断题，以检验学习效果，这些题可作为慕课的在线练习题。每章后有讨论题。书后附有作业题，每章一次作业，满分 100 分。

如果您采用的是在线开放课教学方式，整个教学活动可参考下图。

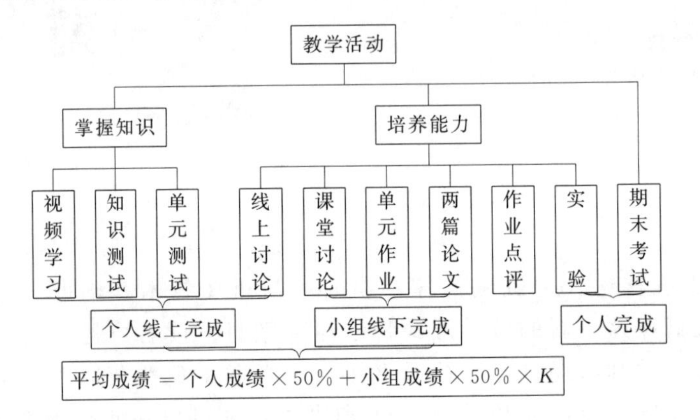

每个学生独立完成视频学习、知识测试、单元测试、线上讨论、实验和期末考试。在课堂进行分组学习，每组 5～7 人，以完成作业为目标展开相关讨论，同组同学共同完成作业，每组提交一份作业。作业在交给老师前由另一组同学批改作业，根据作业完成质量进行打分。

过程性考核可参考下表进行。

<table>
<tr><th>序号</th><th>内容</th><th>评价依据和内容</th><th>满分比例</th><th>备注</th></tr>
<tr><td>1</td><td>前 5 章视频学习</td><td>每章按规定时间完成学习任务得 3 分，未按规定时间完成不给分</td><td>15%</td><td>个人得分</td></tr>
<tr><td>2</td><td>第 6 章视频后知识测试题</td><td>答对率×15</td><td>15%</td><td>个人得分</td></tr>
<tr><td>3</td><td>单元测试(6 章每章测试 1 次)</td><td>答对率×15</td><td>15%</td><td>个人得分</td></tr>
<tr><td>4</td><td>线上讨论</td><td>参与 1 次(发表问题或回答问题)0.5 分</td><td>5%</td><td>个人得分</td></tr>
<tr><td>5</td><td>单元作业</td><td>每个小组集体完成 1 份作业(打印稿)，按时交给另 1 小组批改并打分(质量分 90 分，按时完成＋5 分)，批改小组批改后向被批改小组反馈扣分原因，给批改小组打分(满分 5 分)
成绩＝作业质量满分 90 分(教师打分)
＋按时完成作业 5 分(批改小组打分，未按时完成 0 分)
＋互动交流满分 5 分(批改小组向被批改小组说明扣分的原因，小组给批改作业小组打分)
－|作业质量分－批改小组打的质量分|(减批改小组的成绩)
＋奖励分 5 分(行政班得分最高的 1 个小组加 5 分，超过 1 个组不加分)
5 章作业平均成绩×40</td><td>40%</td><td>小组得分</td></tr>
<tr><td>6</td><td>两篇论文</td><td>按评分标准小组相互打分(每篇满分 100 分)</td><td>10%</td><td>小组得分</td></tr>
<tr><td></td><td>合计</td><td></td><td>100%</td><td></td></tr>
<tr><td colspan="5">个人平时成绩＝个人成绩＋小组成绩×(本人考试得分)/(本组考试最高分)</td></tr>
</table>

最后，感谢河南科技大学材料科学与工程学院材料基础系同仁在本教材编写过程中提供的大力帮助和在视频制作过程中付出的辛勤劳动以及河南科技大学出版基金提供的赞助。

因为这是适应慕课教学编写的教材，编者进行了大胆尝试，由于水平有限，不当之处，恳请读者批评指正。

本书配套视频见 http：//download. cip. com. cn/html/20190227/413161355. html。

编著者

2018 年 10 月

机械工程材料
JIXIE GONGCHENG CAILIAO

目录

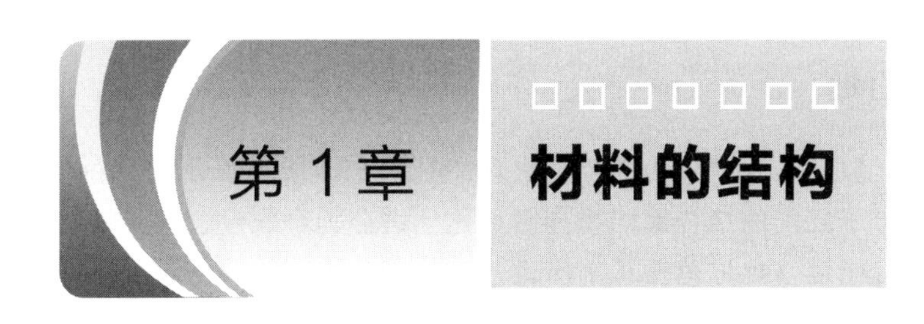

第1章 材料的结构

材料是由原子组成的有用聚集体。材料是由哪些原子组成的？原子是如何聚集起来的？材料的性能如何？这是学习材料时必须要搞清楚的三个问题。通常，用材料的成分（指化学成分）表征材料是由哪些原子组成的，用结构表征材料中原子是如何聚集起来的。另外，材料的结构与制备（加工）材料的工艺有关，这就形成了成分-工艺-结构-性能的关系链。本章介绍这个关系链中的结构问题。

材料的**结构**是指组成材料的原子在聚集体内的内在关系，即原子在三维空间的排列关系。这种关系分为三个层次，即原子结合键、相结构和组织结构。这三个层次的关系是：原子通过结合键结合在一起组成相，相组成组织，大量的组织聚集在一起就是我们“看到”的材料。材料的结构决定了材料的性能，组成材料的原子相同，如果结构不同，则性能也会相差悬殊，如众所周知的石墨和金刚石，二者都是纯碳形成的具有不同结构的晶体，由于晶体结构不同，前者硬度低，可作为固体润滑剂使用，而后者是到目前为止已知材料中最硬的材料。

本章从原子结合键、相结构和组织结构三个层次对材料的结构进行阐述，为表征材料、分析材料的性能打下基础。

学习目标

1. 掌握结合键和结合能基本概念并能用于分析金属材料、陶瓷材料和高分子聚合物的基本性能。

2. 掌握晶体、非晶体、单晶体、多晶体基本概念并能用于分析材料的性能。

3. 了解布拉菲点阵，掌握体心立方晶胞、面心立方晶胞和密排六方晶胞及晶向指数、晶面指数的标定，立方晶系晶向原子间距、晶面间距的计算并具有综合分析应用能力。

4. 掌握点缺陷、线缺陷、面缺陷基本概念和各种晶体缺陷类型并能用于分析对材料性能的影响。

5. 掌握合金相结构和高分子相结构的基本知识。

6. 掌握组织基本概念和组织与强度的映射关系并能用于分析组织与力学性能之间的关系。

1.1 原子结合键和结合能

物质之间是通过力联系在一起的。原子间存在吸引力和排斥力，当原子间的吸引力和排斥力达到平衡时，原子处于相对的“静止”状态。我们分析材料时，首先要考虑两个或数个原子之间的相互作用力问题，这种作用力用化学键来描述。作用力的大小用结合能来衡量。

1.1.1 原子结合键

在材料领域，原子结合键分为两个层次：一是两个或多个原子之间的结合键即化学键；二是主要存在于分子之间的结合键即物理键。化学键分为金属键、离子键和共价键；物理键即次价键，包括分子键（也称范德瓦尔斯键）和氢键。组成材料的原子不同，原子间的结合力就不同，使材料具有不同的性能。

1.1.1.1 金属键

金属键是化学键的一种，主要在金属中存在。处于凝聚态的金属原子，将它们的价电子贡献出来，作为整个原子基体的共有电子。金属键本质上与共价键有类似的地方，只是此时其外层电子共有化程度远远大于共价键。这些共有化电子称为**自由电子**，自由电子组成所谓的电子云或电子气，在点阵的周期场中按量子力学规律运动。而失去了价电子的金属原子成为正离子，镶嵌在这些电子云中，并依靠与这些自由电子的静电作用而相互结合，这种结合方式就称为**金属键**。

金属键没有方向性，正离子间改变相对位置并不会破坏自由电子与正离子间的结合，因而金属具有良好的塑性。同样，金属正离子被另外一种金属正离子取代也不会破坏结合键，因而金属之间具有相互溶解的能力，容易形成固溶体也是金属的重要特性。

由于金属只有少数价电子能用于成键，金属在形成晶体时，倾向于构成极为紧密的结构，使每个原子都有尽可能多的相邻原子，金属晶体一般都具有高配位数和紧密堆积结构，多数金属晶体属于体心立方结构、面心立方结构和密排六方结构。

由于在金属晶体中，自由电子在金属中做穿梭运动，在外电场作用下，自由电子定向运动，产生电流，所以金属具有良好的导电性。加热时，因为金属原子振动加剧，阻碍了电子做穿梭运动，因而金属电阻率一般和温度呈正相关。自由电子很容易被激发，它们可以吸收在光电效应截止频率以上的光，所以大多数金属呈银白色。温度是分子平均动能的量度，而金属原子和自由电子的振动很容易一个接一个地传导，故金属局部的热振动能快速地传至整体，所以金属的导热性能很好。

1.1.1.2 离子键

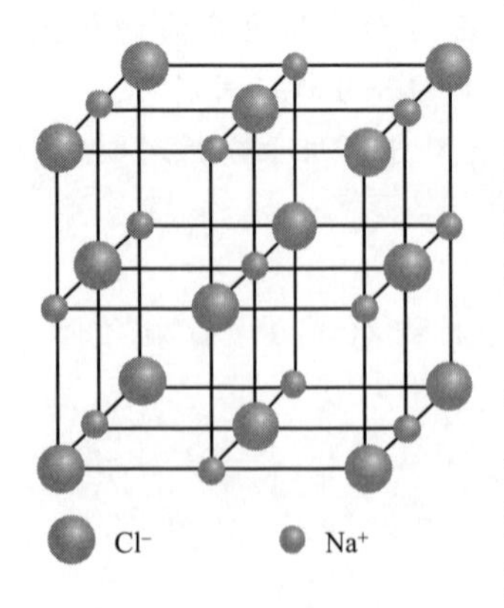

图 1-1 NaCl 离子晶体

当金属原子和非金属原子结合时，金属原子失去电子成为阳离子，而非金属原子得到电子成为阴离子。阳离子和阴离子间通过静电作用，也就是静电引力结合形成的化学键称为**离子键**。

在离子键结合的晶体中，阳离子的周围是阴离子，而阴离子的周围是阳离子，如图 1-1 所示的 NaCl 晶体。从图 1-1 中，你能分出哪个 Na^+ 和 Cl^- 结合成 NaCl 分子了吗？不能。所以，当两种元素通过离子键结合成固体时，也不存在分子的概念，不存在分子间的结合问题。因而，就结合键层面上说，离子键结合的材料性能是由离子键的强弱决定的，而离子键的强弱是由金属原子和非金属原子的本性决定的，即不同的金属原子与不同的非金属原子结合在一起表现出不同的性能。O、C、N 等与金属结合往往具有很强的结合力，如 Al_2O_3、TiC、WC、TiN 等，在金属材料和陶瓷材料中有非常重要的应用价值。

由于离子键的结合力很大，所以离子键结合的晶体往往具有高熔点、高强度、高硬度和高的耐磨性以及小的热膨胀系数。我们可以利用这一性能特点，在金属中加入这些化合物提高金属的这些性能。又由于没有自由电子，所以无机非金属材料具有良好的绝缘性，解决高温下的绝缘问题就要依赖于陶瓷材料了，如 Al_2O_3、MgO 等都是很好的高温绝缘材料。由于离子键具有方向性，所以离子晶体通常具有低塑性和高脆性。这是离子键结合的材料即无机非金属材料的短板。

1.1.1.3　共价键

两个或多个原子共同使用它们的外层电子，在理想情况下达到电子饱和状态，由此组成比较稳定和坚固的化学结构叫作**共价键**。共价键结合的材料可以分为两大类，一类是同种原子形成的共价键，如具有金刚石结构的 C、Si 和 Ge 等，如图 1-2 所示的金刚石，自身通过共价键结合形成空间网状结构，如同金属键和离子键结合的固体一样，也不存在分子间的结合问题，因而就结合键层面上说，这类共价键结合的材料性能是由共价键的强弱决定的，往往表现出一些特殊的性能，如金刚石是最硬的材料，碳纤维具有非常高的比强度和比刚度，碳纳米管、石墨烯和石墨炔是重要的功能材料，而 Si 和 Ge 是半导体材料。另一类是以 C、H 为主并有 O、Cl、F、N 等参与形成的有机物，是典型的分子，如图 1-2 所示的甲烷、丙烷。有些有机物小分子可以通过聚合和缩聚反应生成大分子即高分子聚合物，形成了高分子材料的大家族。高分子材料中分子与分子之间的结合就要靠分子间的作用力——范德瓦尔斯键和氢键了。

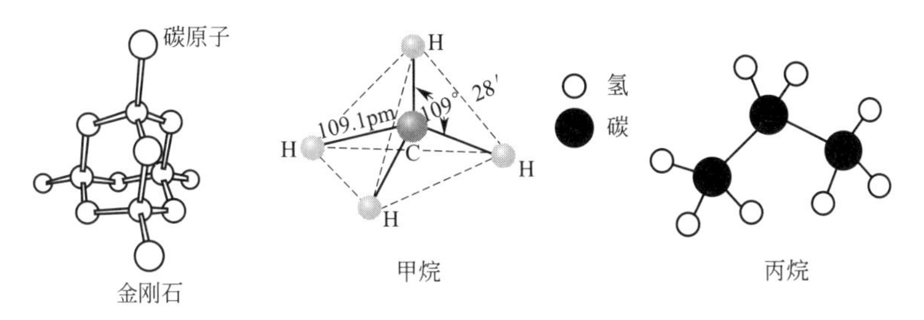

图 1-2　金刚石、甲烷、丙烷分子结构模型

1.1.1.4　范德瓦尔斯键

对原来就具有稳定电子结构的分子，例如，具有满壳层结构的惰性气体分子，或价电子已用于形成共价键的饱和分子，在低温下组成晶体时，粒子间有一定的吸引力，即分子力，称为**范德瓦尔斯键**。低分子晶体的结合很弱，导致硬度低，熔点低，易于挥发，多为透明的绝缘体，这是低分子晶体的特点。以烷烃类有机物为例，甲烷、丙烷通常是气态，这是因为它们的分子间作用力很小。而丙烷经过压缩可以成为液态，外加压力相当于增大了范德瓦尔斯键的作用力。随着分子量的增大，每摩尔原子中共价键的数量增多，分子数量减少，原子间作用力增大，可以从气态变为液态直至固态。因而，在有机物中，随分子量增大，其聚集态从气态变为液态和固态。在固态中也随分子量增大强度提高，成为高分子材料。高分子材

料中分子间的结合，主要靠范德瓦尔斯键和氢键，这两种键的结合力都比共价键小得多，所以，高分子材料与金属材料、无机非金属材料相比往往表现出强度低、耐热性差的特点。之所以耐热性差，是因为随着温度升高，原子振动加剧，很容易逃脱范德瓦尔斯键束缚而可以流动甚至气化。

各种溶剂的本质是减小范德瓦尔斯键的键力，一些低分子物质加到高分子材料中因为减小范德瓦尔斯键的键力而增加了高分子材料的流动性，许多塑料在成型时要加增塑剂提高其流动性就是这个道理。

范德瓦尔斯键不仅在高分子材料中很重要，在材料的其他领域，如粘接剂、电镀层与基体的结合、喷涂层与基体的结合等也起着非常重要的作用。粘接剂是由具有较大范德瓦尔斯键的分子和低分子溶剂混合而成的，当低分子挥发后靠较强的范德瓦尔斯键的键力将两种材料结合在一起。

1.1.1.5 氢键

氢原子与电负性大、半径小的原子 X（F、O、N 等）以共价键结合，若与电负性大的原子 Y（与 X 相同也可以不同）接近，在 X 与 Y 之间以氢为媒介，生成 X—H…Y 形式的一种特殊的分子间或分子内相互作用，称为**氢键**。值得一提的是，氢键具有饱和性和方向性。氢键可以存在于分子内或分子间。氢键在高分子材料中特别重要，纤维素、尼龙和蛋白质等分子有很强的氢键，并显示出非常特殊的结晶结构和性能。分子间有氢键的液体，一般黏度较大，例如甘油、磷酸、浓硫酸等，由于分子间可形成众多的氢键，这些物质通常为黏稠状液体。形成分子内氢键的材料，熔点和沸点高。这是因为分子内形成氢键的氢元素距离较近，分子内氢键的键能比较高，从而使熔点和沸点升高。

由于有 F、O、N 等元素的分子才能形成氢键，氢键又显著提高分子间的作用力，所以分子中包含 F、O、N 等元素的高分子材料的强度、耐热性都比较高。

1.1.1.6 混合键

初看起来，上述各种键的形成条件完全不同，故对于某一具体材料而言，似乎只能满足其中的一种，只具有单一的结合键，如金属应为金属键，ⅣA 族元素应为共价键，电负性不同的元素应结合成离子键……然而，实际材料中单一结合键的情况并不是很多，前面讲的只是典型的例子，大部分材料内部原子结合键往往是各种键的混合。

例如：金刚石具有单一的共价键，那么同族元素 Si、Ge、Sn、Pb 也有四个价电子，是否也可形成与金刚石完全相同的共价结合呢？由于周期表中同族元素的电负性自上而下逐渐下降，即失去电子的倾向逐渐增大，因此这些元素在形成共价结合的同时，电子有一定概率脱离原子成为自由电子，意味着存在一定比例的金属键，因此，ⅣA 族的 Si、Ge、Sn 元素的结合是共价键与金属键的混合，金属键所占比例按此顺序递增，到 Pb 时，由于电负性已很低，就成为完全的金属键结合。此外，金属主要是金属键，但也会出现一些非金属键。如过渡族元素（特别是高熔点的 W、Mo 等）的原子结合中也会出现少量的共价键结合，这正是过渡族金属具有高熔点的原因。又如金属与金属形成的金属间化合物，尽管组成元素都是金属，但是两者的电负性不一样，有一定的离子化倾向，因此它们不具有金属特有的塑性，往往很脆。再如金刚石和石墨，可以认为金刚石的化学键是百分之百的共价键，没有自由电子不导电。而石墨是导电的，在冶金行业、干电池中作导电电极使用，显然石墨中有金属键

的成分在内。

陶瓷化合物中出现离子键与共价键混合的情况更是常见，通常金属正离子与非金属离子所组成的化合物并不是纯粹的离子化合物，它们的性质不能仅用离子键予以理解。化合物中离子键的比例取决于组成元素的电负性，电负性相差越大，则离子键比例越高。

1.1.1.7　材料的四大家族

材料品种繁多，数以十万计。为了便于认识和应用，人们从不同角度对其进行分类。按化学成分、生产过程、结构及性能特点，材料可分为三大类，即金属材料、无机非金属材料、有机高分子材料。三大材料互相交叉、相互融合。由三大材料中任意两种或两种以上复合而成的材料称为复合材料。如果把复合材料作为一类便可称为四大类材料。

金属材料是以金属键为主形成的材料，分为两大类：钢铁材料和非铁（有色）金属材料。除钢铁外，其他金属材料统称为非铁金属材料，主要有铝、铜、钛、镍、镁及其合金等。

无机非金属材料是以离子键和共价键为主形成的材料，主要包括陶瓷、水泥、玻璃及非金属矿物材料。陶瓷是应用历史最悠久、应用范围最广泛的非金属材料。传统的陶瓷材料由黏土、石英、长石等组成，主要作为建筑材料使用。新型陶瓷材料主要以 Al_2O_3、SiC、Si_3N_4 等为主要组分，已用作航空航天领域中航天发动机的热绝缘涂层、发动机的叶片等，还作为先进的功能材料用于制作电子元件和敏感元件。

有机高分子材料是以共价键为主，氢键和范德瓦尔斯键为辅结合而成的材料，又称高分子聚合物，按用途可分为塑料、合成纤维和橡胶三大类。塑料通常又分为通用塑料和工程塑料。通用塑料主要用来制造薄膜、容器和包装用品，PE（聚乙烯）是其代表。工程塑料主要是指力学性能较高的塑料，俗称尼龙的聚酰胺、聚碳酸酯是这类材料中的代表。最近，功能高分子材料得到了迅速发展，如将取代液晶材料的有机电致发光材料等。

复合材料是由两种或两种以上不同原材料组成，使原材料的性能得到充分发挥，并通过复合化而得到单一材料所不具备的性能。按基体可分为金属基复合材料、有机高分子材料基复合材料、无机非金属材料基复合材料。

1.1.2　结合能

用原子结合能表示原子结合键的键能大小。当两个原子无限远时，原子间不发生作用，作用能可视为零，如图 1-3 所示。当两个原子在吸引力作用下靠近时，体系的位能逐渐下降，到达平衡距离，即当两原子间排斥力和吸引力相等时，位能最低；当原子距离进一步接近时，就必须克服反向排斥力，使作用能重新升高。通常把平衡距离下的作

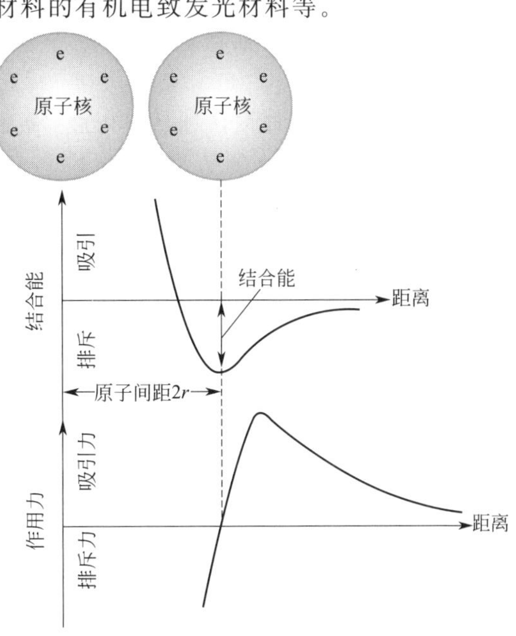

图 1-3　原子间作用力和结合能

用能定义为原子的**结合能**。

用原子结合能表示原子结合键的键能大小。结合能越大，原子结合越稳定，熔点越高，弹性模量越大。表 1-1 是不同类型结合键的结合能，可以看出，从离子键、共价键、金属键到范德瓦尔斯键，结合能依次减小。不同物质的结合能和熔点见表 1-2。从表 1-2 中可以看出，结合能越大，熔点越高。

表 1-1 不同键型的结合能

键型	结合能/(kJ/mol)	键型	结合能/(kJ/mol)
离子键	630～1550	金属键	100～830
共价键	520～1250	范德瓦尔斯键	<40

表 1-2 不同物质的结合能和熔点

键型	物质	结合能/(kJ/mol)	熔点/℃	键型	物质	结合能/(kJ/mol)	熔点/℃
离子键	NaCl	640	801	金属键	Fe	406	1538
	MgO	1000	2800		W	849	3410
共价键	Si	450	1410	范德瓦尔斯键	Ar	7.7	−189
	C(金刚石)	713	>3550		Cl_2	3.1	−101
金属键	Hg	68	−39	金属键	NH_3	35	−78
	Al	324	660		H_2O	51	0

共价键的键能尽管很高，但以共价键结合为主的高分子材料的强度却比较低，耐热性也比较差，其原因在于高分子间的结合能即范德瓦尔斯键和氢键的结合能非常小。

知识巩固 1-1

1. 金属中正离子与电子气之间强烈的库仑力使金属原子结合在一起，这种结合键叫作______。

(a) 离子键　(b) 共价键　(c) 金属键　(d) 氢键

2. 两个或多个电负性相差不大的原子间通过共用电子对而形成的化学键叫作______。

(a) 离子键　(b) 氢键　(c) 共价键　(d) 金属键

3. 阴离子、阳离子间通过静电作用形成的化学键叫作______。

(a) 离子键　(b) 氢键　(c) 共价键　(d) 金属键

4. 金属材料以______为主结合在一起。

(a) 离子键和金属键　(b) 氢键和共价键　(c) 金属键　(d) 金属键和共价键

5. 陶瓷材料以______为主结合在一起。

(a) 离子键和共价键　(b) 氢键　(c) 共价键　(d) 金属键和共价键

6. 高分子材料以______为主结合在一起。

(a) 离子键和共价键　(b) 氢键　(c) 共价键和氢键　(d) 金属键和共价键

7. 金属具有良好的导电性和导热性与______有密切关系。

(a) 金属有光泽　(b) 金属不透明　(c) 金属塑性好　(d) 金属中自由电子数量多

8. 金属键没有方向性，对原子没有选择性，所以在外力作用下发生原子相对移动时，金属键不会被破坏，因而金属表现出良好的______。

(a) 脆性　(b) 塑性　(c) 绝缘性　(d) 刚性

9. 金属加热时，正离子的振动增强，原子排列的规则性受到干扰，电子运动受阻，电阻增大，因而金属具有______。

(a) 正的电阻温度系数　　(b) 高强度

(c) 高塑性　　(d) 良好的导电性

10. 金属具有较高的强度、塑性、导电性和导热性。(　　)

11. 分子间的作用力与化学键相比一般比较小。(　　)

12. 高分子聚合物通常属于绝缘体，这一特性与高分子聚合物属于共价键无关。(　　)

13. 原子间的结合能越大，则原子间的作用力越大、弹性模量越大、熔点越高。(　　)

14. 高分子材料属于共价键，多数共价键的结合能比金属键的结合能大，所以，高分子材料往往比金属材料的强度高。(　　)

15. 高分子材料的分子间结合能比较小是导致高分子材料强度低的主要原因。(　　)

1.2 相结构

从自然科学到社会科学都广泛使用“相”这个概念。相用于描述物质之间的相互关系，而这种关系的改变统称为“相变”。在不同的学科领域，相的内涵是不同的。即使在材料领域，由于历史的原因，金属材料、无机非金属材料和高分子聚合物材料分别属于不同的学科，所以对相含义的理解和相概念的应用也差别很大。金属材料分为固溶体和化合物，无机非金属材料突出晶相、非晶相和气相，高分子聚合物突出链节、构型、构象等。本书尝试在相层次统一起来，前四小节介绍相的基础即共性问题，后两小节介绍具体相结构。

1.2.1 相概念及其分类

如果说材料是由原子组成的有用聚集体，则**相**是具有相同结构的原子聚集体。相是由很多原子组成的，这里要区别于结合键。相是一个有限空间的概念，是有边界的；同一种“相”内具有相同的结构，即相同的原子成分（也称原子比）、相同的化学键和聚集状态等，比如晶体、非晶体。根据这种相互关系的属性，我们可以对相进行两种分类。

根据分子间结合键的强弱和聚集状态，将相分为气相、液相和固相，也称气体、液体和固体，或者称为气态、液态和固态。

根据原子排列是否长程有序，将相分为晶相和非晶相，或晶态和非晶态，或晶体和非晶体。当然，气相和液相都是非晶相，而固相中既有晶相也有非晶相。

1.2.1.1 晶体和非晶体概念

根据原子（离子或分子）在空间是否有规则排列，将固态物质分为晶体和非晶体两大类。**晶体**是原子（离子或分子）呈长程有序、有规则排列的固态物质，而**非晶体**是原子（离子或分子）呈长程无序、无规则排列的固态物质。

晶体具有固定的熔点（熔点是晶态转变为非晶态的理论转变温度），具有各向异性，即不同方向上可能表现出不同的性能。非晶体没有固定的熔点（不存在熔点），具有各向同性。

1.2.1.2 非晶体结构

无论是金属材料、无机非金属材料还是高分子材料都有晶体和非晶体。可以把非晶体看成是“冷冻的液体”。

(1) 非晶态金属　金属及合金极易结晶，传统的金属材料都以晶态形式出现。但如将某些金属熔体，以极快的速率急剧冷却，则可得到一种崭新的材料——非晶态金属。由于冷却极快，高温下液态时原子的无序状态，被迅速“冻结”而形成非晶态的固体，称为非晶态金属；因其内部结构与玻璃相似，故又称金属玻璃。

(2) 非晶态高分子　高分子是长链结构，这个长链是曲曲折折的蜷曲形。高分子的分子与分子堆砌在一起，有规则的堆砌形成规整的晶态排列，无规则的堆砌形成非晶态，见图1-4。

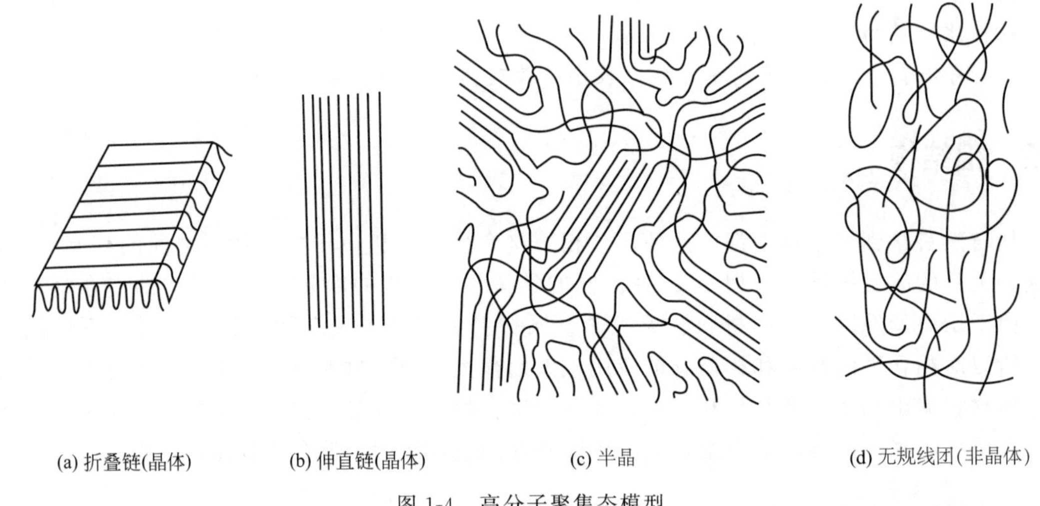

(a) 折叠链(晶体)　(b) 伸直链(晶体)　(c) 半晶　(d) 无规线团(非晶体)

图 1-4　高分子聚集态模型

(3) 非晶态陶瓷　玻璃为经熔融、冷却、固化，具有无规则结构的非晶态无机物，原子排列近似液体，近程有序，又像固体那样保持一定的形状。玻璃相多为无规则网络的硅酸盐结构，但其排列是无序的，因此整个玻璃相是一个不存在对称性及周期性的体系。图 1-5 是石英（SiO_2）晶体与石英玻璃（SiO_2）结构对比。陶瓷是经过配料、成型、干燥、焙烧等工艺流程制成的器物，由晶相、玻璃相和气相组成，玻璃相在焙烧时软化分布在晶相间对陶瓷的性能有很大影响，气相则降低密度、强度和导热性。

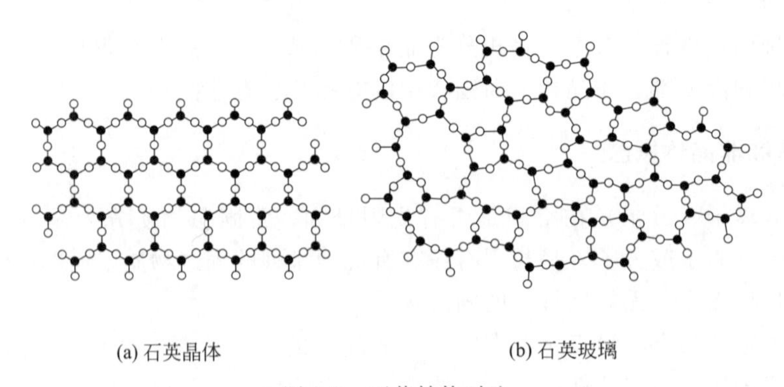

(a) 石英晶体　(b) 石英玻璃

图 1-5　石英结构对比

1.2.1.3　单晶体的各向异性与多晶体的伪各向同性

单晶体是晶体内部的原子都按同一规律排列的晶体，如图 1-6(a) 所示。**多晶体**是由许

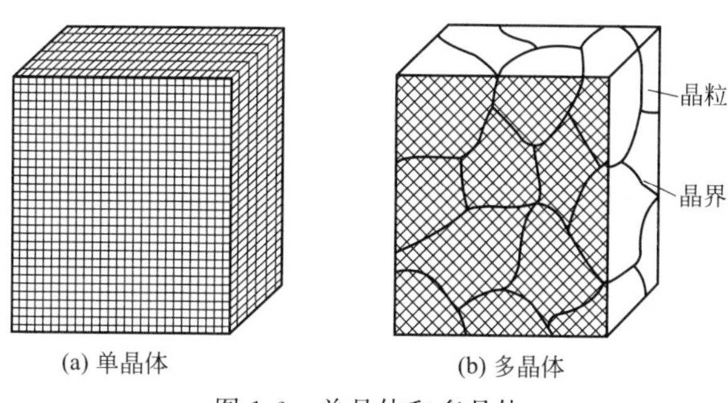

(a) 单晶体　　(b) 多晶体

图 1-6 单晶体和多晶体

多位向不同的单晶体所组成的晶体，如图 1-6(b) 所示，每个小晶体称为**晶粒**，这些晶粒呈不同位向，晶粒与晶粒之间的界面称为**晶界**。

由于单晶体各个方向上原子排列不同，导致其宏观性能不同，这种特性称为**各向异性**。而对于多晶体，虽然对一个晶粒来说具有各向异性，但其宏观表现是各个晶粒的统计平均值，所以，在宏观上并不表现出各向异性，称为**伪各向同性**。

知识巩固 1-2

1. 固态物质按原子（离子或分子）在空间排列是否长程有序分为两大类，即______。

(a) 晶体和非晶体　(b) 固体和液体　(c) 液体和气体　(d) 刚体和质点

2. 原子（离子或分子）在空间规则排列的固体称为______。

(a) 气体　(b) 液体　(c) 晶体　(d) 非晶体

3. 晶体具有______的熔点。

(a) 不确定　(b) 固定　(c) 可变　(d) 无法测出

4. 晶体具有固定的熔点而非晶体没有固定的熔点。(　　)

5. 固态金属都属于晶体。(　　)

6. 高分子材料既有晶体也有非晶体。(　　)

7. 石英（SiO_2）一定是晶体。(　　)

8. 单晶体具有各向同性。(　　)

9. 非晶体具有各向异性。(　　)

10. 高分子材料形成晶体时比形成非晶体时具有更高的强度、刚度和耐热性。(　　)

1.2.2 三种常见的晶体结构

1.2.2.1 布拉菲点阵

实际晶体可以看作基元（原子、离子或分子）在三维空间周期性重复排列而成，如图 1-7(a) 所示。把基元抽象为一个几何点，称为阵点，将这些阵点用直线连接起来形成的空间格架叫**晶格**，如图 1-7(b) 所示。从晶格中取出一个最能代表阵点排列特征的最基本的几何单元叫**晶胞**。通常将晶胞取为平行六面体，选取晶胞时尽量使棱边长度相等和棱与棱之间的夹角相等并考虑尽可能多的对称性，如图 1-7(c) 所示。三个坐标轴平行于六面体的棱边，晶胞各棱边的长度叫**晶格常数**，分别用 a、b、c 表示，三个棱边之间的夹角叫**棱间夹角**，分别用 α、β、γ 表示。

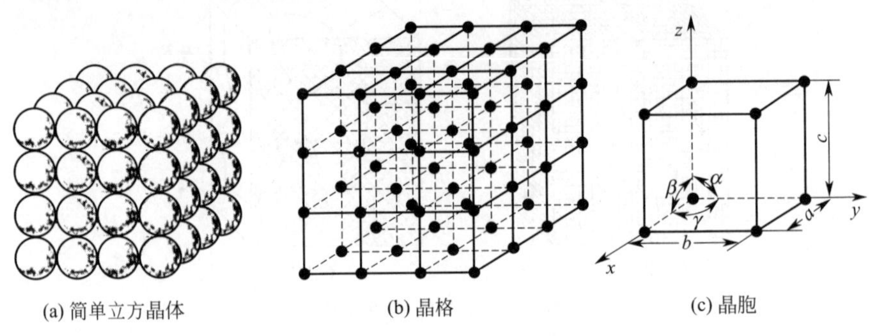

图 1-7　晶体、晶格和晶胞结构

布拉菲在前人研究基础上根据晶胞的边长是否相等以及夹角是否相等将晶胞分成 7 个晶系和 14 种晶格，常常称为**布拉菲点阵**，如图 1-8 所示。立方、四方和正交三个晶系的三个棱间夹角均为 90°，除六方以外的晶格均为平行六面体，通过点阵的平移可以充满整个空间。

布拉菲点阵看起来像晶胞，但是，点阵和晶胞在概念上是有区别的。点阵的周期性重复排列形成晶格，点阵是晶胞的抽象概念，点阵的各个阵点是等同的，阵点上放上具体的原子或分子叫晶胞，即晶胞是表述具体材料的晶体结构单元。

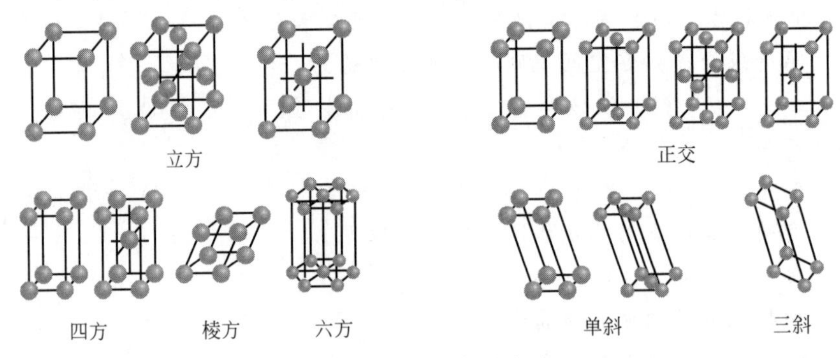

图 1-8　14 种布拉菲点阵

例 1-1　图 1-1 是 NaCl 晶体的一个晶胞，问：它属于哪个晶系？属于哪种布拉菲点阵？

分析：初看起来像是简单立方，但是，如果当成简单立方，则各个阵点就不具有等同性，因为有的是 Na^{+} 有的是 Cl^{-}，应该把一个 NaCl 分子抽象成一个阵点，这时可以看出，NaCl 属于面心立方点阵。

答：NaCl 晶体属于立方晶系，面心立方点阵。

例 1-2　图 1-9 是 CsCl 晶胞，问：CsCl 晶体属于哪个晶系？属于哪种点阵？

答：CsCl 晶体属于立方晶系，简单立方点阵。

绝大多数金属的晶体结构为体心立方、面心立方和密排六方三种紧密而简单的结构。下面介绍这三种最常见的晶体结构。

1.2.2.2　体心立方

常见的体心立方金属有 α-Fe、Cr、W、Mo、V 等。

体心立方晶胞是一个立方体，原子分布在立方体的 8 个顶点和立方体的中心处，如图

1-10 所示。1 个体心立方晶胞内有 2 个原子（顶点上的 1 个原子为 8 个晶胞共有）。

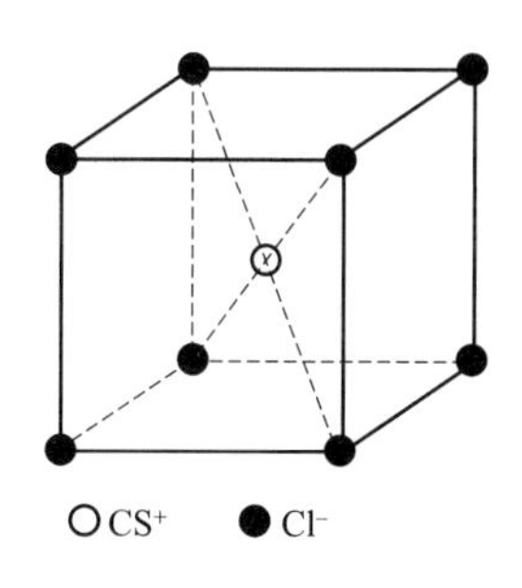

图 1-9　CsCl 晶体结构

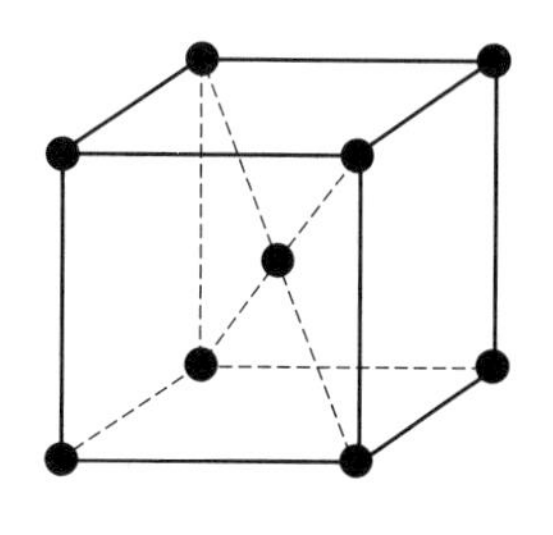

图 1-10　体心立方晶胞

在晶体中，把原子抽象为球体，两个原子之间的最短距离定义为**原子直径**。根据单个晶胞计算的密度称为**理论密度**。用于衡量晶体中原子排列致密程度的两个概念是配位数和致密度。**配位数**是指晶体中每个原子周围最近邻且等距离的原子数目。而**致密度**是指单位晶胞体积中原子实际占的体积与晶胞体积的比值。配位数越大，则致密度也越大。配位数和致密度只和点阵类型有关而与点阵上的具体原子无关。

例 1-3　计算体心立方点阵的配位数、原子半径和致密度。

分析：因为阵点具有等同性，所以任何一个阵点的周围环境都相同，我们可以站在任何一个阵点上去寻找与我们最邻近且等距离的阵点。我们站在体心立方的体心可以看出 8 个顶点的阵点间距都相同且离我们最近。

答：体心立方点阵的配位数是 8。原子半径：

$$r=\frac{\sqrt{3}}{4}a \tag{1-1}$$

$$致密度=\frac{2\times\frac{4\pi}{3}r^3}{a^3}=\frac{2\times\frac{4\pi}{3}\left(\frac{\sqrt{3}}{4}a\right)^3}{a^3}=\frac{\sqrt{3}\pi}{8}=0.68$$

例 1-4　已知钨在 25℃的晶格常数是 0.31652nm，计算钨的原子半径和理论密度。

解：

$$r=\frac{\sqrt{3}}{4}\times 0.31652=0.13706(\text{nm})$$

$$\rho=2\times\frac{183.8}{6.02\times10^{23}}\div(0.31652\times10^{-9})^3=19.256(\text{g/cm}^3)$$

材料的实际密度与理论密度往往存在差异，这是因为实际材料成分不纯，存在异类杂质原子、空位、位错等晶体缺陷（在 1.2.4 节中介绍）。如果制备的材料不致密，存在宏观的疏松、气孔等材料缺陷也降低材料的密度。在材料的制备过程中，常常用实际密度与理论密度的比值表示材料的致密程度，它是衡量材料制备质量的关键指标之一。

1.2.2.3　面心立方

常见的面心立方金属有 γ-Fe、Au、Ag、Cu、Al、Pb、Ni 等。

面心立方晶胞是一个立方体，原子分布在立方体的 8 个顶点和立方体 6 个面的中心处，如图 1-11 所示。1 个面心立方晶胞内有 4 个原子（顶点上的 1 个原子为 8 个晶胞共有，面心上的原子为 2 个晶胞共有）。

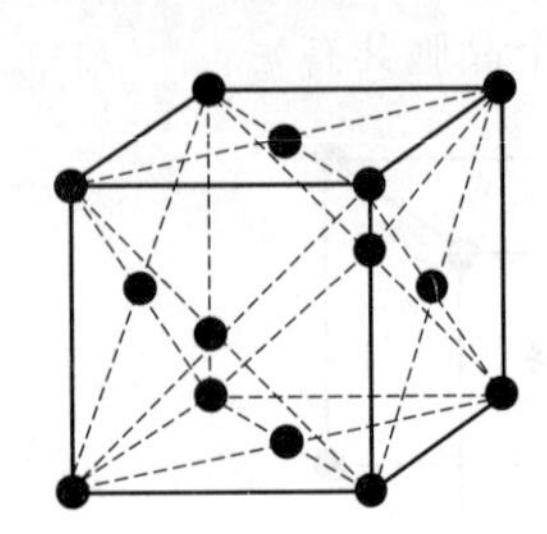
图 1-11　面心立方晶胞

例 1-5　计算面心立方点阵的配位数、原子半径和致密度。

分析：我们站在图 1-11 所示立方体最上面水平面的面心，坐标为 $(\frac{1}{2},\frac{1}{2},1)$，可以看出该平面上 4 个顶点的阵点间距都相同且离我们最近，还有竖着的 4 个面心的原子离我们的距离也一样，不要忘了上面还有 4 个。

答：面心立方点阵的配位数是 12。原子半径：

$$r=\frac{\sqrt{2}}{4}a \tag{1-2}$$

$$致密度=\frac{4\times\frac{4\pi}{3}r^3}{a^3}=\frac{4\times\frac{4\pi}{3}\left(\frac{\sqrt{2}}{4}a\right)^3}{a^3}=\frac{\sqrt{2}\pi}{6}=0.74$$

1.2.2.4　密排六方

常见的密排六方金属有 Mg、Zn、Be、Cd、α-Ti 等。

如图 1-12 所示，密排六方晶胞属于六方晶系，是一个正六方棱柱，原子分布在正六方柱体的十二个结点和上、下底面的中心处，另外三个原子排列在上、下底面之间，晶胞内原子个数为 6，原子半径：$r=\frac{1}{2}a$，配位数是 12，致密度为 0.74。

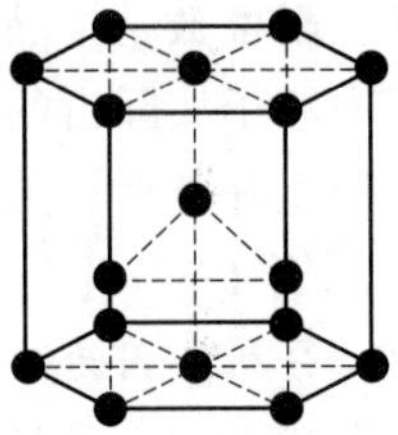

图 1-12　密排六方晶胞

知识巩固 1-3

1. 在晶体中，通常以通过原子中心的假想直线把它们在空间的几何排列形式描绘出来，这样形成的三维空间格架叫作______。

(a) 晶胞　(b) 晶格　(c) 晶体　(d) 晶核

2. 从晶格中取出一个能完全代表晶格特征的最基本的几何单元叫作______。

(a) 晶胞　(b) 晶格　(c) 晶体　(d) 晶核

3. 晶胞中各个棱边长度叫作______。

(a) 原子间距　(b) 原子半径　(c) 晶格常数　(d) 原子直径

4. 晶胞各棱边之间的夹角称为______。

(a) 晶面夹角　(b) 棱间夹角　(c) 晶向夹角　(d) 轴间夹角

5. 晶胞中所包含的原子所占体积与该晶胞的体积之比称为______。

(a) 配位数　(b) 原子比　(c) 致密度　(d) 密度

6. 晶格中与任一原子最邻近且等距离的原子数称为______。

(a) 致密度　(b) 配位数　(c) 等距离原子数　(d) 相邻原子数

7. 一个体心立方晶胞中共有______个原子。

(a) 1　(b) 2　(c) 3　(d) 9

8. 一个面心立方晶胞中共有______个原子。

(a) 1　(b) 2　(c) 4　(d) 14

9. α-Fe 属于体心立方晶体。(　　)

10. γ-Fe 和 Au、Ag、Cu、Al 都属于面心立方晶体。（　　）
11. Mg、Zn 属于密排六方晶体。（　　）
12. NaCl 晶体属于体心立方点阵。（　　）
13. CsCl 晶体属于体心立方点阵。（　　）
14. 密排六方属于六方晶系。（　　）
15. α-Fe 的致密度大于 γ-Fe 的致密度。（　　）

1.2.3　晶向指数和晶面指数

在材料科学中，讨论有关晶体的生长、变形（包括弹性变形和塑性变形）和固态相变等问题时，常要涉及晶体中的某些方向（晶向）和某些平面（晶面）。空间点阵中各阵点列的方向代表晶体中原子排列的方向，称为**晶向**。通过空间点阵中任意一组阵点的平面代表晶体中的原子平面，称为**晶面**。为方便起见，人们通常用一种符号即晶向指数和晶面指数来分别表示不同的晶向和晶面。国际上通用的是密勒（Miller）指数。

1.2.3.1　晶向指数

晶向指数是表示晶体中点阵方向的指数，由晶向上阵点坐标值确定，其确定方法如下。

① 建立坐标系。如图 1-13 所示，以晶胞中待定晶向上某一阵点 O 为原点，以过原点的晶轴为坐标轴，以晶胞的点阵常数 a、b、c 分别为 x、y、z 坐标轴的长度单位，建立坐标系。

② 确定坐标值。在待定晶向 ***OP*** 上确定阵点 P 的三个坐标值。

③ 将三个坐标值按比例化为最小整数 u、v、w，并加方括号，即 $[uvw]$。如果 u、v、w 中出现负数，将负号标注在数字的上方，如 $[\bar{1}\,1\,1]$。

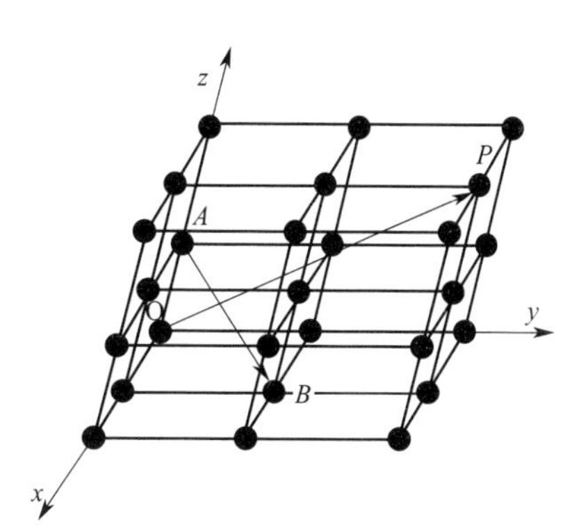

图 1-13　晶向指数的确定

例 1-6　求图 1-13 中，***OP*** 晶向的晶向指数。

解：P 点的坐标是 (1,2,2)，***OP*** 晶向的晶向指数是 [122]。

例 1-7　求图 1-13 中，***AB*** 晶向的晶向指数。

解：因为 A 点不在原点，有两种确定晶向指数的方法：一是将待定晶向平移到原点，二是取两个阵点的坐标差。在图 1-13 中，B 点的坐标是 (1,1,0)，A 点的坐标是 (0,0,1)，其坐标差是 1、1、−1，***AB*** 晶向的晶向指数是 $[11\bar{1}]$。注意，在数字间不要加任何符号，因为有用的晶向都是一位数字。

对晶向指数需要作如下说明：①一个晶向指数代表着相互平行、方向一致的所有晶向；②若晶体中两晶向相互平行但方向相反，则晶向中的数字相同，而符号相反，如 $[11\bar{1}]$ 和 $[\bar{1}\bar{1}1]$ 等；③晶体中原子排列相同但方向不同的所有晶向称为**晶向族**，用 $\langle uvw \rangle$ 表示（u、v、w 为非负数）。对于立方和棱方晶系，由于 $a=b=c$，三个坐标轴可以互换，$\langle uvw \rangle$ 的所有晶向可以用 u、v、w 和 $-u$、$-v$、$-w$ 这 6 个数字排列而成，其个数用式(1-3) 计算：

$$N=\frac{48}{2^{m}n!} \tag{1-3}$$

式中，m 是指数为 0 的个数；n 是相同指数的个数。

对于四方晶系，由于 $a=b\neq c$，只有 x 和 y 坐标可以互换。正交、单斜和三斜晶系不存在原子排列相同但空间位向不同的一组晶向，即 $\langle uvw\rangle$ 只有一个方向 $[uvw]$。六方晶系的晶向指数的确定略显复杂，这里不作介绍。

例 1-8 计算立方晶系 $\langle 111\rangle$ 的晶向个数并写出其全部晶向。

解：$m=0$，$n=3$，代入式(1-3)，$N=48/2^0/3!=8$（个）。$\langle 111\rangle$ 的全部晶向是：$[111]$、$[1\bar{1}1]$、$[11\bar{1}]$、$[1\bar{1}\bar{1}]$ 和 $[\bar{1}\bar{1}\bar{1}]$、$[\bar{1}\bar{1}1]$、$[\bar{1}1\bar{1}]$、$[\bar{1}11]$。

例 1-9 计算立方晶系 $\langle 110\rangle$ 的晶向个数并写出其全部晶向。

解：$m=1$，$n=2$，代入式(1-3)，$N=48/2^1/2!=12$（个）。$\langle 110\rangle$ 的全部晶向是：$[110]$、$[\bar{1}10]$、$[101]$、$[\bar{1}01]$、$[011]$、$[0\bar{1}1]$ 和 $[\bar{1}\bar{1}0]$、$[1\bar{1}0]$、$[\bar{1}0\bar{1}]$、$[10\bar{1}]$、$[0\bar{1}\bar{1}]$、$[01\bar{1}]$。

1.2.3.2 阵点间距

不同晶向上原子排列的紧密程度不同，导致了材料性能不同。

方向指数 $[uvw]$ 实质上表示了由原点 O 指向 P 点（图 1-13）的向量 $\boldsymbol{OP}=u\boldsymbol{a}+v\boldsymbol{b}+w\boldsymbol{c}$，在 u、v、w 是最小整数的情况下（这是标定密勒指数时规定的），向量 $\boldsymbol{OP}$ 的模是该方向上两个相邻阵点之间的距离或距离的 2 倍，即阵点间距 $=|\boldsymbol{OP}|$ 或 $|\boldsymbol{OP}|/2$。这是因为带“心”（面心、体心、底心）的晶胞中在“心”的原子坐标有 1/2，在求密勒指数时为化成最小指数而乘了系数 2，在计算其模时应该除以 2。

例 1-10 分析说明简单晶格（只有平行六面体 8 个顶点上是阵点），阵点间距 $=|\boldsymbol{OP}|$ 并给出简单立方晶格阵点间距最小的 3 个晶向族。

分析：简单晶格包括简单立方、简单四方、简单棱方、简单正交、简单单斜和简单三斜共 6 种晶格。根据密勒指数建立坐标系的规则，这 6 种晶格的共同点是：阵点坐标是由自然数组成的。假设阵点间距 $=|\boldsymbol{OP}|/n$（n 为正整数）成立，则坐标为 $(u/n,v/n,w/n)$ 是阵点。在标定密勒指数时规定了“将三个坐标值按比例化为最小整数”，所以 n 只能为 1，否则 u/n、v/n、w/n 就不全是整数，即不是阵点坐标值。

对立方晶系

$$|\boldsymbol{OP}|=a\sqrt{u^2+v^2+w^2} \tag{1-4}$$

所以，简单立方晶格阵点间距最小的 3 个晶向族是 $\langle 100\rangle$、$\langle 110\rangle$ 和 $\langle 111\rangle$，阵点间距分别是：a、$\sqrt{2}a$、$\sqrt{3}a$。

例 1-11 分析说明体心晶格（在六面体的体心有一个阵点），点阵计算公式即式(1-5)，并给出体心立方晶格阵点间距最小的 3 个晶向族和阵点间距。

$$\begin{aligned}\text{体心晶格阵点间距}&=|\boldsymbol{OP}| \quad u\text{、}v\text{、}w\ \text{中有一个或两个是奇数}\\ &=|\boldsymbol{OP}|/2 \quad u\text{、}v\text{、}w\ \text{全为奇数}\end{aligned} \tag{1-5}$$

分析：体心晶格包括体心立方、体心正方和体心正交三种点阵。因为处在体心的阵点坐标是 $(1/2,1/2,1/2)$，则 $(u\pm1/2,v\pm1/2,w\pm1/2)$ 都是处在体心的阵点坐标，这些坐标化为最小整数时必须乘以 2，即密勒指数的三个值分别是 $2u\pm1$、$2v\pm1$、$2w\pm1$，全是奇数，即当 u、v、w 全为奇数时，$u/2$、$v/2$、$w/2$ 是体心的阵点坐标，阵点间距 $=|\boldsymbol{OP}|/2$。否则，即密勒指数中有奇数也有偶数时，阵点间距 $=|\boldsymbol{OP}|$。

根据式(1-5)和式(1-4)可知体心立方晶格阵点间距最小的3个晶向族是〈111〉、〈100〉和〈110〉，它们的阵点间距分别是：$\sqrt{3}a/2$、a、$\sqrt{2}a$。

例 1-12　分析说明面心晶格（在六面体的面心有一个阵点），阵点计算公式即式(1-6)，并给出面心立方晶格阵点间距最小的3个晶向族和阵点间距。

$$\begin{aligned} \text{面心晶格阵点间距} &= |\boldsymbol{OP}| \qquad u、v、w \text{ 中一个或三个是奇数} \\ &= |\boldsymbol{OP}|/2 \qquad u、v、w \text{ 中两个是奇数} \end{aligned} \tag{1-6}$$

分析：面心晶格包括面心立方和面心正交两种点阵。因为处在面心的阵点坐标中有两个是1/2，这些坐标化为最小整数时必须乘以2，即密勒指数中的两个是奇数，即当 u、v、w 中两个是奇数时，$u/2$、$v/2$、$w/2$ 是面心的阵点坐标，阵点间距$=|\boldsymbol{OP}|/2$。否则，即密勒指数中有一个或三个是奇数，阵点间距$=|\boldsymbol{OP}|$。

根据式(1-6)和式(1-4)可知面心立方晶格阵点间距最小的3个晶向族是〈110〉、〈100〉和〈112〉，它们的阵点间距分别是：$\frac{\sqrt{2}}{2}a$、a、$\frac{\sqrt{6}}{2}a$。

对实际晶体，如果基元是原子（如金属），则原子间距和阵点间距相同。最小的阵点间距就是原子直径。因而，对体心立方晶体，〈111〉晶向族的阵点间距就是原子直径，而面心立方晶体的原子直径是〈110〉晶向族的阵点间距。

如果基元不是单个原子，则需要根据具体情况计算。如 NaCl 晶体，按上述方法计算出来的是同种原子（离子）的间距$\sqrt{2}a/2$，并不是原子直径。

1.2.3.3　晶面指数

晶面指数是表示晶体中点阵平面的指数，由晶面与三个坐标轴的截距值所确定。其确定方法如下：

① 求待定晶面在三个坐标轴上的截距。

② 取三个截距的倒数。

③ 按比例化为互质整数，用小括号将数字括起来，如果出现负数，将负号标注在数字的上方。

例 1-13　求图1-14所示晶面的晶面指数。

解：该晶面与三个坐标轴的截距分别是1、2、2，它们的倒数是1、1/2、1/2，互质整数是2、1、1，则晶面指数是(211)。

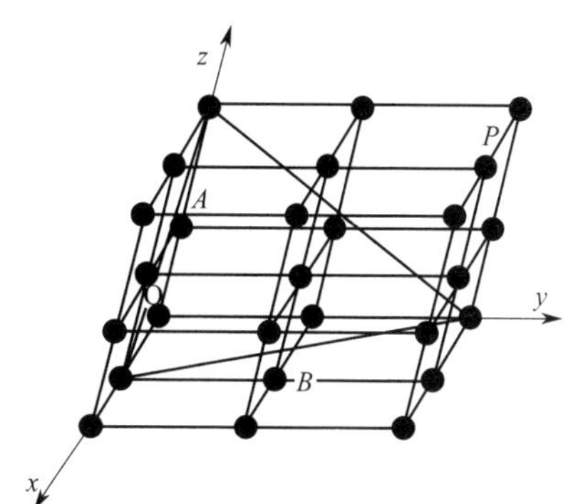

图 1-14　晶面指数的确定

例 1-14　求图1-15所示两个晶面的晶面指数。

解：用三角形表示的晶面，坐标原点为 O 点，晶面与三个坐标轴的截距分别是1、1、1，它们的倒数是1、1、1，互质整数是1、1、1，则晶面指数是(111)。

用平行四边形表示的晶面，坐标原点为 O'点，晶面与三个坐标轴的截距分别是1、-1、∞，它们的倒数是1、-1、0，互质整数是1、-1、0，则晶面指数是$(1\bar{1}0)$。

用平行四边形表示的晶面，坐标原点为 O''点，晶面与三个坐标轴的截距分别是-1、1、∞，它们的倒数是-1、1、0，互质整数是-1、1、0，则晶面指数是$(\bar{1}10)$。

本例说明：①标定晶面指数时，尽管坐标原点的选取是任意的，但不能取在晶面上；②坐标原点分别取在晶面的两侧，则标定出来的指数的符号相反。

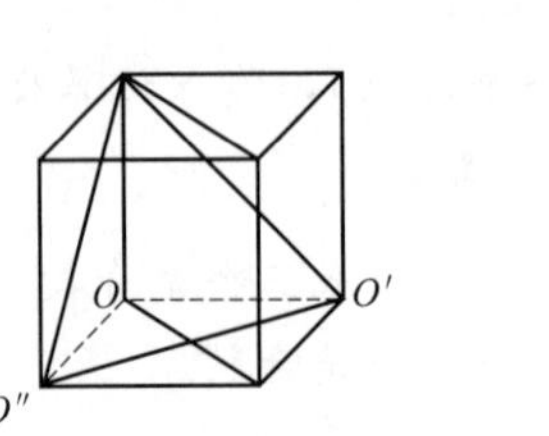

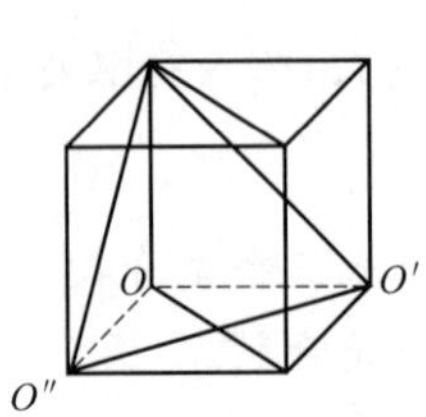

图 1-15　晶面的正负与原点的选取有关

图 1-16　立方晶系｛111｝组成的八面体

对晶面指数需作如下说明：①晶面指数实际上是用该晶面的法线方向指数表示的，即（hkl）的法线方向指数是［hkl］，从原点指向该晶面的法线方向，两个晶面的夹角是指法线之间的夹角；②晶面指数（hkl）不是指一个晶面，而是代表着一组相互平行的晶面；③数字相同而符号相反的晶面相互平行属于同一组晶面，即（hkl）等同于（$\bar{h}\,\bar{k}\,\bar{l}$），如图 1-15 所示的平行四边形晶面，如果以 O'为坐标原点，则晶面指数是（$1\bar{1}0$），如果以 O''为坐标原点则晶面指数是（$\bar{1}10$），但是，它们的法线方向是相反的，因为在进行夹角计算时是用法线方向指数计算的，所以从数学角度看，把（hkl）和（$\bar{h}\,\bar{k}\,\bar{l}$）还是当作两个晶面理解更好（多数教材是当作一个晶面处理的），这样有利于将晶向指数和晶面指数在数学层面上进行统一；④晶体中原子排列规律相同的所有晶面称为**晶面族**，用｛hkl｝表示。｛hkl｝所包含的晶面数与〈hkl〉晶向族所包含的晶向数相同。如在立方晶系中，｛111｝有 8 个晶面，距离原点最近的 8 个晶面构成了正八面体，棱边长度为$\sqrt{2}a$，如图 1-16 所示，当然，只有 4 个交叉（不同位向）的平面。

1.2.3.4　晶面间距和 X 射线衍射图谱

众所周知，光照射到光栅上会发生干涉和衍射现象，只要知道光的波长就能根据衍射条纹间距计算出光栅上刻痕的间距。晶体也可以看成是由晶面一层一层叠在一起而成，两个相邻晶面之间的距离称为**晶面间距**。将 X 射线以一定角度 θ 照射到晶面上，如果晶面间距 d 和角度 θ 满足布拉格定律，即

$$2d\sin\theta = n\lambda \tag{1-7}$$

则出现衍射现象，其中 n 是衍射的级数，而 λ 是 X 射线的波长。

由于晶面间距 d 由晶格常数决定，如果用 X 射线衍射测出晶面间距，则可以计算出晶格常数。由于不同晶体的原子半径不同，晶格常数也不同，所以通过测定晶格常数可以确定晶体属于哪种物质。简而言之，通过 X 射线衍射可以确定晶体物质的类型。

根据晶面指数（hkl）（为非负整数）和晶格常数计算晶面间距 d_{hkl}。立方晶系晶面间距计算公式如下：

对简单立方

$$d_{hkl} = \frac{a}{\sqrt{h^2+k^2+l^2}} \tag{1-8}$$

对体心立方

$$d_{hkl} = \begin{cases} \dfrac{a}{\sqrt{h^2+k^2+l^2}} & h+k+l=\text{偶数} \\ \dfrac{a}{2\sqrt{h^2+k^2+l^2}} & h+k+l=\text{奇数} \end{cases} \tag{1-9}$$

对面心立方　$d_{hkl}=\begin{cases}\dfrac{a}{\sqrt{h^2+k^2+l^2}} & h、k、l\text{ 全为奇数}\\ \dfrac{a}{2\sqrt{h^2+k^2+l^2}} & h、k、l\text{ 有奇数也有偶数}\end{cases}$　(1-10)

例 1-15　计算简单立方晶格最大的三个晶面间距。

解：由式（1-8）看出，晶面指数的数值越小，其晶面间距越大，所以，简单立方晶面间距最大的三个是：{100}、{110} 和 {111}，它们的晶面间距分别是：$d_{100}=a$、$d_{110}=a/\sqrt{2}$、$d_{111}=a/\sqrt{3}$。

例 1-16　计算体心立方晶格最大的三个晶面间距。

解：由式(1-9) 看出，晶面指数的和为偶数且数值最小，其晶面间距最大，所以，体心立方晶面间距最大的是 {110}，其次是 {100} 和 {112}，它们的晶面间距分别是：$d_{110}=a/\sqrt{2}$、$d_{100}=a/2$、$d_{112}=a/\sqrt{6}$。

例 1-17　计算面心立方晶格最大的三个晶面间距。

解：由式(1-10) 看出，晶面指数全为奇数且数值最小，其晶面间距最大，所以，面心立方晶面间距最大的是 {111}，其次是 {100} 和 {110}，它们的晶面间距分别是：$d_{111}=a/\sqrt{3}$、$d_{100}=a/2$、$d_{110}=a/\sqrt{8}$。

通过上述三个例题看出，晶格类型不同，最大的三个晶面间距的比值不同。

对简单立方，三个最大晶面间距的比值是：$d_{100}:d_{110}:d_{111}=1:1/\sqrt{2}:1/\sqrt{3}$。

对体心立方，三个最大晶面间距的比值是：$d_{110}:d_{100}:d_{112}=1/\sqrt{2}:1/2:1/\sqrt{6}$。

对面心立方，三个最大晶面间距的比值是：$d_{111}:d_{100}:d_{110}=1/\sqrt{3}:1/2:1/\sqrt{8}$。

将晶体进行X射线衍射，根据衍射峰的位置和布拉格定律计算晶面间距的比值，由此确定晶格类型，再根据晶面间距计算公式计算晶格常数。

图1-17是纯Al和α-Fe的X射线衍射图谱和标准图谱的比较。图中PDF是指PDF卡片，后面的数字是卡片编号。PDF卡片由粉末衍射标准联合会出版，有数万种化合物的衍射图谱，通过衍射图谱与标准图谱对比可知道所做衍射样品属于哪种晶体。图1-17中标定的晶面指数与PDF卡片比有两点不同：①图1-17中用的是晶面族符号，而PDF卡片中用的是晶面符号，每个衍射峰是同一个晶面族的所有晶面衍射的结果，所以用晶面族符号表示更确切；②{100} 晶面族的衍射峰在PDF卡片中标定为（200），而不是 {100}。至少在国

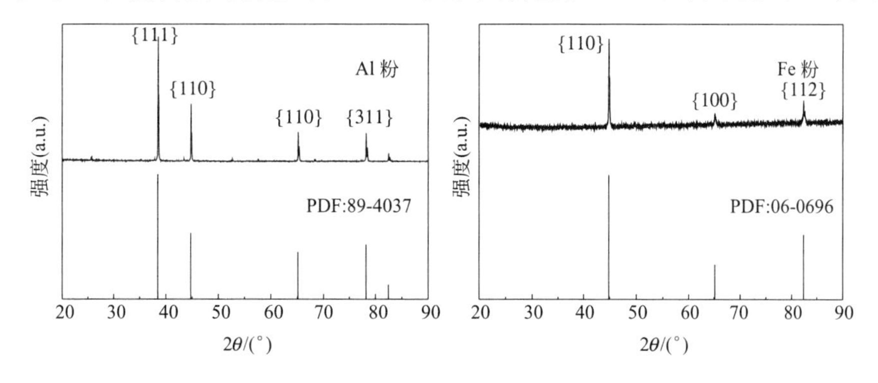

图1-17　纯Al和α-Fe的X射线衍射图谱与标准图谱的比较

内出版的关于X射线衍射和固体物理的教科书中认为，在式(1-9)和式(1-10)中分母上有2的那些晶面没有衍射峰，如体心立方和面心立方的{100}等，并称之为几何消光，还通过散射因子的推导得到证明。问题出在推导散射因子时无意中用了只适用于简单晶格，即简单立方、简单四方、简单棱方、简单正交、简单单斜和简单三斜六种晶面间距的计算公式，在这六种晶格中没有被“消光”的晶面，其他晶格都有被“消光”的晶面。其实，这些被“消光”晶面的晶面间距计算公式中与其他晶面（无“消光”的晶面）间距计算公式相比，分母上都要增加数字2，如果将晶面指数乘以2，计算结果是相同的，所以，PDF卡片上把{100}标定为{200}，{200}不符合晶面指数标定中“按比例化为互质整数”这一规则。

1.2.3.5 立方晶系夹角公式

当分析晶体的塑性变形时，需要分析作用在晶面的某个方向上的切应力大小，这就需要用到晶向、晶面的夹角计算公式，另外，判断某个方向是否在某个晶面上（即平行于晶面），也需要用夹角公式判断。设两个晶向 $[u_1v_1w_1]$、$[u_2v_2w_2]$ 夹角为 φ，则

$$\cos\varphi=\frac{u_1u_2+v_1v_2+w_1w_2}{\sqrt{u_1^2+v_1^2+w_1^2}\sqrt{u_2^2+v_2^2+w_2^2}} \tag{1-11}$$

例 1-18 分别计算[100]和[111]以及[100]和(111)的夹角。

分析：[100]和[111]之间的夹角是两个晶向之间的夹角，直接用式(1-11)计算。[100]和(111)的夹角是晶向和晶面之间的夹角，而晶向和晶面的夹角是指晶向和晶面法线方向的夹角，也直接用式(1-11)计算。

解：题中要求计算的两个夹角相等，$\cos\varphi=\frac{1+0+0}{\sqrt{1+0+0}\times\sqrt{1+1+1}}=\frac{\sqrt{3}}{3}$，即 $\varphi=54.736°$。

例 1-19 写出(111)晶面上属于〈110〉晶向族的6个方向指数。

分析：某个晶向在晶面上的充分必要条件是它们的夹角为90°，即式(1-11)的分子部分等于0。由式(1-3)可知，〈110〉晶向族共有12个晶向，但在(111)晶面上的只有6个，即 $[1\bar{1}0]$、$[\bar{1}10]$、$[10\bar{1}]$、$[\bar{1}01]$、$[01\bar{1}]$、$[0\bar{1}1]$，实际上就是图1-15所示(111)晶面的三个边。

知识巩固 1-4

1. 空间点阵中各阵点列的方向叫作______。
(a) 原子列　(b) 晶向　(c) 晶面方向　(d) 晶面

2. 通过点阵中阵点的平面叫______。
(a) 对称平面　(b) 几何平面　(c) 晶面　(d) 晶面族

3. 晶体中原子排列相同但方向不同的所有晶向称为______。
(a) 平行晶向　(b) 一族晶向　(c) 交叉晶向　(d) 相交晶向

4. 晶体中原子排列规律相同的所有晶面称为______。
(a) 平行晶面　(b) 一族晶面　(c) 交叉晶面　(d) 相交晶面

5. 为了分析各种晶面上原子分布的特点，需要给各种晶面规定一个符号，这就是______。
(a) 方向指数　(b) 晶面指数　(c) 晶向指数　(d) 符号指数

6. 在体心立方晶体中，原子密度最大的一族晶向是______。

(a)〈110〉　(b)〈111〉　(c)〈211〉　(d)〈122〉

7. 在面心立方晶体中，原子密度最大的一族晶向是______。

(a)〈110〉　(b)〈111〉　(c)〈211〉　(d)〈122〉

8. 在体心立方晶体中，原子密度最大的一族晶面是________。

(a) {111}　(b) {110}　(c) {211}　(d) {112}

9. 在面心立方晶体中，原子密度最大的一族晶面是______。

(a) {111}　(b) {110}　(c) {211}　(d) {112}

10. (110) 晶面上有下列哪个晶向。______

(a) [111]　(b) $[1\bar{1}1]$　(c) $[11\bar{1}]$　$[\bar{1}\bar{1}1]$

1.2.4　晶体缺陷

前面介绍晶体结构时，为了说明晶体结构的周期性和方向性，把晶体处理成了完美无缺的理想状态。在实际晶体中，由于各种因素的影响，总会存在一些不完整、原子排列偏离理想状态的区域，这些区域统称为**晶体缺陷**。晶体缺陷的存在并不影响晶体结构的基本特性，仅是晶体中少数原子的排列特征发生了改变。相对于晶体结构的周期性和方向性而言，晶体缺陷更为活跃，它的状态容易受到外界条件（如温度、载荷、辐射等）影响而变化，它们的数量与分布对材料的行为起着十分重要的作用。

按晶体缺陷几何形态进行分类，可分为点缺陷、线缺陷和面缺陷。

1.2.4.1　点缺陷

点缺陷是在三维尺度上都很小，不超过几个原子直径的缺陷。点缺陷包括空位、间隙原子和置换原子三大类，如图 1-18 所示。

空位就是没有原子的阵点。空位是热力学上稳定的缺陷，即晶体中都会或多或少地存在空位。空位的多少用单位体积内的空位数与单位体积阵点数之比表示，称为**空位浓度**。空位浓度随温度升高呈指数增大，核辐射和塑性变形也增加空位浓度。

间隙原子就是处在点阵间隙位置的原子。由于间隙的空间位置比较小，通常小于阵点上原子直径的 0.414 倍，只有小于或略大于该尺寸的小原子能进入间隙位置，在钢中有价值的间隙原子只有 C 和 N 两种。

置换原子就是处在阵点上的异类原子。绝对的“纯金属”几乎是不存在的，都会或多或少地存在一些异类原子，大多数异类原子以置换原子的形式存在于晶体中。为了改善纯金属的性能，往往要加入一些合金元素，这些合金元素一部分或全部以置换原子的形式存在，也可能以化合物的形式存在。

间隙原子和置换原子的多少通常用质量分数表示。

点缺陷的存在增加了体系的能量，这是尽量少出现点缺陷的因素，但也增加了体系的熵，这是增加点缺陷的因素，因而，在体系中往往存在一定浓度的点缺陷。

$$C_s = A\exp\left(\frac{-u}{kT}\right) \tag{1-12}$$

式中，C_s 是点缺陷浓度；A 是材料常数，其数值常取作 1；u 为点缺陷形成能；k 是玻尔兹曼常数，约为 8.62×10^{-5} eV/K；T 为体系所处的热力学温度。

晶体中的点缺陷处在不断的运动状态。当空位周围原子的热振动动能超过一定数值时，

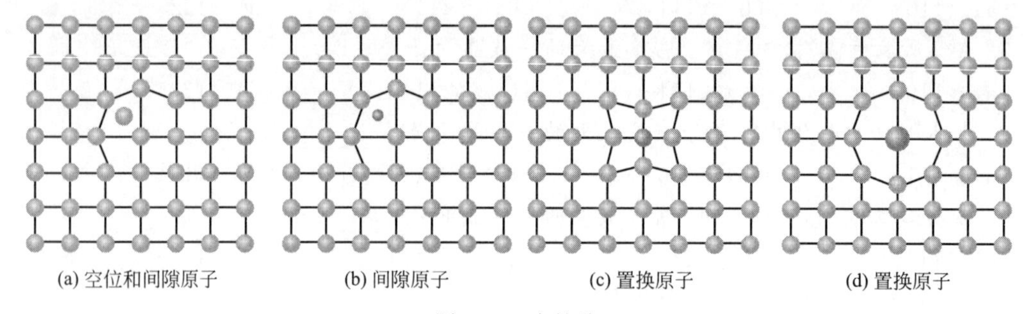

图 1-18　点缺陷

就可能脱离原来的结点位置跳跃到空位，正是靠这一机制，空位不断发生迁移，同时伴随原子的反向迁移。温度越高，迁移速度越快。间隙原子也在晶体的间隙中不断运动。空位和间隙原子的运动是晶体内原子扩散的内在原因，原子的扩散就是依靠空位运动而实现的。在常温下由点缺陷的运动而引起的扩散效应可以忽略不计，但是在高温下原子热振动能显著升高，因此发生迁移的概率也明显增大，再加上高温下空位浓度的增大，因此高温下原子的扩散速度是非常可观的。材料加工工艺中不少过程都是以扩散为基础的，例如改变表面成分的化学热处理、扩散退火、时效处理、表面氧化以及烧结等过程都与原子的扩散过程相关。

点缺陷破坏了原子的平衡状态，使晶格发生了畸变，金属的电阻率、屈服强度增大。屈服强度与点缺陷浓度近似成正比关系，即点缺陷浓度越大强度越高。但是，在室温下间隙原子和置换原子（统称为溶质原子）的饱和浓度往往是比较小的。溶质原子在金属液体中的溶解度很大，多数可以达到无限互溶，固态下，如果超过了固体中的饱和浓度，多出的溶质原子到哪去了呢？一是形成了过饱和固溶体，二是形成了新相。这些问题将在第 3 章中介绍。

从式(1-12) 中看出，随温度升高，点缺陷浓度增大，随温度降低，点缺陷浓度减小。可以利用这一特性在高温下获得高浓度的点缺陷，然后迅速冷却到室温获得过饱和的点缺陷。过饱和点缺陷在加热后有脱溶沉淀形成新相的可能性。这一原理的应用就形成了提高材料强度的固溶处理和时效处理的热处理工艺。

1.2.4.2　线缺陷

线缺陷是指在二维尺度上都很小，另一维尺度上很大的缺陷，这类缺陷通常称为位错线，简称**位错**。如图 1-19 所示，位错可视为晶格中一部分晶体相对于另一部分晶体的局部滑移所致，已滑移区和未滑移区的交界线即为位错线，即图 1-19 中的 *EF* 线，用 $\boldsymbol{l}$ 表示。滑移量的大小和方向用柏氏矢量 $\boldsymbol{b}$ 表示，如果位错线 $\boldsymbol{L}\perp\boldsymbol{b}$，则称为**刃型位错**［图 1-19(a)］，如果位错线 $\boldsymbol{l}/\!/\boldsymbol{b}$，则称为**螺型位错**［图 1-19(b)］，$\boldsymbol{l}$ 与 $\boldsymbol{b}$ 之间既不平行也不垂直的称为**混合位错**，由 $\boldsymbol{l}$ 和 $\boldsymbol{b}$ 确定的平面称为**滑移面**，$\boldsymbol{b}$ 的方向称为**位错滑移方向**，一个滑移面和一个滑移方向构成一个**滑移系**。

在图 1-19(a) 中，在切应力作用下晶体上、下两部分沿 *ABC* 平面产生了大小为 $\boldsymbol{b}$ 的滑移，在晶体内多出了半个原子平面（*EFGH*），*EF* 线是刃型位错，*ABC* 平面是滑移面，$\boldsymbol{b}$ 称为柏氏矢量。刃型位错的特征是柏氏矢量垂直于位错线，位错运动的方向与柏氏矢量方向一致。

在图 1-19(b) 中，在切应力作用下晶体上、下两部分沿 *ABCD* 平面产生了大小为 $\boldsymbol{b}$ 的

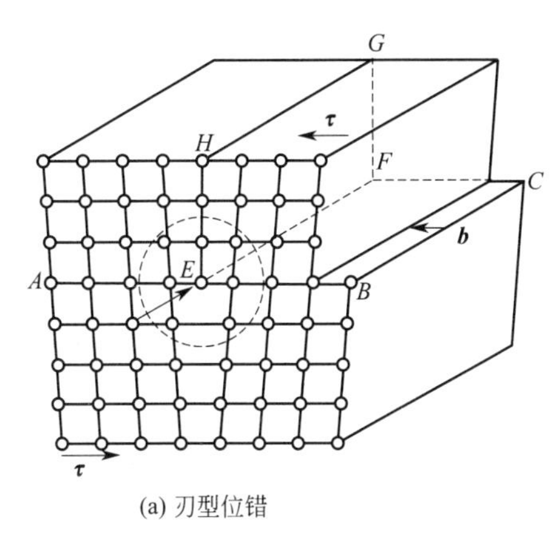

(a) 刃型位错

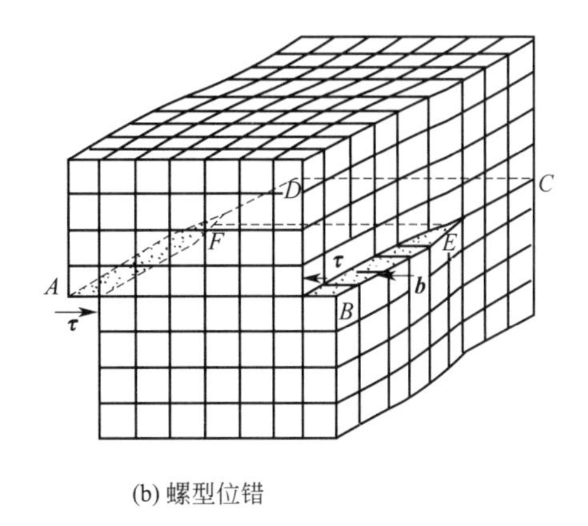

(b) 螺型位错

图 1-19　位错晶格模型

滑移，EF 线是螺型位错。螺型位错的特征是柏氏矢量平行于位错线，位错运动的方向与柏氏矢量方向垂直。

无论是刃型位错还是螺型位错，柏氏矢量方向都平行于使位错运动的切应力方向，所以，当分析位错运动时，必须计算沿柏氏矢量方向上的切应力，其计算方法将在“2.2.2 金属单晶体的塑性变形”中介绍。

1.2.4.3　面缺陷

面缺陷是指两个维度尺寸很大而在另一个维度上尺寸很小的缺陷。金属晶体中的面缺陷主要是指晶界、亚晶界和相界等。

图 1-20(a) 显示了相邻三个晶粒原子排列的平面图，实际上，在晶界附近原子会偏离其平衡位置，没有图上排列的那样规则，这就增加了能量，这种新增加的能量称为**晶界能**。由于晶界能的存在，使晶界尽量成为平面并且晶粒会自发长大，这样可以减少晶界面积。因为晶界能量高，容易腐蚀，多晶体经抛光腐蚀后容易看到晶界，如图 1-20(b) 所示。

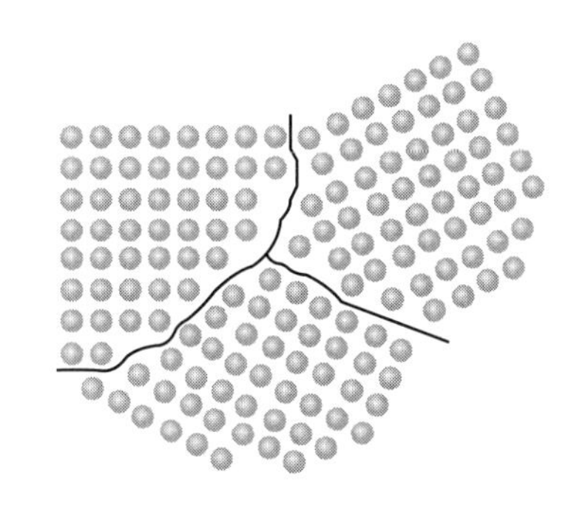

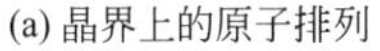
(a) 晶界上的原子排列

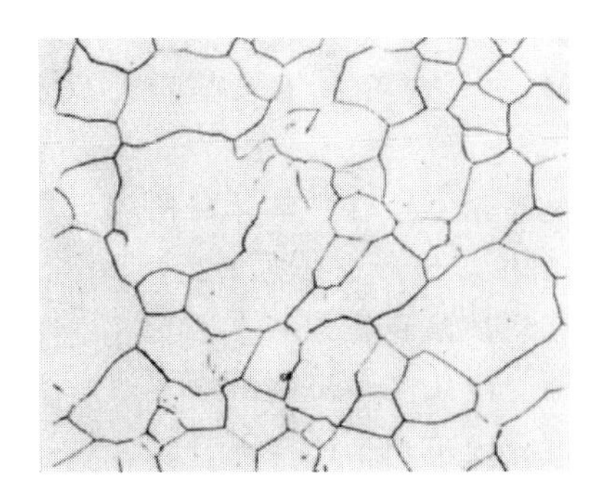

(b) 工业纯铁的金相组织

图 1-20　晶界上原子排列和工业纯铁的金相组织

每个晶粒可以看作是一个单晶体，晶粒与晶粒之间的界面称为**晶界**。在一个晶粒内，由于位错的存在，尤其当位错按一定规律排列时，也会造成晶体在不同区域上有微小的位向差，这样形成的界面叫**亚晶界**，即晶粒内存在的界面。如图 1-21 所示的亚晶界是由刃型位错沿一条线排列而形成的。

1.2.4.4 晶体缺陷与材料行为

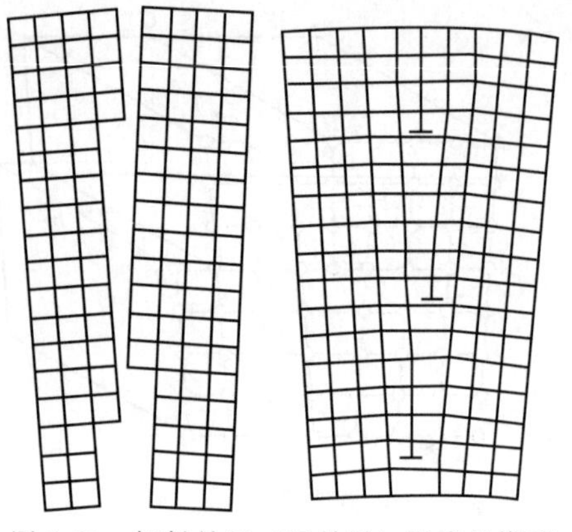

图 1-21 倾斜晶界（亚晶界）形成的模型

在 1.1.2 节介绍结合能时指出，原子处在平衡位置时，结合能最小。在晶体中，阵点位置就是平衡位置，而所有的晶体缺陷都在不同程度上使原子偏离了平衡位置，因而能量都有所增大。从热力学角度考虑，自然界的一切运动过程总是从能量高的向能量低的方向自发运动。但是，所有晶体缺陷的存在都会在不同程度上增加排列熵，熵增加的过程也是自发过程。结合上述两个因素，在材料中存在一定的晶体缺陷也是必然的。这就是说，得到无晶体缺陷的理想晶体几乎是不可能的。例如，制备单晶体和非晶体都是不容易的事情，前者可认为是晶粒非常大的晶体，而后者是“晶粒”非常小的“晶体”（只有短程有序无长程有序）。关于缺陷的运动规律可以总结如下：

① 过饱和空位向刃型位错、亚晶界、晶界、材料表面运动或聚集在一起然后形成位错环而消失。

② 过饱和溶质原子向位错、亚晶界、晶界偏聚或形成富含溶质原子的新相而达到平衡状态。

③ 位错在运动过程中发生相互抵消而消失，位错缠结形成亚晶界或运动到晶界、材料表面而消失。

④ 晶界从曲面变成平面，晶粒不断长大而减少晶界面积。

晶体缺陷对材料的力学性能有很大影响，能提高强度和硬度，详细机理将在第 2 章介绍。

知识巩固 1-5

1. 若整个晶体完全是由晶胞规则重复排列的，这种晶体称为______。

(a) 理想晶体　　(b) 单晶体　　(c) 多晶体　　(d) 完整晶体

2. 实际晶体中总会存在不完整的、原子排列偏离理想状态的区域，这些区域统称为______。

(a) 不完整晶体　　(b) 晶体缺陷　　(c) 非理想晶体　　(d) 非晶体

3. 晶体缺陷按几何形态分为三类，即______。

(a) 空位、线缺陷和晶界　　(b) 置换原子、位错和亚晶界

(c) 点缺陷、线缺陷和面缺陷　　(d) 理想晶体

4. ______就是没有原子的阵点。

(a) 置换原子　　(b) 空位　　(c) 间隙原子　　(d) 交点

5. 由许多位向不同的单晶体组成的晶体叫作______。

(a) 单晶体　　(b) 晶粒　　(c) 多晶体　　(d) 非晶体

6. 晶粒之间的界面称为______。

(a) 亚晶界　　(b) 晶界　　(c) 曲面　　(d) 小角度晶界

7. 位于晶体间隙中的原子称为______。

(a) 置换原子 (b) 杂质原子 (c) 间隙原子 (d) 小直径原子

8. 处在结点上的异类原子称为______。

(a) 置换原子 (b) 杂质原子 (c) 间隙原子

9. 在二维尺度上都很小，另一维尺度上很大的缺陷称为______。

(a) 亚晶界 (b) 位错 (c) 晶界 (d) 空位

10. 材料中存在的晶体缺陷越多，材料的性能越差。( )

11. 随温度降低，平衡的点缺陷浓度降低。( )

12. 过饱和空位可以向刃型位错、亚晶界、晶界、材料表面运动或聚集在一起然后形成位错环而消失。( )

13. 处在间隙中的碳原子更倾向于向位错附近运动而产生偏聚现象。( )

14. 不可能得到过饱和溶质原子。( )

15. 晶粒越大，单位体积内面缺陷数量越少，材料的强度越高。( )

1.2.5 合金相结构

从相层次来说，金属材料由固溶体和化合物组成，无机非金属材料由化合物组成。

合金概念来源于金属材料，在高分子聚合物中也使用合金的概念。合金是针对“纯”或“单质”而提出的概念。描述“纯”或“单质”用组元概念。**组元**是指构成材料的基本单元。这种基本单元可以是元素（金属材料）、化合物（金属和无机非金属材料）或链节（高分子材料）。例如纯铁、纯铜、纯铝、氮化硅、碳化硅、聚乙烯、聚氯乙烯等是由单一组元组成的材料。为了改善单一组元组成的材料在性能方面的局限性，可以用两种或两种以上组元组成新的材料，这一类材料就称为**合金**。例如Fe-C合金、Cu-Zn合金、Si_3N_4-Al_2O_3（Sialon陶瓷）、ABS塑料（由苯乙烯、丙烯腈和丁二烯共聚而成）等。合金可分为二元合金、三元合金和多元合金。实际中最常用的是二元合金。当然，为了改善二元合金的性能，往往还要加入少量的合金元素，由于量少，不作为组元看待，仍属于二元合金。

在金属中，根据合金结晶后所形成固体的晶体结构与组成该合金的纯金属组元的晶体结构是否相同，将金属晶体分为固溶体和化合物两大类。如果结晶后固相的晶体结构与该合金某一组元的晶体结构相同，则这类固相称为**固溶体**，否则称为**化合物**。

1.2.5.1 固溶体

固溶体中含量较多的组元称为**溶剂**，含量较少的组元称为**溶质**。这一概念和溶液中的溶剂、溶质概念是相同的，其不同之处在于固溶体是固体而不是液体。液体中溶质原子通过扩散使其均匀分布，有饱和溶解度，饱和溶解度随温度升高而增大。固溶体中也有相似的现象和规律。

根据溶质原子在溶剂晶格中所处位置不同分为：置换固溶体和间隙固溶体。**置换固溶体**的特征是溶质原子置换了原来晶格结点上的某些原子，而**间隙固溶体**是溶质原子溶解在原晶体结构的原子间隙中，即溶质原子是置换原子或间隙原子。

置换固溶体是溶质原子置换了部分溶剂晶格结点上某些原子而形成的固溶体。形成置换固溶体时，溶质原子在溶剂晶格中的溶解度主要取决于两者的晶格类型、原子直径及它们在周期表中的位置。相同或相近者溶解度大，但强化效果小，反之亦然。如Cu-Ni、Cu-Au、Au-Pt可形成**无限互溶体**，当组元的晶格类型不同时，只能形成**有限互溶体**，金属中多数固溶体属于有限互溶固溶体。

根据溶质原子是否长程有序排列，将固溶体分为**有序固溶体**和**无序固溶体**两大类。只有无限互溶固溶体才可能形成有序固溶体。无序固溶体接近于纯金属的性能，而有序固溶体的性能介于无序固溶体和化合物之间。

间隙固溶体的特点是溶质原子分布于溶剂晶格间隙中。形成条件是溶质原子半径很小而溶剂晶格间隙较大，一般溶质原子半径与溶剂原子的半径比≤0.59才能形成间隙固溶体。能形成间隙固溶体的元素很少，在钢铁中，C和N是最有价值的元素，常用于形成间隙固溶体，从而达到固溶强化的作用。间隙固溶体是有限固溶体，溶解度非常小，如碳在γ-Fe中的最大溶解度（1148℃）为2.11%，在α-Fe中的最大溶解度（727℃）为0.0218%，室温时只有0.0008%。

1.2.5.2 化合物

在金属材料中，化合物是指由两种或两种以上元素组成的并且其晶体结构不同于组成该化合物的任一纯元素的晶体结构的一类晶体。如Fe_3C的晶体结构既不同于Fe（面心立方或体心立方）也不同于C（金刚石或六方），是比较复杂的结构。

根据形成条件及结构特点可以把化合物分成三类：正常价化合物、电子化合物和间隙化合物。

正常价化合物是指组元间电负性相差较大，且形成的化合物严格遵守化合价规律的化合物。这类化合物不以晶体结构类型为依据判断是否为化合物。例如：Mg_2Si、Mg_2Sn、SiO_2、SiC、Al_2O_3等。这类化合物主要以共价键和离子键结合，结合能大，强度高、硬度高，耐高温，几乎无塑性。

电子化合物就是由电子浓度（价电子数与原子数之比）比值所决定的金属间化合物。这类化合物常见于有色金属中。表1-3列出了铜合金中常见的电子化合物。

表1-3 铜合金中常见的电子化合物

合金系	电子浓度及所形成相的晶体结构		
	3/2(21/14) β相 体心立方	21/13 γ相 复杂立方	7/4(21/12) ε相 密排六方
Cu-Zn	CuZn	Cu_5Zn_8	$CuZn_3$
Cu-Sn	Cu_3Sn	$Cu_{31}Sn_8$	Cu_3Sn
Cu-Al	Cu_3Al	Cu_9Al_4	Cu_5Al_3
Cu-Si	Cu_5Si	$Cu_{31}Si_8$	Cu_3Si

虽然电子化合物可以用化学式表示，但其成分可在一定范围内变化，因此可以把它看作是以化合物为基的固溶体。这类化合物的结合键为金属键，它们具有明显的金属特性。电子化合物的熔点和硬度较高，塑性较差。

间隙化合物通常是由过渡族元素与碳、氮、氢、硼等原子半径较小的非金属元素形成的化合物。间隙化合物中的金属原子可以典型的金属结构形式构成晶格，即体心立方、面心立方和密排六方、简单立方等，非金属原子处于这些晶格的间隙位置。例如VC中V原子位于面心立方的阵点位置，而C原子位于八面体间隙位置，如图1-22所示。这类化合物也称为**间隙相**。

间隙化合物可近似用M_4X、M_2X、MX、MX_2表示，M为金属原子，X为非金属原子。

它们虽然可以用上述化学式表示，但其成分可以在一定范围内变化，故可看作以化合物为基的固溶体。这类化合物不但可以溶解其他组元，而且还可以相互溶解，结构相同的化合物甚至形成无限互溶体。钢中常见的间隙化合物见表 1-4。

这类结构较为简单的间隙化合物具有极高的熔点和硬度（表 1-5）。它们是合金工具钢和硬质合金的重要组成相，而且有些化合物（如 NbN、W_2C、MoN 等）在温度略高于 0K 时呈现出超导性。

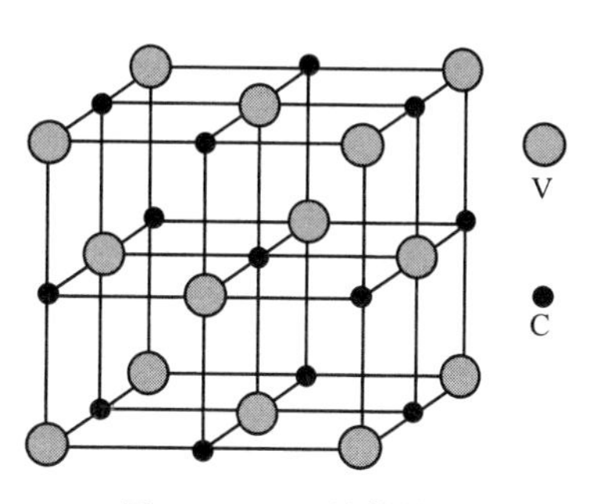

图 1-22　VC 晶体结构

表 1-4　钢中常见的间隙化合物

间隙相的化学式	钢中的间隙相	结构类型
M_4X	Fe_4N、Mn_4N	面心立方
M_2X	Ti_2H、Zr_2H、Fe_2N、Cr_2N、V_2N、Mn_2C、W_2C、Mo_2C	密排六方
MX	TaC、TiC、ZrC、VC、ZrN、VN、TiN、CrN、ZrH、TiH TaH、NbH WC、MoN	面心立方 体心立方 简单立方
MX_2	TiH_2、ThH_2、ZnH_2	面心立方

表 1-5　钢中常见的间隙化合物的熔点及硬度

类型	NbC	W_2C	WC	Mo_2C	TaC	TiC	ZrC	VC	$Cr_{23}C_6$	Fe_3C
熔点/℃	3770±125	3130	2867	2960±50	4150±140	3410	3805	2023	1577	1227
硬度 HV	2050	—	1730	1480	1550	2850	2840	2010	1650	800

对于结构较为复杂的间隙化合物，常见的结构形式有 M_3C 型（正交晶系）、M_7C_3 型（简单六方）、$M_{23}C_6$ 型（复杂立方）。这类化合物的熔点及硬度一般较前者要低一些，它们也是钢中一类常见的强化相。另外，这类化合物中的金属原子常可以被其他金属原子所置换，如 Fe_3C 中的铁原子可以被 Mn、Cr、Mo、W 等原子置换，如 $(Fe, Mn)_3C$、$(Fe, Cr)_3C$ 等，称为**合金渗碳体**，又如 $(Cr, Fe)_7C_3$、$(Cr, Fe, Mo, W)_{23}C_6$ 等称为合金碳化物。

知识巩固 1-6

1. 在金属材料中，由两种（含）以上元素组成的材料称为______。

(a) 合金钢　(b) 合金　(c) 铸造合金　(d) 固溶体

2. 合金结晶时若组元相互溶解所形成的固相的晶体结构与组成合金的某一组元相同，则这类固相称为______。

(a) 固溶体　(b) 化合物　(c) 晶体　(d) 非晶体

3. 固溶体中含量较多的组元称为____。

(a) 溶质　(b) 溶剂　(c) 基体　(d) 基元

4. 固溶体中含量较少的组元称为______。

(a) 溶质　(b) 溶剂　(c) 基体　(d) 基元

5. 固溶体的晶格类型与______组元的晶格类型相同。

(a) 溶质　(b) 溶剂　(c) 基体　(d) 第二相

6. 溶质原子置换了部分溶剂晶格结点上某些原子而形成的固溶体称为______。

(a) 间隙固溶体　　(b) 置换固溶体

7. 溶质原子分布于溶剂晶格间隙中而形成的固溶体称为______。

(a) 间隙固溶体　　(b) 置换固溶体

8. 根据组元的晶格类型和溶解度大小可将固溶体分为______。

(a) 间隙固溶体和置换固溶体　　(b) 有限互溶体和无限互溶体

9. 化合物可分为______。

(a) 正常价化合物、电子化合物和间隙化合物

(b) 离子化合物、共价化合物和电子化合物

10. 组元是构成材料的基本单元，这种基本单元可以是元素、化合物或链节。(　　)

11. 固溶体具有良好的塑性和韧性，通常作为基体相。(　　)

12. 化合物硬度高、耐磨性好，但脆性大，通常作为强化相。(　　)

13. 有些化合物在温度略高于0K时呈现出超导性。(　　)

14. 电子化合物的结合键为金属键，它们具有明显的金属特性，并且熔点和硬度较高，塑性较差。(　　)

15. Fe_3C 称为渗碳体，而 $(Fe, Mn)_3C$、$(Fe, Cr)_3C$ 等称为合金渗碳体。(　　)

1.2.6　高分子的相结构

高分子化合物是指由一种或多种低分子化合物聚合而成的分子量很大的化合物。常见的聚合反应有加聚反应和缩聚反应。

乙烯类通过加聚反应获得高分子，是高分子材料中产量最大的一类。如乙烯（$CH_2=CH_2$）通过聚合反应生成聚乙烯 $-\!\!\left(CH_2-CH_2\right)_n\!\!-$ ，n 称为**聚合度**。

小分子通过缩聚反应生成高分子，同时也生成一些小分子，品种繁多，但产量远低于乙烯类聚合物。

只有当聚合物的聚合度足够大时才能作为材料使用。这是因为有机物都是共价键结合的分子，分子间靠范德瓦尔斯键和氢键结合，结合力小，强度低，随着聚合度增大，共价键的数量相对增多，强度提高。

高分子的相结构可分为链结构、聚集态结构和织态结构。聚集态结构又分为非晶态和晶态结构。织态结构将于1.3.3节介绍。

1.2.6.1　链结构

高分子链的结构包括组成高分子结构单元的化学组成、链接方式、空间构型及构象等。

链节是指高分子化合物中相同的基本重复单元，高分子化合物由链节连接而成。链节的重复数就是聚合度。同一种链节具有相同的化学组成。在加聚反应中，链节为小分子本身，而缩聚反应中，链节为小分子去掉官能团的剩余部分。高分子聚合物中的链节就如同金属材料中的原子（组元），决定了高分子聚合物的基本性能。所以，可以把链节作为组元看待。

许许多多链节链接在一起组成大分子链即高分子聚合物。当链节对称时，如聚乙烯，只要一个乙烯分子中的任意一个C和另一个乙烯分子中的任意一个C链接在一起就可以了，这里用“任意一个C”是因为在乙烯分子中的两个 CH_2 是没有差别的。但是，丙烯 $CH_2=CHCH_3$ 中双键相连的两端是不对称的，假如把 CH_2 叫作“头”，$CHCH_3$ 叫作“尾”，当丙烯聚

合在一起时就有两种情况，即头头链接形成 $\left(CH_3CH—CH_2—CH_2—CHCH_3\right)_n$ 和尾尾链接形成 $\left(CH_2—CHCH_3—CH_3CH—CH_2\right)_n$ 。由两种或两种以上单体共聚时，其链接方式更为多样，即使以二元共聚物来说就有无规共聚、交替共聚、嵌段共聚和接枝共聚等，如图 1-23 所示。无规共聚、交替共聚、嵌段共聚形成的都是线型分子，接枝共聚可形成支链分子和网状（体型）分子。

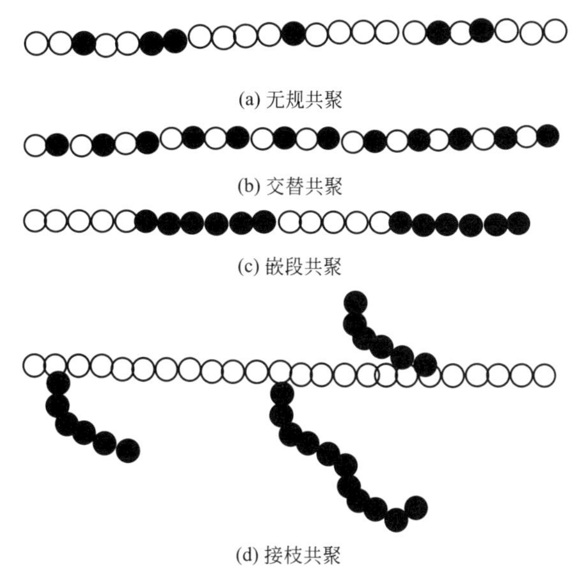

(a) 无规共聚

(b) 交替共聚

(c) 嵌段共聚

(d) 接枝共聚

图 1-23　二元共聚的连接方式

链接是指分子长度方向的链接方式，而**空间构型**是指取代基在分子横向上的排列。

C—C 主键在保持键长和键角不变的情况下可以任意旋转，称为**内旋转**，如图 1-24 所示。

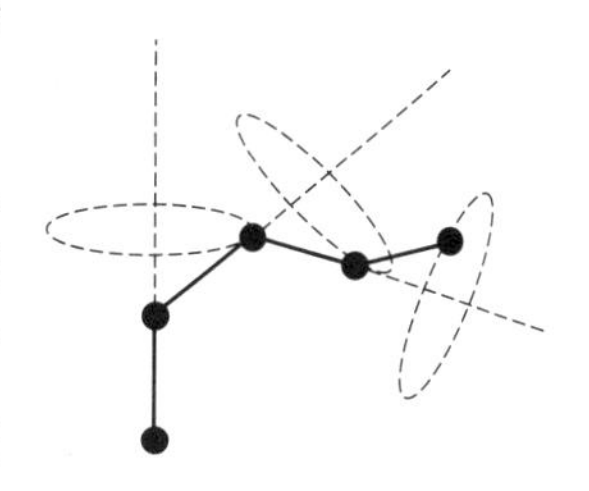

图 1-24　内旋转

原子围绕单键内旋转的结果，导致原子排列方式的不断变化，造成高分子形态的瞬息万变，从而使分子链出现许许多多空间形象，称为高分子链的**构象**。高分子链的构象既可以扩张伸长，也可以卷曲收缩，主要呈无规线团状，表现出范围很大的伸缩能力，高分子由构象变化获得不同卷曲程度的特征称为高分子链的**柔顺性**。

常见的构象为以下四种：伸直链、无规线团、折叠链和螺旋链，如图 1-25 所示。

(a) 伸直链

(b) 无规线团　　(c) 折叠链　　(d) 螺旋链

图 1-25　高分子链的四种构象

高分子因外界条件（如温度、外力）发生运动时，首先通过内旋转，引起空间构型的变化，最终导致构象的变化。如果 C 上有取代基，则不易发生内旋转，构型和构象都不易变化，所以，聚乙烯与聚丙烯比较，前者柔软而后者坚硬，可作为工程材料使用。范德瓦尔斯键、氢键都阻碍内旋转。对高分子来说，决定其强度大小的不是共价键本身，而是由阻碍内旋转的因素决定的。在外力作用下发生内旋转的结果是宏观变形。晶体和非晶体相比，非晶体更容易发生构型和构象的变化，无论是强度还是耐热性都较低。

橡胶的构象属于非晶的无规线团状，在外力作用下构象发生变化，宏观上表现出很大变形，这时排列熵减小，当外力去除后，又发生构象的变化使变形得以恢复，恢复的动力一部分来源于弹性应变能，一部分来源于排列熵的增加。

1.2.6.2 聚集态结构

聚集态结构包括非晶态结构、晶态结构。高分子的非晶态结构是一个比晶态结构更普遍存在的聚集态结构，不仅有大量的非晶态聚合物，而且即使在晶态聚合物中也存在非晶区。非晶态结构包括玻璃态、橡胶态、黏流态（或熔融态）及结晶聚合物的非晶区。非晶态主要包括两种理论模型：无规线团模型和两相（晶相和非晶相）球粒模型。

无规线团的特点是：分子排列无长程有序，每一根高分子链都采取无规线团的构象［图1-25(b)］，各大分子链可以相互贯通，相互缠结，但不存在局部有序，所以整个非晶固体是均相的。两相球粒模型认为，非晶态由折叠链［图1-25(c)］构成的粒子相（有序区）和无规线团构成的粒间相（无序区）组成，有序区的尺寸为3～10nm。

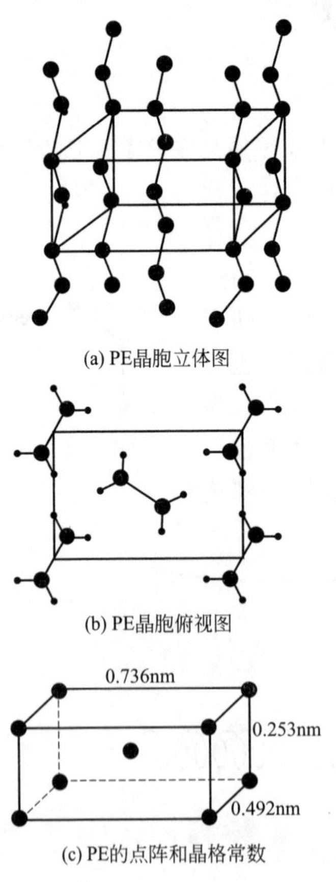

图1-26　PE的晶体结构

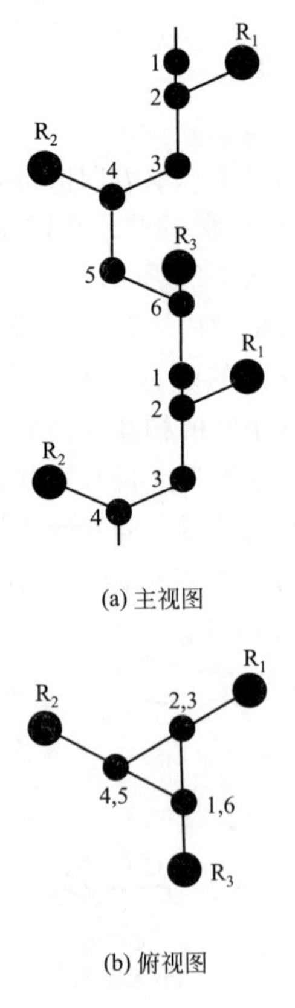

图1-27　聚丙烯的结构

在高分子晶体中，一般将分子链的主轴定义为 c 轴。聚乙烯（PE）的链节是高分子聚合物中最简单的，其晶体的 $c=0.253$nm，属于正交晶系，体心正交晶格，一个晶胞中包含两个链节，如图 1-26(c) 所示。图 1-26(a) 是 PE 晶胞立体图，有 5 个分子（或通过折叠后的分子段）平行排列，图中的点代表一个 C 原子，没有标出氢原子，长方体是一个晶胞，基元为 CH_2CH_2，也是组元。因为组元不像原子是球对称的，导致晶胞常数不等而成为体心正交晶格。图 1-26(b) 是晶胞的俯视图，图中的小点代表氢原子。

没有取代基或取代基较小的高分子如聚乙烯、间规聚氯乙烯、全同的聚乙烯醇和尼龙等，碳氢链中为了使分子链取位能最低的构象，并有利于在晶体中作紧密而规整的堆砌，分子取全反式构象，即取平面锯齿状的构象。

具有较大取代基的高分子，为了减小空间阻碍，降低位能，则采取螺旋状的构象。在这类高分子中，聚丙烯（PP）是最简单的。图 1-27 是 PP 的结构图，其中 $R=CH_3$，实心点编号为奇数的 1、3、5 是 CH_2，偶数的 2、4、6 是 CH，一个等同周期包含了旋转一周的三个链节，$c=0.65$nm。每个分子的外形是一个正三棱柱。

知识巩固 1-7

1. 由一种或多种低分子化合物聚合而成的分子量很大的化合物称为______。

(a) 化合物　　(b) 有机化合物　　(c) 高分子化合物　　(d) 无机物

2. 高分子化合物是由许许多多结构相同的基本单元重复链接而成的。组成大分子链的这种特定的结构单元叫______。

(a) 链节　　(b) 单体　　(c) 小分子　　(d) 大分子

3. 链节在空间的排布称为______。

(a) 链段　　(b) 空间构型　　(c) 空间构象　　(d) 取向

4. C—C 主键在保持键长和键角不变的情况下可以任意旋转。(　　)

5. 空间构象可分为伸直链、无规线团、折叠链和螺旋链。(　　)

6. 空间构象为无规线团的高分子属于非晶态高分子。(　　)

7. 空间构象为折叠链和螺旋链的高分子属于非晶态高分子。(　　)

8. 从聚乙烯、聚丙烯到聚苯乙烯的柔顺性越来越大。(　　)

9. 橡胶属于非晶材料。(　　)

10. 直链大分子比支链大分子更容易形成晶体。(　　)

1.3　组织结构

组织是具有相同几何特征的相的聚集体。这种几何特征表现为相的相对数量、形态、大小、分布特征。组织可以由一种相组成，也可以由两种或多种相组成。材料是由一种或多种组织组成的，因而组织决定了材料的性能，例如物理性能、化学性能和力学性能等。通过四个层次描述了材料的结构问题。一是材料由哪些原子组成？相对量是多少？二是这些原子是如何结合在一起的？是金属键、离子键还是共价键？三是大量原子是如何聚集在一起的？是晶体还是非晶体？是固溶体还是化合物？四是相是如何聚集在一起的？是单相还是多相？相的形态、大小、数量、分布如何？第二、第三两个问题我们在前两节作了介绍，本节介绍最后一个问题即组织结构。

1.3.1 单相组织

只有一种相组成的组织称为**单相组织**。纯金属、单相固溶体合金、多数陶瓷材料以及纯的非晶态聚合物材料等只有一种相组成。在这种情况下，组织和相的概念基本上无区别，只是在组织的描述中更注重相的大小问题。另外，对非晶材料，也无须用组织概念进行描述。

图 1-28 是工业纯铁和 H70（70%Cu+30%Zn）黄铜的组织照片，组成组织的只有一种相。

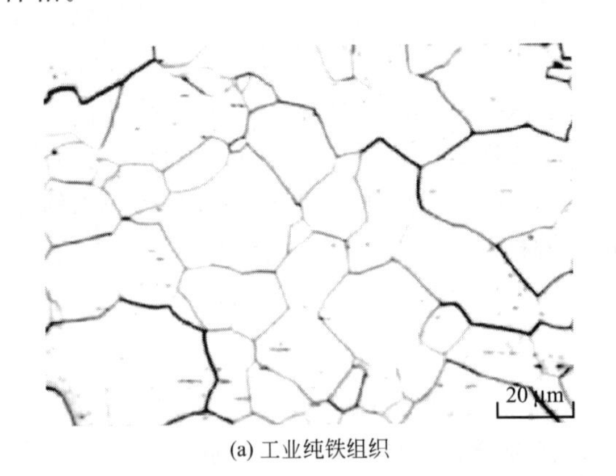

(a) 工业纯铁组织

(b) H70黄铜组织

图 1-28　单相组织

在介绍体心立方晶格时介绍过铁在室温下属于体心立方晶体，称为 α-Fe，也叫 α 相。从图 1-28(a) 中看出，工业纯铁的组织是由许多晶粒组成的，每一个晶粒都是一个 α 相的单晶体，看到的是某个切面上的晶界。从原子组成来说，工业纯铁除了铁以外还含有 C、Mn、Si、S、P 等杂质原子，因而，每个晶粒内部还存在一定数量的点缺陷：空位、间隙原子(C)、置换原子，还会存在一些夹杂物（除 α 相以外的其他相，如硫化物、氧化物等），照片中的黑点有的就是夹杂物。除点缺陷以外，还有位错和亚晶界。点缺陷、位错和亚晶界在光学显微镜下是看不出来的，只有在透射电镜下能观察到位错和亚晶界。

H70 黄铜是 Cu-Zn 合金，$w_{Cu}=70\%$，$w_{Zn}=30\%$，是 Zn 溶解到 Cu 中形成的置换固溶体，属于面心立方晶格，也是单相组织，如图 1-28(b) 所示。

从组织层次来说，表征单相组织的参数是晶粒尺寸。因为组织很小，观察时要先经过放大，为了衡量晶粒的大小，在照片的右下方要有标尺。根据图 1-28 中的标尺，可以看出该照片显示的工业纯铁的晶粒直径大约为 20μm，而 H70 黄铜的晶粒直径大约为 50μm，更准确的数据需要测量大量晶粒直径后取其平均值。

图 1-29　陶瓷腐蚀后的形貌

高纯的陶瓷材料采用高纯度的陶瓷粉经过烧结而成，表现为单相颗粒状组织，有些经腐蚀后在扫描电镜下可直接观察到晶粒表面，如图 1-29 所示。

高分子材料形成晶体时可以出现多种组织形态，如图 1-30 所示是 PE 的一些组织。

(a) PE折叠链片晶

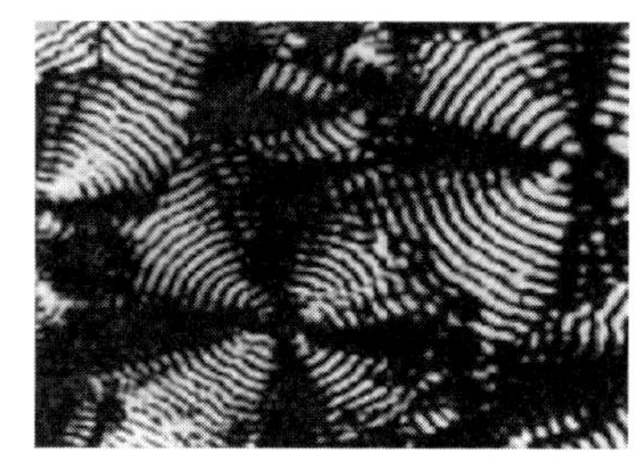

(b) PE球晶

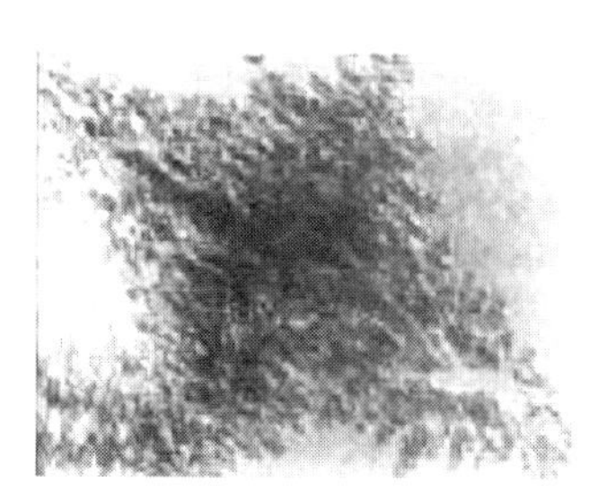

(c) PE树枝状晶

图 1-30　PE（聚乙烯）的组织

单相组织的屈服强度与晶粒直径的关系可以用霍尔-佩奇公式计算：

$$R_s = R_0 + kd^{-1/2} \tag{1-13}$$

式中，R_s 是多晶体的屈服强度；R_0 是单晶体的屈服强度；d 是晶粒直径。由此看出，晶粒越细小，屈服强度越高，所以，在实际中应尽量减小晶粒尺寸以提高材料的屈服强度。

1.3.2　双相组织

双相组织是指由两种相组成的组织。由于双相组织中包含两种相，具有了不同的组织特征。

1.3.2.1　两相层片状组织

图 1-31 是比较典型的两相层片状组织。两相在形态上呈层片状，交替分布，两相的比例固定，用平均层片间距 λ 表征其大小［图 1-31(c)］。

(a) Sn-Pb共晶组织

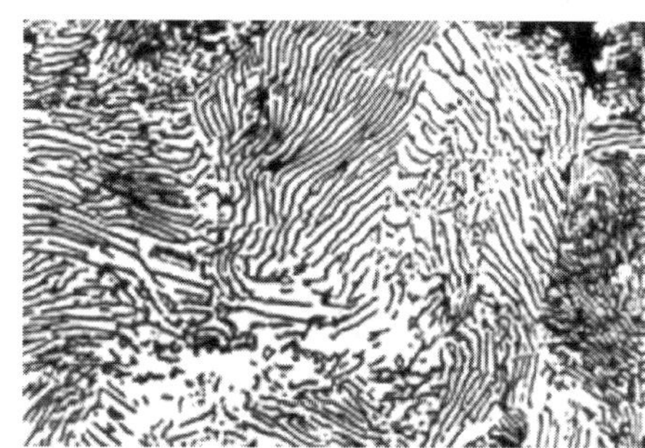

(b) T8钢共析组织(珠光体)

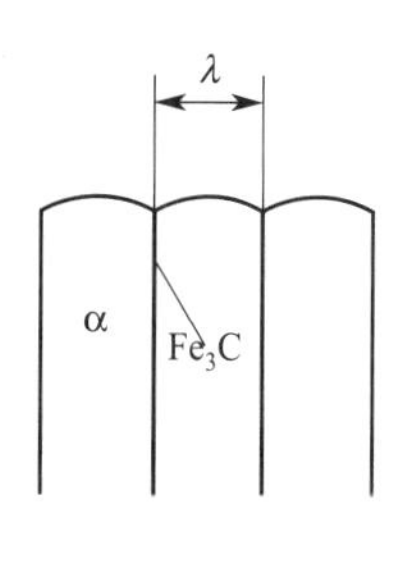

(c) 层片组织参数

图 1-31　层片状两相组织

某些成分的合金，如 $w_{Sn}=61.9\%$、$w_{Pb}=38.1\%$ 的 Sn-Pb 合金，在液态时互溶，冷却到结晶温度时同时结晶出两种固相：L→α＋β，就形成了两相层片状组织，见图 1-31(a)。还有些合金，如 $w_C=0.77\%$ 的 Fe-C 合金，727℃以上是单相 γ 相，即 C 固溶到 γ-Fe 中形成间隙固溶体，冷到 727℃则发生共析转变：γ→α＋Fe_3C，α 是 C 固溶到 α-Fe 形成的间隙固溶体，形成两相层片状组织，这种组织的专用名称叫珠光体，见图 1-31(b)。

两相混合组织同时具备了两种相的性能。如珠光体中的 α 相虽然强度低，但塑性好，而 Fe_3C 是化合物，起到了提高强度和耐磨性的作用，所以，珠光体的强度是工业纯铁强度的数倍，是比较理想的组织。

为了改善高分子材料的性能，可以将两种或多种小分子通过共聚、接枝或将两种或多种高分子共混的方法形成高分子合金。图 1-32 是苯乙烯（S）和丁二烯（B）的嵌段共聚物 SBS 的组织。当 S/B=80/20 时，B 以小球状分散在 S 连续相中；当 S/B=60/40 时，B 以棒状分散在 S 连续相中；当 S/B=40/60 时，两相层状排列。

层片状组织的屈服强度与层片间距的关系为：

$$R_s=R_0+k\lambda^{-1/2} \tag{1-14}$$

式中，R_s 是屈服强度；R_0 和 k 是常数；λ 是层片间距。层片间距越小则强度越高。

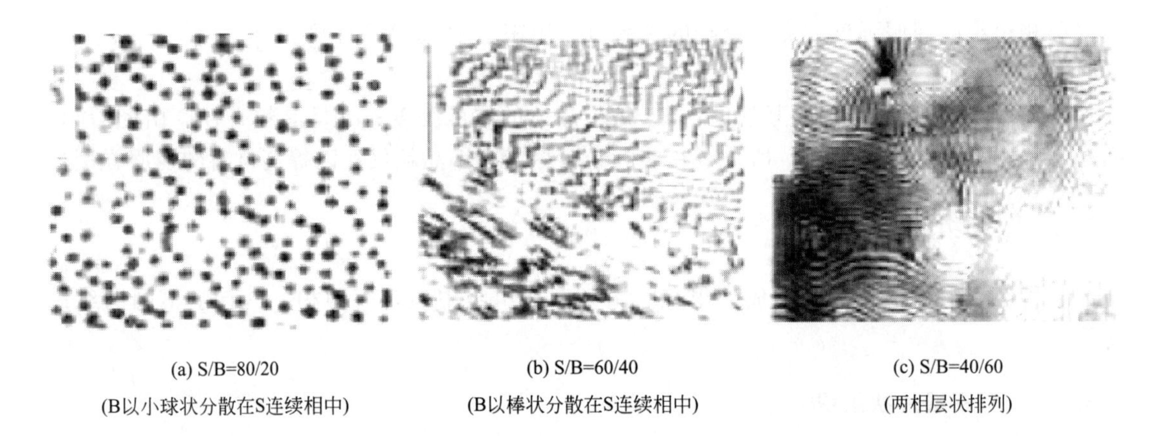

(a) S/B=80/20 (B以小球状分散在S连续相中)　(b) S/B=60/40 (B以棒状分散在S连续相中)　(c) S/B=40/60 (两相层状排列)

图 1-32　不同苯乙烯（S）和丁二烯（B）比例的嵌段共聚物组织

1.3.2.2　弥散型两相组织

当第二相呈细小颗粒状均匀分布在基体上时形成的组织称为**弥散型两相组织**。这种组织常见于金属材料中。基体是固溶体，具有很好的塑性，第二相是化合物，其尺寸在微米和纳米级，均匀分布在基体上起到提高强度和耐磨性的作用。在有色金属材料中主要是各种电子化合物，铜合金中出现的部分电子化合物见表 1-3。在钢铁材料中主要是各类碳化物，见表 1-5。图 1-33 是钢中的粒状珠光体和回火索氏体组织照片。基体都是 C 溶解在 α-Fe 中形成的 α 相，第二相都是颗粒状的 Fe_3C，差别是 Fe_3C 的大小不一样，粒状珠光体中 Fe_3C 的尺寸在零点几微米到几微米，而回火索氏体中 Fe_3C 的尺寸不到 1μm。由于尺寸差别大，导致两者的性能差别也很大。

弥散型组织的强度与第二相的关系可以表示为：

$$R_s=R_0+ks^{-\alpha} \tag{1-15}$$

式中，R_s 是屈服强度；R_0 和 k 是常数；s 是两颗粒之间的平均距离；α 约为 1。

钢经过淬火得到 C 在 α-Fe 中的过饱和固溶体即马氏体组织，经过控制回火温度，得到具有不同过饱和度的 α 基体上分布有不同类型、不同形状、不同大小和数量的碳化物，从而获得不同的组织和性能。

在有色金属中，可以通过固溶处理得到过饱和固溶体，再经过时效处理，基体上分布不同类型的第二相起到强化作用。

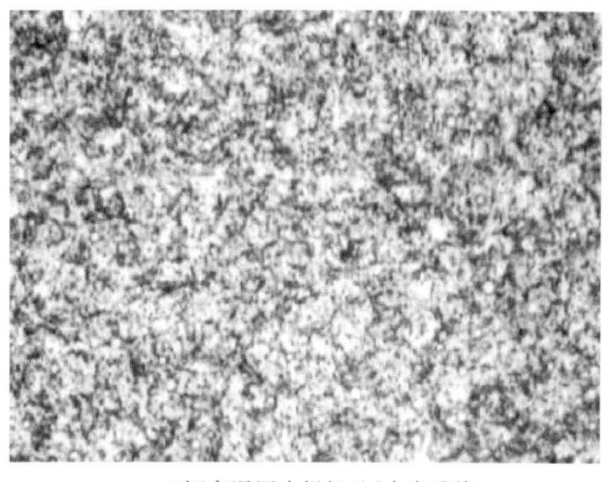

(a) w_C=1.0%碳钢球化退火组织(粒状珠光体)　　(b) 45钢高温回火组织(回火索氏体)

图 1-33　钢中两种弥散型组织

1.3.2.3　聚合型组织

聚合型组织是指在尺寸上相近的两种或多种相或两种及两种以上组织组成的复合组织。如图 1-34 所示的 45 钢正火组织，由尺寸相当的铁素体 F（白色）和珠光体 P（黑色）组成。两种组织的相对量用两相体积分数 f_α 和 f_β 表示，两种组织的屈服强度分别用 R_α 和 R_β 表示，则聚合型两相组织的屈服强度可根据混合法则计算：

$$R_s = f_\alpha R_\beta + f_\beta R_\beta \tag{1-16}$$

图 1-34　45 钢正火组织（F+P）

在高分子材料中，晶态和非晶态尽管链节相同，但其性能不同，可以按聚合型组织处理，通过提高晶态数量，也可以提高强度。

在有色金属材料中，也可以通过改变成分获得聚合型组织。例如，含 30%Zn 的 H70 黄铜是单相组织，而含 38%Zn 的 H62 黄铜是双相组织。通过改变锌的含量获得不同组织，从而改变性能。

1.3.3　织态结构

与金属和无机非金属不同，线型高分子充分伸展时，长度与宽度相差极大，可达到几百倍、几千倍、几万倍。这种结构悬殊的不对称性使它们在某些情况下很容易沿某个特定方向占优势平行排列，这种现象就称为**取向**。无论结晶还是非晶高聚物，在外场作用下，特别是在拉伸场作用下，均可发生分子链、链段或晶粒沿某个方向择优排列，即发生取向，如图 1-35 所示。

材料仅沿一个方向拉伸，长度增大，厚度和宽度减小，高分子链或链段倾向于沿拉伸方向排列，在取向方向上，原子间以化学键相连，这种取向称为**一维取向**。如纤维纺丝、薄膜的单轴拉伸。当出现取向时，沿取向方向强度提高，垂直于取向方向强度降低。

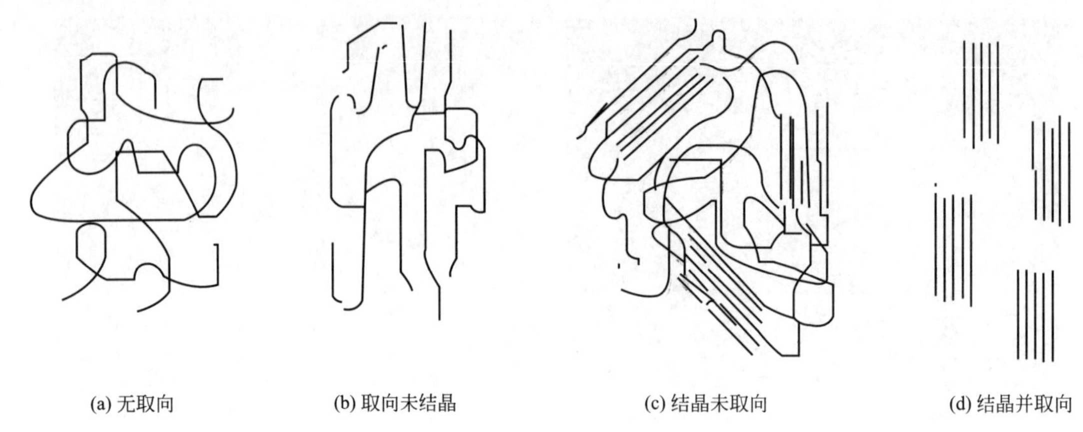

图 1-35 结晶和取向

纺丝时，从喷嘴孔喷出的丝已有一定的取向，即分子链取向，再牵伸若干倍，则分子链取向程度进一步提高。尼龙丝未取向的抗拉强度为 70～80MPa，取向后的抗拉强度可达到 470～570MPa。

薄膜也可单轴取向。目前广泛使用的包扎绳用的全同 PP，是单轴拉伸薄膜，拉伸方向（x 方向）十分结实，这是由于原子间以化学键结合，y 方向上十分容易撕开，这是由于 y 方向是分子间作用力。

材料沿着相互垂直的两个方向 x、y 拉伸，面积增大，厚度减小，高分子链或链段倾向于沿 Oxy 平面平行排列，在 Oxy 平面上各个方向都有原子与原子间的化学键存在。如薄膜的双轴拉伸，使分子链取平面薄膜的任意方向，但平面内分子的排列可能是无序的，在薄膜平面的各个方向上性能相近并且强度高，但薄膜平面与平面之间易剥离。现在超市用的高强度塑料袋多数是二维取向的 PE 膜做的，可以重复使用，而有些小商小贩用的塑料袋是用未经取向的 PE 膜做的，虽然价格低，但强度很低，不能重复使用，造成环境污染，是国家明令禁止使用的。

金属和无机非金属材料可以通过定向凝固获得具有一定取向的晶体。金属材料还可以通过塑性变形而形成织态结构，简称织构。如通过拉拔形成一维的丝织构，通过轧制形成二维的板织构。

1.3.4 成分-工艺-组织-性能关系

下面以碳钢正火组织为例阐述材料成分-工艺-组织-性能关系。

设钢正火后珠光体的体积分数为 f_P，则铁素体的体积分数是 $1-f_P$，再设铁素体和珠光体的强度分别为 R_F 和 R_P，则根据式(1-16) 得钢正火后的屈服强度为：

$$R_s=(1-f_P)R_F+f_PR_P \tag{1-17}$$

而 R_F 和 R_P 又可以分别根据式(1-13) 和式(1-14) 计算，分别代入式(1-17) 得：

$$R_s=(1-f_P)(R_{0F}+k_Fd_F^{-1/2})+f_P(R_{0P}+k_P\lambda_P^{-1/2}) \tag{1-18}$$

由此看出，正火组织的屈服强度与珠光体的体积分数、铁素体的晶粒大小和珠光体的层片间距等有关。

含碳量在 0.02%～0.77%的碳钢的退火或正火组织是铁素体和珠光体组成的复合组织。

因为铁素体中的含碳量很少，可以忽略不计，而珠光体的含碳量为0.77%，所以，当含碳量为 w_C 时，则珠光体的质量分数为：

$$w_P = \frac{w_C}{0.77\%} \tag{1-19}$$

由式(1-19)看出，在一定工艺条件下，成分决定了相或组织的数量。这里加了一个限制条件："在一定工艺条件下"，言下之意，如果工艺条件改变了，相或组织的数量与成分之间的关系也会随之而改变。式(1-19)成立的前提条件是"含碳量在0.02%～0.77%的碳钢的退火或正火组织"，包含了两个条件：一是成分范围 $w_C \in (0.02\%, 0.77\%)$，并且不加别的合金元素（碳钢）；二是工艺条件退火或正火。其实，即使在这两种工艺条件下，式(1-19)也是近似的，更严格的条件是：无限缓慢冷却得到的平衡组织。关于成分与相或组织的关系将在第3章介绍，第4章介绍热处理工艺与金属组织和性能的关系。

又因为铁素体是α相，而珠光体是α相和11.5%的 Fe_3C 相组成，由于 Fe_3C 相占的比例很小，所以可以近似认为铁素体和珠光体的密度相同，因此，可以用珠光体的质量分数 w_P 代替珠光体的体积分数 f_P。将式(1-19)代入式(1-18)得：

$$R_s = \left(1 - \frac{w_C}{0.77\%}\right)(R_{0F} + k_F d^{-1/2}) + \frac{w_C}{0.77\%}(R_{0P} + k_P \lambda^{-1/2}) \tag{1-20}$$

在式(1-20)中，与工艺有关的参数包括：铁素体的晶粒直径 d，珠光体的层片间距 λ，还有珠光体的体积分数。铁素体的晶粒直径 d、珠光体的层片间距 λ 都随冷却速度的增大而减小。当冷却速度达到一定值后，珠光体的体积分数和铁素体的体积分数也随冷却速度增大而减小，并且二者的体积分数之和还小于1直到为0，因为当冷却速度很大时铁素体和珠光体数量减少，出现了贝氏体和马氏体，直到铁素体和珠光体数完全消失，全部被马氏体取代，这就是淬火，即退火、正火和淬火的差别在于冷却速度不同，得到的组织不同的本质是因为转变温度不同。这些问题将在第4章进行更详细的介绍。

除热处理工艺外，冷变形可以增加α相中位错密度，也能提高α相的强度，因而，随冷变形量的增大，R_{0F} 和 R_{0P} 也随之增大。如钢丝绳就是用100%的细片状珠光体经过拉拔冷变形而制成的，拉拔后不需要进行热处理，抗拉强度就可达到2000～4000MPa。

再来说成分问题，如果在钢中加入一定数量的Si和Mn，它们固溶到α相中也能提高 R_{0F} 和 R_{0P}。

综上所述，成分是决定材料性能的最基本要素，通过改变冷热加工工艺可以改变组织，进而使性能发生变化，最终满足使用要求。

知识巩固1-8

1. ____是具有相同几何特征的相的聚集体。

(a) 组织　　(b) 相　　(c) 珠光体　　(d) 铁素体

2. 组织概念包含了____的数量、形态、大小、分布等特征。

(a) 组织　　(b) 相　　(c) 珠光体　　(d) 铁素体

3. 决定单相组织性能的主要因素是____。

(a) 相组成和晶粒大小　　(b) 相组成和化学成分

(c) 晶粒大小　　(d) 化学成分

4. 由两相组成的层片状混合物组织的强度除与两相的强度有关外还与____有密切关系。

(a) 晶粒尺寸　(b) 层片间距　(c) 粒子间距　(d) 晶胞尺寸

5. 弥散型两相组织的强度主要与____有关。

(a) 晶粒尺寸　(b) 粒子间距　(c) 层片间距　(d) 晶胞尺寸

6. 混合型两相组织的强度主要与____有关。

(a) 晶粒尺寸　(b) 粒子间距　(c) 两相的强度和体积分数　(d) 晶胞尺寸

7. 将两种高分子共混形成高分子合金，是获得高性能高分子材料的方法之一。(　)

8. 当合金成分一定时，通过改变其相或组织可以改变其性能。(　)

9. 在晶相和非晶相组成的高分子材料中，提高晶相的相对数量可以提高其强度。(　)

10. 钢的组织是铁素体+珠光体，提高铁素体的相对量可以提高其强度。(　)

11. 在一定范围内，提高含碳量可以提高退火钢的强度。(　)

12. 珠光体的层片间距越小，其强度越低。(　)

13. 具有取向的纤维强度比没有取向的纤维强度高。(　)

14. 具有取向的薄膜强度比没有取向的薄膜强度高。(　)

15. 具有单轴取向的薄膜，在各个方向上强度相同。(　)

讨论题提纲

1. 讨论三大材料的主要结合键类型及其性能特点；讨论金刚石和聚乙烯同为共价键为什么强度和硬度具有天壤之别；讨论聚合度对高分子强度的影响。

三大材料：金属材料、陶瓷材料和高分子材料。

结合键：金属键、离子键、共价键、范德瓦尔斯键、氢键，结合能大小（表1-1）。

性能：导电性、熔点、耐热性、强度、硬度、塑性。

2. 讨论体心立方和面心立方原子间距最小的三个晶向族和面间距最大的三个晶面族。

晶向族和晶面族概念、确定晶向族和晶面族包含晶面的方法。

原子间距计算公式：式(1-4)～式(1-6)。

晶面间距计算公式：式(1-8)～式(1-10)。

3. 讨论晶体缺陷对强度和硬度的影响。

晶体缺陷：空位、置换原子、间隙原子、位错、晶界、亚晶界。

4. 讨论成分-工艺-组织-性能关系［式(1-16)～式(1-20)］。

第2章 材料的力学性能

材料的性能包括物理性能、化学性能、力学性能、经济性等，又可分为固有性能和使用性能。**固有性能**是指材料本身所具有的各种性能，科学家对材料的研究过程实质上是不断探索、发现、改善材料固有性能的过程。人类从开始使用材料（旧石器时代）至今已有数百万年历史，在发现材料固有性能上每前进一小步，人类文明就前进一大步。例如1911年荷兰科学家海克·卡末林·昂内斯等人发现，汞在极低的温度下，其电阻消失，呈超导状态。1922年，德国工程师赫尔曼·肯佩尔提出了电磁悬浮原理，约50年后，德、日、美等国家相继开展了磁悬浮运输系统的研究。超导材料的使用，解决了电-磁转换的效率问题，否则，巨大的电能消耗，产生巨大的热量，经济上不合算，技术上行不通，电磁悬浮原理也就成了一个无用的发明专利。

对机械工程而言，最有价值的使用性能是材料的力学性能，即在受力情况下表现出来的性能——弹性变形、永久变形、断裂、腐蚀等。本章对材料的力学性能作一概括介绍，为合理选择和使用材料打下基础。

学习目标

1. 掌握弹性极限、弹性模量（材料刚度）、弹性等基本概念，了解弹性变形的本质及影响弹性变形的因素。

2. 掌握强度指标 R_e、$R_{P0.2}$、R_m，塑性指标 A、Z 和韧性指标 A_K、K_{IC} 的物理意义和工程意义并能用于设计和选材。

3. 掌握滑移系基本概念和体心立方、面心立方的滑移系；掌握体心立方、面心立方单晶体不同方向（单向和多向）加载时发生塑性变形的条件并理解多向加载可减少滑移系上的切应力大小和可动滑移系数量而降低材料塑性的基本原理。

4. 掌握多晶体塑性变形的特点和塑性变形对组织和性能的影响。

5. 掌握金属材料的四种强化原理并能用于设计合金和分析材料的组织与性能之间的关系。

6. 了解应力与断裂类型的关系及断口特征。

7. 掌握缺口效应、冲击韧性和断裂韧性概念并能用于指导设计和选材。

8. 掌握各种低应力延时断裂并能用于指导设计和选材。

9. 掌握磨损和硬度基本概念并能用于指导设计和选材。

2.1 弹性变形

任何材料在外力作用下都会或多或少地发生变形，不存在绝对的刚体材料。**弹性变形**是指外力去除后能够完全恢复的那部分变形。绝大多数材料制品在弹性状态下使用，承受载荷时发生弹性变形，卸掉载荷后又恢复到原状，因而可以重复使用。如果发生了永久变形，多数不能再用了。制品仅发生弹性变形可以重复使用，但可以重复使用不等于能用，因为许多场合对变形量是有要求的，即对刚度是有要求的，当不能满足变形量要求时，也不能使用。当零件的尺寸确定了，要计算出加最大载荷时的最大应力是多少，允许的最大变形量是多少。在众多材料中选出能满足上述两个要求的材料用于零件的制造。当然，能满足这两个要求的材料可能包括了黄金、45 钢、石头……，选哪个是不言而喻的。在选用材料时，成本是最大的约束条件之一，还要考虑社会、环境、可持续发展等问题。当考虑这些问题时，有些材料是不能选用的。例如金属中含铅的材料尽量不用，高分子材料中含甲醛的材料尽量少用等。

2.1.1 弹性变形性能指标

通过学习《材料力学》我们知道，应力分为正应力和切应力，正应力引起正应变，切应力引起切应变。当正应力大于某个临界值时开始发生永久变形，如图 2-1 所示，这个临界值称为**弹性极限**，用 R_e 表示。弹性极限是不发生永久变形的最大应力。与 R_e 对应的应变用 ε_e 表示，称为**弹性**。而 $E=R_e/\varepsilon_e$ 就是正弹性模量，简称**弹性模量**。工程上弹性模量被称为**材料刚度**，表征材料对弹性变形的抗力，其值越大，则在相同应力下产生的弹性变形就越小。机器零件或构件的刚度与材料刚度不同，它除与材料刚度有关外，尚与截面尺寸、形状和载荷作用方式有关，但无论如何变化，零构件的刚度与材料刚度成正比。

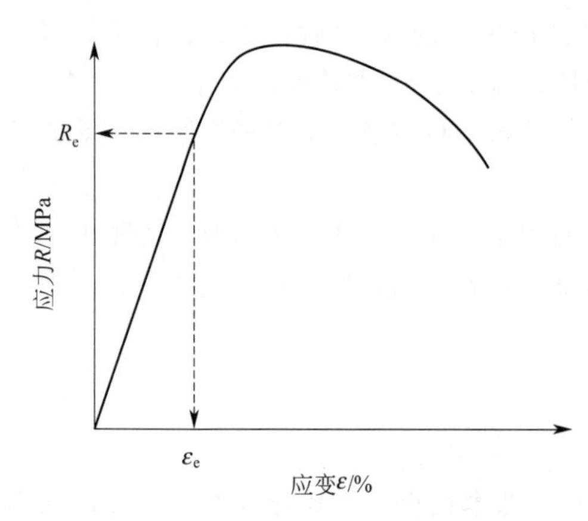

图 2-1 拉伸应力-应变曲线

从不发生永久变形考虑，所选材料的弹性极限应大于设计应力，否则，将发生永久变形；从允许的最大变形量考虑，所选材料的材料刚度也不能小于某个临界值，这个临界值不仅与应力有关，还与零构件的具体形状尺寸有关。所以，当材料一定时，提高零构件刚度只能通过零构件的结构设计来实现。如螺旋弹簧、板簧的设计是为了减小其刚度，从而实现弹性变形的极大化，储存更多能量。而角钢、丁字钢、工字钢等则是为了提高其刚度，达到减轻重量和节省材料的目的。

2.1.2 弹性变形机理

金属及化合物和高分子聚合物的弹性变形机理是不同的。

2.1.2.1 金属和化合物的弹性变形机理

对金属和化合物，在外力作用下，原子偏离其平衡位置。当承受拉应力时，随应力增大，两原子之间的距离增大（产生宏观的变形），应力有一个极大值，如果施加的应力小于这个极大值，当外加应力去除后，原子可以恢复到原来的平衡位置，宏观变形消失。所以，从微观上来说，这个极大值就是弹性极限。但是，材料的弹性极限远远小于这个数值。其原因有以下几个：①多晶体材料是由许多位向不同的晶粒组成的，单晶体不同方向上原子间距不同，原子间距小的方向上弹性模量大，原子间距大的方向上弹性模量小，导致了各个晶粒沿拉伸方向的弹性模量是不等的。沿拉伸方向弹性模量大的晶粒承受的应力大，弹性模量小的晶粒承受的应力小，即在微观上应力分布是不均匀的，有大有小。②实际材料中存在各种各样的缺陷，在这些缺陷处造成应力集中，也造成实际的弹性极限数值的减小。③由于材料中存在位错，当应力还未达到极大值时位错已经开始运动（见 2.2.2 节的介绍），“提前”发生了永久变形。实际用的金属和化合物的弹性都很小，多数为 1%～2%。

显而易见，原子结合能越大，其弹性模量也越大。因为以离子键和共价键结合时的结合能比金属键的结合能大，所以陶瓷材料往往具有比金属大的弹性模量。碳的结合能很大，制成碳纤维，缺陷少，不仅弹性模量大，而且强度可与金属媲美。熔点高的材料结合能大，弹性模量也大，同时高温强度也高，如 Ni、Co、W、Mo 等。从材料制备工艺考虑如定向凝固、制备成单晶，都能最大限度地发挥材料的性能潜力。定向凝固已广泛用来制造汽轮叶片，而 Mo 做成单晶用于制造航天发动机叶片等都是典型的应用案例。

2.1.2.2　高分子聚合物的弹性变形机理

高分子聚合物在外力作用下则表现为键长和键角的增大或减小甚至构象的变化，因而，尽管具有较大的结合能，但往往表现出较小的弹性模量和较大的弹性。

如图 2-2 所示，在力 F 作用下，两个碳原子的键角发生变化，如果不考虑键长的变化，当键角从 $109°28'$ 变成 $180°$ 时，发生的变形量为 22.45%。汽车、自行车轮子内胎、气球等材料的弹性可以达到百分之几百甚至更大，原因何在？当线型或支链型高分子聚合物为非晶的无规线团时，在外力作用下，其构象发生变化，在拉应力作用下发生伸长使弹性模量大大减小，同时具有很高的弹性。橡胶就属于这种情况，橡胶在外力作用下构象发生变化，宏观上表现出很大变形，这时排列熵减小，当外力去除后，又发生构象的变化使变形得以恢复，恢复的动力一部分来源于弹性应变能，一部分来源于排列熵的增加。键长和键角的增大或减小使系统的能量增加，由此而产生的弹性称为**能弹性**。能弹性比较小，一般不超过百分之几。构象引起熵的变化，由此而产生的弹性称为**熵弹性**，熵弹性可以很大。塑料、纤维主要是能弹性，而橡胶的弹性主要是熵弹性。

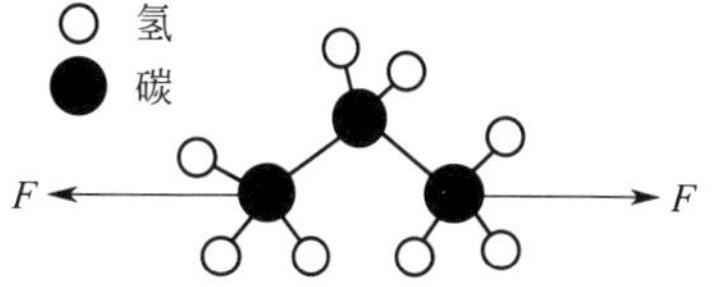

图 2-2　高分子的变形

2.1.3　影响因素

（1）温度　随温度升高，原子振动加剧，金属和陶瓷弹性模量和弹性略有降低。高分子材料的弹性模量和弹性强烈依赖于温度，随温度降低，弹性模量增大，弹性减小。

（2）应变速率　由于应力的传播是以弹性波的形式进行的，而波的传播速度很快，所以，应变速率对弹性模量无影响，略提高弹性极限。

（3）组织　金属、陶瓷材料的弹性模量主要取决于材料的成分，与相和组织结构几乎无关，是一个对组织不敏感的力学性能指标。高分子聚合物的弹性模量主要取决于链节、构象。晶相的弹性模量大于非晶相，但弹性小于非晶相。

知识巩固 2-1

1. 材料的______是指材料具有的物理、化学、力学等性能。
(a) 固有性能　(b) 使用性能　(c) 物理性能　(d) 力学性能
2. 材料的______是指制品在实际服役（使用）过程中所表现出来的性能。
(a) 固有性能　(b) 使用性能　(c) 物理性能　(d) 力学性能
3. 材料在外力作用下所表现出来的性能属于______。
(a) 固有性能　(b) 使用性能　(c) 物理性能　(d) 力学性能
4. ______是指外力去除后能够完全恢复的那部分变形。
(a) 弹性变形　(b) 塑性变形　(c) 永久变形　(d) 流变变形
5. ______是指不发生永久变形的最大应力。
(a) 屈服极限 R_s　(b) 弹性极限 R_e　(c) 抗拉强度 R_m　(d) 弹性模量 E
6. A材料的 R_e/E 大于B材料的 R_e/E，则A材料的弹性大于B材料的弹性。（　）
7. 金属与高分子材料具有不同的弹性变形机理。（　）
8. 非晶态的高分子材料的弹性比晶态的高分子材料的弹性大。（　）
9. 材料的弹性模量随温度的升高而减小。（　）
10. 当零件的尺寸和受力一定时，其变形量与弹性模量成反比关系。（　）
11. 橡胶弹性非常大的原因是橡胶不仅有能弹性还有熵弹性。（　）
12. 在金属材料中，弹性模量是对组织不敏感的性能指标。（　）
13. 在高分子材料中，弹性模量是对组织不敏感的性能指标。（　）
14. 变形速度对弹性模量基本无影响。（　）
15. 高分子材料的材料刚度一般大于金属和无机非金属材料的材料刚度。（　）

2.2　永久变形

永久变形是指外力去除后不能恢复的变形。在材料的使用过程中不允许或只允许发生局部的少量永久变形。零件在加工过程中，通过永久变形而成形。我们可以通过永久变形改变材料的相结构、组织结构、残余应力等，从而提高材料强度，是强化材料的重要手段之一。

2.2.1　强度、塑性和韧性

材料的力学性能指标通常分为强度、塑性和韧性三大类，不同加载方式（拉伸、压缩、弯曲、扭转）时强度、塑性和韧性指标的定义略有不同，但其意义基本相同。下面以拉伸为例阐述其概念及工程意义。

2.2.1.1　强度及其工程意义

强度是指材料抵抗变形和断裂的能力。通常用应力的一些特征值或临界值表示。弹性极限、正弹性模量和剪切弹性模量是弹性变形阶段的三个强度指标。

如图 2-3 所示，在静拉伸塑性变形阶段，强度指标包括以下三个：$R_{P0.2}$——**屈服强度**，试样在加载过程中发生 0.2%非比例变形时对应的应力。R_s——**屈服极限**，试样开始屈服时对应的最小应力值。$R_{P0.2}$ 和 R_s 取其一。R_m——**抗拉强度**，试样断裂前的最大应力。

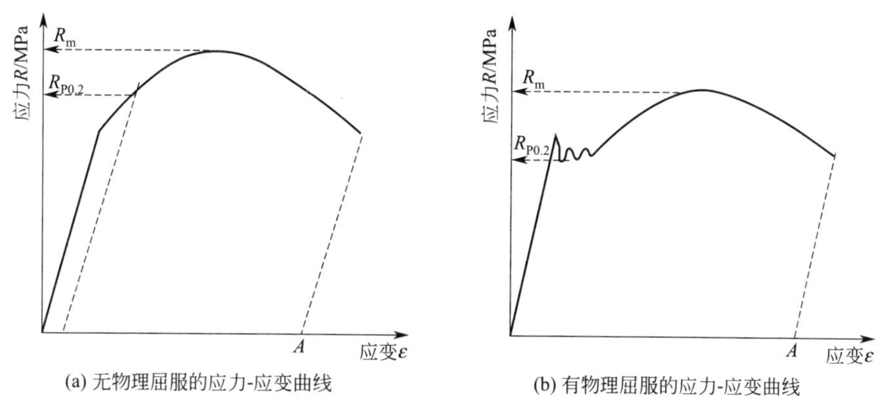

图 2-3　拉伸曲线和强度、塑性指标

材料的强度是机械工程材料中最重要的性能指标。有何工程意义呢？分别作如下说明。

① 如果制作的拉伸件只使用一次或几十次乃至数百次，只要应力小于抗拉强度 R_m 就不会发生断裂。

② 如果制作的拉伸件要反复使用无穷多次而不断裂，严格来说所加的应力必须保证材料的微观结构不能发生任何变化，即原子、空位、位错等在外力去除后都完全恢复到了原来的位置。由于微观结构在加载后未做任何变化，其性能当然不会发生改变，也就可以无限次地使用下去而不发生任何变化。要满足这样的条件，实际受的应力要小于弹性极限 R_e。当应力略小于 R_e 时，也不能绝对保证上述微观结构不发生任何变化，但这些变化不足以影响到宏观上的尺寸变化，但是，有可能形成微裂纹，在使用过程中裂纹不断扩展而导致断裂。这类断裂称为疲劳断裂。

③ 在机械设计中常常用式(2-1) 来选择材料：

塑性材料　　$R_{P0.2}(R_s) \geqslant nR_{max}$

脆性材料　　$R_m \geqslant nR_{max}$　　(2-1)

式中，n 是安全系数；R_{max} 是设计的最大应力。对式(2-1) 的选材原则作如下说明：

a. 对塑性材料，按说材料的弹性极限应满足 $R_e \geqslant nR_{max}$，但是材料的 R_e 不容易测定，而且数值的稳定性也较差，所以用 $R_{P0.2}(R_s)$ 代替 R_e。

b. 如白口铸铁、陶瓷等脆性材料拉伸时，非比例变形还没达到 0.2%或略大于 0.2%就发生断裂了，则用 R_m 代替 $R_{P0.2}$。

c. 安全系数的大小应从多方面考虑。从应力大小来说应考虑过载问题、应力集中问题、疲劳问题（将在 2.3 节介绍），综合考虑 n 一般不应小于 2。

在实际情况中，为了减轻零构件重量，需要增大设计应力，因而需要选用高强度的材料。在不同使用场合，对材料强度的要求也不同，如桥梁、输电铁塔的主要问题是刚度问题，对材料强度要求不高，而机械中零件的主要问题是强度问题，对强度的要求就非常高，因而需要分别选用具有不同强度的材料。

例 2-1 一个长 2m 的受拉伸的杆件，承受的最大拉力为 400kN，取安全系数 $n=2$。A 材料的屈服强度为 400MPa，价格为 4 元/kg，B 材料的屈服强度为 600MPa，价格为 4.2 元/kg。分别计算材料费用是多少（密度均为 $7.8g/cm^3$），选哪种材料更好？

解：$R=R_{P0.2}/n$。对 A 材料，$R=400/2=200$（MPa），截面积 $A=400000/200=2000$（mm^2），材料费 $=200\times20\times7.8\times10^{-3}\times4=124.8$（元）。对 B 材料，$R=600/2=300$（MPa），截面积 $A=400000/300=1333$（mm^2），材料费 $=200\times13.33\times7.8\times10^{-3}\times4.2=87.34$（元）。

答：A 材料费用为 124.8 元，B 材料费用为 87.34 元，选 B 材料更好。

2.2.1.2 塑性及其工程意义

塑性是指材料发生塑性变形的能力，常用静拉伸的延伸率（A）和断面收缩率（Z）表示。在图 2-3 中已经标出了延伸率 A，就是断裂后残余伸长应变。断面收缩率用试样拉断后缩颈处横截面积的缩减量与原始的截面积的比值表示。塑性具有以下工程意义。

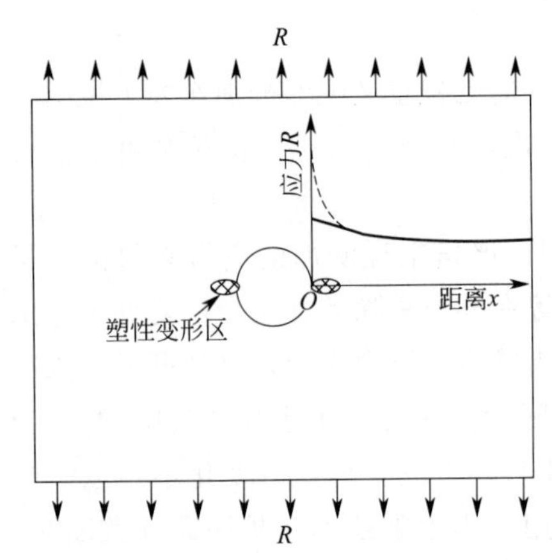

图 2-4 塑性变形缓解应力集中

① 生产上可以通过塑性变形而成形，通常有锻造、轧制、冲压、滚压等塑性成形方法，采用这些方法可以制备出金属板材、型材、零件毛坯等。

② 可以通过塑性变形提高金属强度，丝（线）材、板材在成形的同时提高其强度。

③ 缓解应力集中，提高使用安全性。图 2-4 表示板上挖一个孔，在孔的边缘 O 点产生应力集中，如果是弹性变形，O 点应力是平均应力的 3 倍，因此，当平均应力 $R=R_{P0.2}/3$ 时 O 点开始发生塑性变形，随应力增大，塑性变形区不断扩大，但塑性变形区的应力则基本上不变，仍然低于断裂强度而不会断裂。但是，如果材料不能发生塑性变形，如白口铸铁、灰口铸铁、陶瓷材料等，应力集中处的应力（如图 2-4 中的虚线）已经超过了断裂强度，则发生断裂。由于塑性变形区沿拉应力方向伸长，卸载后产生残余压应力，当再次加载时，残余应力抵消一部分外加应力，这时，即使加到原来的载荷，也几乎不会再发生塑性变形，即出现应力集中减小的现象，所以说塑性可以减缓应力集中。

综上所述，塑性是金属材料难能可贵的性能，在工程中意义重大，尤其对有应力集中的零构件，如果材料的塑性低，容易发生脆性断裂，造成安全事故。所以，在选材时，不仅要满足强度要求，还要满足对塑性的要求，应力集中越大或对安全性要求越高，则所选材料的塑性应越高。对焊接件，由于焊缝处不可避免地存在一些焊接缺陷，造成应力集中，也要求焊接用材要具有非常好的塑性。

2.2.1.3 韧性及其工程意义

韧性是材料断裂前吸收塑性变形功和断裂功的能力。在静拉伸条件下，用单位体积吸收的塑性变形功（应力-应变曲线下的面积）表示材料韧性，叫静力韧度，如图 2-5 所示。由图 2-5 看出，静力韧度可以近似用屈服强度和抗拉强度的平均值与延伸率的乘积计算。韧性不是独立的性能指标，与强度和塑性都有关系。在高强度低塑性情况下适当提高塑性（强度可能降低），韧性提高较大。而对低强度高塑性材料，提高强度，适当降低塑性可提高韧性。即在强度和塑性都比较高的情况下韧性最高。

材料的韧性常用冲击功和断裂韧度作为韧性指标，这两个指标在后面介绍。

穿甲弹和甲板就是矛与盾的关系，两者都需要高强度和高韧性。当零构件承受冲击载荷时，对韧性的要求就高了。

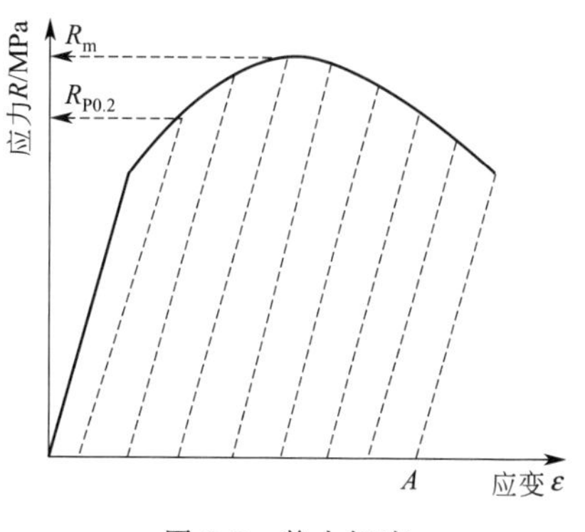

图 2-5　静力韧度

知识巩固 2-2

1. ____是指外力去除后不能恢复的变形。

(a) 弹性变形　(b) 永久变形　(c) 拉伸变形　(d) 弯曲变形

2. ____是指材料抵抗变形和断裂的能力。

(a) 强度　(b) 塑性　(c) 韧性　(d) 硬度

3. ____是指材料发生塑性变形的能力。

(a) 强度　(b) 塑性　(c) 韧性　(d) 硬度

4. ____是指材料吸收塑性变形功和断裂功的能力。

(a) 强度　(b) 塑性　(c) 韧性　(d) 硬度

5. 某零件设计时安全系数为 2，设计的最大应力为 300MPa，所选材料的屈服极限应该满足____。

(a) $R_{P0.2}>300\text{MPa}$　(b) $R_{P0.2}>450\text{MPa}$　(c) $R_{P0.2}>600\text{MPa}$　(d) $R_{P0.2}>1000\text{MPa}$

6. 根据对某零件的应力分析，材料的强度应满足 $R_{P0.2}>600\text{MPa}$，有 4 种材料的强度和塑性指标如下，如果只考虑强度，哪种材料最好？______。

(a) $R_{P0.2}=580\text{MPa}$，$A=30\%$　(b) $R_{P0.2}=650\text{MPa}$，$A=20\%$

(c) $R_{P0.2}=800\text{MPa}$，$A=20\%$　(d) $R_{P0.2}=1800\text{MPa}$，$A=2\%$

7. 根据对某零件的应力分析，材料的强度应满足 $R_{P0.2}>600\text{MPa}$，有 4 种材料的强度和塑性指标如下，如果考虑强度和安全性，哪种材料最好？______。

(a) $R_{P0.2}=580\text{MPa}$，$A=30\%$　(b) $R_{P0.2}=650\text{MPa}$，$A=20\%$

(c) $R_{P0.2}=800\text{MPa}$，$A=20\%$　(d) $R_{P0.2}=1800\text{MPa}$，$A=2\%$

8. 有 4 种材料的强度和塑性指标如下，如果用来制造炮弹壳，哪种材料最好？______。

(a) $R_{P0.2}=580\text{MPa}$，$A=30\%$　(b) $R_{P0.2}=650\text{MPa}$，$A=20\%$

(c) $R_{P0.2}=800\text{MPa}$，$A=20\%$　(d) $R_{P0.2}=500\text{MPa}$，$A=0.2\%$

9. 材料的强度越高，说明其力学性能越好。(　　)

10. 材料的韧性越高，说明其强度和塑性都比较高。(　　)

2.2.2　金属单晶体的塑性变形

如前所述，塑性具有重要的工程意义，而塑性是通过塑性变形而体现出来的性能。金属为什么会发生塑性变形？这个问题我们在第 1 章介绍晶体缺陷中的位错时已经作了初步回答：晶体的已滑移区和未滑移区的分界线是位错，位错的运动在宏观上表现为塑性变形。晶体的塑性变形除了位错的滑移机制外，还有孪生机制，但孪生机制不普遍，所以只介绍位错滑移机制。

2.2.2.1 位错运动的晶格阻力 τ_m 和滑移系

位错运动会受到多种阻力，其中最基本的阻力是晶格阻力 τ_m，其他阻力将在“2.2.4 金属强化原理”中介绍。经过复杂的但仍不精确的计算，晶格阻力为：

$$\tau_m=\frac{2G}{1-\mu}\exp\left[-\frac{2\pi d}{b(1-\mu)}\right]\approx 2.7G\exp\left(-8.37\frac{d}{b}\right) \tag{2-2}$$

式中，G 为剪切弹性模量；μ 为泊松比，$\mu\approx 0.25$；b 为柏氏矢量的模；d 为滑移面间距。

弹性模量主要取决于结合能的大小，结合能越大，弹性模量越大，晶格阻力越大。

晶格阻力与晶体结构有关，与滑移面晶面间距 d 和滑移方向的原子间距即柏氏矢量的模 b 有关，d 越大或 b 越小则晶格阻力越小，因此，滑移面和滑移方向（即滑移系）不是任意的。

例 2-2 分析简单立方晶体的滑移系并分析晶格阻力的相对大小和滑移系数量。

分析：由例 1-15 知简单立方晶体的晶面间距最大的三个晶面族是 {100}、{110}、{111}，晶面间距分别是 a、$a/\sqrt{2}$、$a/\sqrt{3}$。由例 1-10 知简单立方晶体的原子间距（柏氏矢量的模）最小的三个晶向族是〈100〉、〈110〉、〈111〉，原子间距分别是 a、$\sqrt{2}a$、$\sqrt{3}a$。

根据夹角公式即式(1-11) 可以判断出 {100} 滑移面上的滑移方向可能是〈100〉和〈110〉，但由于〈100〉的原子间距小于〈110〉的原子间距，所以，实际的滑移方向只有〈100〉。同理，{110} 滑移面上的滑移方向是〈100〉，{111} 滑移面上的滑移方向是〈110〉。图 2-6 是滑移面指数全取正数时可能的滑移面和滑移方向。

将三个滑移面的面间距和滑移方向的阵点间距代入式(2-2) 可计算出晶格阻力的相对大小：

$$\tau_{m100}:\tau_{m110}:\tau_{m111}=\exp(-8.37):\exp\left(-8.37\times\frac{1}{\sqrt{2}}\right):\exp\left(-8.37\times\frac{1}{\sqrt{6}}\right)\approx 1:12:142$$

显而易见，实际的滑移系只可能是 {100} 滑移面和〈100〉滑移方向。{100} 共有 6 个晶面，每个面上有 4 个滑移方向，所以，简单立方晶格共有 24 个滑移系。

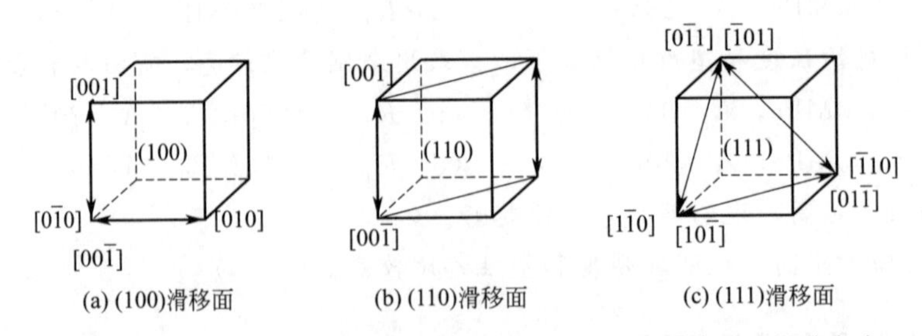

图 2-6 简单立方晶体的晶面指数取正数时可能的滑移面和滑移方向

例 2-3 分析体心立方晶体的滑移系并计算晶格阻力的相对大小和滑移系数量。

分析：由例1-16知体心立方晶体的晶面间距最大的三个晶面族是｛110｝、｛100｝、｛112｝，晶面间距分别是：$a/\sqrt{2}$、$a/2$、$a/\sqrt{6}$。由例1-11知体心立方晶体的原子间距（位错的模）最小的三个晶向族是〈111〉、〈100〉和〈110〉，原子间距分别是：$\sqrt{3}a/2$、a、$\sqrt{2}a$。

根据夹角公式即式(1-11)可以判断出｛110｝滑移面上的滑移方向可能是〈100〉、〈110〉和〈111〉，但由于〈111〉的原子间距小于〈100〉和〈110〉的原子间距，所以，实际的滑移方向只有〈111〉。同理，｛100｝滑移面上的滑移方向是〈100〉，｛111｝滑移面上的滑移方向是〈110〉。图2-7是滑移面指数全取正数时可能的滑移面和滑移方向。

将三个滑移面的间距和滑移方向的阵点间距代入式(2-2)可计算出晶格阻力的相对大小：

$$\tau_{\mathrm{m}110}:\tau_{\mathrm{m}100}:\tau_{\mathrm{m}111}=\exp\left(-8.37\times\frac{2}{\sqrt{6}}\right):\exp\left(-8.37\times\frac{1}{2}\right):\exp\left(-8.37\times\frac{1}{\sqrt{24}}\right)$$
$$\approx 1:14:168$$

显而易见，实际的滑移系只可能是｛110｝滑移面和〈111〉滑移方向。｛110｝共有12个晶面，每个面上有4个滑移方向，所以，体心立方晶格共有48个滑移系。

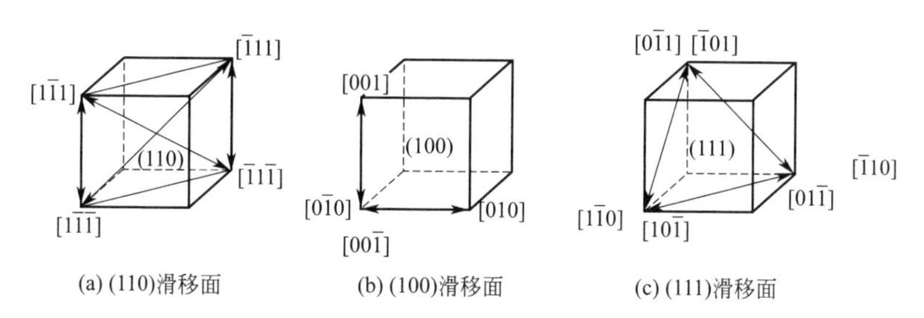

(a) (110)滑移面　(b) (100)滑移面　(c) (111)滑移面

图2-7 体心立方晶体的晶面指数取正数时可能的滑移面和滑移方向

例2-4 分析面心立方晶体的滑移系并计算晶格阻力的相对大小和滑移系数量。

分析：由例1-17知面心立方晶体的晶面间距最大的三个晶面族是｛111｝、｛100｝、｛110｝，晶面间距分别是$a/\sqrt{3}$、$a/2$、$a/\sqrt{8}$。由例1-12知面心立方晶体的原子间距（位错的模）最小的三个晶向族是〈110〉、〈100〉和〈112〉，原子间距分别是：$\frac{\sqrt{2}}{2}a$、a、$\frac{\sqrt{6}}{2}a$。

根据夹角公式即式(1-11)可以判断出｛111｝滑移面上的滑移方向只能是〈110〉。｛100｝滑移面上的滑移方向是〈100〉，｛110｝滑移面上的滑移方向是〈110〉。图2-8是滑移面指数全取正数时可能的滑移面和滑移方向。

将三个滑移面的间距和滑移方向的阵点间距带入式(2-2)可计算出晶格阻力的相对大小：

$$\tau_{\mathrm{m}111}:\tau_{\mathrm{m}100}:\tau_{\mathrm{m}110}=\exp\left(-8.37\times\frac{\sqrt{2}}{\sqrt{3}}\right):\exp\left(-8.37\times\frac{\sqrt{2}}{2}\right):\exp\left(-8.37\times\frac{1}{\sqrt{2}}\right)$$
$$=1:2.5:14.1$$

显而易见，实际的滑移系只可能是｛111｝滑移面和〈110〉滑移方向。｛111｝共有8个晶面，每个面上有6个滑移方向，所以，面心立方晶格共有48个滑移系。

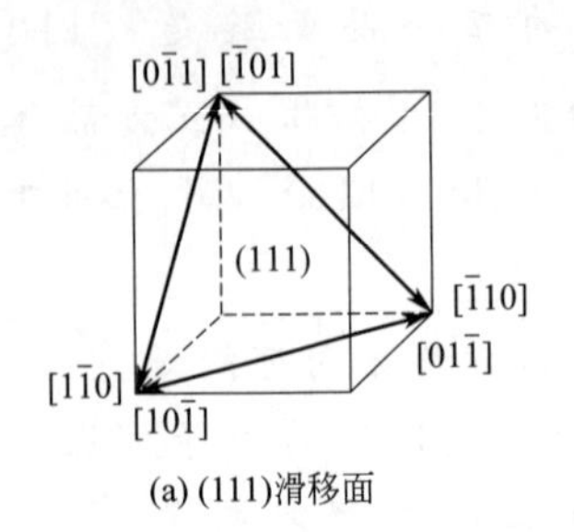

(a) (111)滑移面

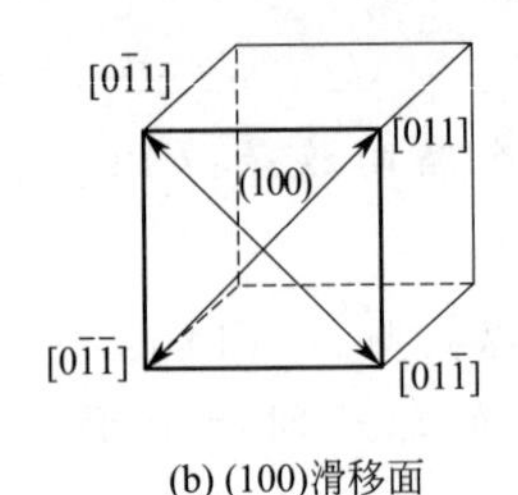

(b) (100)滑移面

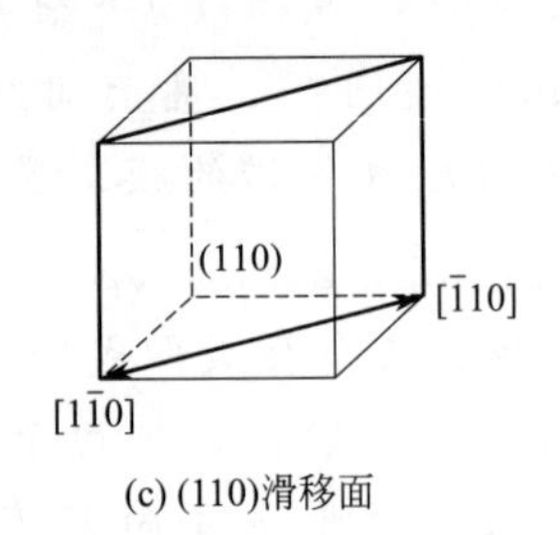

(c) (110)滑移面

图 2-8 面心立方晶体的晶面指数取正数时可能的滑移面和滑移方向

通过上述三例的分析可以看出，滑移系与晶体类型有关。实际的滑移系应该是晶格阻力最小的，所以，图 2-6 至图 2-8 中的图（a）才是真正的滑移系，即

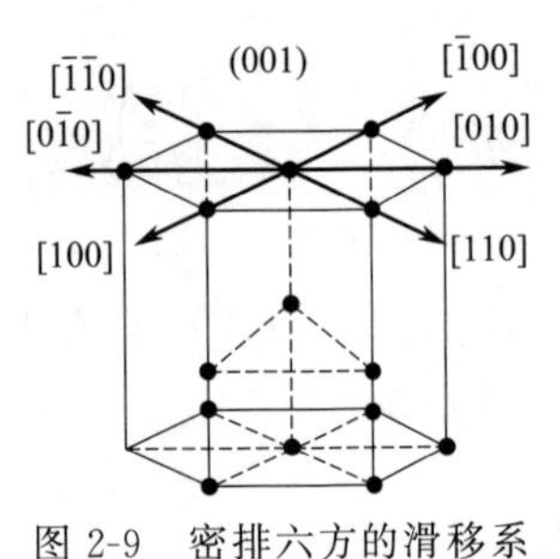

图 2-9 密排六方的滑移系

简单立方的滑移系是 {100}〈100〉，共 6×4=24 个。

体心立方的滑移系是 {110}〈111〉，共 12×4=48 个。

面心立方的滑移系是 {111}〈110〉，共 8×6=48 个。

密排六方的滑移系是 {001} 〈100〉、〈110〉，共 2×6=12 个，如图 2-9 所示。

滑移系的多少与晶体类型有关，塑性的大小与晶体类型也有关。面心立方一般比体心立方更容易滑移，表现出强度低而塑性很好，如 Au、Ag、Cu、Al。密排六方的滑移系最少，往往表现出强度低同时塑性也差，如 Zn、Mg 等。

2.2.2.2 位错运动的驱动力和分切应力的计算

位错运动的驱动力是作用在位错上的切应力 τ_b，当 $\tau_b=\tau_m$，位错运动的驱动力和晶格阻力达到平衡，当 $\tau_b \geqslant \tau_m$ 时位错开始运动，晶体的一部分将沿着一定的晶面（滑移面）和一定的方向（滑移方向）发生相对的滑动，产生了相对的位移，在微观上是位错滑移的结果，而这个位移在外加切应力去除后是不能恢复的，大量位错运动产生的位移叠加起来，在宏观上表现为晶体发生了永久变形。这种变形没有改变晶体结构，即原子排列没有发生改变，其宏观尺寸的变化称为塑性变形。

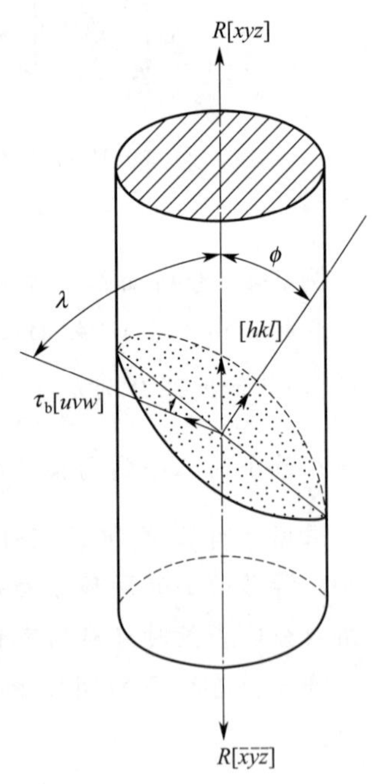

图 2-10 分切应力计算

位错可以用柏氏矢量 ***b*** 表示，切应力也是矢量，所谓作用在位错上的切应力是指与位错 ***b*** 平行且同方向的切应力 τ_b。外加应力分解到 ***b*** 矢量方向上的切应力 τ_b 才是位错运动的驱动力。图 2-10 是根据单向拉应力计算分切应力 τ_b 的示意图，其中用晶向指数表示了正应力 σ 的方向 $[xyz]$、滑移面法线方向 $[hkl]$ 和滑移方向即分切应力 τ_b 的方向 $[uvw]$，滑移面法线与正应力方向的夹角为 ϕ，滑移方向与正应力方向的夹角为 λ。由材料力学中的相关公式可得：

$$\tau_b = R\cos\phi\cos\lambda \tag{2-3}$$

对立方晶系，根据夹角公式(1-11) 得：

$$\tau_b = R\frac{hx+ky+lz}{\sqrt{h^2+k^2+l^2}\sqrt{x^2+y^2+z^2}}\times\frac{ux+vy+wz}{\sqrt{u^2+v^2+w^2}\sqrt{x^2+y^2+z^2}}$$

$$= R\frac{(hx+ky+lz)(ux+vy+wz)}{(x^2+y^2+z^2)\sqrt{h^2+k^2+l^2}\sqrt{u^2+v^2+w^2}} \tag{2-4}$$

当 $\tau_b=\tau_m$ 时 $R=R_s$，位错开始滑移。由于 τ_m 是常数，所以，R_s 不是常数，与拉应力轴与滑移面和滑移方向的夹角有关。所以，拉应力轴与滑移面和滑移方向的夹角不同时，材料的屈服极限也不相等，即不同方向上单晶体材料的性能是不同的，反映出单晶体在不同方向上具有不同的性能——单晶体具有各向异性。

在式(2-3) 中，$\cos\phi$、$\cos\lambda>0$，如果出现 $\cos\phi<0$，则用 $[\bar{h}\ \bar{k}\ \bar{l}]$ 计算，如果出现 $\cos\lambda<0$，则用 $[\bar{u}\ \bar{v}\ \bar{w}]$ 计算。

例 2-5　已知镁单晶的 $\tau_m=1\text{MPa}$，计算拉应力在（100）平面上变化时的屈服强度与夹角关系。

分析：镁属于密排六方晶格，滑移面是（001），当拉应力在（100）平面上变化时，滑移方向只能是［010］方向，并且 $\phi+\lambda=90°$，如图 2-11(a) 所示。

解：由式(2-3) 得分切应力为 $\tau_b=R\cos\phi\cos\lambda=R\cos\phi\sin\phi$，因为 $\tau_b=\tau_m=1$ 时 $R=R_s$，所以，$R_s=1/(\cos\phi\sin\phi)$，如图 2-11(b) 所示，其中实线是计算结果，圆圈是试验结果，可见二者符合得相当好。

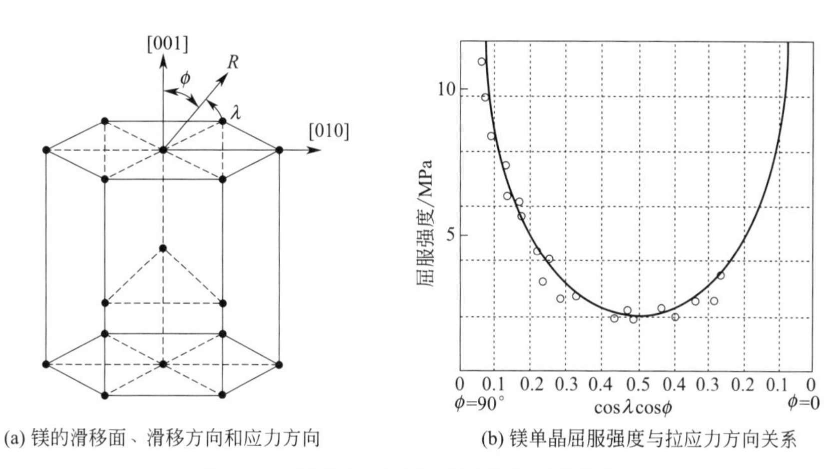

(a) 镁的滑移面、滑移方向和应力方向　　(b) 镁单晶屈服强度与拉应力方向关系

图 2-11　镁单晶屈服强度计算和试验结果

例 2-6　铝单晶体的临界切应力为 0.24MPa，当拉伸轴为［001］时，哪些滑移系可能有位错滑移？引起屈服所需要的拉伸应力是多大？

分析：铝是面心立方晶体，滑移面是 {111}，滑移方向是〈110〉。{111} 的 8 个滑移面如图 2-12 中八面体的 8 个面。与拉应力方向［001］夹角<90°的有 4 个滑移面，即 $l=1$ 的 4 个：(111)、$(\bar{1}11)$、$(\bar{1}\bar{1}1)$、$(1\bar{1}1)$，每个滑移面上有两个滑移方向与［001］的夹角<90°，共有 8 个滑移系：(111)$[\bar{1}01]$、(111)$[0\bar{1}1]$、$(\bar{1}11)$[101]、$(\bar{1}11)$$[0\bar{1}1]$、$(\bar{1}\bar{1}1)$[101]、$(\bar{1}\bar{1}1)$[011]、$(1\bar{1}1)$[011]、$(1\bar{1}1)$$[\bar{1}01]$。与正应力方向 $[00\bar{1}]$ 夹角<90°的有 4 个滑移面，即 $l=-1$ 的 4 个，每个面上有两个滑移方向与拉应力方向 $[00\bar{1}]$ 的夹角<90°，共 8 个滑移系（读者可自己写出这 8 个滑移系）。所以，当拉伸轴为［001］时，共 16 个滑移系，这 16 个滑移系上的分切应力相等。

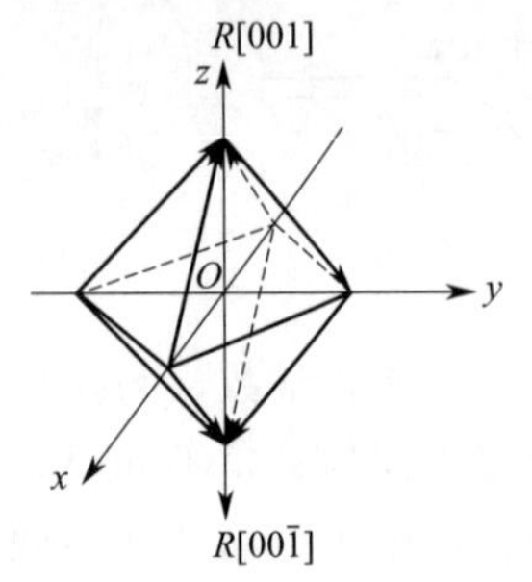

图 2-12 面心立方沿［001］方向拉伸，16 个滑移系可滑移

解：共 16 个滑移系，如图 2-12 所示。

$$\cos\phi\cos\lambda=\frac{1}{\sqrt{3}}\times\frac{1}{\sqrt{2}}=\frac{1}{\sqrt{6}}$$

$$R_s=\sqrt{6}\,\tau_m=\sqrt{6}\times0.24\approx0.59(\text{MPa})$$

讨论 1：在［001］方向加拉应力 R，在［010］方向同时加应力 R_y，且 $|R_y|\leqslant R$，讨论滑移系数量并计算 R_s。

如果在［010］方向也加上应力 R_y，对滑移方向中 $v=0$ 的 8 个滑移方向上的切应力无影响，但对 $v=\pm1$ 的 8 个滑移方向上的切应力有影响。以（111）［$0\bar{1}1$］为例分析如下：

由 R 分解到［$0\bar{1}1$］方向上的切应力为：

$$\tau_R=R\,\frac{1\times0+1\times0+1\times1}{\sqrt{3}}\times\frac{0\times0-1\times0+1\times1}{\sqrt{2}}=\frac{R}{\sqrt{6}} \tag{2-5}$$

由 R 分解到［$0\bar{1}1$］方向上的切应力为：

$$\tau_{R_y}=R_y\,\frac{1\times0+1\times1+1\times0}{\sqrt{3}}\times\frac{0\times0-1\times1+1\times0}{\sqrt{2}}=-\frac{R_y}{\sqrt{6}} \tag{2-6}$$

根据应力叠加原理，［$0\bar{1}1$］方向上的切应力为：

$$\tau_{R+R_y}=\tau_R+\tau_{R_y}=\frac{R-R_y}{\sqrt{6}} \tag{2-7}$$

作用在（111）滑移面的 3 个滑移方向上都为切应力，且大小不等，在［$\bar{1}01$］方向上切应力为 $R/\sqrt{6}$，在［$\bar{1}10$］方向上切应力为 $R_y/\sqrt{6}$，在［$0\bar{1}1$］方向上切应力为 $(R-R_y)/\sqrt{6}$。由于各个滑移系上的切应力大小不一样，则切应力大的先滑移，讨论如下。

① 如果 $R_y>0$，且 $R_y<R$，则位错沿（111）［$\bar{1}01$］滑移系先滑移，屈服应力 $R_s=\sqrt{6}\,\tau_m$，与只加 R 的屈服应力大小相等，但是，只有 8 个滑移系（每个滑移面上有一个滑移系）可以滑移。

② 如果 $R_y=R$，则位错沿（111）［$\bar{1}01$］和（111）［$\bar{1}10$］两个滑移系先滑移，屈服应力 $R_s=\sqrt{6}\,\tau_m$，与只加 R 的屈服应力大小相等，另一个滑移系上的切应力始终为 0。

③ 如果 $R_y<0$，则位错沿（111）［$0\bar{1}1$］滑移系先滑移，屈服应力 $R_s=\sqrt{6}\,\tau_m+R_y<\sqrt{6}\,\tau_m$，只有 8 个滑移系（每个滑移面上有一个滑移系）可以滑移。

讨论 2：在［001］、［010］和［100］方向同时加上相等的应力，分析滑移系。

所有滑移系上的分切应力都为 0，都不能滑移，塑性变形能力等于零。所以，在两向和三向应力作用下，金属的塑性降低。

结论：金属的塑性与加载方式有关。金属在单向压缩、扭转、单向拉伸时表现出的塑性依次减小，对材料塑性的要求要依次提高；两向和三向拉应力降低材料的塑性，在三向等应力压缩和三向等应力拉伸时塑性为零（不可能发生塑性变形）。

2.2.2.3 滑移线和滑移带

滑移的结果使晶体表面产生台阶、滑移线、滑移带，如图 2-13(a) 所示。许多位错在一个晶面上滑移留下滑移线，多个相互平行且不在同一个晶面上的滑移线组成滑移带，滑移带与滑移带之间的距离较大，滑移是不均匀的。滑移线和滑移带在表面造成微观上的应力集中。图 2-13(b) 是在抛光表面观察到的滑移带。当滑移面相交时，滑移带也相交，如图 2-13(c) 所示。

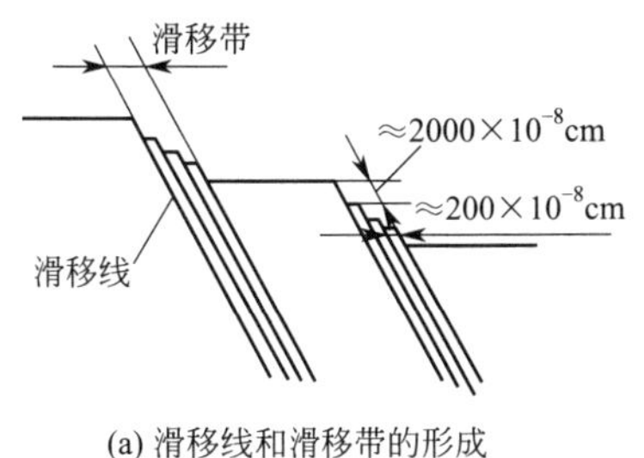

(a) 滑移线和滑移带的形成

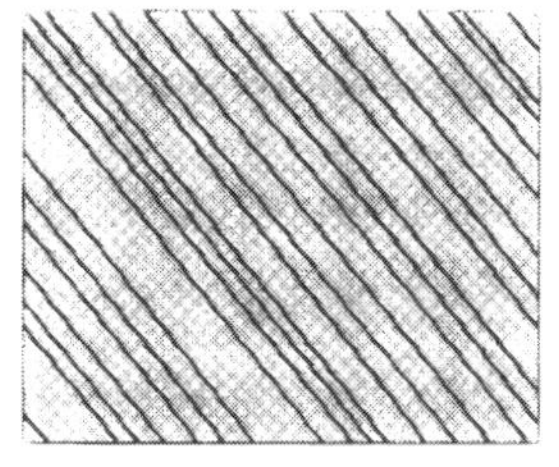
(b) 单滑移在表面形成的滑移带

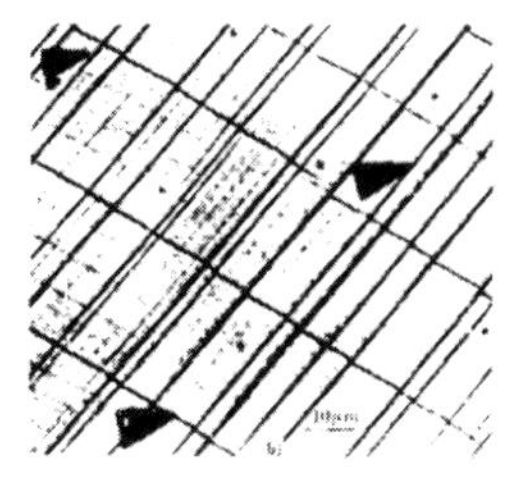
(c) 交叉滑移在表面形成的滑移带

图 2-13　滑移线和滑移带

知识巩固 2-3

1. 晶体的一部分沿着一定的晶面和一定的方向发生相对的滑动，产生了相对的位移，这一过程称为______。

(a) 搓动　　(b) 滑移　　(c) 移动　　(d) 变形

2. 一个滑移面和其上的一个滑移方向组成一个______。

(a) 滑移系　　(b) 滑移面　　(c) 滑移方向　　(d) 滑移偶

3. 体心立方晶体常见的滑移面是______。

(a) {111}　　(b) {110}　　(c) 〈111〉　　(d) 〈110〉

4. 体心立方晶体常见的滑移方向是（　　）。

(a) {111}　　(b) {110}　　(c) 〈111〉　　(d) 〈110〉

5. 体心立方晶体的滑移系共计______个。

(a) 12　　(b) 4　　(c) 48　　(d) 24

6. 面心立方晶体常见的滑移面是______。

(a) {111}　　(b) {110}　　(c) 〈111〉　　(d) 〈110〉

7. 面心立方晶体常见的滑移方向是（　　）。

(a) {111}　　(b) {110}　　(c) 〈111〉　　(d) 〈110〉

8. 面心立方晶体常见的滑移系共计______个。

(a) 8　　(b) 6　　(c) 48　　(d) 12

9. 只有作用在位错上的切应力才能使晶体发生滑移。（　　）

10. 对单晶体来说，τ_m 是常数，而屈服极限 R_s 和拉伸轴方向有关系。（　　）

11. 滑移是不均匀的。（　　）

12. 金属的塑性与加载方式有关。金属在单向压缩、扭转、单向拉伸时表现出的塑性依次减小，对材料塑性的要求依次提高。（　　）

13. 两向和三向应力降低材料的塑性，在三向等应力压缩和三向等应力拉伸时塑性为零。（　　）

14. 单纯受压应力的零件可以考虑用塑性低的材料，而受单向拉伸应力的零件要选用塑性相对高的材料，受两向或三向拉伸应力的零件要选用塑性非常高的材料。（　　）

15. 滑移在晶体表面会留下滑移线和滑移带，只有一组相互平行的滑移带说明只有一个

滑移面发生了滑移。(　　)

2.2.3　金属多晶体的塑性变形

多晶体的塑性变形和单晶体的塑性变形没有本质的区别。但是，多晶体是由许多位向不同的晶粒组成的，晶粒与晶粒之间是晶界，从图 2-14 中看出，晶粒 A 的滑移面与拉力轴大致呈 45°夹角，处于分切应力最大的有利位向（软位向），而晶粒 C 的滑移面与拉力接近平行，处于不利位向（硬位向）。随应力增大，处于软位向晶粒中的位错先发生滑移，而处于硬位向晶粒中的位错后发生滑移，所以，各个晶粒的塑性变形不是同时开始的。

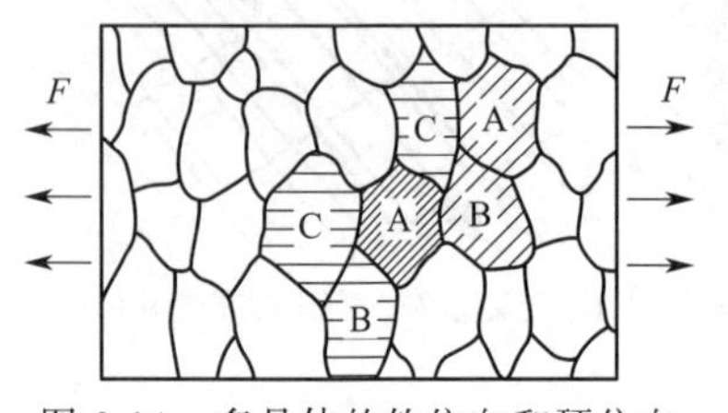

图 2-14　多晶体的软位向和硬位向

2.2.3.1　晶界的强化和韧化作用

多晶体中每个晶粒都处于其他晶粒的包围之中，它们的变形必然要与其他临近的晶粒相互协调配合。当位错运动到晶界时，在晶界处塞积，造成应力集中，在相邻晶粒内产生附加的应力场，促使相邻晶粒协调变形，如图 2-15 所示。

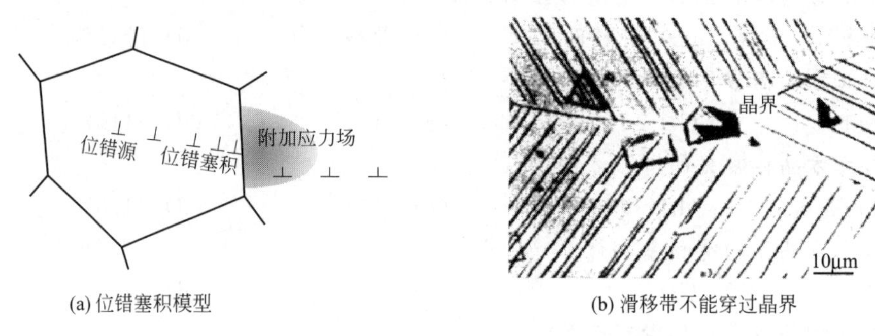

(a) 位错塞积模型　　(b) 滑移带不能穿过晶界

图 2-15　位错在晶界处塞积不能穿过晶界

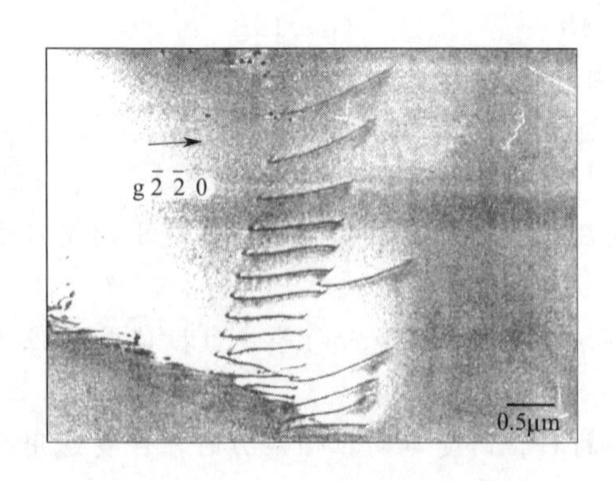

图 2-16　位错在晶界塞积

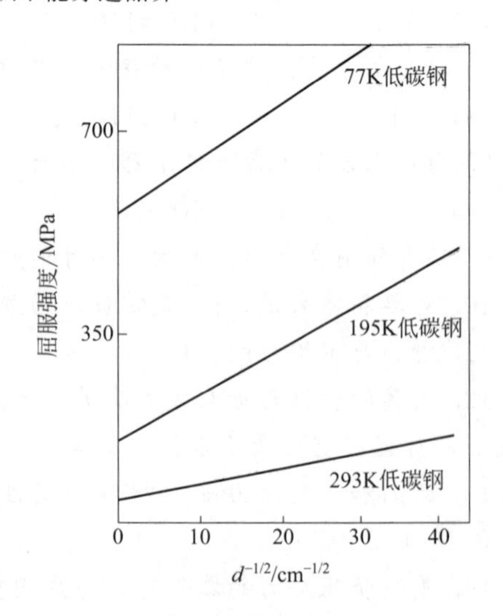

图 2-17　低碳钢屈服强度与晶粒直径关系

图 2-16 是位错在晶界塞积的透射电镜照片，可以看到离晶界越远位错之间的距离越大。晶粒越细小，晶界越多，位错越不容易运动，强度越高。图 2-17 是低碳钢在不同温度拉伸时的屈服强度与晶粒直径之间的关系。从图 2-17 中看出：①屈服强度与晶粒直径的关系符合霍尔-佩奇公式(1-13)；②随试验温度降低，屈服强度升高。

细晶粒易于协调，使塑性提高。晶界是滑移的障碍，晶界的存在提高了材料的强度，晶粒越细小，不仅强度越高，而且塑性和韧性也越高，所以在实际中应尽量使晶粒得到细化。

2.2.3.2　塑性变形对显微组织的影响

多晶体经过强烈的塑性变形，晶粒被拉长，由变形前的等轴状晶粒变为长条形或扁平形晶粒，称其为**纤维组织**。图 2-18 是铜经不同程度冷轧后的光学显微组织，随变形量增大，晶粒被拉长，形成纤维组织。

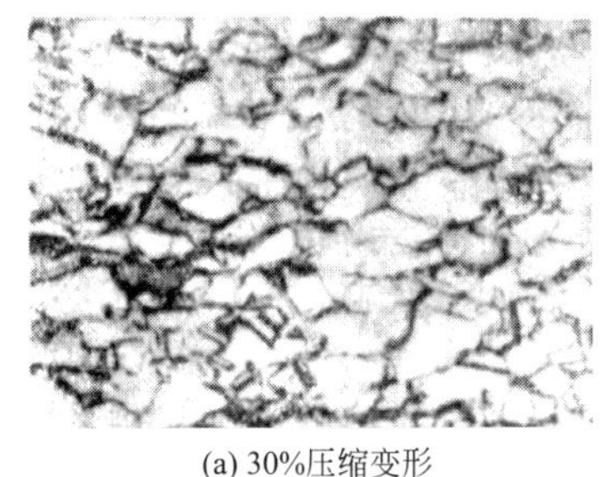

(a) 30%压缩变形

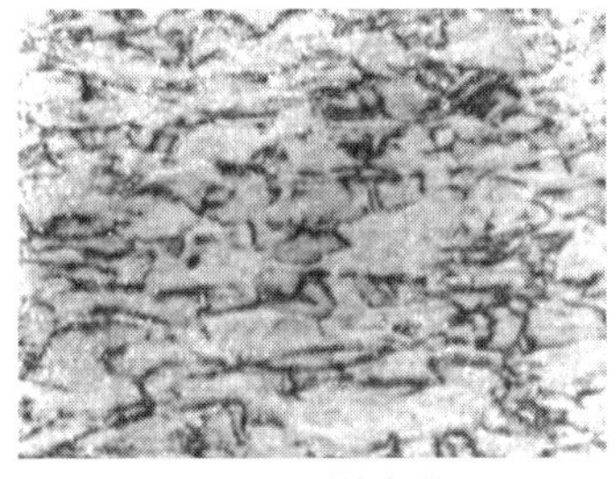

(b) 50%压缩变形

(c) 99%压缩变形

图 2-18　铜经不同程度冷轧后的光学显微组织

在变形过程中各个晶粒的滑移面和滑移方向逐渐与变形方向趋于一致，这种现象称为择优取向，这种组织状态则称为**形变织构**。形变织构分为两种：丝织构和板织构，如图 2-19 所示。织构的产生会使材料出现各向异性，在产生织构的方向上强度提高，垂直于织构的方向上强度降低。用有织构的板材进行冲压时影响到冲压成形性能，如图 2-20 所示。

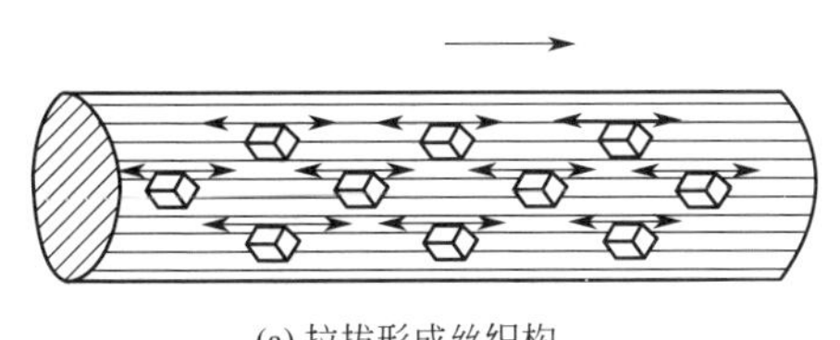

(a) 拉拔形成丝织构

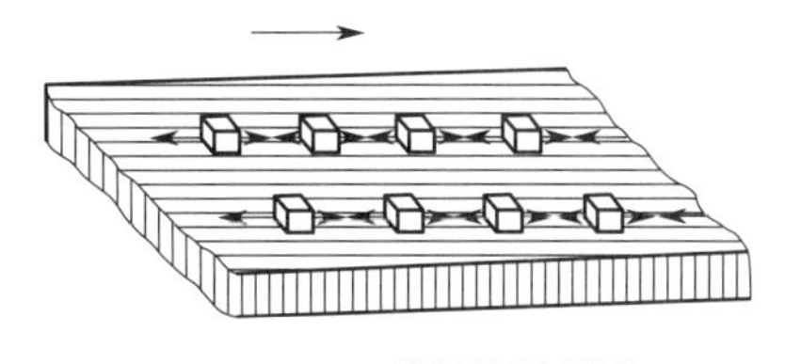

(b) 轧制形成板织构

图 2-19　丝织构和板织构

2.2.3.3　塑性变形对亚结构的影响

随着塑性变形量的增大，晶体中的位错不断增殖，位错密度迅速提高，位错在运动过程中发生缠结，形成位错胞（亚晶粒），如图 2-21 所示。亚晶粒内位错密度低，亚晶粒间形成高密度位错，位错缠结在一起形成亚晶界，亚晶粒尺寸只有数百纳米。

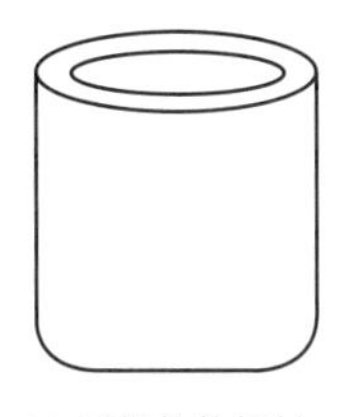

(a) 无织构的板材

(b) 有织构的板材

图 2-20　织构对冲压件的影响

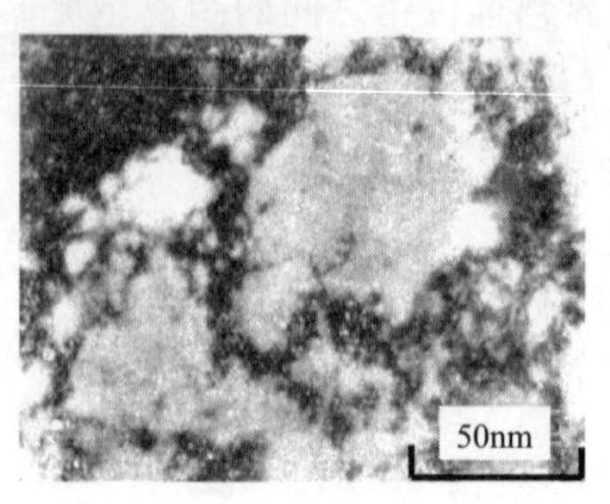

(a) 30%压缩变形

(b) 50%压缩变形

(c) 99%压缩变形

图 2-21　铜经不同程度冷轧后的透射电镜形貌

2.2.3.4　塑性变形对金属力学性能的影响

如前所述，晶体在变形过程中发生转动，位向发生变化，使 $\cos\phi\cos\lambda$ ［式(2-3)］增大，只有继续增大应力才能继续变形。随变形量增大，位错密度提高，形成亚晶粒，亚晶界阻碍位错运动，也需要增大应力才能继续变形。因此，随着塑性变形量的增加，金属的强度、硬度升高，塑性、韧性下降，称之为**加工硬化**。图 2-22 是铜和铝的屈服强度与亚晶粒尺寸的关系，随亚晶粒尺寸减小屈服强度提高，并且也符合霍尔-佩奇公式。图 2-23 是纯铁的力学性能与变形量关系。布氏硬度由未变形时的 60HBS，经 80％变形后增加到了 120HBS；屈服强度由未变形时的 100MPa，经 80％变形后增加到了 400MPa；抗拉强度由未变形时的 210MPa，经 80％变形后增加到了 400MPa；而延伸率由未变形时的 60％，经 80％变形后降到了 8％。

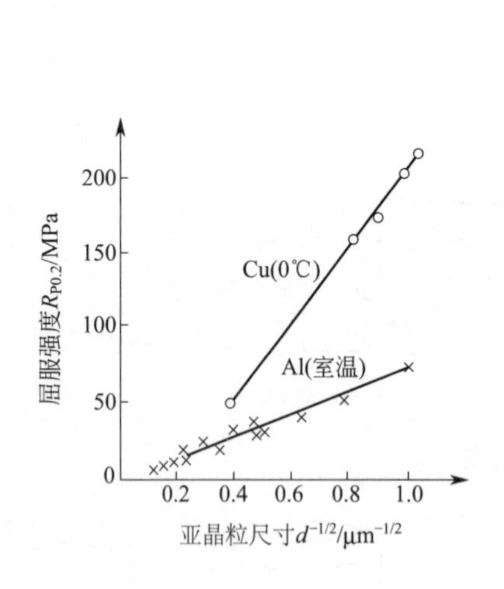

图 2-22　铜和铝的屈服强度与亚晶粒尺寸的关系

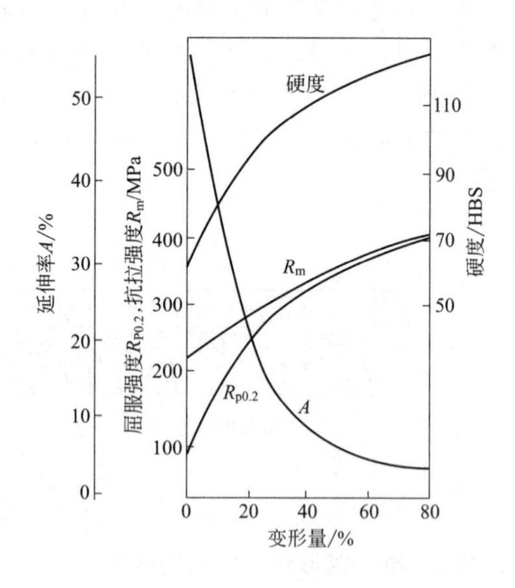

图 2-23　纯铁的力学性能与变形量关系

2.2.3.5　塑性变形对残余应力的影响

在弹性变形阶段，外力去除后变形恢复，原子又回到了原来的平衡位置，如果原来材料中不存在残余应力，那么外力去除后也没有残余应力。但是，多晶体塑性变形之后，由于变形不均匀，外力去除后会存在残余应力。这些残余应力可分为三大类：宏观内应力、微观内应力和点阵畸变。

宏观内应力的作用范围大，通常在毫米数量级内达到平衡。其产生的原因是工件不同部位或不同深度的宏观变形不均匀。例如承受弯曲的梁发生塑性变形，承受拉应力的位置卸载后变为残余压应力，原来承受压应力的位置卸载后变为残余拉应力。

微观内应力的作用范围与晶粒尺寸相当，是晶粒与晶粒或亚晶粒与亚晶粒之间的变形不均匀引起的。

点阵畸变是由空位和间隙原子和位错等晶体缺陷而引起的。作用范围约几百个到几千个原子范围内。

外加应力与残余应力叠加是作用在材料上的应力。如果残余应力为拉应力，则与外加拉应力叠加后应力增大，促使材料变形和断裂，是有害的，它常导致材料及工件的变形、开裂和应力腐蚀。如果残余应力为压应力，则与外加拉应力叠加后应力减小，提高零件的使用寿命。工件中的宏观残余应力如果在储存、使用过程中减小，则会引起工件的变形。

微观残余应力往往更大，总可以与外加应力产生叠加效应，促使位错运动，降低弹性极限。

生产加工中可以通过退火处理减小或消除残余应力。当然不是所有的残余应力都是不好的，残余压应力也可提高工件使用寿命。表面喷丸、滚压和表面淬火以及化学热处理等都能增加表面残余压应力，提高零件寿命。

知识巩固 2-4

1. 在多晶体中，各个晶粒是同时开始塑性变形的。(　　)

2. 多晶体塑性变形时，邻近晶粒需要相互协调配合，细晶粒易于协调，塑性高。(　　)

3. 晶界是位错运动的障碍，阻碍位错运动，具有强化作用，细化晶粒可以提高强度。(　　)

4. 在塑性变形过程中，晶粒会沿着变形方向伸长成为长条形或扁平形晶粒，称其为纤维组织。(　　)

5. 随着塑性变形增大，位错发生增殖、缠结形成亚晶粒，使强度提高。(　　)

6. 在变形过程中各个晶粒的滑移面和滑移方向逐渐与变形方向趋于一致，这种现象称为择优取向，这种组织状态则称为形变织构。(　　)

7. 出现形变织构的多晶体仍然具有各向同性的特点。(　　)

8. $R_{P0.2}=580$MPa，$A=30\%$的材料经过塑性变形，$R_{P0.2}$提高，同时 A 也增大。(　　)

9. 塑性变形使材料产生残余应力。(　　)

10. 残余拉应力降低零件的使用寿命而残余压应力可提高零件的使用寿命。(　　)

2.2.4　金属强化原理

提高金属强度的基本原理是增加位错运动阻力。固溶体中的溶质原子、晶界和亚晶界、位错、第二相等均可以增加位错运动阻力起到强化作用。

对单晶体来说，当作用在位错上的切应力满足 $\tau_b \geqslant \tau_m$ 时，位错开始运动，开始发生塑性变形，对应的宏观应力是屈服强度。以此为根据，提高单晶体屈服强度的途径有三个：一是选用高结合能的材料制成单晶体提高 τ_m；二是选择合适的加载方向使 $\cos\phi\cos\lambda$ 最小；三是制成理想晶体避免晶体中存在位错，如制备成细纤维即晶须。

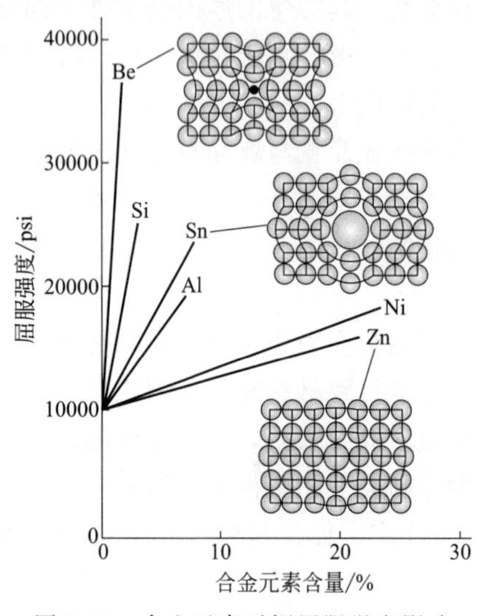

图 2-24 合金元素对铜屈服强度影响（1psi=6894.76Pa）

实际中用的主要是多晶体，多晶体中无法避免位错的存在，所以提高材料强度的思路只能是增大位错运动的阻力。位错运动阻力除在单晶体塑性变形中介绍的晶格阻力 τ_m 外，还有来自晶界、亚晶界、位错、点缺陷、第二相等的阻力。提高位错运动阻力的方法很多，但从原理上可归结为以下四种：固溶强化、细晶强化、位错强化、第二相强化。

2.2.4.1 固溶强化

当合金为单相固溶体时，随溶质原子含量的增加，固溶体的强度、硬度增加，塑性、韧性有所下降，这种现象称为**固溶强化**。溶质原子使晶格发生畸变（图 2-24），其周围的应力场阻碍位错运动从而使强度提高；溶质原子偏聚在位错周围，对位错产生钉扎作用，也使强度提高。

图 2-25 是 Cu-Ni 合金的力学性能与成分的关系。Cu-Ni 合金属于无限互溶体，无论成分如何变化，只形成面心立方晶格的固溶体。从 Cu 一侧看，随 Cu 中 Ni 含量的增大，抗拉强度、硬度提高，而延伸率降低。从 Ni 一侧看，随 Ni 中 Cu 含量的增大，抗拉强度、硬度提高，而延伸率降低。概括起来，随溶质原子含量的增大，固溶体的强度、硬度提高，而塑性降低。固溶体分为间隙固溶体和置换固溶体，间隙固溶体的强化效果比置换固溶体的强化效果大。在置换固溶体中，影响固溶强化效果的因素有：①强度与溶质原子的浓度正相关，浓度越高，强度越高，见图 2-24；②溶质原子与溶剂金属的原子尺寸差越大，强化效果（相关系数）越大，如图 2-24 中的 Be、Sn、Al、Ni、Zn 的强化效果依次减小；③溶质原子与溶剂原子的电负性差越大，则强化效果越大，如图 2-24 中的 Si。概括起来一句话——溶质与溶剂原子的差别越大则强化效果越大，但饱和溶解度越小。间隙固溶体的固溶强化效果虽然非常大，但是，只有少数原子（C、N、P、H 等）能形成间隙固溶体，最常见的是钢中的原子 C 和 N，其他原子都形成置换固溶体。图 2-26 是合金元素对铁素体硬度的影响。P 的强化效果虽然非常大，但它显著降低钢的韧性，是要尽量降低其含量的元素。其他几个元素都是钢中常加的合金元素。

2.2.4.2 细晶强化

通过细化晶粒能同时提高金属的强度、硬度、塑性和韧性，称**细晶强化**。详细内容见 2.2.3 节的介绍。

2.2.4.3 位错强化

位错通过两种机制产生强化作用：一是位错缠结形成亚晶界产生强化作用，详细内容见 2.2.3 节的介绍；二是割阶机制。如图 2-27(a) 所示，在滑移面Ⅰ上运动的某一位错 $\boldsymbol{b}_1$ 与穿过此滑移面上的另一位错 $\boldsymbol{b}_2$ 交割，位错交割的结果使位错 $\boldsymbol{b}_2$ 产生弯折，生成位错折线，

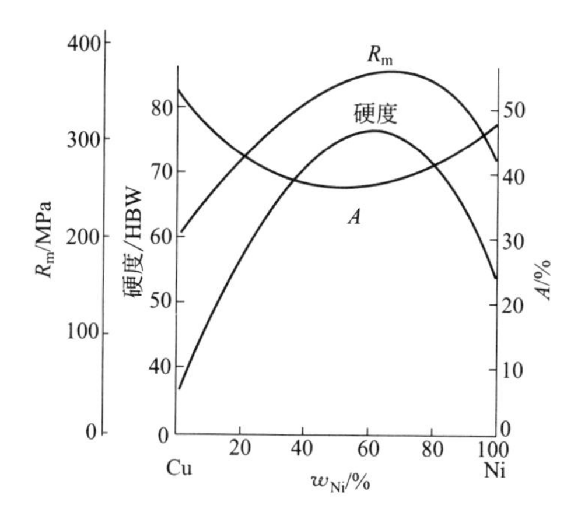

图 2-25　Cu-Ni 合金的力学性能与成分的关系

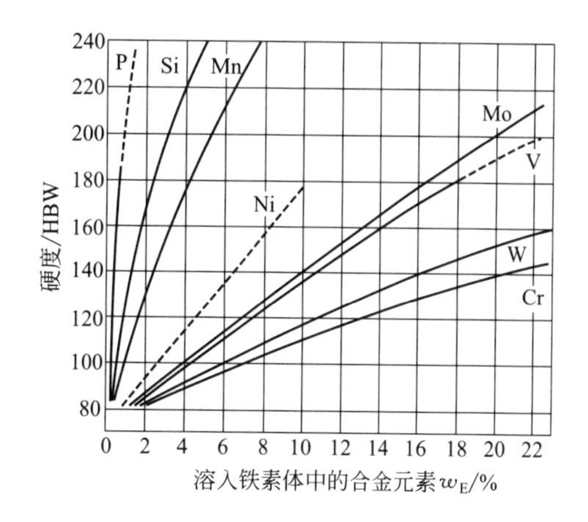

图 2-26　铁素体硬度与溶质原子含量的关系

如图 2-27(b) 所示，折线增加位错线的长度，形成一种难以运动的固定割阶，成为后续位错运动的障碍，造成位错缠结，增加位错运动阻力，产生强化。无论哪种强化机制，强化作用随位错密度提高而增大。

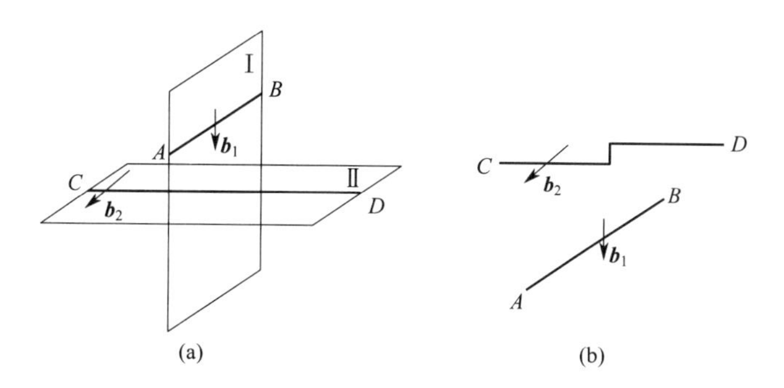

图 2-27　位错强化的割阶机制

2.2.4.4　第二相强化

当分析组织和性能时，有时“相”指的是“组织”概念，如双相钢指组织由铁素体（F）加马氏体（M）组成的钢，双相不锈钢指组织是 F＋A（奥氏体）的不锈钢，F＋P 又称双相组织。

对固溶体而言，除了通过提高溶质原子浓度即固溶强化、细化晶粒和亚晶粒（细晶强化）和位错密度（位错强化）来提高强度外，还可以在固溶体内增加细小粒状第二相提高强度。

当固溶体基体上分布有第二相粒子时，位错运动受到粒子阻碍而弯曲，需要增大应力才能通过粒子，在粒子周围留下一个位错环，如图 2-28(a) 所示，图 2-28(b) 是透射电镜下观察到的位错绕过粒子的照片。由于第二相粒子的存在增加的切应力阻力是：

$$\tau=\frac{Gb}{s} \tag{2-8}$$

式中，G 是剪切弹性模量；b 是位错的模；s 是粒子间的平均距离。

如果第二相粒子可以变形，则位错可能切过第二相粒子，如图 2-29 所示。位错切过粒

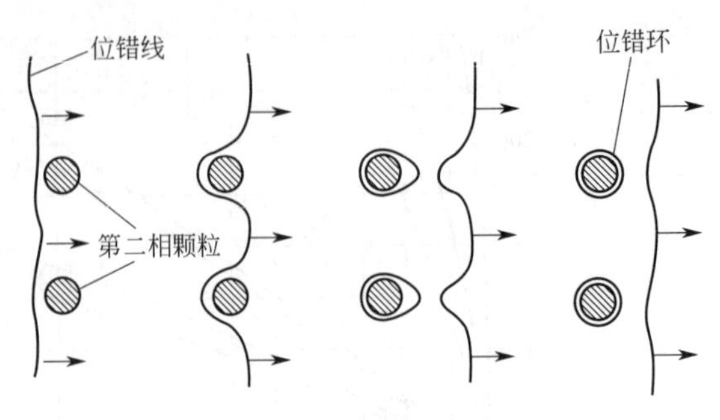

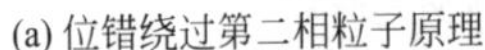
(a) 位错绕过第二相粒子原理

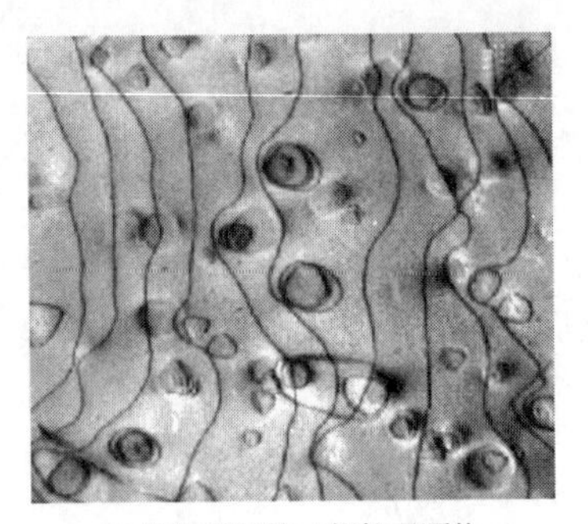
(b) 位错绕过第二相粒子照片

图 2-28　位错绕过第二相粒子

子，增加了新的表面，需要吸收额外能量，增加了位错运动阻力，起到了强化作用。

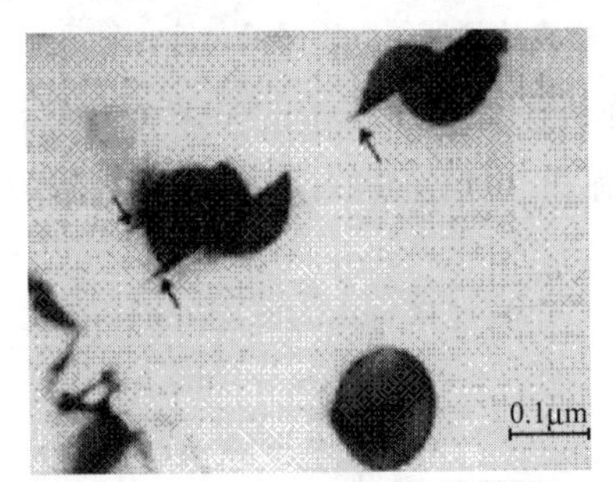

图 2-29　位错切过第二相粒子照片

第二相粒子能起到强化作用，那么如何形成第二相粒子呢？有两种方法：一是将金属粉末与化合物颗粒如WC等混合，然后经过压实烧结而成，用这种粉末冶金法得到的第二相强化方法称为弥散强化；二是通过固溶处理或淬火得到过饱和固溶体，然后经过时效或回火得到第二相粒子，称其为时效强化、沉淀硬化等。固溶强化和时效强化是提高有色金属材料的主要方法，而淬火和回火则是提高钢铁材料强度最常用的方法。

知识巩固 2-5

1. 纯金属的强度最低。当合金为单相固溶体时，随溶质原子含量的增加，固溶体的强度、硬度增加，塑性、韧性有所下降。(　　)

2. 当溶质原子的含量相同时，间隙固溶体比置换固溶体具有更大的固溶强化效果。(　　)

3. Si、Mn、Ni 等合金元素代替 Fe 原子形成铁素体（也称为合金铁素体），其强度提高，并且合金元素越多，其强度越高。(　　)

4. 通过细化晶粒，不仅能提高强度，还能提高塑性和韧性。(　　)

5. 位错密度越高，则强度越高。(　　)

6. 把一段铁丝进行反复弯折，弯折处强度提高，塑性降低，逐渐产生裂纹，导致最终断裂。(　　)

7. 位错可以绕过细小的第二相颗粒，这些细小的第二相不能提高强度。(　　)

8. 位错可以切过细小的第二相颗粒，这些细小的第二相不能提高强度。(　　)

9. 如果能在铁素体内生成一些细小的碳化物第二相，则可以提高其强度。(　　)

10. 通过形成固溶体、细化晶粒、提高位错密度、增加硬质的第二相都能提高强度。(　　)

2.2.5　黏弹性变形

金属晶体通过位错运动发生永久性塑性变形。在塑性变形过程中，晶体结构未发生变化，但点缺陷（空位）、线缺陷（位错）和面缺陷（晶界和亚晶界）数量增加，所以，随着这些晶体缺陷的增加，变形抗力提高，产生加工硬化现象（应力随应变增大而增大）。

气体和液体容易流动。"水往低处流"，流动也是在切应力作用下发生的，流动速度与切应力大小和流体的黏度有关。固体不易流动，是因为其黏度很大，随温度升高，黏度降低，在外力作用下表现为弹性变形和流动变形即黏弹行为。把和好的面团放一段时间，其形状会发生变化，是因为在重力作用下发生了黏性流动。材料在室温附近，随着应力增大，变形也增大，如果应力大小不变，随着时间延长也不发生或基本不发生进一步的变形。但是，随着温度升高，可能继续发生变形，即表现为黏弹行为，主要包括蠕变和应力松弛。

2.2.5.1 蠕变

蠕变是在恒温、恒应力作用下，应变随时间延长不断增加的变形行为，如图 2-30 所示。发生蠕变需要三个条件：构件工作温度、应力、时间。蠕变过程分三个阶段：Ⅰ减速蠕变阶段；Ⅱ恒速蠕变阶段；Ⅲ加速蠕变阶段。蠕变速率随温度或应力的增大而增大。在第一阶段，刚加上载荷发生弹性变形，瞬间产生应变 ε_0，应力越大则瞬间产生的应变越大。随时间的延长（图 2-30 所示的时间为数百小时至数千小时），继续非常缓慢的变形，蠕变速率 $d\varepsilon/dt$ 减小。进入第二阶段，蠕变速率为常数，又称恒速蠕变阶段。在拉应力保持不变的情况下，蠕变引起构件长度不断增加，横截面积减小，真实应力增大，蠕变速率增大（进入第三阶段），当真实应力达到材料的断裂强度时，构件便发生断裂。材料发生蠕变的衡量指标是临界蠕变温度，而临界蠕变温度随材料而异。软金属（如铅）和多数高分子材料在常温下即可发生蠕变；耐热合金、陶瓷材料则在很高的温度下才会发生蠕变；非晶体比晶体容易蠕变；细晶粒比粗晶粒容易蠕变；橡胶比塑料容易蠕变。

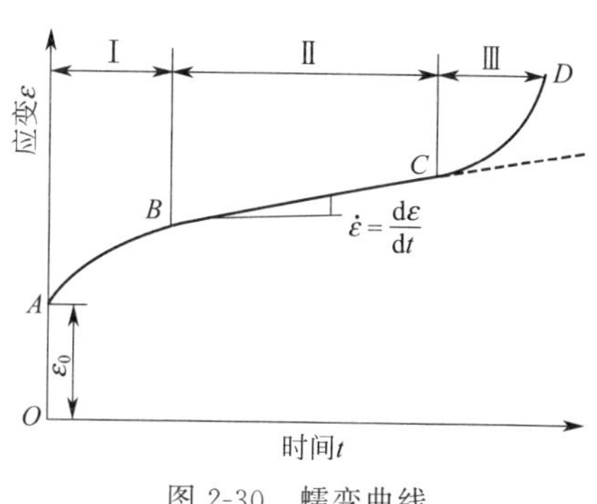

图 2-30 蠕变曲线

2.2.5.2 应力松弛

当构件的工作温度超过蠕变温度时，若应变保持不变，则应力随时间增加不断减小，这种现象称为**应力松弛**。应力松弛可以看成是变应力下的蠕变。由此可知，应力减小的速率是逐渐减小的。

金属材料通过铸造、锻压、焊接成形后或热处理后往往具有比较大的残余应力，在储存、运输和使用过程中应力释放（应力松弛）会造成变形，因此，要进行去应力退火，降低残余应力。高分子材料通过注塑成型也往往存在残余应力，容易出现变形问题。

知识巩固 2-6

1. ____是在恒应力作用下，应变随时间延长不断增加的变形行为。

(a) 弹性变形　(b) 塑性变形　(c) 蠕变　(d) 应力松弛

2. 当构件的工作温度超过蠕变温度时，若应变保持不变，则应力随时间增加不断减小，这种现象称为____。

(a) 弹性变形　(b) 塑性变形　(c) 蠕变　(d) 应力松弛

3. 在永久变形中，通过增大应力才能变形的行为属于____。

(a) 弹性变形　　(b) 塑性变形　　(c) 蠕变　　(d) 应力松弛

4. 随温度升高，蠕变速率____。

(a) 减小　　(b) 增大　　(c) 不变

5. 随应力升高，蠕变速率____。

(a) 减小　　(b) 增大　　(c) 不变

6. 随时间延长，应力松弛的速度增大。(　　)

7. 随温度升高，应力松弛的速度增大。(　　)

8. 在一定温度下残余应力随时间延长而减小，温度越高减小得越快。(　　)

9. 残余应力随时间延长而减小可以造成零构件变形。(　　)

10. 晶体比非晶体更容易发生蠕变。(　　)

2.3 材料的断裂

过量变形（弹性变形和永久变形）、腐蚀、断裂（含磨损）是零构件的三种主要失效形式，其中断裂是危害性最大的失效形式。在应力，即残余应力和外加应力，以及环境介质、环境温度的共同作用下，零构件会出现不同的断裂形式。材料的性能应能适应零构件的服役条件，当不能适应时可能发生失效而不能继续使用，有时还可能造成严重的安全事故。如天然气管道的破裂会造成严重的火灾而成为全球的新闻焦点；汽车半轴的断裂可能造成车毁人亡。所以，在选材时，必须考虑零构件的实际服役条件、可能的失效形式，进而提出对材料性能指标的要求，选择符合性能要求的材料。本节概括介绍断裂问题，为选材提供参考。

2.3.1 断裂的类型及断口特征

断口特征比较真实地记录了断裂过程，从而可分析断裂的原因，为进一步改进设计、更换材料提供依据。

2.3.1.1 韧性断裂和脆性断裂

根据断裂前、后材料宏观塑性变形的大小，将断裂分为韧性断裂和脆性断裂两大类。

韧性断裂是指具有明显塑性变形后而发生的断裂。用静拉伸试验评价材料时，将 $A>5\%$ 的断裂称为韧性断裂。发生韧性断裂的材料称为韧性材料。

脆性断裂是指断裂前无明显塑性变形的断裂。用静拉伸试验评价材料时，将 $A<5\%$ 的断裂称为脆性断裂。发生脆性断裂的材料称为脆性材料。

韧性断裂的断口往往呈暗灰色、纤维状。塑性较好的金属材料和高分子材料，室温下的静拉伸断裂具有典型的韧性断裂特征。脆性断裂的断口，一般与正应力垂直，宏观上比较齐平光亮，常呈放射状或结晶状。淬火钢、灰铸铁、陶瓷、玻璃等脆性材料的断口常具有上述特征。

多数构件的断裂，如铁塔、桥梁、管道等的断裂应为韧性断裂。而绝大多数零件的断裂，即使其材料韧性很好，在宏观上也不会发生明显的塑性变形，判断是韧性断裂还是脆性断裂的依据是断口特征。

2.3.1.2　切断和正断

根据断口表面与最大切应力和最大正应力之间关系，将断裂分为切断和正断。

断口表面与最大切应力平行的断裂称为**切断**。断口表面与最大正应力垂直的断裂为**正断**。

图 2-31 是韧性材料典型的静拉伸断口，断口边缘部分的断裂表面大致与拉伸轴呈 45°夹角，与最大切应力平行，属于切断；断口中心部分的断裂表面与拉伸轴垂直，属于正断。

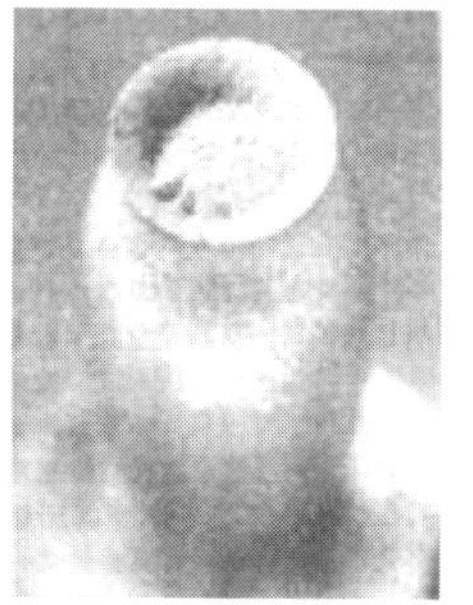
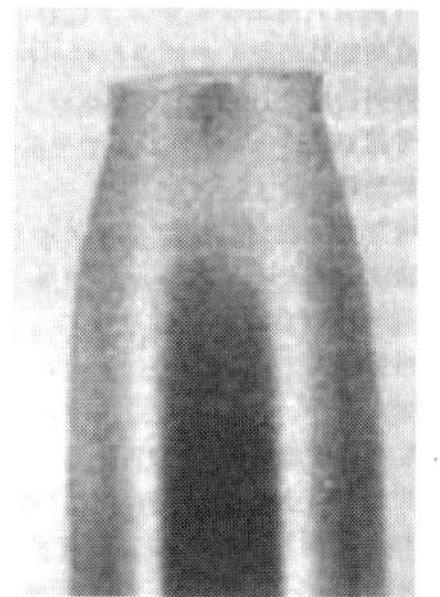

图 2-31　静拉伸宏观断口

切断表明材料的塑性好，而正断表明材料的塑性较差。脆性材料的拉伸断口几乎没有切断部分，切断与正断断口的相对比例反映了材料的塑性高低。

切断和正断不仅与材料的塑性有关，还与最大切应力和最大正应力的相对大小有关。拉伸和弯曲常表现为正断，而扭转和压缩常表现为切断，所以，不同加载方式对材料塑性的要求也不同。

拉伸断口边缘表现为切断而心部表现为正断，这与缩颈后产生的应力集中有关。由于出现了应力集中，使得心部的正应力大于边缘的正应力，从而在心部先发生断裂，裂纹扩展到一定程度后边缘发生切断。

2.3.1.3　穿晶断裂和沿晶断裂

根据材料发生断裂时裂纹扩展的路径，分为穿晶断裂和沿晶断裂两种。

裂纹在晶粒内部扩展而发生的断裂称为**穿晶断裂**。穿晶断裂可以是韧性断裂，也可以是脆性断裂。图 2-32 是穿晶断裂原理和断口特征。断口形貌属于穿晶断裂，由许多小平面组成，说明裂纹在扩展过程中几乎没有发生塑性变形，在微观上表现为脆性断裂，这种断口称为解理断裂。当然，大多数穿晶断裂属于微孔聚集型断裂和准解理断裂。

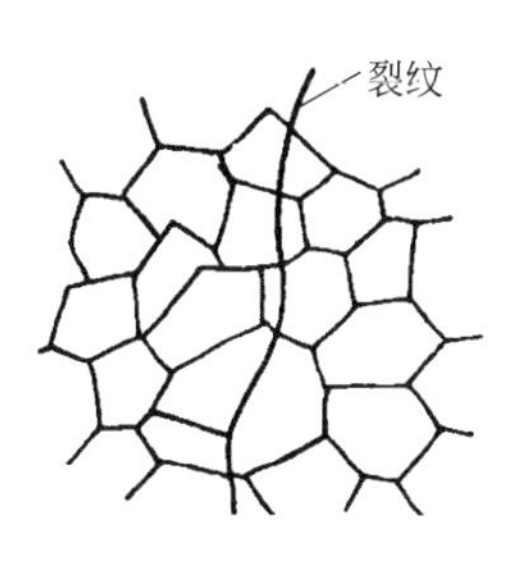

(a) 穿晶断裂原理

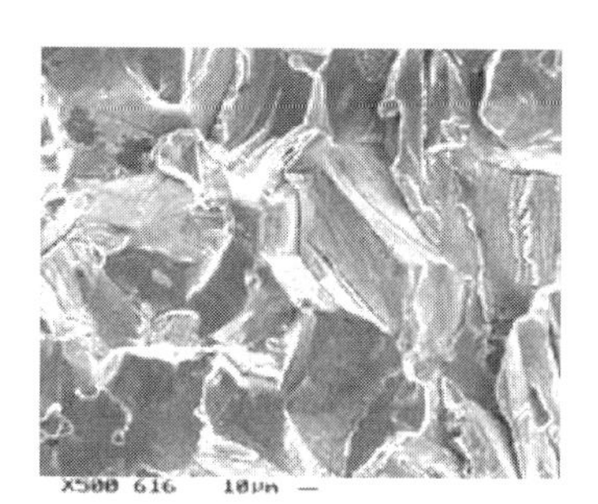

(b) 穿晶断裂(解理断裂)断口形貌

图 2-32　穿晶断裂

裂纹沿着晶界扩展而发生的断裂称为**沿晶断裂**。沿晶断裂为脆性断裂。

如图 2-33 所示，沿晶断裂断口呈结晶状。沿晶断裂是晶界结合力较弱的一种表现。例如共价键陶瓷晶界较弱，断裂方式主要是沿晶断裂。离子键晶体的断裂往往以穿晶解理为

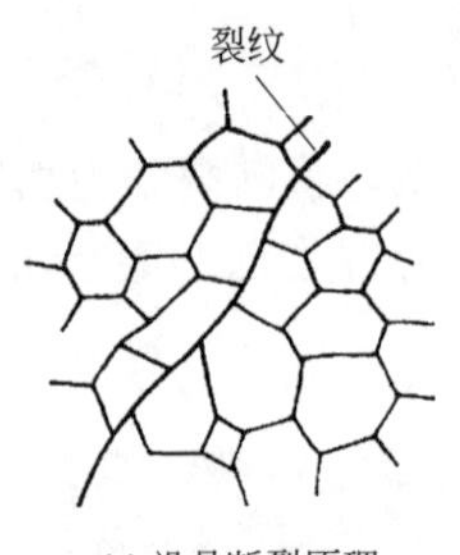

(a) 沿晶断裂原理

(b) 沿晶断裂断口形貌

图 2-33 沿晶断裂

主。而金属及其合金的断裂主要是穿晶断裂，在一些特殊情况下也会出现沿晶断裂。如粗大晶粒或在晶界上有杂质原子富集，恶劣的服役条件下高温蠕变断裂、应力腐蚀断裂等也出现沿晶断裂。一般服役条件下若出现沿晶断裂，往往是组织不合格造成的。

2.3.1.4 剪切断裂和解理断裂

按照断裂机理将断裂分为剪切断裂和解理断裂两种。

在切应力作用下沿滑移面分离而造成的断裂称为**剪切断裂**。又分为滑断和微孔聚集型断裂。

滑断属于宏观上的切断，即断口表面与最大切应力平行。如圆柱拉伸试样断口边缘的剪切唇、塑性材料薄板的拉伸断口、扭转试样断口、剪切断口等都属于滑断。滑断断口呈现抛物线状，如图 2-34 所示，裂纹从右上角向左下角扩展。

微孔聚集型断裂属于宏观上的正断，即断口表面与最大正应力平行。如圆柱拉伸试样断口的中心部位，大多数零件的断裂主要是正断。

微孔聚集型断裂的微观形貌称为**韧窝**，如图 2-35 所示，由许多微坑组成，韧窝表面大致与切应力平行，裂纹从底部开始扩展，韧窝与韧窝相互连接形成宏观裂纹。在韧窝底部往往有夹杂物或第二相。韧窝越大，材料的塑性越好。

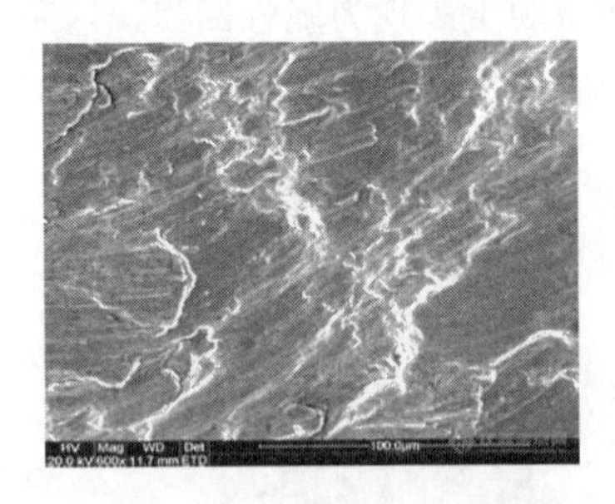

图 2-34 滑断断口形貌

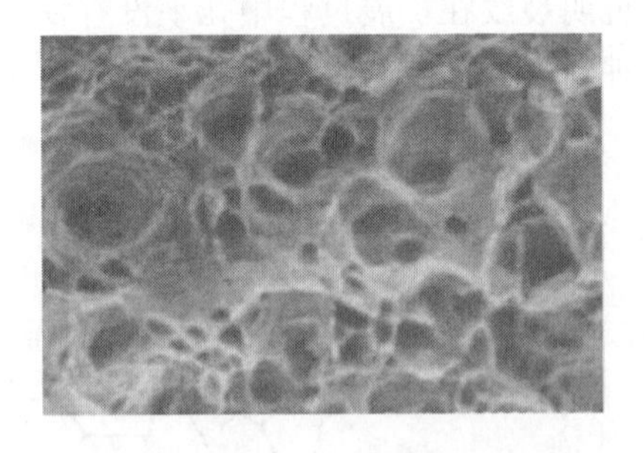

图 2-35 微孔聚集型断裂断口形貌

解理断裂是在正应力作用下，材料原子间的结合键被破坏，从而引起沿特定晶面（称为解理面）发生的穿晶断裂。解理断裂是一种典型的脆性断裂。在例 2-6 的讨论 2 中指出，如果晶体受到三向等应力拉伸，内部没有切应力，不可能发生塑性变形和剪切断裂，随应力增大，当大于原子的结合强度时将发生解理断裂。如果晶体受到三向等应力压缩，内部没有切应力，不可能发生塑性变形和剪切断裂，随应力增大，会发生什么现象呢？留给读者自己思考。

解理断口由许多大致相当于晶粒大小的解理面集合而成。这种以晶粒大小为单位的解理面称为解理刻面。解理裂纹往往沿着一组相互平行、但位于“不同高度”的晶面扩展。不同高度的解理面之间存在台阶，众多台阶的汇合便形成河流状花样，如图 2-36(a) 所示。裂纹起源于晶界，并终止于晶界，如图 2-36(b)、(c) 所示。

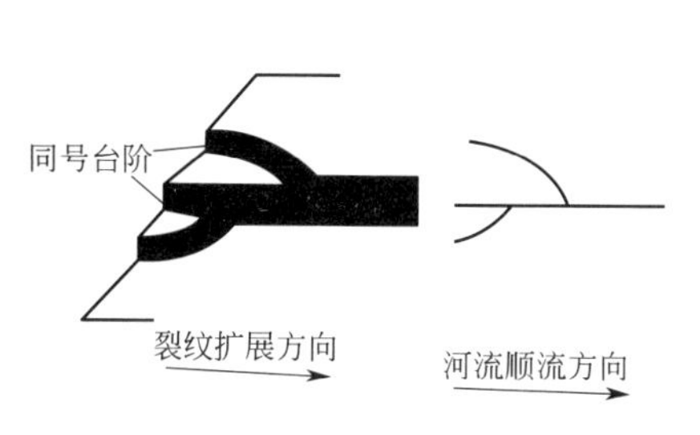

(a) 河流花样形成原理

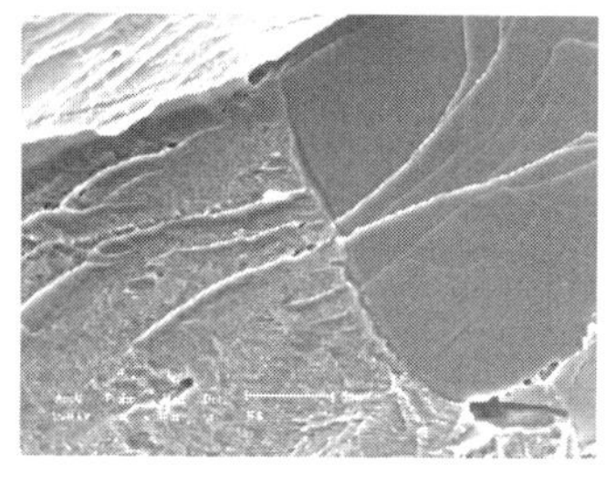

(b) 解理裂纹穿过小角度晶界

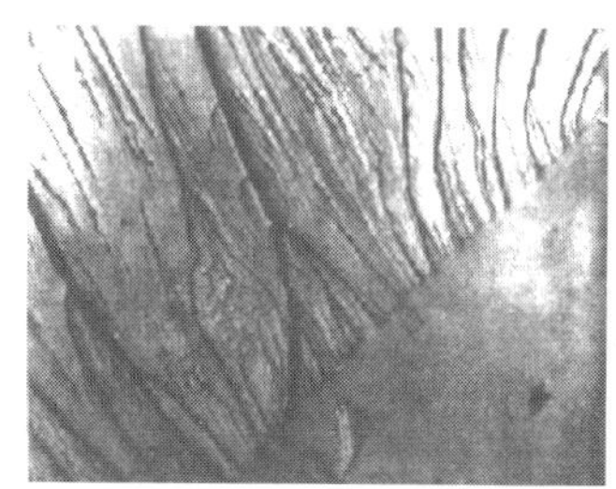

(c) 解理裂纹穿过大角度晶界

图 2-36　河流花样形成原理及断口形貌

还有一种断裂叫准解理断裂，它介于解理断裂和微孔聚集型断裂之间，即在解理面上有小的韧窝特征。

知识巩固 2-7

1. 根据断裂前、后材料宏观塑性变形的大小，将断裂分为脆性断裂与韧性断裂。(　　)
2. 脆性断裂的断口往往呈暗灰色、纤维状。(　　)
3. 韧性断裂的断口，一般与正应力垂直，宏观上比较齐平光亮，常呈放射状或结晶状。(　　)
4. 根据材料发生断裂时裂纹扩展的路径，将断裂分为穿晶断裂和沿晶断裂两种。(　　)
5. 在切应力作用下沿滑移面分离而造成的断裂称为解理断裂。(　　)
6. 在正应力作用下，材料原子间的结合键被破坏，引起沿特定晶面发生的穿晶断裂称为剪切断裂。(　　)
7. 解理断口由许多大致相当于晶粒大小的解理面集合而成。(　　)
8. 脆性断裂的危害性往往比韧性断裂的危害性大。(　　)
9. 炮弹爆炸的断裂属于韧性断裂。(　　)
10. 断裂类型与材料的韧性无关。(　　)

2.3.2　缺口效应、冲击韧性和断裂韧性

任何截面尺寸的突变统称为**缺口**。虽然在机械设计中缺口是不可避免的，但可以通过合理的设计减小缺口的不利影响。图 2-37 是常见的 8 种设计不合理和合理的典型案例。不合理的设计往往造成应力的不连续变化，而合理的设计使应力在缺口处连续变化，并且要尽可能地减小应力的变化幅度。缺口往往是造成零件断裂的根源。

2.3.2.1　缺口效应

缺口造成的第一个效应是在缺口根部造成应力集中。应力集中的大小用理论应力集中系数衡量。如图 2-38 所示，在 y 方向的应力为 R_y，在缺口处的最大应力为 $R_{y\max}$，则理论应

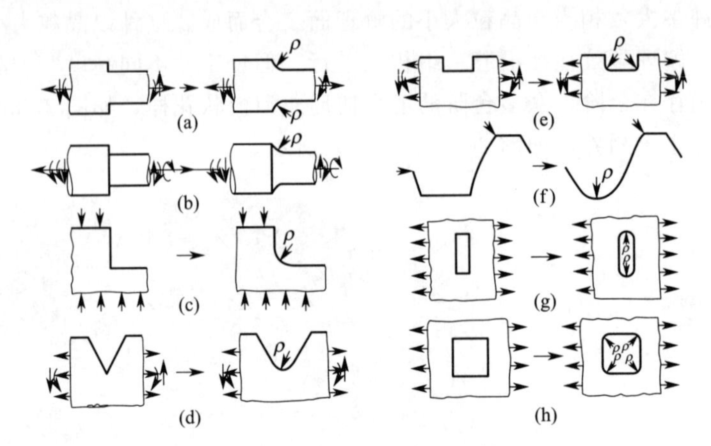

图 2-37　机械设计中常见的缺口

力集中系数为：

$$K_t=\frac{R_{y\max}}{R_y} \tag{2-9}$$

理论应力集中系数可以根据缺口形状通过计算或从相关手册中得到。在一个无限大板内开一个圆孔［图 2-38(a)］，其理论应力集中系数等于 3，如果开一个近似椭圆的孔，则理论应力集中系数更大，如图 2-38(b) 所示。在图 2-37 所示的设计案例中，都是将尖角改为圆弧过渡，圆弧曲率半径越大则理论应力集中系数越小。

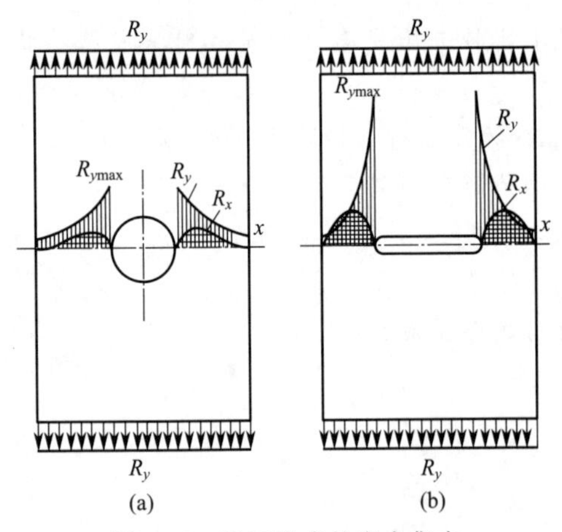

图 2-38　缺口造成的应力集中

缺口的第二个效应是造成两向或三向应力。如图 2-38 所示，在缺口根部附近，沿 x 方向出现应力 R_x。如果板的厚度比较厚，在厚度方向上也出现应力，即形成三向应力。

缺口的第三个效应是降低材料的塑性，增加脆性断裂倾向。在单向拉应力作用下，缺口处产生两向甚至三向应力，切应力分量减小，位错运动的驱动力减小，使材料容易发生脆性断裂，所以，需要选用塑性高的材料。

2.3.2.2　冲击韧性

许多工件受冲击载荷的作用，如火箭的发射、飞机的降落、材料的压力加工，比如锻造、冲裁等，载荷是突然加到零构件上的。冲击载荷与静载荷相比，加载速度快，加载速度对弹性变形基本没有影响，但对塑性变形的影响非常大。这是因为塑性变形是通过位错运动而实现的，变形速度快，位错运动速度也必须快，这就需要加更大的切应力在位错上使其加速运动，即加载速度越快，材料的塑性变形抗力越大，使材料的塑性下降，脆性增大。

为了衡量材料在冲击载荷下的性能，使用冲击试验方法进行测试。图 2-39 是冲击试样，国家标准规定，冲击弯曲试验用试样分为夏比 U 形缺口试样和夏比 V 形缺口试样，所测得的冲击功分别记为 A_{KU} 和 A_{KV}。图 2-40 是冲击试验的原理，摆锤提起到高度 H_1，自由落下冲断试样后升到 H_2，二者的势能差为冲击功。

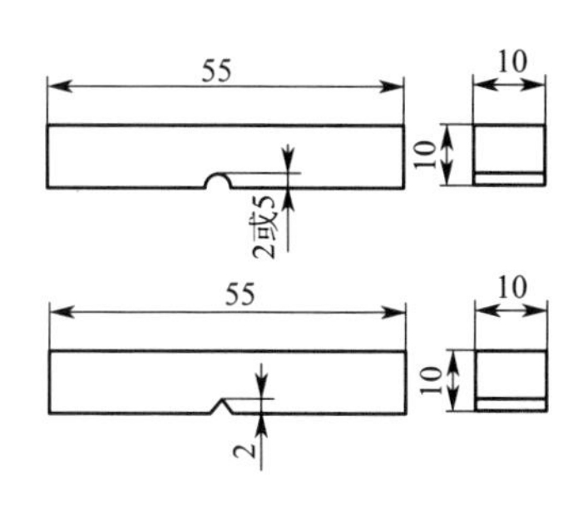

图 2-39　两种标准冲击试样

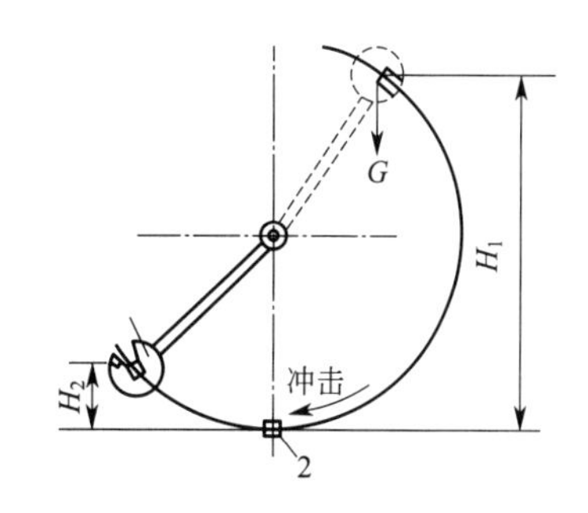

图 2-40　冲击试验原理

图 2-41 是冲击功与试验温度的关系。从图 2-41 看出，随试验温度降低，冲击功减小，在某一温度范围内，A_K 值急剧降低，材料由韧性断裂转变为脆性断裂的现象称为**低温脆性**。这个温度范围称为**冷脆转变温度**范围。

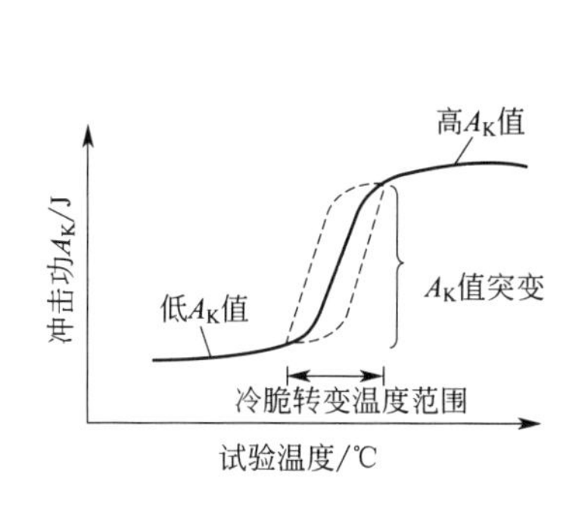

图 2-41　冲击功与试验温度关系

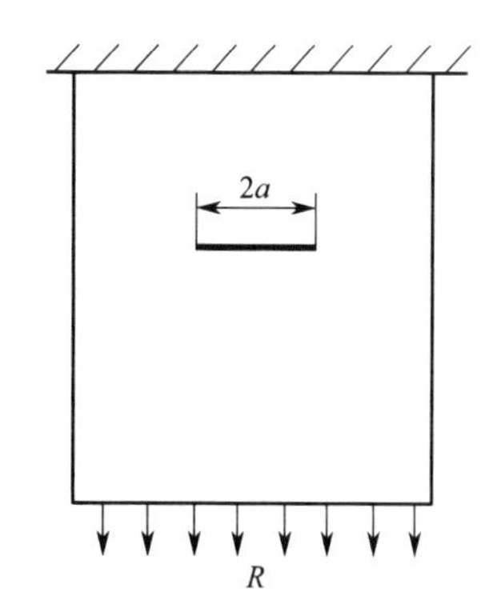

图 2-42　板内有一个穿透裂纹

2.3.2.3　断裂韧性

在一块板上有一个长度为 $2a$ 的穿透裂纹，如图 2-42 所示，在垂直于裂纹面的方向上加大小为 R 的应力，理论上裂纹尖端的应力集中系数为无穷大，因此一旦加上应力，裂纹将扩展导致断裂。但事实上只有应力加到某个临界值时才会发生断裂，而这个临界值又与裂纹形状、大小以及板的形状尺寸等因数有关，不是材料常数。为了解决有裂纹体的断裂问题，断裂力学应运而生。

断裂力学运用连续介质力学的弹塑性理论，研究材料中裂纹扩展的规律，提出了应力场强度因子概念。拉应力垂直于裂纹表面的裂纹称为Ⅰ型裂纹，应力场强度因子用 K_{I} 表示，其大小与裂纹形状、裂纹尺寸 a 和应力大小有关。应力场强度因子如同应力一样，是研究分析带裂纹体的断裂问题时的力学参数，当其达到临界值时裂纹失稳扩展，而这个临界值只与材料有关，而与裂纹形状、尺寸等因素无关，因为这些因素包含在 K 的计算公式内了，如式(2-10) 所示。

$$K_{\mathrm{I}}=YR\sqrt{a} \tag{2-10}$$

式中，Y 为裂纹形状系数，与裂纹形状、大小等因素有关，可从有关手册中查到，对图 2-42 的无限大板，$Y=\sqrt{\pi}$；R 是与裂纹面垂直的应力；a 是裂纹的半长度。裂纹失稳扩展的条件是：

$$K_{\mathrm{I}} \geqslant K_{\mathrm{IC}} \tag{2-11}$$

式中，K_{IC} 为平面应变断裂韧性，是材料常数。

2.3.2.4 增大材料脆性的三个外在因素

缺口（含裂纹）、低温、冲击载荷是增大材料脆性的三个外在因素。

缺口因造成两向或三向应力而使应力场中的切应力相对减小，实际滑移系数量减少，达到位错运动的临界正应力增大，使材料的塑性降低，脆性增大。绝大多数零件都有缺口，要求韧性较高。

低温使位错运动阻力增大，为达到位错运动需要的正应力增大，材料的塑性降低，脆性增大。如管道、压力容器等在冬季容易爆裂。

在冲击载荷作用下塑性变形速度显著增大，位错运动速度显著加快，因而需要更大的切应力才能使其高速运动，从而正应力提高，塑性降低，脆性增大。如承受冲击载荷的零件需要选用韧性较高的材料。

由于上述三个因素都使材料塑性降低，脆性增大，所以在这些工况条件下服役的材料都需要具有高的塑性和韧性。当然，在材料断裂前都会有裂纹或微裂纹出现，而微裂纹的形成与塑性变形有关。如果材料本身没有微裂纹，只有发生了塑性变形才可能出现微裂纹。所以，要求材料具有高强度仍是追求的主要目标。

知识巩固 2-8

1. 缺口造成应力集中，在单向拉伸情况下还会形成两向或三向应力。（　　）
2. 缺口使材料的塑性降低，脆性增大。（　　）
3. 一般来说，在冲击载荷作用下，材料的塑性下降，脆性增大。（　　）
4. 对同一种材料，$A_{\mathrm{KU}} < A_{\mathrm{KV}}$。（　　）
5. 随温度降低，材料的冲击韧性增大。（　　）
6. 应力场强度因子与应力大小、裂纹尺寸和形状有关。（　　）
7. 相同的渔船，冬季在黄海作业可能造成断裂而在南海作业不会断裂。（　　）
8. 焊接的压力容器可能存在焊接裂纹，应该用应力场强度因子和断裂韧性评估是否会发生断裂。（　　）
9. 在设计中应该尽量减小应力集中。（　　）
10. 应力集中大的或受冲击载荷或在低温下使用的零件应该选用塑性和韧性比较大的材料制造。（　　）

2.3.3 低应力延时断裂

零构件在变动载荷、高温、介质长时间作用下，即使应力低于屈服强度，也会通过裂纹的萌生、扩展而导致最后断裂，这类断裂统称为**低应力延时断裂**。其特点是应力低，裂纹的萌生、扩展都与时间有关。在变动载荷作用下发生的低应力延时断裂称为**疲劳断裂**。在高温下发生的低应力延时断裂称为**高温蠕变断裂**。在介质作用下发生的低应力延时断裂称为**应力腐蚀断裂**。

2.3.3.1 疲劳断裂

许多机件承受的是大小及方向不断变化的变动载荷，例如轴、齿轮、弹簧等。在变动载荷作用下，材料经常在远低于其屈服强度的载荷下发生断裂，这种现象称为“疲劳”。疲劳断裂时，材料没有明显的塑性变形，断裂是突然发生的，常常造成严重的事故。

对承受变动载荷的零件，用于描述疲劳的主要力学参数包括最大应力 R_{max}、最小应力 R_{min}，以及由 R_{max}、R_{min} 计算得到的**应力半幅 ΔR** 和**应力比 r**：

$$\Delta R=\frac{R_{max}-R_{min}}{2} \tag{2-12}$$

$$r=\frac{R_{min}}{R_{max}} \tag{2-13}$$

对疲劳起决定作用的是应力半幅 ΔR，其次是应力比 r。应力半幅越大则发生疲劳断裂的周次越小，在相同应力半幅情况下，应力比越大，则越容易发生疲劳断裂。

疲劳断裂过程包括裂纹萌生、裂纹扩展和瞬间断裂三个过程。

疲劳裂纹往往发源于宏观和微观上的应力集中处，称为**疲劳裂纹策源地**，如图 2-43 所示。表面尤其是应力集中处的表面应力最大，最容易萌生裂纹。次表面的夹杂物等材料缺陷处也造成微观上的应力集中，也容易萌生裂纹。

裂纹萌生后在反复应力作用下进行缓慢扩展。裂纹扩展速率用 $\mathrm{d}a/\mathrm{d}N$ 表示，a 是裂纹长度，N 是应力循环次数。疲劳裂纹扩展速率与应力场强度因子的关系是：

$$\frac{\mathrm{d}a}{\mathrm{d}N}=c(K_{max}-K_{min})^n \tag{2-14}$$

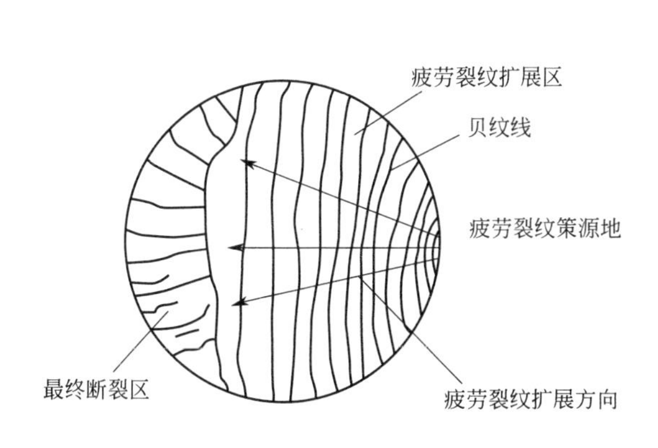

图 2-43 疲劳断裂断口

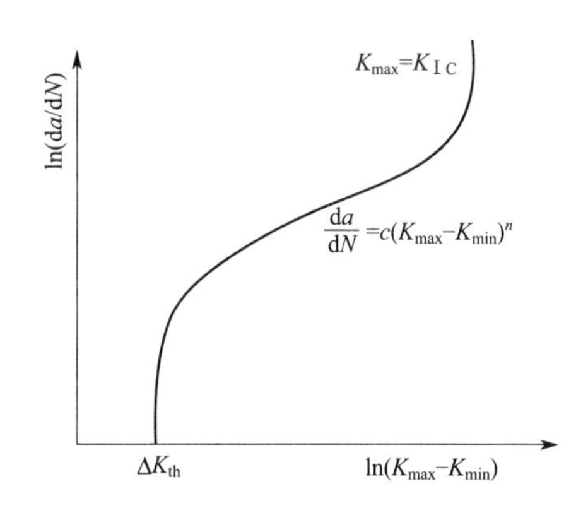

图 2-44 疲劳裂纹扩展速率

式中，c 和 n 是常数；K_{max} 和 K_{min} 分别是最大应力和最小应力对应的应力场强度因子，其差值称为**应力场强度因子幅度**。裂纹扩展速率与应力场强度因子的关系如图 2-44 所示，当应力场强度因子幅度很小或很大时不符合式（2-14），裂纹扩展速率分别趋近于 0（裂纹不扩展）和无穷大（裂纹失稳扩展）。与裂纹扩展速率趋近于 0 对应的应力场强度因子幅度用 ΔK_{th} 表示，称为**疲劳门槛值**，是材料性能指标。所以，疲劳裂纹扩展的条件是：

$$K_{max}-K_{min}\geqslant\Delta K_{th} \tag{2-15}$$

随着裂纹扩展，应力场强度因子 K_{I} 不断增大，当 $K_{max}\geqslant K_{IC}$ 时发生断裂，形成最终断裂区。

按加载方式对疲劳进行分类，包括弯曲疲劳、旋转弯曲疲劳、扭转疲劳、拉压疲劳、复合疲劳、接触疲劳、热疲劳等。受弯曲的轴类属于旋转弯曲疲劳，齿轮、轴承等属于接触疲劳，因急冷急热引起热应力变化造成的疲劳称为**热疲劳**。

疲劳断裂的材料性能指标除了上述的疲劳裂纹扩展速率、疲劳门槛值以外，用得最多的是疲劳极限。以最大应力 R_{max} 为纵坐标，以疲劳断裂周次 N 为横坐标绘制最大应力与断裂周次之间的关系曲线，称为**疲劳曲线**，如图 2-45 所示。

随最大应力减小，断裂周次增大，当应力低于某一值时，材料经无限循环周次也不发生断裂，如图 2-45(a) 所示，此值称为**疲劳极限**或**疲劳强度**，用 R_r 表示，其中 r 是应力比。钢的疲劳曲线属于图 2-45(a) 所示的有水平部分的类型。铸铁和多数有色金属材料的疲劳曲线属于图 2-45(b) 所示的无水平部分的类型，疲劳极限用循环次数为 N_0 时的断裂对应的应力表示，N_0 常取为 $10^6 \sim 10^9$。疲劳极限远低于屈服强度，$R_{-1}=(1/3\sim1/2)R_{P0.2}$。

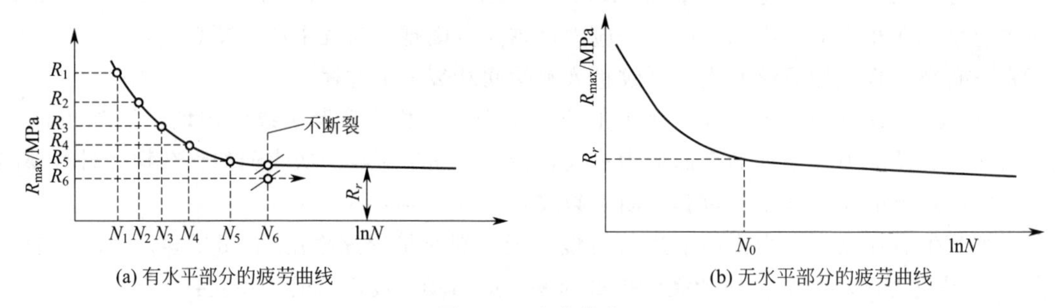

(a) 有水平部分的疲劳曲线　(b) 无水平部分的疲劳曲线

图 2-45　疲劳曲线

例 2-7　一个仅受弯曲应力的轴，最大弯曲应力 $R_{max}=200$MPa。画出应力与时间的关系曲线并说明选材时应考虑哪些强度指标。

分析：轴受弯曲载荷作用，在静止情况下上面受压应力，下面受拉应力，如图 2-46(a) 所示。如果匀速旋转，则应力随时间按正弦波规律变化，如图 2-46(b) 所示。根据题中条件，$R_{max}=200$MPa，$R_{min}=-200$MPa，$r=-1$。材料的疲劳强度 $R_{-1}>200$MPa。在没有 R_{-1} 数据的情况下，用屈服强度代替，$R_{P0.2}>(2\sim3)R_{max}=400\sim600$MPa，相当于按静强度计算时取安全系数为 2～3。

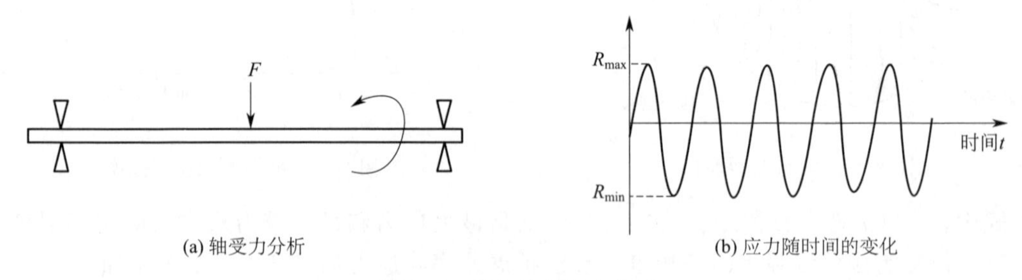

(a) 轴受力分析　(b) 应力随时间的变化

图 2-46　旋转轴的应力分析

例 2-8　一根搅拌机的轴，以前搅拌时单向旋转，搅拌 7h 停 1h，已用 10 年未断，也无裂纹出现。现在改进搅拌工艺，每小时正反转 60 次，结果用了 10 天轴就断了，请分析原因。

分析：假设搅拌时轴表面最大切应力为 τ_{max}，由于单向旋转和双向旋转时轴表面受到的应力不同，如图 2-47 所示。单向搅拌的应力半幅是 $\tau_{max}/2$，而双向搅拌的应力半幅是 τ_{max}，是前者的 2 倍，两者的应力比也不同，前者是 0，后者是 -1。另外，单向旋转尽管用

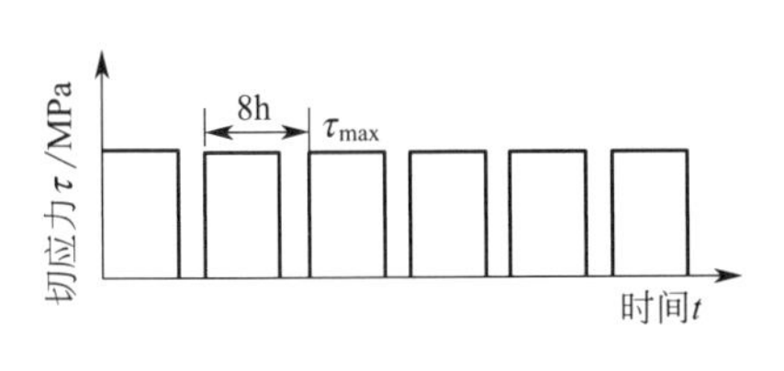

(a) 单向旋转应力与时间的关系

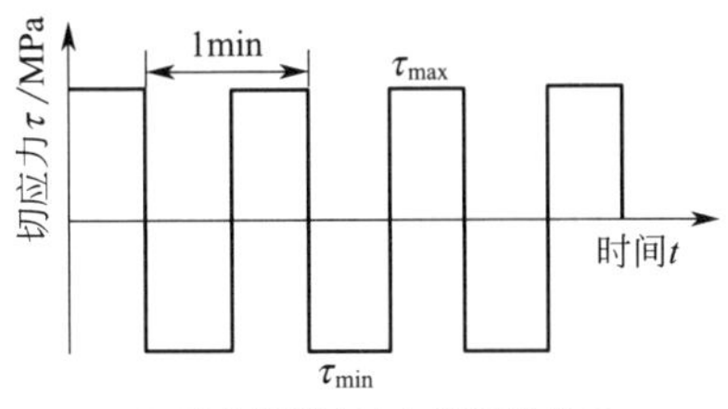

(b) 双向旋转应力与时间的关系

图 2-47　扭力轴应力与时间的关系

了 10 年，每天的应力循环次数只有 3 次，每年按 300 天计算，10 年只有 9000 次。双向旋转每小时 60 次，1 天 1440 次，10 天 14400 次。为了防止轴的断裂只能换用强度更高的材料或增加轴的直径减小表面应力。

对于钢制零件，在正常情况下，如果应力循环次数大于 10^6 不断，基本上不会断裂，如果发生断裂，可能是超载或磨损等原因造成的。如果偶尔有零件发生早期（$<10^5$ 次）断裂，往往是材料本身的问题或严重超载造成的。

2.3.3.2　高温蠕变断裂

在高温和恒应力作用下，随时间的延长，材料缓慢地产生永久变形的现象称为高温蠕变。由蠕变变形而最终导致的断裂称为**蠕变断裂**。在给定温度和时间的条件下，使试样产生规定蠕变应变的最大应力称为**蠕变极限**，用 $R_{\varepsilon/t}^{T}$ 表示，例如：$R_{1/10000}^{500}=100$MPa 表示材料在 500℃、10000h 产生 1%的蠕变应变的蠕变极限为 100MPa。蠕变极限表示材料抵抗高温蠕变变形的能力，是选用高温材料、设计高温下服役机件的主要依据之一。

持久强度是材料在一定温度和规定时间内，不发生蠕变断裂的最大应力，用 R_t^T 表示。如 $R_{1000}^{500}=200$MPa 表示材料在 500℃下工作 1000h 的持久强度为 200MPa，即 $R<200$MPa，工作 1000h，或 $R=200$MPa，工作时间小于 1000h 不会断裂。

火电、核电行业的许多零构件，高压锅炉，汽轮机叶片，航空发动机的涡轮盘、叶片等在高温下服役，在选材和设计时都要考虑高温蠕变断裂问题。

2.3.3.3　应力腐蚀断裂

材料或零件在应力和腐蚀环境的共同作用下引起的低应力延时断裂称为**应力腐蚀断裂**。这是应力和腐蚀联合作用的结果。如果只有一个方面，应力或介质的作用，破坏不会发生，但当二者联合作用时，却能很快发生开裂。因此，发生应力腐蚀时，应力是很低的，介质的腐蚀性也是很弱的，也正由于此，应力腐蚀经常受到忽视，导致“意外”事故不断发生。

应力腐蚀断裂具有脆性断口形貌，但它也可能发生于韧性高的材料中。发生应力腐蚀开裂的必要条件是要有拉应力（不论是残余应力还是外加应力，或两者兼有之）和特定的腐蚀介质存在。特定的材料与特定的介质相组合时才会发生应力腐蚀，如 α 黄铜只在氨液中而 β 黄铜在水中发生应力腐蚀。裂纹源起于表面，裂纹的形成和扩展大致与拉应力方向垂直。应力腐蚀的裂纹扩展速率一般在 $10^{-9}\sim10^{-6}$m/s，这个导致应力腐蚀开裂的应力值，要比没有腐蚀介质存在时材料断裂所需要的应力值小得多。当裂纹尖端的应力场强度因子达到材料的断裂韧性时发生断裂。

裂纹扩展速率 da/dt 与应力场强度因子 K_{I} 有关，K_{I} 越大，da/dt 也越大。类似于疲

劳裂纹扩展有个门槛值 ΔK_{th}，应力腐蚀也有一个门槛值 K_{ISCC}，当 $K_I < K_{ISCC}$ 时裂纹不扩展。

防止应力腐蚀开裂的措施如下。

（1）合理选择材料　针对零件所受应力和使用条件选用耐应力腐蚀的材料，这是一个基本原则。如铜对氨的应力腐蚀敏感性很高，因此，接触氨的零件应避免使用铜合金；又如在高浓度氯化物介质中，一般可选用不含镍、铜或仅含微量镍、铜的低碳高铬铁素体不锈钢，或含硅较高的铬镍不锈钢，也可选用镍基和铁-镍基耐蚀合金。

（2）减小或消除零件中的残余应力　残余拉应力是产生应力腐蚀的重要条件。为此，设计上应尽量减小应力集中。从工艺上说，加热和冷却要均匀，必要时采用退火工艺以消除内应力，或者采用喷丸或化学热处理，使零件表层产生一定的残余压应力对防止应力腐蚀也是有效的。

（3）改善介质条件　这可以从两个方面考虑：一方面，设法减少或消除促进应力腐蚀开裂的有害化学离子，如通过水净化处理，降低冷却水与蒸汽中氯离子含量对防止奥氏体不锈钢的氯脆十分有效；另一方面，也可以在介质中添加缓蚀剂，如在高温水中加 3×10^{-4} mol/L 的磷酸盐，可使铬镍奥氏体不锈钢抗应力腐蚀性能大大提高。

（4）采用电化学保护　由于金属在介质中只有在一定的电极电位范围内才会产生应力腐蚀，因此采用外加电位的方法，使金属在介质中的电位远离应力腐蚀电位区域，一般采用阴极保护法。不过，对高强度钢和其他氢脆敏感的材料，不能采用这种保护方法。有时采用牺牲阳极法进行电化学保护也是很有效的。

知识巩固 2-9

1. 在变动载荷作用下发生的低应力延时断裂称为______。

(a) 高温蠕变断裂　(b) 疲劳断裂　(c) 应力腐蚀断裂　(d) 热疲劳断裂

2. 在高温下发生的低应力延时断裂称为______。

(a) 高温蠕变断裂　(b) 疲劳断裂　(c) 应力腐蚀断裂　(d) 热疲劳断裂

3. 在介质和应力共同作用下发生的低应力延时断裂称为______。

(a) 高温蠕变断裂　(b) 疲劳断裂　(c) 应力腐蚀断裂　(d) 热疲劳断裂

4. 当应力低于某一值时，材料经无限循环周次也不发生断裂，此值称为______。

(a) 疲劳极限或疲劳强度　(b) 疲劳断裂

(c) 疲劳源　(d) 疲劳裂纹

5. 接触疲劳是常见的疲劳之一。(　)

6. 在给定温度和时间的条件下，使试样产生规定蠕变应变的最大应力称为持久强度。(　)

7. 蠕变极限是材料在一定的温度下和规定的时间内，不发生蠕变断裂的最大应力。(　)

8. 高压锅炉和汽轮机等在高温下工作的零构件在选材时应考虑高温蠕变问题。(　)

9. 腐蚀和应力腐蚀属于不同的概念。(　)

10. 海洋钻井平台在选材时应考虑应力腐蚀问题。(　)

2.3.4　磨损

在摩擦力作用下，机件表面发生尺寸变化和物质消耗的现象，称为**磨损**。

产生磨损的两个要素是：①两物体相互接触，接触产生接触应力，接触应力使接触面发生接触疲劳；②两物体有相对滑动，相对滑动使接触面产生摩擦力，摩擦力使接触面发生磨损。所以，只要两物体有接触并有相对运动就会产生接触疲劳和磨损。接触疲劳和磨损是一对孪生姐妹，接触应力大，相对滑动小，相对运动主要是滚动，以接触疲劳为主，如火车车轮与钢轨之间、齿轮在节圆附近主要是接触疲劳。接触应力小，相对滑动大，以磨损为主。如轴和滑动轴承之间、蜗轮蜗杆之间以磨损为主。

磨损将使机件精度下降、机器功率降低，严重时引起机件失效，造成巨大的经济损失。按照磨损机理不同，将磨损分为黏着磨损、磨粒磨损和腐蚀磨损三大类。

2.3.4.1　黏着磨损

黏着磨损又称咬合磨损，因工件表面某些接触点局部压力超过该处材料屈服强度发生黏合，随后又撕裂而产生的一种表面损伤。典型例子是轴径和轴瓦构成的摩擦副。

当滑动摩擦副相对滑动速度较小、接触面氧化膜被破坏、润滑条件差、接触应力大时，容易发生黏着磨损。为了防止摩擦副之间的黏着磨损，可采取减小表面粗糙度从而减小了实际接触应力，形成理想的润滑膜；一对摩擦副选用不同材料，例如轴选用钢，而轴瓦选用有色金属，蜗轮选用铜合金，蜗杆选用钢。润滑是解决黏着磨损的关键技术之一。良好的润滑可以避免一对摩擦副表面直接接触，从而避免黏合，减小磨损。

例 2-9　分析齿轮的受力情况，可能发生哪些失效形式？对性能有何要求？

分析：齿轮啮合时在接触面受到接触应力，在节圆附近相对滑动小，离节圆越远，相对滑动越大，摩擦力也越大；接触应力使齿根部产生弯曲应力。在节圆附近容易产生接触疲劳（点蚀），其他部位容易磨损，根部发生疲劳断裂。有时受到强烈冲击也可能将齿一次冲断。要求表面具有高硬度，高的接触疲劳强度、耐磨性和弯曲疲劳强度。

2.3.4.2　磨粒磨损

当摩擦副一方表面存在坚硬的细微突起，或者在接触面之间存在硬质粒子时产生的磨损称为**磨粒磨损**。前者称为两体磨粒磨损，如锉削过程，后者称为三体磨粒磨损，如金相试样抛光过程。

磨粒磨损是各类磨损中磨损速度最快的一种磨损，可以用于材料加工。如磨床、砂轮机、砂轮切割机、水刀切割机等都是利用磨损进行加工的。

磨粒磨损造成材料的大量损耗。挖掘机斗齿、磨球和衬板、额板、粉碎机锤头等的磨损都属于磨粒磨损。

2.3.4.3　腐蚀磨损

在摩擦过程中，摩擦副之间或摩擦副表面与环境介质发生化学反应形成腐蚀产物，腐蚀产物的形成和脱落引起机件表面的损伤称为**腐蚀磨损**。腐蚀磨损大于腐蚀＋磨损。泥浆泵、阀门等是典型腐蚀磨损件。

在机械中有一种特殊的腐蚀磨损叫**微动磨损**，即两个机件在紧配合处因微小移动而产生的氧化磨损。摩擦副表面因磨损出现的新鲜表面极易氧化，摩擦使氧化膜脱落又形成新的磨损表面，周而复始，导致紧配合处材料不断流失，造成应力集中加剧，最后导致断裂。装在轴上的滚动轴承、齿轮的配合处的边缘容易产生微动磨损。

2.3.4.4 耐磨性

一般采用磨损量或耐磨性（磨损量的倒数）表示材料的磨损特性，也可采用相对耐磨性 ε 来表示：

$$\varepsilon=\frac{\text{被测试样磨损量}}{\text{标准试样磨损量}} \tag{2-16}$$

无论哪种磨损，其耐磨性大致与硬度成正比，所以，常常通过提高基体硬度，增加硬质的第二相化合物提高耐磨性。如钢中提高碳的质量分数，增加强碳化物形成元素形成渗碳体、合金渗碳体、合金碳化物，再经过淬火＋低温回火提高耐磨性。

知识巩固 2-10

1. 在摩擦力作用下，机件表面发生尺寸变化和物质消耗的现象，统称为______。

（a）磨损　　（b）黏着磨损　　（c）微动磨损　　（d）腐蚀磨损

2. 因工件表面某些接触点局部压力超过该处材料屈服强度发生黏合，随后又撕裂而产生的一种表面损伤称为______。

（a）磨粒磨损　　（b）黏着磨损　　（c）微动磨损　　（d）腐蚀磨损

3. 当摩擦副一方表面存在坚硬的细微突起，或者在接触面之间存在着硬质粒子时产生的磨损称为______。

（a）磨粒磨损　　（b）黏着磨损　　（c）微动磨损　　（d）腐蚀磨损

4. 在摩擦过程中，摩擦副之间或摩擦副表面与环境介质发生化学反应形成腐蚀产物，腐蚀产物的形成和脱落引起机件表面的损伤，称为______。

（a）磨粒磨损　　（b）黏着磨损　　（c）微动磨损　　（d）腐蚀磨损

5. 黏着磨损的摩擦副应选用不同材料。（　　）

6. 磨粒磨损是各类磨损中磨损量最大的一类磨损。（　　）

7. 凸轮表面容易产生磨损和接触疲劳。（　　）

8. 轴一般选用钢制造，而轴瓦通常用有色金属制造，轴瓦磨损了可再更换，更换成本比较低。（　　）

9. 粉碎机中的锤头的磨损属于磨粒磨损。（　　）

10. 齿轮表面要求具有高的耐磨性和接触疲劳强度。（　　）

2.4 硬度

硬度是衡量材料软硬程度的一种力学性能，其物理意义是材料表面上不大体积内抵抗变形或破裂的能力。硬度不是一个独立的性能指标，而是一个综合性力学性能指标。

硬度试验具有以下特点：①测试简单快捷，如洛氏硬度不到 1min 可完成测试，布氏硬度和维氏硬度一般也只需要几分钟时间；②无损检测，硬度测试点的压痕小，多数可以直接在零件上进行测试而不破坏零件；③硬度与其他力学性能之间有很好的对应关系，如强度和耐磨性大致和硬度成正比关系。因此，硬度是生产上必用、科研上常用的性能检测方法。对力学性能要求不高的零件，常常只要求硬度要达到的范围，而对力学性能要求高的零件，除硬度外，还要求屈服强度、抗拉强度、延伸率、断面收缩率、冲击韧性等性能指标，这些指标往往通过试棒进行测试或直接在零件上取样测试。

硬度试验方法有十几种，按加载方式不同，可分为压入法和刻划法两大类。布氏硬度、洛氏硬度、维氏硬度属于压入法。刻划法包括莫氏硬度和挫刀法等。生产上最常用的是洛氏硬度、布氏硬度测试法，科研中常用维氏硬度测试法。不同硬度数值不能直接对比，但可通过换算表进行换算。

2.4.1　布氏硬度

如图 2-48 所示，在负荷 F 的作用下，将直径为 D 的淬火钢球压入试样表面，保持一定时间后卸除载荷，以试样压痕的表面积 A 去除负荷 F 所得的商作为硬度的计算指标，用符号 HBS（淬火钢球）或 HBW（硬质合金球）表示。由负荷 F、钢球直径 D、压痕直径 d 计算硬度值的公式见式(2-17)（1kgf=9.80665N）。

$$\mathrm{HB}=\frac{F}{A}=\frac{2F}{\pi D(D-\sqrt{D^2-d^2})}(\mathrm{kgf/mm^2}) \tag{2-17}$$

布氏硬度测量的优点是具有较高的测量精度，压痕面积大，能在较大范围内反映材料的平均硬度，测得的硬度值也较准确，数据重复性好。布氏硬度测量法适用于铸铁、非铁合金、各种退火及调质的钢材，不宜测定太硬、太小、太薄和表面不允许有较大压痕的试样或工件。布式硬度压痕较大，测量值准，不适用于成品和薄片，一般不归于无损检测一类。

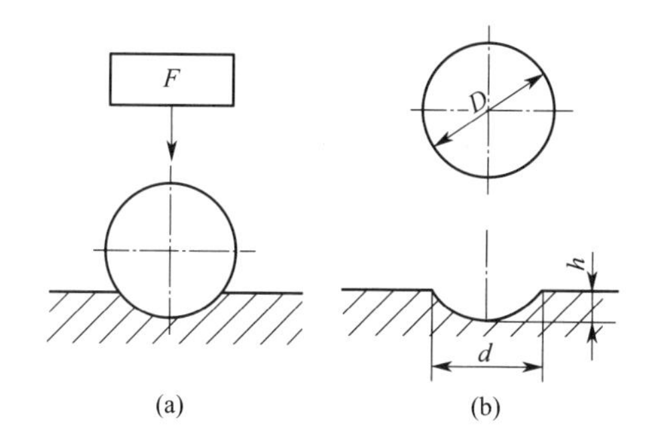

图 2-48　布氏硬度试验原理

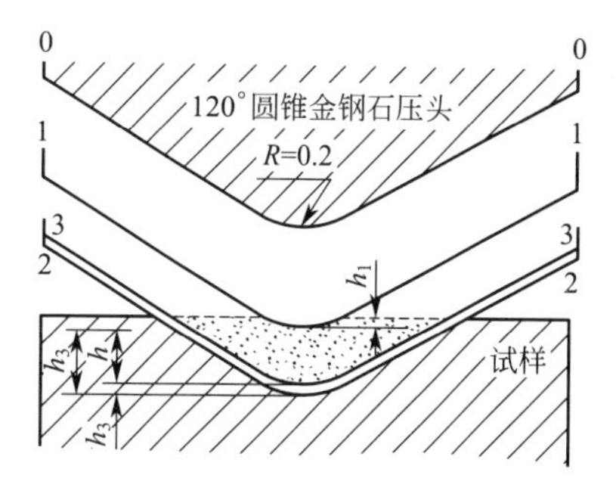

图 2-49　洛氏硬度测试原理

2.4.2　洛氏硬度

洛氏硬度试验时，采用的压头为 120°的金刚石圆锥或直径为 1.588mm、3.175mm 的钢球。

先加初载荷 F_1，再加主载荷 F_2，以 $h=h_2-h_3$（mm）的深度（图 2-49）作为洛氏硬度的计算深度：

$$\mathrm{HR}=\frac{K-h}{0.002} \tag{2-18}$$

为了使洛氏硬度计能够测定不同材料的硬度，采用不同的压头与总载荷搭配，组合成 15 种洛氏硬度标尺。每一种标尺用 HR 后加一个字母注明。常用的是 HRA、HRB 和 HRC 三种，其试验规范见表 2-1。

表 2-1　洛氏硬度试验条件

标尺	测量范围	初载荷/N	主载荷/N	压头类型	K
HRA	60～85	98	490	金刚石圆锥体	0.2
HRB	25～100	98	882	直径 1.588mm 钢球	0.26
HRC	20～67	98	1373	金刚石圆锥体	0.2

洛氏硬度压痕很小，测量值有局部性，须测数点求平均值，适用于成品和薄片，归于无损检测一类。洛氏硬度的硬度值没有单位（因此习惯称洛式硬度为多少度是不正确的）。布氏硬度的硬度值有单位，且和抗拉强度有一定的近似关系。洛氏硬度直接在表盘上显示，也可以数字显示，操作方便，快捷直观，适用于大量生产中。

知识巩固 2-11

1. ______是衡量材料软硬程度的一种力学性能。

(a) 强度　　(b) 硬度　　(c) 塑性　　(d) 韧性

2. 硬度与其他力学性能之间有比较好的对应关系，在科研和生产中得到了广泛应用。(　　)

3. 测灰铸铁的硬度应该选用洛氏硬度。(　　)

4. 测淬火钢的硬度应选用布氏硬度。(　　)

5. 测有色金属的硬度应选用布氏硬度。(　　)

讨论题提纲

1. 讨论材料的强度（R_e、$R_{P0.2}$、R_m）、塑性（A、Z）和韧性（K_{IC}）的物理意义和工程意义。

2. 讨论细化晶粒对强度［式(1-13)、图 2-17］、塑性和韧性的影响。

3. 讨论强化原理［固溶强化、细晶强化、位错强化、第二相强化，式(1-13)至式(1-16)、式(2-8)，图 2-17、图 2-22 至图 2-29］及应用。

4. 讨论应力集中、应变速率、温度对强度、塑性和韧性的影响。应力集中导致两向或三向应力（图 2-38）。两向或三向应力使作用在滑移系上的切应力减小、可动滑移系数量减少，甚至没有可动的滑移系（例 2-6）。应变速率提高，位错运动速度加快，需要的切应力增大。温度低，强度高（图 2-17），发生少量塑变就断裂，低温脆性（图 2-41）；高温晶界易滑动，高温蠕变。

第3章 合金的结晶和合金化原理

合金铸件的制备过程大致可分为配料、熔炼、浇注三个关键环节。配料是根据合金的成分要求将不同成分的原料混合在一起。熔炼是将合金原料进行加热熔化，在液态下去除气体、有害杂质、精确调整成分等一系列过程。浇注是将熔炼好的合金液体（必要时再加入孕育剂等）浇注到做好的型腔内冷却后结晶为固体。合金的成分不同，得到的相和组织也不同。合金成分与相的关系由相的热力学决定，但同时受到工艺的影响。人们已做了大量研究工作，将成分与相之间的关系用合金相图表达出来。我们可以根据合金相图进行合金成分设计和制定热加工工艺。

本章以热力学为基础，介绍合金的结晶条件、相平衡条件和成分-温度-相组成之间的关系即相图。以相图为基础介绍合金化原理。

学习目标

1. 掌握扩散的基本规律并能用于分析相或组织的形成过程。
2. 掌握纯金属结晶的热力学条件和结晶过程。
3. 掌握二元合金结晶的热力学条件、两相和三相平衡条件，理解热力学平衡条件和相图之间的关系。
4. 熟练掌握根据相图计算相和组织的质量分数。
5. 熟练掌握铁碳相图、铁碳合金平衡组织与性能的关系、铁碳合金的分类和主要用途。
6. 了解合金化基本原理并能用于分析合金中合金元素的作用。

3.1 扩散现象和扩散定律

液态合金中各种原子呈均匀、无序分布，由液态变为晶态的过程称为结晶。合金在结晶过程中需要原子的扩散，通过扩散实现原子的再分配，从而形成具有不同成分的相和组织。在冷却过程中，热量从温度高的位置向温度低的位置扩散，通过扩散使温度均匀。原子的扩散和热量的扩散从数学角度看没有本质的差别。

3.1.1 扩散现象

扩散现象是自然界中非常重要的现象。将墨水滴到一盆清水中，可以看到墨水很快散开。冬天雪地里放一块金属和一块砖，当我们用手触摸金属和砖时，总会感觉摸金属时更冷，这是两者传热速度不同的缘故。

由物质中热能（Q）或成分（C）不均匀所引起的宏观和微观迁移现象统称为**扩散现象**。扩散的结果使温度或成分趋于均匀一致。当然扩散是通过原子、分子的热运（振）动、布朗运动完成的。在气体、液体、固体中都存在扩散现象，其差别主要是扩散的速度不同。在气体、液体和固体中的扩散速度依次减慢。因温度不均匀造成的扩散过程称为**传热过程**。因为成分不均匀造成的扩散过程称为扩散传质过程，简称**扩散**。金属从液态结晶为固态，或在固态时随温度的变化，都会发生扩散，通过扩散改变其相结构或相的成分发生变化。

3.1.2 扩散定律

扩散的宏观统计规律用扩散定律描述，即扩散第一定律和扩散第二定律。

3.1.2.1 扩散第一定律

在研究空间内温度或浓度不随时间而变化（即 $dw/dt=0$）的扩散称为**稳态扩散**。材料的加热或冷却过程就是热能扩散过程。材料在加热或冷却过程中往往伴随有原子的扩散过程。两相或多相合金，微观上成分是不均匀的，随温度的变化，各相的平衡成分发生变化，通过扩散使成分达到新的平衡。

扩散第一定律描述了在稳态扩散条件下的扩散规律，即单位时间内通过垂直于扩散方向的单位截面积的扩散通量（J）与温度或浓度梯度成正比。其数学表达式为：

$$J=-k\frac{dw}{dx} \tag{3-1}$$

如果研究的是热传导问题，则有公式：

$$q=-\lambda\frac{dT}{dx} \tag{3-2}$$

式中，T 为温度，K 或℃；q 为热流密度，$J/(m^2 \cdot s)$；λ 为热导率，$J/(m \cdot s \cdot K)$。

如果研究的是扩散问题，则有公式：

$$J=-D\frac{dC}{dx} \tag{3-3}$$

式中，C 为浓度，g/m^3 或质量分数；J 为扩散通量，$g/(m^2 \cdot s)$ 或 m/s；D 为扩散系数，m^2/s，扩散系数随温度升高而增大，其计算公式为：

$$D=D_0\exp\left(-\frac{Q}{RT}\right) \tag{3-4}$$

式中，D_0 为常数，m^2/s；Q 为扩散激活能，J/mol；R 为摩尔气体常数，8.314J/(mol·K)。

当然，只有少数情况下是稳态扩散，多数情况下是非稳态扩散。

3.1.2.2 扩散第二定律

根据扩散第一定律和能量或物质不灭定律可推导出非稳态扩散方程为：

$$\frac{\partial w}{\partial t}=a\left(\frac{\partial^2 w}{\partial x^2}+\frac{\partial^2 w}{\partial y^2}+\frac{\partial^2 w}{\partial z^2}\right) \tag{3-5}$$

如果研究的是热传导问题，则热传导方程为：

$$\frac{\partial T}{\partial t}=\frac{\lambda}{\rho c}\left(\frac{\partial^2 T}{\partial x^2}+\frac{\partial^2 T}{\partial y^2}+\frac{\partial^2 T}{\partial z^2}\right) \tag{3-6}$$

式中，ρ 为密度，g/m^3；c 为比热容，J/(g·K)。

如果研究的是扩散问题，则扩散方程为：

$$\frac{\partial C}{\partial t}=D\left(\frac{\partial^2 C}{\partial x^2}+\frac{\partial^2 C}{\partial y^2}+\frac{\partial^2 C}{\partial z^2}\right) \tag{3-7}$$

根据实际情况，增加初始条件和边界条件可得到定解。

例 3-1 建立气体渗碳数学模型。

先建立坐标系，如图 3-1 所示，坐标原点 O 在表面，x 轴垂直于表面指向工件内部，y 和 z 轴平行于表面。渗碳时碳原子从表面沿 x 轴向内扩散，在 y 和 z 方向上没有碳原子扩散，即：

$$\frac{\partial C}{\partial y}=\frac{\partial^2 C}{\partial y^2}=\frac{\partial C}{\partial z}=\frac{\partial^2 C}{\partial z^2}=0 \tag{3-8}$$

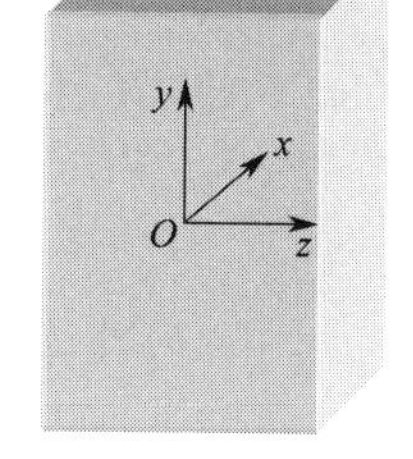

图 3-1 气体渗碳数学模型坐标系

将式(3-8) 代入式(3-7) 得：

$$\frac{\partial C}{\partial t}=D\frac{\partial^2 C}{\partial x^2} \tag{3-9}$$

扩散方程简化成了一维扩散方程。如果坐标原点选在六面体的楞附近则可简化为二维扩散方程，如果选在顶点附近则不能简化。为了得到式(3-9) 的解，还需要 3 个条件。

将开始渗碳的时间定义为时间的起点，$t=0$，各点碳的质量分数相同，为钢的含碳量。设钢的含碳量为 0.2%，则初始条件为：

$$C(x,0)=0.2 \tag{3-10}$$

由于渗碳层比较浅，x 的取值范围可定在 0～5mm。在 x 边界上应满足的条件称为边界条件。假设 $x=5$ 的位置没有渗上碳（如果有必要，可加大范围，如 $x=10$)，则内边界条件为：

$$C(5,t)=0.2 \tag{3-11}$$

$x=0$ 的位置应满足的边界条件称为外边界条件。从表面流向内部的碳通量根据式(3-3) 计算。由渗碳气氛向表面的扩散通量为：

$$J=\beta[G_c-C(0,t)] \tag{3-12}$$

式中，β 为传递系数；G_c 为渗碳气氛碳势，可通过氧探头测出其数值。当 $G_c-C(0,t)>0$，即当气氛碳势大于表面含碳量时，$J>0$，渗碳气氛中的碳原子向工件表面扩散，是渗碳过程。反之，$G_c-C(t,0)<0$，则工件表面的碳原子向渗碳气氛中扩散，是脱碳过程。碳原子不能在表面聚集，从渗碳气氛流向工件表面的碳通量等于从工件表面流向内部的碳通量，所以

$$-D\frac{\partial C(0,t)}{\partial x}=\beta[G_c-C(0,t)] \tag{3-13}$$

式(3-9)至式(3-11)和式(3-13) 是完整的渗碳定解问题的一维数学模型。可以通过差分法或有限元法得到数值解。

从所建立的模型可以看出，渗碳结果取决于渗碳温度（反映在扩散系数与温度的关系中)、渗碳气氛碳势（相当于气氛中的含碳量）和渗碳时间。可以通过提高渗碳气氛碳势或提高渗碳温度达到提高渗碳速度的目的。实际生产中，渗碳温度一般定为 920℃，碳势小

于1.2%。

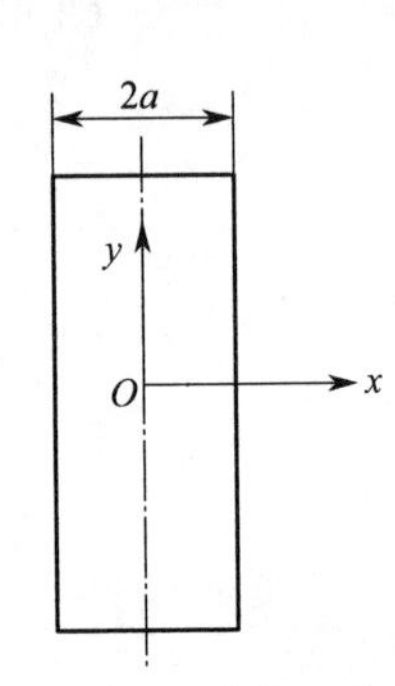

图 3-2 温度场坐标系

例 3-2 设厚度为 $2a$ 的无限大平板，初始温度为 T_0，放到环境温度为 T_1 的介质中，建立温度场计算模型。

坐标原点取在厚度的对称面上，如图 3-2 所示。y 和 z 方向没有热扩散，可简化为一维热传导问题，热传导方程为：

$$\frac{\partial T}{\partial t}=\frac{\lambda}{\rho c}\times\frac{\partial^2 T}{\partial x^2} \tag{3-14}$$

初始条件是各点温度相等，即：

$$T(x,0)=T_0 \tag{3-15}$$

$x=0$ 是对称面，温度梯度为 0，即：

$$\frac{\partial T(0,t)}{\partial x}=0 \tag{3-16}$$

$x=a$ 的外边界条件，类似于渗碳外边界条件的推导，是换热边界条件，表示为：

$$-\lambda\frac{\partial T(a,t)}{\partial x}=\alpha[C(0,t)-T_1] \tag{3-17}$$

式中，α 为换热系数。如果 $T_0<T_1$，则板被加热，反之，则板被冷却。

在淬火工艺中，正是通过改变淬火冷却介质，改变了换热系数 α，达到改变冷却速度的目的。

知识巩固 3-1

1. 由物质中热能（Q）或成分（C）不均匀所引起的宏观和微观迁移现象统称为______。

(a) 扩散现象　(b) 均匀化现象　(c) 稳态扩散　(d) 非稳态扩散

2. 在研究空间内温度或浓度不随时间而变化的扩散称为______。

(a) 扩散现象　(b) 均匀化现象　(c) 稳态扩散　(d) 非稳态扩散

3. 在研究空间内温度或浓度随时间而变化的扩散称为______。

(a) 扩散现象　(b) 均匀化现象　(c) 稳态扩散　(d) 非稳态扩散

4. 单位时间内通过垂直于扩散方向的单位截面积的扩散通量与温度或浓度梯度成正比，这一规律称为______。

(a) 扩散定律　(b) 扩散第一定律　(c) 扩散第二定律　(d) 传热第二定律

5. 原子扩散的结果使成分更均匀或形成新的相。(　　)

6. 温度越高，扩散系数越小，扩散速度越慢。(　　)

7. 渗碳温度越高，渗碳速度越快。(　　)

8. 气氛碳势小于工件表面含碳量时气氛中的碳原子向工件内扩散。(　　)

9. 工件表面与介质之间的换热系数越大，则工件加热或冷却速度越快，工件内的温度梯度也越大。(　　)

10. 圆柱的直径和无限大板的厚度相同时，加热到相同温度后放在同一种冷却介质中冷却，则圆柱体的冷却速度比无限大平板的冷却速度慢。(　　)

3.2 纯金属的结晶

为什么纯金属或合金加热到熔点以上温度熔化为液体，液体冷却到一定温度以下又结晶成固体？可以用热力学进行解释。金属或合金的结晶过程包括了形核和长大两个基本过程，通过提高形核率，可以细化组织，提高材料的强度、塑性和韧性。

3.2.1 结晶的热力学条件

H_2O 在不同条件下可以是气态、液态和固态。这三种状态与哪些因素有关系呢？首先是温度，温度越高越容易成气态，因为温度越高，分子的热振动能越大，越容易“逃脱”水分子间的氢键和范德瓦尔斯键的束缚而成为自由的气体分子；其次是压强，压强越大越容易成为液体的水或固体的冰，压强起到了“束缚”分子热运动的作用。图 3-3 是 H_2O 的状态图，横坐标是温度，纵坐标是压强。有 4 条线将整个平面划分成了 3 个区域，即固相（冰）、液相（水）和气相（水蒸气）。两个区域的分界线是两相共存的条件，还有一个三相共存的点，即在温度为 0.01℃和压强为 610.5Pa 时冰、水、水蒸气同时存在。

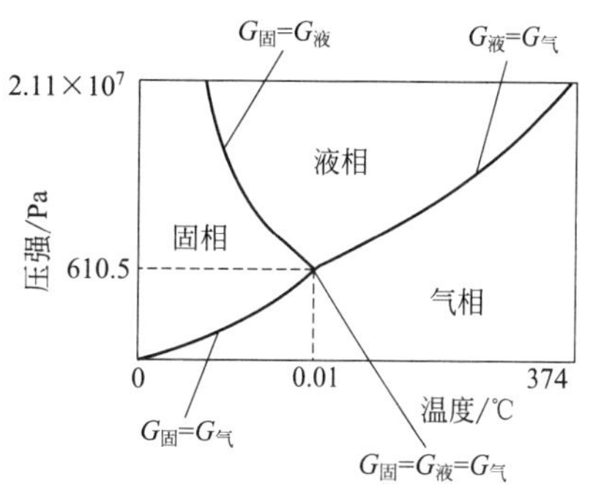

图 3-3 H_2O 的状态图

我们常说的“水沸腾了”，就是达到了水和水蒸气两相共存的条件，沸腾时的温度即沸点与压强有关，压强越大则沸点越高。

在研究物质所处状态时，引入吉布斯自由能，其表达式为：

$$G=U-ST+pv \tag{3-18}$$

式中，U 为系统的内能；S 为系统的熵；T 为系统所处的温度；p 为压强；v 为系统的体积。

水在不同温度和压力下呈现出什么状态，与三种状态的自由能大小有关——自由能小者为稳定状态，自由能大者为非稳定状态。如常压下，高于 0℃，冰的自由能最大，其次是蒸汽和水，如果低于 0℃，则冰的自由能最小，水结成冰。在高压强和低温度的区域是固相（冰）的区域。在低压强和高温度的区域是气相（蒸汽）的区域。液相介于二者之间。两相的分界线是两相的自由能相等的位置。只在一个点上三相自由能相等，即三相平衡的状态。

无气态情况下，忽略式(3-18) 中 pv 项，则自由能表达式为：

$$G=U-ST \tag{3-19}$$

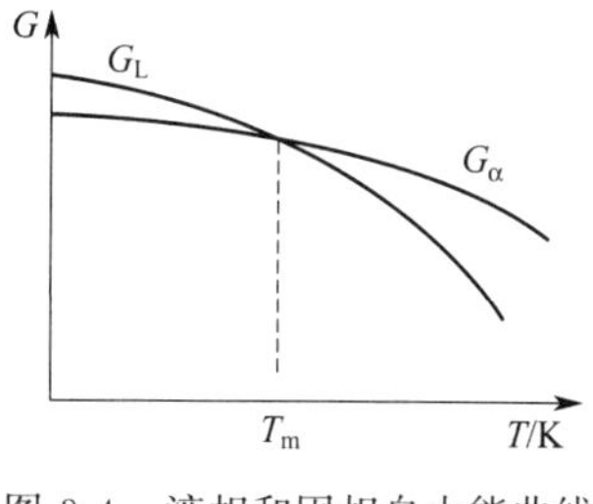

这时可以看出，自由能仅仅是温度的函数。液相的熵大于固相的熵，两相的自由能与温度的关系如图 3-4 所示。由图 3-4 可知，G_L 和 G_α 的交点是 T_m，该温度是两相的理论平衡温度，即熔点。由图 3-4 可知，当 $T<T_m$ 时，$G_L>G_\alpha$，固相是稳定状态；当 $T>T_m$ 时，$G_L<G_\alpha$，液相是稳定状态。温度从高温降低到 T_m 温度以下时，$\Delta G=G_S-G_L<0$，$-\Delta G$ 为结晶的驱动力。

图 3-4 液相和固相自由能曲线

采用热分析法研究金属及合金的凝固过程。用热分析装置将金属熔化成液体，然后缓慢冷却，记录温度随时间的变化曲线，如图 3-5 所示。由于液态金属结晶时释放相变潜热而使冷却速度变缓，在冷却曲线上会出现转折，对应结晶开始温度。金属实际开始结晶的温度 T_n，总是低于理论结晶温度 T_m，这种现象称为**过冷现象**，T_m-T_n 称为**过冷度**。冷却速度越快，过冷度越大，如图 3-6 所示。这是因为结晶过程需要原子扩散，扩散需要时间，冷却速度越快，原子来不及扩散已降到更低温度，只能在更大过冷度下完成结晶。如果冷却速度达到一定值，冷到原子几乎不能扩散的温度还没有结晶，将得到非晶体。当然，对纯金属来说，几乎得不到非晶。

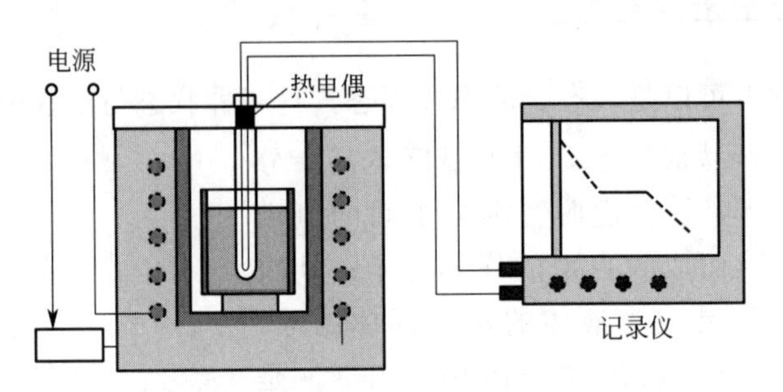

图 3-5　热分析装置

3.2.2　形核和长大

3.2.2.1　形核

结晶时过冷度的存在，说明并不是低于 T_m 的任何温度都能发生液态转变为固态，液相中要能形成固相的晶核，必须要达到一临界过冷度。这是因为溶液中有晶胚出现时，就需考虑体系自由能的变化，而不单纯是体积自由能的变化，还要考虑新增的表面能。

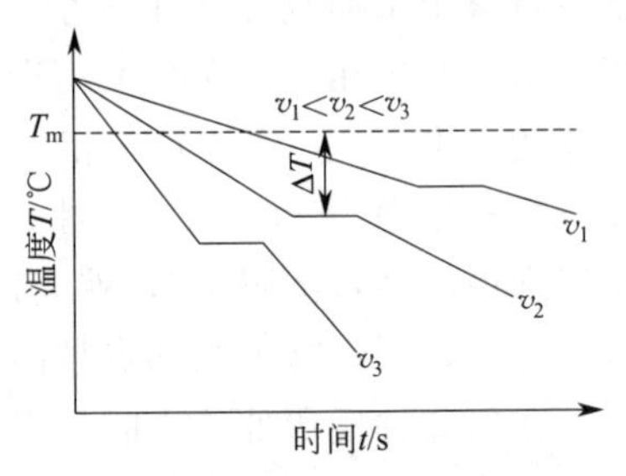

图 3-6　液态金属不同冷却时的冷却曲线

设晶胚为球形，半径为 r，单位体积自由能差为 $\Delta G_v = G_\alpha - G_L$，晶胚单位面积表面能为 σ，则体系总自由能变化为：

$$\Delta G = \Delta G_v \frac{4\pi}{3} r^3 + \sigma 4\pi r^2 \tag{3-20}$$

由于 ΔG_v 为负数，所以 ΔG 有一个极大值，对 ΔG 求导：

$$\frac{d\Delta G}{dr} = \Delta G_v 4\pi r^2 + \sigma 8\pi r$$

令 $\frac{d\Delta G}{dr}=0$，$r=r_k$，$\Delta G=\Delta G_k$，则有：

$$r_k = -\frac{2\sigma}{\Delta G_v} \tag{3-21}$$

$$\Delta G_k = \frac{16\pi\sigma^2}{3(\Delta G_v)^2} \tag{3-22}$$

式中，r_k 为**临界晶核半径**；ΔG_k 为**临界形核功**。

当 $r<r_k$ 时，随 r 的增大，ΔG 是增大的，因而晶胚不能长大，只能溶解变小。当 $r>r_k$ 时，随 r 的增大，ΔG 是减小的，因而晶胚可以长大，成为稳定的晶胚。r_k 与 ΔG 成反比关系，由图 3-4 看出，在 T_m 温度附近，ΔG 与过冷度大致成正比关系：

$$\Delta G_v = -\frac{L_m \Delta T}{T_m} \tag{3-23}$$

式中，L_m 是单位体积相变潜热。将式(3-23) 代入式(3-21) 得：

$$r_k=\frac{2\sigma T_m}{L_m\Delta T} \tag{3-24}$$

即 r_k 与 ΔT 也成反比关系，过冷度越大，临界晶核半径越小，越容易形成稳定的晶核。如前所述，冷却速度越大，过冷度越大，临界晶核半径越小，越容易形成稳定的晶核。

晶核形成的快慢直接影响到单位体积内晶粒的数目，即晶粒的大小。晶核形成的快慢用单位时间、单位体积中形成的晶核数表示，称为**形核率**。形核率与形核功和扩散激活能有关，可表示为：

$$N=N_0\exp\left(-\frac{\Delta G_k+Q}{kT}\right) \tag{3-25}$$

将式(3-23) 代入式(3-22) 得：

$$\Delta G_k=\frac{16\pi\sigma^2T_m^2}{L_m(\Delta T)^2}=\frac{\Delta G_{1k}}{(T_m-T)^2}$$

代入式(3-25) 得：

$$N=N_0\exp\left[-\frac{\Delta G_{1k}}{kT(T_m-T)^2}-\frac{Q}{kT}\right] \tag{3-26}$$

可以证明，随温度降低，形核率先增大后减小，即出现一个极大值。

久旱无雨，虽然天空乌云密布，但期盼已久的甘露就是降不下来，原因是什么呢？没有达到气转变为水的形核条件。怎么办？人工降雨。人工降雨的原理是增加形核的核心，这种形核称为**非均匀形核**。同样的道理可用于提高金属液体结晶时的形核率和提高形核温度。提高形核率可以细化晶粒，提高形核温度可以提高表面和心部组织的一致性。金属液体浇注到型腔内冷却完成结晶过程，型腔壁就是“天然”的非均匀形核的核心，再加上表面冷却速度快，而心部冷却速度慢，表面常常得到比心部小得多的细小晶粒。如果在浇注前往金属液体里加少量形核的核心，降低形核的过冷度，表面和心部的温差减小，在温度差别较小时核心长大，结晶后内外组织比较均匀。

3.2.2.2　长大

当晶核半径大于临界晶核半径 r_k 时，晶核开始自发长大，液相原子通过扩散不断迁移到固相与液相界面的固相一侧，界面向液相推进，固相长大，如图 3-7 所示。界面推进的速度称为**长大速度**，其表达式为：

$$u=u_0\exp\left(-\frac{Q}{kT}\right)\left[1-\exp\left(-\frac{\Delta G_v}{kT}\right)\right] \tag{3-27}$$

随过冷度增大，长大速率先增大后减小，也有一个极大值。

3.2.3　同素异构转变

有些金属在结晶后，随着温度降低，晶体结构类型发生变化。这种由一种晶体结构转变为另一种晶体结构的现象称为**同素异构转变**。铁是典型的具有同素异构转变的金属。图 3-8 是纯铁的结晶冷却曲线。由该图可见，液态纯铁在 1538℃时进行结晶，得到具有体心立方晶格的 δ-Fe；继续冷却到 1394℃时发生同素异构转变，δ-Fe 转变为面心立方晶格的γ-Fe；再冷却到 912℃时又发生同素异构转变，γ-Fe 转变为体心立方晶格的 α-Fe；如再继续冷却到室温，晶格的类型将不再发生变化。

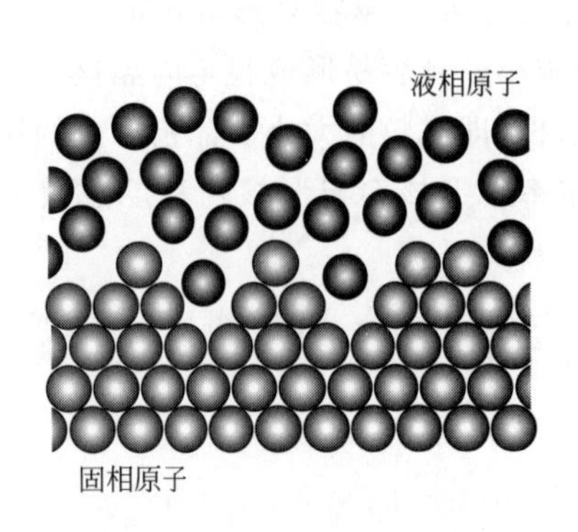

图 3-7　固液界面原子迁移

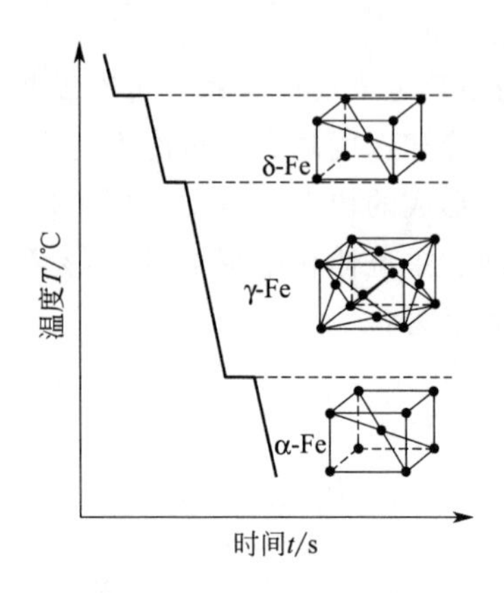

图 3-8　铁的同素异构转变

知识巩固 3-2

1. 有气体存在情况下自由能可表示为 $G=U-ST+pv$，无气体存在情况下自由能可表示为 $G=U-ST$。(　　)

2. 液态金属的自由能与金属晶体的自由能相等时对应的温度称为理论熔点或理论结晶温度。(　　)

3. 过冷度是指理论结晶温度与实际结晶温度之差，而过热度是指实际熔化温度与理论结晶温度之差。(　　)

4. 结晶的基本过程包括形核和长大。(　　)

5. 纯铁低于912℃是体心立方，912～1394℃之间是面心立方，而在1394～1538℃之间是体心立方。(　　)

3.3　二元合金的结晶

二元合金是实际中用得最多的合金。实际中用的二元合金不一定只包含两种元素，因为其他元素的加入并没有使合金的特性产生本质的变化，仍当二元合金看待。二元合金的结晶与纯金属相比要复杂许多，它不只是液相结晶为固相的单一问题，在由液相结晶成晶体的同时，液相和固相的成分在不断发生变化，另外随成分变化，结晶出的固相可能属于不同的相，结晶后各相的数量也与成分有关。

3.3.1　二元合金结晶的热力学条件和相图

3.3.1.1　二元合金自由能曲线

二元合金的自由能不仅与温度有关也与成分有关，可表示为：

$$G=U(C)-S(C)T \tag{3-28}$$

内能和熵都是成分 C 的函数。设二元合金的组元用 A 和 B 表示，如图 3-9 所示，横坐标表示组元 B 的质量分数，纵坐标表示自由能，在给定温度时，自由能曲线有一个极小值或两个极小值。

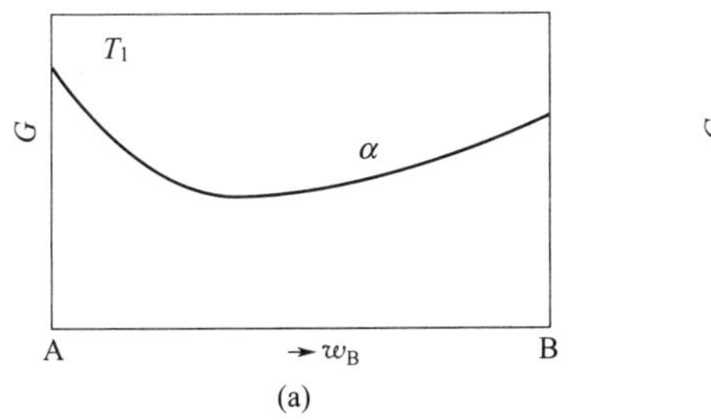

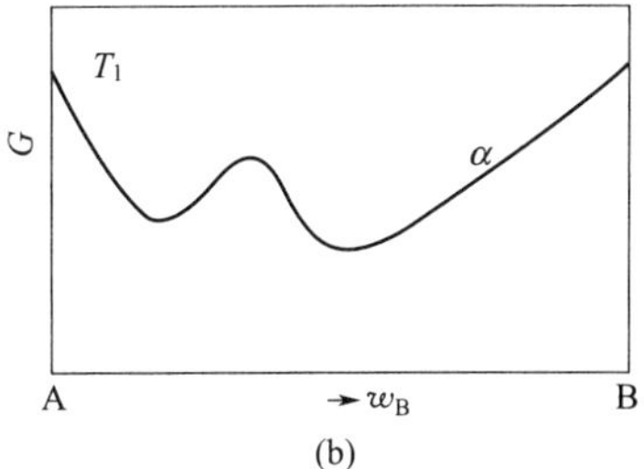

图 3-9　自由能与成分关系

3.3.1.2　两相平衡条件

与纯金属的结晶条件不同，合金的结晶条件有其自己的特点，利用图 3-10 分析如下。

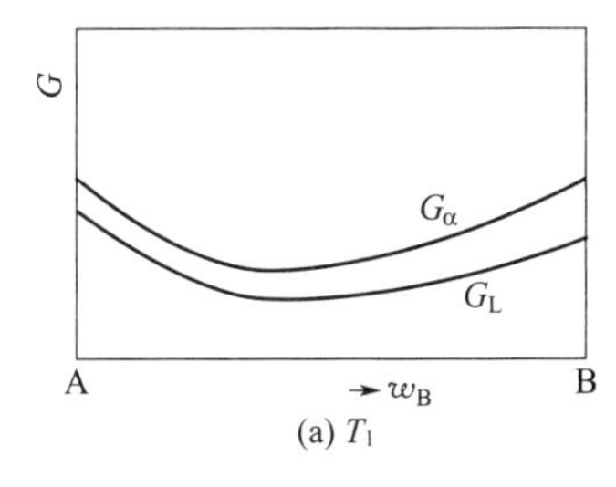

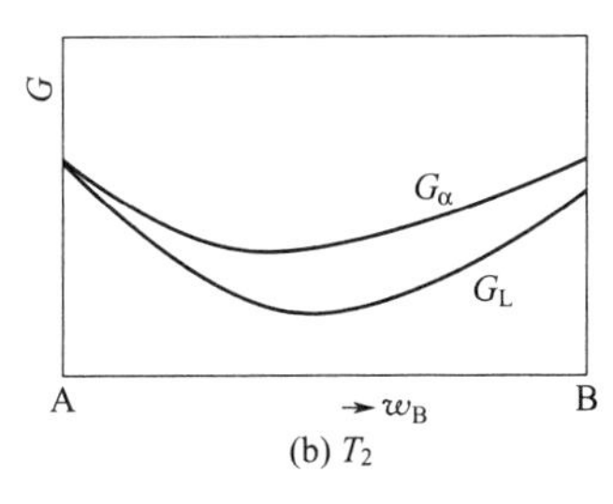

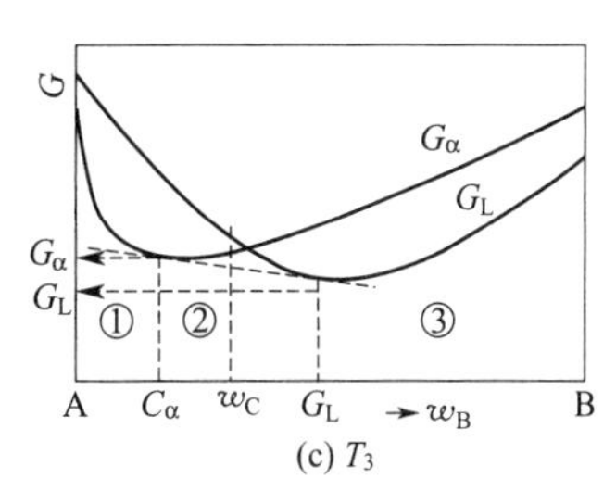

图 3-10　两相平衡条件

在 T_1 温度，对所有成分，$G_L < G_\alpha$，如图 3-10(a) 所示，所有合金只有液相。

当温度降到 T_2 时，G_L 和 G_α 只有一个交点，如图 3-10(b) 所示，成分为 100%A，A 组元在 T_2 温度时液相和固相的自由能相等。T_2 温度是 A 组元开始结晶的温度，即 A 组元的熔点。

当温度降到 T_3 时，G_L 和 G_α 有一个交点，如图 3-10(c) 所示，交点虽然表示具有相同成分的液相和固相的自由能相等，但没有实际意义，因为对合金来说液相和固相的成分不可能相等。做液相和固相自由能曲线的公切线得两个切点，切点成分为 C_α 和 C_L，分别代表 T_3 温度时两相平衡时固相和液相的成分。两个切点将合金成分分成了三个区域：①$w_B < C_\alpha$ 的合金冷到 T_3 温度时全是固相；②$C_\alpha < w_B < C_L$ 的合金冷到 T_3 温度时液相和固相同时存在，$w_B = C_\alpha$ 的合金冷到 T_3 温度时结晶结束，$w_B = C_L$ 的合金冷到 T_3 温度时开始结晶，合金的结晶是在一个温度范围内完成的；③$\omega_B > C_L$ 的合金冷到 T_3 温度时仍然是液相。

综上所述，对两相平衡条件总结如下。

① 对于合金，在某温度时两相平衡的条件是两相的自由能-成分曲线有公切线。

② 两个切点对应的成分分别是两相平衡时两相的成分，即两相的成分是不同的。

③ 成分为 C_α 的合金在该温度完成结晶过程，全部转变成了固体，该温度称为该合金的**结晶结束温度**。

④ 成分为 C_L 的合金在该温度开始结晶，该温度称为该合金的**结晶开始温度**，合金的结晶是在一个温度范围内完成的。

3.3.1.3 两相平衡时的质量分数计算公式

在给定温度下，可以计算两相处于平衡的相对质量分数，其计算方法又称杠杆定律。

如图 3-10(c) 所示，设成分为 w_C 的合金在 T_3 温度时处在两相平衡区，固相和液相的成分分别是 C_α 和 C_L，固相和液相的质量分数分别用 w_L 和 w_α 表示，则可以列出如下两个方程：

$$w_L+w_\alpha=1$$

$$C_Lw_L+C_\alpha w_\alpha=w_C$$

解这两个方程可以得到 L 和 α 的质量分数：

$$w_\alpha=\frac{C_L-w_C}{C_L-C_\alpha}\qquad w_L=\frac{w_C-C_\alpha}{C_L-C_\alpha}=1-w_\alpha \tag{3-29}$$

分母是两相的成分之差，分子是合金的成分与另一相的成分之差。只要已知合金成分和两相的成分就能计算出两相的质量分数。

3.3.1.4 两相平衡时的自由能

两相平衡时的自由能是两相自由能的加权之和：

$$G=w_LG_L+w_\alpha G_\alpha \tag{3-30}$$

式中，G_L 和 G_α 分别是两相平衡时的自由能，见图 3-10(c)。将式(3-29) 代入式(3-30) 可得两相混合物的自由能与成分关系：

$$\begin{aligned}G&=w_LG_L+w_\alpha G_\alpha\\&=\frac{w_C-C_\alpha}{C_L-C_\alpha}G_L+\left(1-\frac{w_C-C_\alpha}{C_L-C_\alpha}\right)G_\alpha\\&=G_\alpha-\frac{w_C-C_\alpha}{C_L-C_\alpha}(G_\alpha-G_L)\end{aligned} \tag{3-31}$$

如图 3-10(c) 所示，切线是两相混合物的自由能，其在两种相的自由能曲线的下方，因而，其自由能最小。

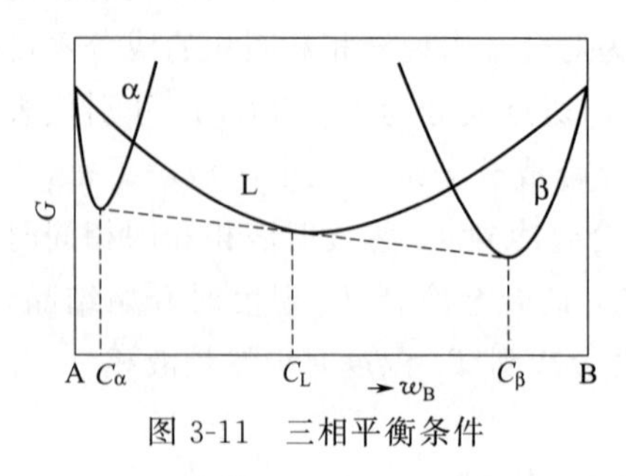

图 3-11 三相平衡条件

3.3.1.5 三相平衡条件

当三相的自由能曲线存在公切线时，三相处于平衡状态，如图 3-11 所示。对二元合金，三相平衡时无法计算相的质量分数，三相保持动态平衡：$L\rightleftharpoons\alpha+\beta$，温度升高，反应向左进行；温度降低，反应向右进行。

三相平衡时三个相的成分和温度都是恒定的。又由于 $G=U-ST$，三相的 S 不等，温度变化，三相的 G 不可能随温度变化平移，因而不可能随温度变化保持公切线。

3.3.1.6 合金相图

前面，根据自由能与成分的关系分析了以下问题：

① 纯组元在恒温下完成结晶，其结晶温度是两相自由能相等时对应的温度。

② 合金的结晶是在一个温度范围内完成的，即某一成分的合金存在一个结晶开始温度和一个结晶结束温度。

③ 二元合金两相平衡时，两相的成分与温度有关，温度一定，成分也一定，并可以计算两相的质量分数。

④ 二元合金三相平衡时，三种相的成分、温度都固定，无法计算三种相的质量分数。

将不同成分的结晶开始温度和结晶结束温度画在温度-成分坐标上用线条连接起来，这种图就称为**相图**，如图 3-12 所示。

相图上由结晶开始温度组成的线称为**液相线**，相图上由结晶结束温度组成的线称为**固相线**。在图 3-12 中，液相线和固相线将相图分成了三个区域，分别标上相的符号：L、L+α、α。图 3-12 所示的相图就是相图中最简单的匀晶相图。除匀晶相图外，还有包含恒温转变的共晶相图和包晶相图以及其他相图。

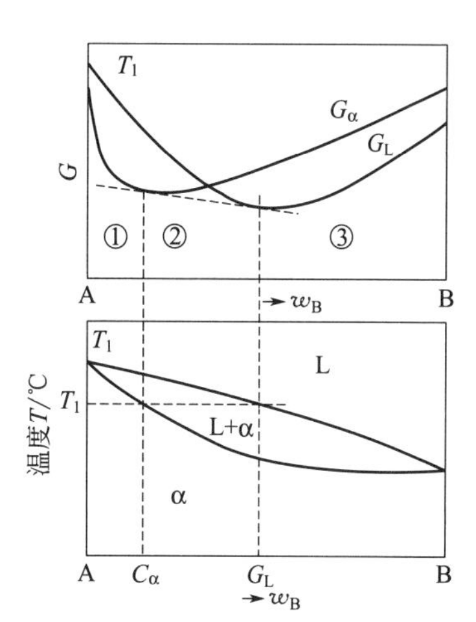

图 3-12　相图与自由能曲线关系

3.3.1.7　合金相图的作用

合金相图有何用途呢？以匀晶相图为例来说明合金相图的用途。

① 给定合金成分可以得到该合金结晶开始温度 T_b 和结晶结束温度 T_e，见图 3-13。

② 同时给定温度和合金成分，可以知道该合金在该温度下所处的状态。合金①为 100% α，合金③为 100%L，而合金②处在两相区，见图 3-14。

③ 处在两相区的合金，还可以知道每种相的成分和质量分数。如图 3-14 中合金②在 T_1 温度时处在 α+L 的两相区，α 相的成分为 C_α，液相成分为 C_L，进一步可根据式(3-29)计算每种相的相对质量分数。

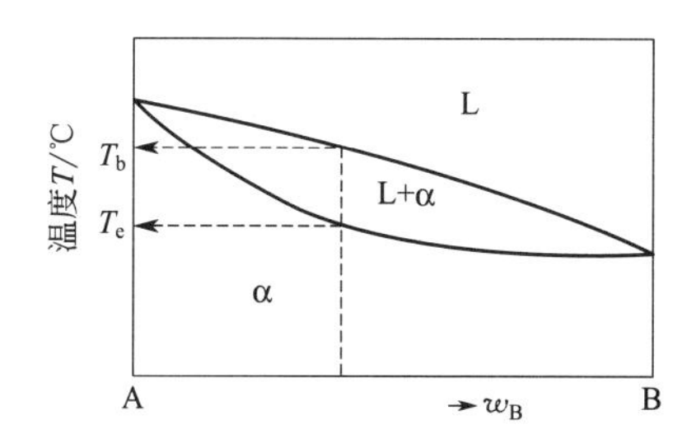

图 3-13　确定合金结晶开始和结束温度

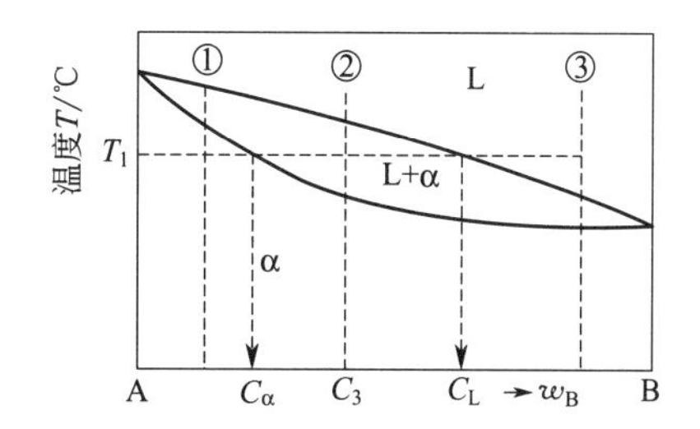

图 3-14　确定合金的状态

相图的作用不仅限于上述三点，在研究合金、制定热加工工艺中也离不开相图。由此可见，相图的作用是多么重要，大家一定要牢牢记住。

知识巩固 3-3

1. 二元合金的自由能不仅与温度有关也与成分有关，常常用某一温度时自由能与成分的关系表示出来。(　　)

2. 对于二元合金，在某温度时两相平衡的条件是两相的自由能-成分曲线有公切线，两

个切点对应的成分分别是两相平衡时的成分。(　　)

3. 设二元合金的成分为 w_C，合金在某温度时处在两相平衡区，固相和液相的成分分别是 C_α 和 C_L，固相和液相的质量分数分别为 w_α 和 w_L，则 $w_\alpha=|w_C-w_L|\div|C_\alpha-C_L|$，$w_L=1-w_\alpha$。(　　)

4. 对于二元合金，在某温度时两相平衡的条件是两相的自由能-成分曲线有公切线，切线是两相混合物的自由能，其在两种相自由能曲线的下方，因而，其自由能最小。(　　)

5. 对二元合金，当三种相的自由能曲线存在公切线时，三相处于平衡状态。三相平衡时无法计算相的质量分数。(　　)

6. 对无限固溶体合金，将不同成分的结晶开始温度和结晶结束温度画在温度-成分坐标上，用线条连接起来，这种图就称为匀晶相图。(　　)

7. 相图上由结晶开始温度组成的线称为固相线。(　　)

8. 给定合金成分，从相图上可以得到该合金结晶开始温度和结晶结束温度。(　　)

9. 同时给定温度和合金成分，根据相图，可以知道该合金在该温度下所处的状态。(　　)

10. 同时给定温度和合金成分，处在两相区的合金，还可以知道每种相的成分，进一步可计算每种相的相对质量分数。(　　)

3.3.2 匀晶转变

3.3.2.1 匀晶相图分析

前面通过自由能-成分关系建立了匀晶相图并进行了简单分析。

众所周知，酒精和水可以无限互溶。二元合金在液态下可以无限互溶，在固态下也可能无限互溶。当两组元晶体结构相同且性质相近时，自由能与溶质原子质量分数的关系简单，表现为简单的函数关系，可能形成无限互溶的固溶体。

从液相结晶出一个固相的转变称为**匀晶转变**，用 $L \longrightarrow \alpha$ 表示。温度线与单相区分界线交点对应的成分点为该相在该温度下的成分点，如图 3-14 中的 C_α 和 C_L。

图 3-15 是 Cu-Ni 合金匀晶相图。下方的横坐标是 Ni 的原子比，上方横坐标是 Ni 的质量分数。由于 Cu 和 Ni 的原子量差别不大，所以两种表示浓度的刻度差别不大。在该匀晶相图中，除了液相和 α 相区外，在固态还有调幅分解的现象，即一个固相分解为成分不同的两个固相，即 $\alpha \longrightarrow \alpha_1+\alpha_2$ 三者晶体结构相同，只是成分不同。出现调幅分解时的自由能分曲线如图 3-9(b) 所示，同一种相出现两个最小值。

有时候，调幅分解会生成新的有序固溶体，即溶质原子在溶剂中有序分布的固溶体，这时，溶质与溶剂原子有简单的比例关系，如 AB、AB_2、AB_3 等，当然，比例关系是近似的。它们仍属于固溶体，不是化合物，因为其晶体结构与溶剂的晶体结构相同。图 3-16 是 Cu-Au 相图，其中的 α_1、α_2 和 α_3 分别是以 Cu_3Au、CuAu 和 $CuAu_3$ 为基础形成的有序固溶体。在两个单相区之间是两相区，图中未标出两相区，读者可自己标出来。

3.3.2.2 平衡结晶

平衡结晶是指结晶过程中的每个阶段都能达到相平衡，即在相变过程中有充分时间进行组元间的扩散，以达到平衡相的成分。

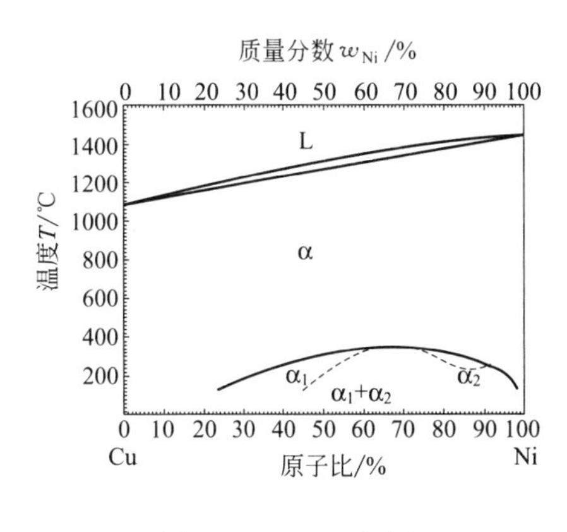

图 3-15　Cu-Ni 相图

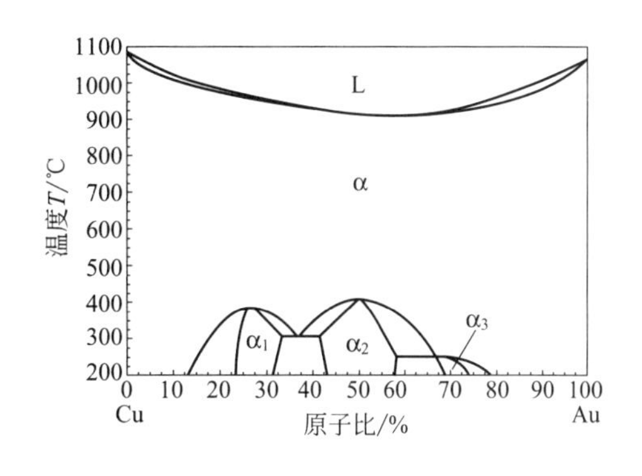

图 3-16　Cu-Au 相图

如图 3-17 所示，成分为 C_1 的合金①，当冷到 T_1 温度时开始结晶，液相成分为 C_1，α 相成分为 $C_{\alpha 1}$，但此刻 α 相的质量分数为“0”，液相的质量分数为 100%。随着温度降低，从液相中不断结晶出 α 相，α 相的成分沿固相线变化，液相成分沿液相线变化。由于无论是液相还是 α 相的成分都在变化，这种变化是通过原子扩散实现的，所以，冷却速度必须很慢，否则，α 相中的成分达不到均匀一致的要求。冷到 T_3 温度时结晶结束，100%α 相，这时 α 相的成分为 C_1，即合金的成分，而液相（在结晶完之前）的成分为 C_{L3}。

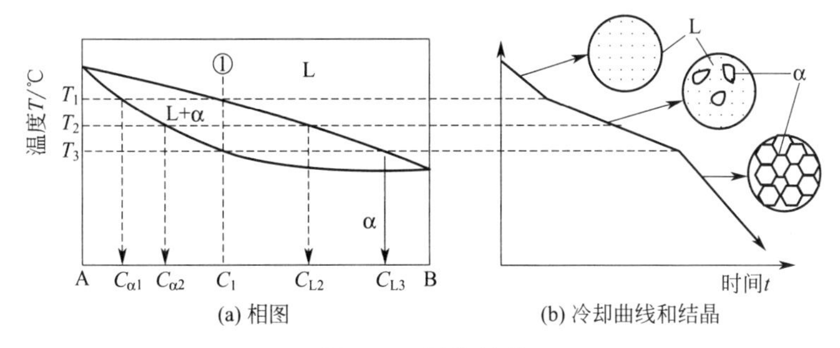

图 3-17　平衡结晶

3.3.2.3　非平衡结晶和成分偏析

实际金属的结晶大多数属于非平衡结晶。非平衡结晶与平衡结晶比要复杂得多。在平衡结晶时，冷却速度很慢，可以认为冷却速度趋近于零，因此，在冷却过程中，有足够的时间进行扩散，扩散的结果保证了在整个浇注的空间内的温度和每一个相内的成分都是均匀一致的，仅仅存在相与相的成分不同，而各相的成分可以通过相图得到。也就是说，在分析平衡结晶过程中，没有也没必要考虑温度的不均匀和成分的不均匀问题。但是，在非平衡结晶或分析实际结晶过程时，必须考虑温度不均匀和成分不均匀给结晶带来的影响。这种不均匀性不仅存在于宏观尺度上而且也存在于微观尺度上。宏观尺度上的不均匀造成整个铸件从表面到心部的组织不一样，而微观上的不均匀造成了微观组织的千姿百态。

(1) 晶内偏析　假设温度是均匀的，液体中可以进行充分的扩散即成分是均匀的，固体中扩散可以忽略不计。先结晶的固相含低熔点的组元较少［图 3-18(a)］，固相的示意图见图 3-18(b)，随温度降低，后结晶的固相中低熔点的组元含量逐渐提高，形成如图 3-18(c)～(e)的成分等值线，晶粒的中心含低熔点的组元少，而晶粒边界上含低熔点的组元多。

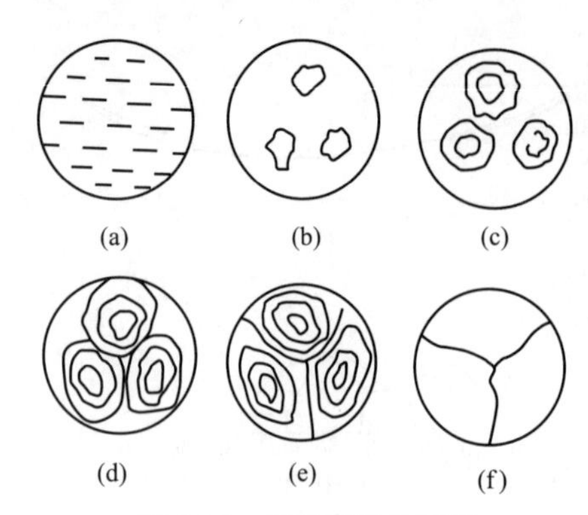

图 3-18　非平衡结晶过程

这种在一个晶粒内造成成分不均匀的现象称为**晶内偏析**。晶内偏析是热力学上不稳定的状态，一旦条件成熟，通过扩散可以使成分均匀，见图 3-18(f)。为了提高扩散速度，通常加热到略低于固相线的温度进行保温，这种工艺称为**扩散退火**。

事实上，固态中扩散是在不断进行的，所以结晶后形成的晶内偏析与冷却速度有很大关系，冷却速度慢，晶内偏析比较小，冷却速度快则晶内偏析大。

（2）宏观温度分布　因为合金液体温度不断降低而结晶为固体，固体中晶粒大小、形态、成分偏析等都与冷却速度有关。为了分析结晶后的组织，必须从分析冷却过程中温度分布入手。

例 3-3　建立一个最简单的合金结晶过程温度场计算模型，根据计算模型分析影响因素并画出温度分布示意图。根据温度分布示意图分析晶核的形成。

最简单的扩散模型就是一维模型，例 3-2 建立了只有一个换热界面的一维温度场计算模型。合金结晶过程一维温度场计算模型的建立过程类似于例 3-2 的过程，不同的是换热界面增加了。如图 3-19 所示，厚度方向为传热方向，作为 x 轴，与传热有关的计算空间包括：空气、造型材料、α 固体、合金液体。在它们之间形成了 4 个换热界面：①空气-造型材料；②造型材料-α 固相；③α 固相-合金液体；④合金液体-合金液体（在 $x=a+b$ 的对称面）。

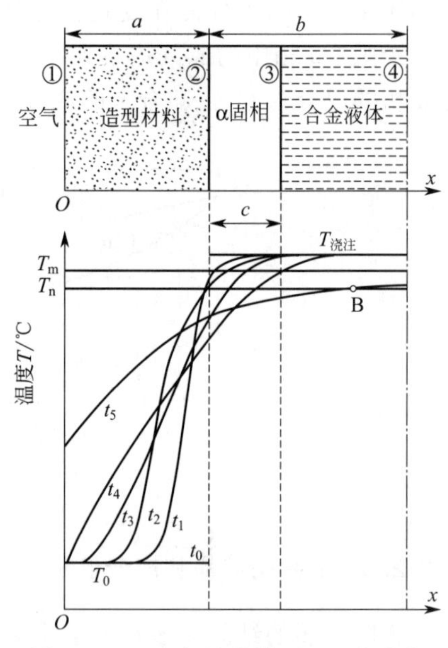

图 3-19　温度场计算模型和温度分布

扩散方程：

$$\frac{\partial T}{\partial t}=\frac{\lambda_1}{\rho_1 c_1}\times\frac{\partial^2 T}{\partial x^2} \qquad 0<x<a$$

$$\frac{\partial T}{\partial t}=\frac{\lambda_2}{\rho_2 c_2}\times\frac{\partial^2 T}{\partial x^2} \qquad a<x<a+c$$

$$\frac{\partial T}{\partial t}=\frac{\lambda_3}{\rho_3 c_3}\times\frac{\partial^2 T}{\partial x^2} \qquad a+c<x<a+b$$

初始条件：

$$T=T_0 \quad 0=x<a$$

$$T=T_{浇注} \quad a=x\leqslant a+b$$

边界条件：

① $x=0 \quad \lambda_1\dfrac{\partial T(0,t)}{\partial x}=\alpha[T(t,0)-T_{空气}]$

② $x=a \quad \lambda_1\dfrac{\partial T(a^-,t)}{\partial x}=\lambda_2\dfrac{\partial T(a^+,t)}{\partial x}$

③ $x=a+c \quad \lambda_2\dfrac{\partial T(a+c^-,t)}{\partial x}=\lambda_3\dfrac{\partial T(a+c^+,t)}{\partial x}$

④ $x=a+b \quad \frac{\partial T(a+b^{-},t)}{\partial x}=0$

在边界的两边温度梯度不等，因此，在边界条件中用上标“+”或“−”以示区别。

在结晶之前，$c=0$，扩散方程只剩两个，边界条件剩三个。在上述模型中，忽略了相变潜热对温度的影响，这个问题将在后面分析中介绍。

根据上述数学模型可知影响温度场的因素如下。

① 尺寸因素。包括铸件厚度 $2b$、造型材料厚度 a。铸件厚度越厚，靠近心部的冷却速度越慢，对接近铸件表面的冷却速度影响越小。造型材料的厚度越厚，能储存越多热量，冷却速度越快，对心部的影响大于对表面的影响。

② 初始温度。包括浇注温度 $T_{浇注}$、造型材料温度 T_0。浇注温度越高，蓄热量越大，冷却速度越慢，对心部的影响比对表面的影响越大。可以通过预热提高造型材料温度，温度越高，冷却速度越慢。

③ 材料的物理参数。包括造型材料的热导率 λ_1、密度 ρ_1、比热容 c_1；α 固相的热导率 λ_2、密度 ρ_2、比热容 c_2；合金液体的热导率 λ_3、密度 ρ_3、比热容 c_3。造型材料分为砂型和金属型。砂型的热导率、密度、比热容都比金属型小，冷却速度慢。

④ 环境温度 $T_{空气}$。环境温度对结晶过程的冷却速度影响较小，但对后续的冷却有一定影响。

根据上述分析，可画出温度与距离的关系曲线，如图 3-19 所示，t_0 为初始时间，造型材料和合金液体的温度分别为 T_0 和 $T_{浇注}$，冷到 t_2 时刻，合金液体与造型材料界面处已到开始结晶温度 T_n，开始形核并长大。形核以造型材料表面为基底，属于非均匀形核。由于冷却速度快，过冷度大，又是非均匀形核，形核率大，形核数量多。当然，在次表面也会有少量晶核形成，如图 3-20(a) 所示。形核后不断长大，相互碰挤形成等轴状细小晶粒，如图 3-20(b) 所示。接下来的长大还需要考虑两个问题，一是释放的相变潜热对结晶前沿温度场的影响，二是低熔点原子在结晶前沿的聚集问题。

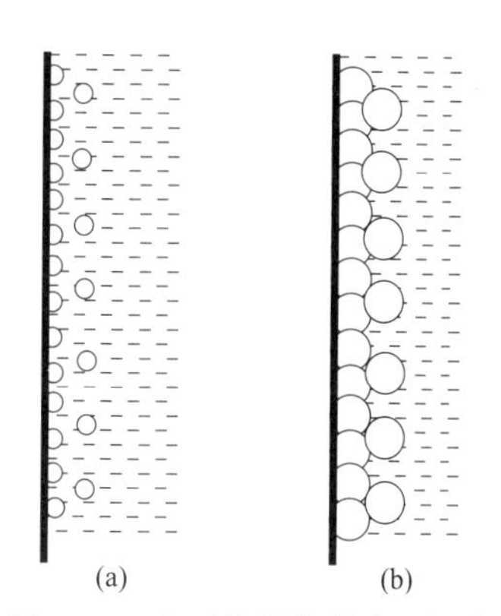

图 3-20　表面晶核的形成和长大

(3) 成分过冷和树枝晶的形成　在不考虑相变潜热情况下，结晶前沿附近的温度分布以及不考虑液相中成分分布的结晶前沿附近的温度分布如图 3-21(a) 所示。液相中离结晶前沿越远，过冷度越小，这意味着结晶前沿尽可能是平面状。

由于由液相结晶成固相时要释放结晶潜热，使结晶前沿的局部温度出现峰值，如图 3-21(b) 所示，液相中离结晶前沿越远，过冷度越大，这意味着结晶前沿一旦有突出到液相中的固相，这些固相的长大速度更快，使结晶前沿不能保持平面状生长，而是保持树枝状生长，形成树枝晶，如图 3-22 所示。

图 3-22(a) 中的箭头表示相变潜热和溶质原子的扩散方向，使溶质原子在结晶前沿聚集，形成图 3-21(c) 的成分分布。由于成分不同，液体的开始结晶温度不同，使结晶前沿液相的开始结晶温度也随距离而变化，如图 3-21(d) 所示。由于成分变化也造成过冷度随距离的增大而增大的现象称为**成分过冷**。将图 3-21(b) 的温度分布和图 3-21(d) 的开始结晶温度画在同一个图上形成图 3-21(e)，该图综合表示了由于相变潜热、成分过冷所造成的过冷度与距离的关系，显然更有利于树枝晶的形成。溶质原子浓度越高，相变潜热越大，成分

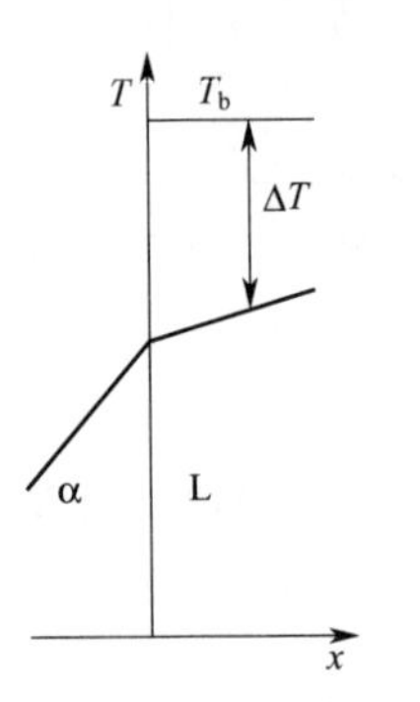

(a) 不考虑相变潜热的温度分布和不考虑液相中成分分布的过冷度分布

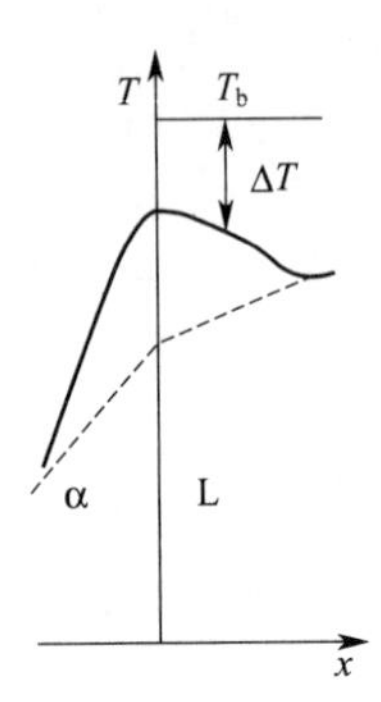

(b) 考虑相变潜热的温度分布和不考虑液相中成分分布的过冷度分布

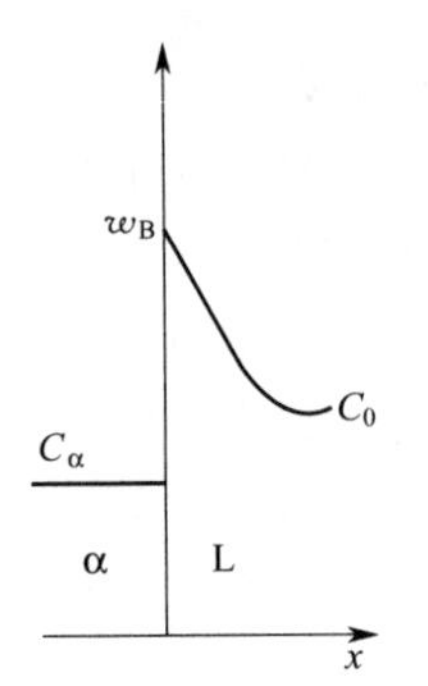

(c) 液相中的成分分布

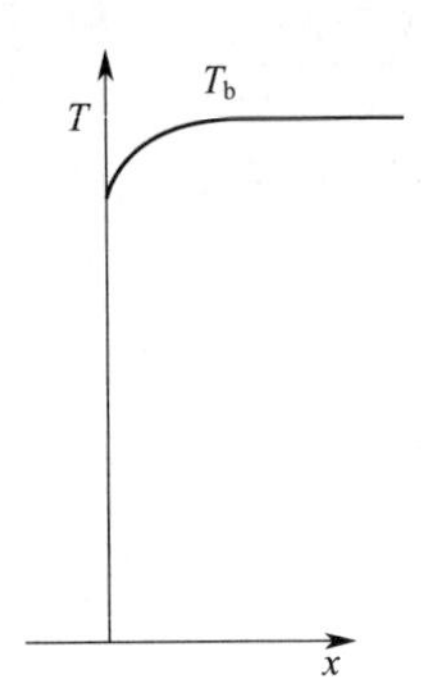

(d) 考虑液相中成分分布的结晶开始温度分布

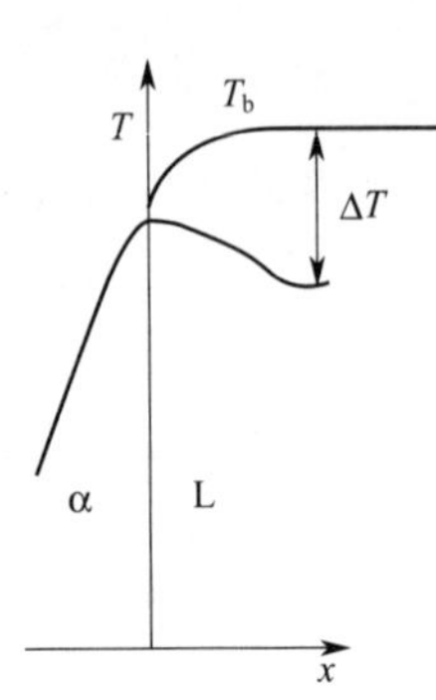

(e) 考虑相变潜热的温度分布和考虑液相中成分分布的过冷度分布

图 3-21　结晶前沿温度、成分、过冷度分布

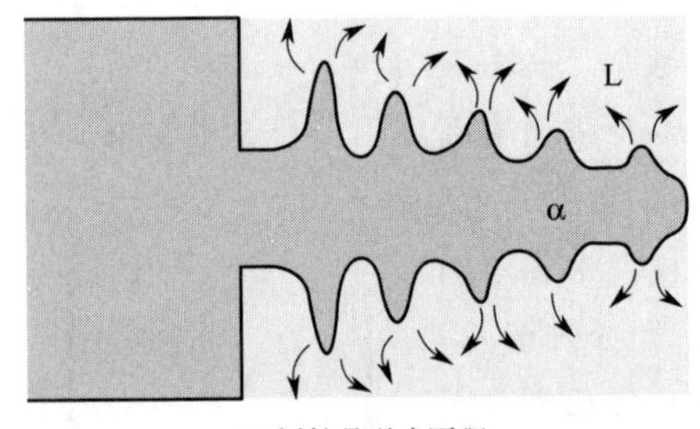

(a) 树枝晶形成原理

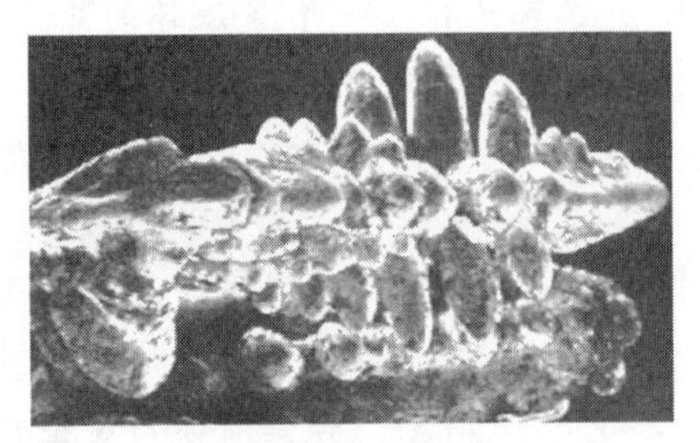
(b) 树枝晶立体照片

图 3-22　树枝晶的形成

过冷越大，越有利于树枝晶的形成。在树枝晶之间低熔点的溶质原子含量高，这种成分偏析称为**枝晶偏析**。

图 3-23　Cu-Ni 合金铸态组织

图 3-23 是 Cu-Ni 合金的铸态组织，经侵蚀后，枝干和枝间颜色存在明显不同，说明它们的化学成分存在差异，先结晶出的枝干富含 Ni，不易受侵蚀因而呈亮白色，枝间后结晶而含 Cu 较多，易受侵蚀因而颜色较深。Cu-Ni 合金的铸态组织能否通过扩散退火实现成分均匀呢？从图 3-15Cu-Ni 合金相图看出，在低温有调幅分解，只有高温扩散后快速冷却，避免调幅分解，才可能得到成分均匀的固溶体。图 3-23 显示的成分偏析应该是成分偏析＋调幅分解的结果，不单纯是成分偏析造成的。

知识巩固 3-4

1. 液相结晶为一个固相的转变称为匀晶转变。（　　）

2. 当两个纯金属组元晶体结构相同时，才可能形成无限固溶体，在固态时还可能出现调幅分解和转变为有序固溶体。（　　）

3. 平衡结晶过程是指结晶过程中的每个阶段都能达到平衡，即在相变过程中有充分时

间进行组元间的扩散，以达到平衡相的成分。(　　)

4. 非平衡结晶时，合金结晶较快，原子的扩散来不及充分进行，结果使先结晶出来的固溶体和后结晶的固溶体成分不均匀，即出现成分偏析现象。(　　)

5. 冷却速度越慢，成分偏析越严重，出现成分偏析后，可以通过扩散退火消除成分偏析。(　　)

6. 相变潜热、成分过冷有利于树枝晶的形成。(　　)

7. 金属型比砂型的冷却速度快，过冷度大，形核率高，结晶后晶粒细小，强度、硬度、韧性高。(　　)

8. 铸件壁厚越厚，冷却速度越慢，得到的组织越粗大。(　　)

9. 提高浇注温度，冷却速度减慢，得到的组织粗大。(　　)

10. 将金属型在浇注前先预热，预热温度越高，得到的组织越细小。(　　)

3.3.3　恒温转变

三相平衡时三个相的成分和温度都是恒定的。在包含一个液相 L，两个固相 α 和 β 的三相平衡中可能出现两种情况，L 在中间还是在一端。可能发生以下两种类型的转变：L 同时结晶出 α 和 β 相，即 $L \longrightarrow \alpha+\beta$，这种转变称为**共晶转变**；$L+\alpha \longrightarrow \beta$，这种转变称为**包晶转变**。

3.3.3.1　共晶转变

图 3-24 是 Pb-Sn 合金相图——典型的共晶相图。相图中包含三个单相区：液相区、α 相区和 β 相区。α 相是 Sn 溶解到 Pb 中形成的置换固溶体，183℃时溶解度最大，达到 19% Sn，即图 3-24 中的 *M* 点。β 相是 Pb 溶解到 Sn 中形成的置换固溶体，最大溶解度为 2.5% Pb。两个单相区之间为两相区，共 3 个两相区。它们分别是 α+L 两相区、β+L 两相区和 α+β 两相区。一条共晶线 *MN* 连接了三个单相区。成分在 *MN* 之间的合金冷到共晶转变温度（183℃）时发生共晶转变：$L_E \longrightarrow \alpha_M + \beta_N$。共晶转变在恒温下进行，并且三相的成分是固定的。

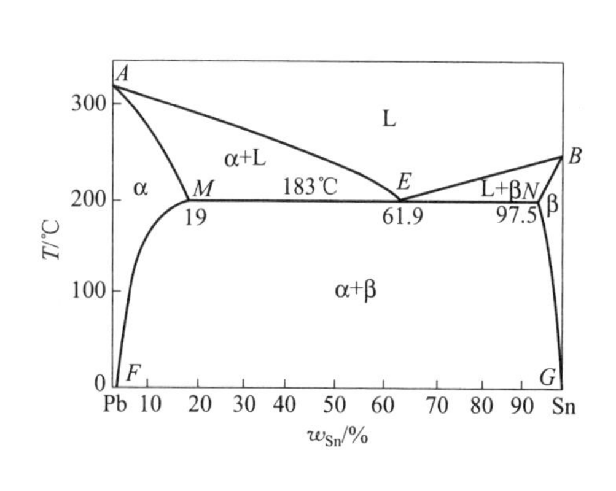

图 3-24　Pb-Sn 相图

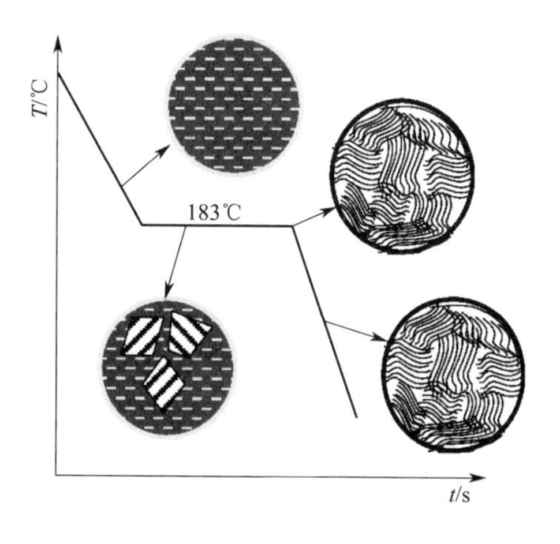

图 3-25　共晶合金结晶过程

成分位于 *E* 点的合金称为**共晶合金**。共晶合金的冷却曲线如图 3-25 所示，温度高于共晶转变温度183℃为液相，冷到183℃发生共晶转变，从液相中同时结晶出固相$\alpha+\beta$，称为**共晶组织**，转变结束，液相全部转变为共晶组织。在随后冷却过程中，共晶组织中α和β的成分和相对量发生变化，但共晶组织的形态和数量没有发生变化。

例 3-4 计算Pb-Sn共晶合金在183℃共晶转变结束和室温时两相的相对质量分数。

解：共晶合金的成分是61.9%Sn，183℃共晶转变结束时，α相和β相的成分分别对应相图上的M点和N点，即19%Sn和97.5%Sn，套用式(3-29)计算：

$$w_{\alpha}=\frac{97.5-61.9}{97.5-19}=45.4\%$$

$$w_{\beta}=1-w_{\alpha}=54.6\%$$

冷到室温（0℃），α相和β相的成分分别对应相图上的F点和G点，即2%Sn和100%Sn，套用式(3-29)计算：

$$w_{\alpha}=\frac{100-61.9}{100-2}=38.9\%$$

$$w_{\beta}=1-w_{\alpha}=61.1\%$$

通过上述计算可以看出，由于两种固相的溶解度随温度降低而减小，所以，在不同温度时两相的质量分数也随之发生变化，但共晶组织的质量分数未发生改变。共晶组织是两相的混合物，有层片状、针状等形态，如图3-26所示。

(a) Pb-Sn共晶组织

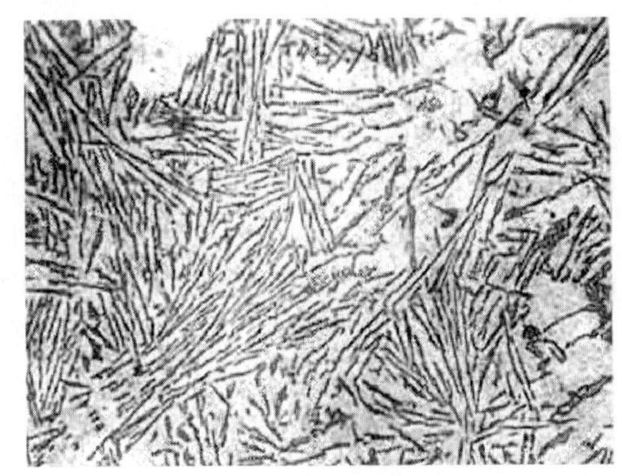

(b) Al-Si共晶组织

图3-26 共晶组织

例 3-5 分析30%Sn的Pb-Sn合金的结晶过程并计算共晶转变结束时相和组织的质量分数。

解：先将成分线画在相图上，如图3-27所示，与液相线交点对应的温度为T_1，T_1的水平线与AM线交点对应的成分为$w_{Sn}=10\%$。冷到T_1温度，发生匀晶转变：$L\longrightarrow\alpha_{初}$，从液相中结晶出$w_{Sn}=10\%$的α相，随温度降低，α相不断增多，其成分沿$AM$线变化，液相不断减少，其成分沿$AE$线变化，当冷到共晶转变温度183℃时，开始发生共晶转变：$L_{61.9}\longrightarrow\alpha_{19}+\beta_{97.5}$。

共晶转变结束，生成两种相：α相和β相。α相的含锡量为19%（M点），β相的含锡量为97.5%（N点），套用式(3-29)计算：

$$w_{\alpha}=\frac{97.5-30}{97.5-19}=86\%$$

$$w_{\beta}=1-w_{\alpha}=14\%$$

共晶转变结束，生成两种组织：$\alpha_{初}$和$(\alpha+\beta)_{共晶}$。$\alpha_{初}$的含锡量为19%（M点），$(\alpha+\beta)_{共晶}$的含锡量为61.9%（N点），套用式(3-29)计算：

$$w_{\alpha_{初}}=\frac{61.9-30}{61.9-19}=74.4\%$$

$$w_{(\alpha+\beta)}=1-w_{\alpha_{初}}=25.6\%$$

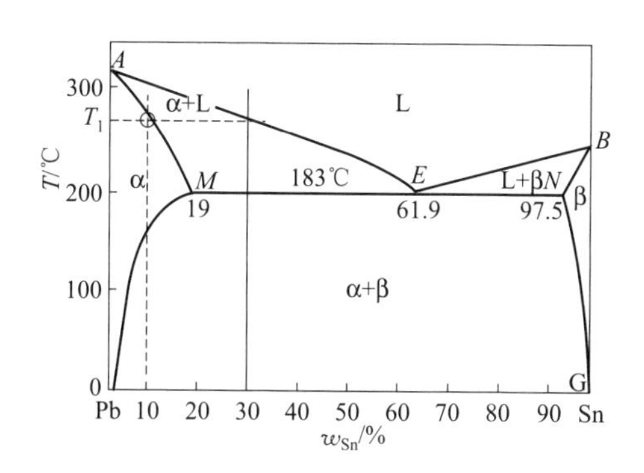

图 3-27　根据相图分析结晶过程

3.3.3.2 包晶转变

图 3-28 是 Pt-Ag 合金相图，是典型的二元包晶相图之一。有三个单相区：液相区、Ag 溶解到 Pt 中形成的 α 单相固溶体、Pt 溶解到 Ag 中形成的 β 单相固溶体。还有三个两相区，请读者自行分析。

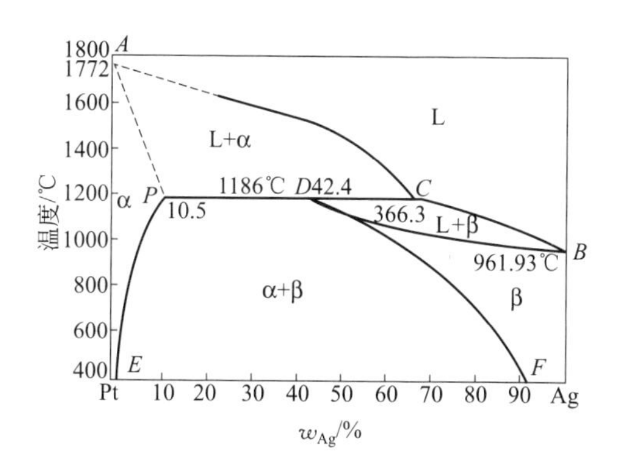

图 3-28　Pt-Ag 相图

一条恒温转变线，恒温转变线与三个单相的相邻点分别是 P、D 和 C。注意，恒温转变线的两个端点，一端是液相，另一端是固相，中间点是处于恒温转变线下方的固相 β。处在 PC 之间的合金冷却到包晶转变温度发生包晶转变：$L_C+\alpha_P \longrightarrow \beta_D$。$D$ 点叫**包晶点**，对应的合金叫**包晶合金**，该合金的结晶过程包括：$L \longrightarrow \alpha$，注意，随温度降低，L 和 α 的成分都在变化。当冷到包晶转变温度时，发生包晶反应：C 点成分的液相与 P 点成分的 α 反应，生成 D 点成分的 β 相，即 $L_C+\alpha_P \longrightarrow \beta_D$。

综上所述，二元合金液相转变成固相的类型有三种：匀晶转变、共晶转变和包晶转变。匀晶转变在变温情况下进行，随温度降低，固相和液相成分均在不断变化。对于只有匀晶转变的合金，通过匀晶转变全部转变成固相，而对于含有共晶转变和包晶转变的合金，匀晶转变结束后还会在恒温下发生共晶转变或包晶转变才能全部转变成固相。共晶转变和包晶转变都是在恒温下进行的，在转变过程中三种相的成分不会发生变化。结晶结束，在随后的冷却过程中还可能在固态下发生转变即固态相变。

知识巩固 3-5

1. 不属于恒温转变的是______。

(a) 纯金属结晶为晶体　　(b) 合金液相结晶成一个固相

(c) $L \longrightarrow \alpha + \beta$　　(d) $L + \alpha \longrightarrow \beta$

2. 由一个液相同时结晶出两种固相的转变称为______。

(a) 匀晶转变　(b) 共晶转变　(c) 包晶转变　(d) 共析转变

3. 由一个液相和一个固相反应生成另外一种固相的转变称为______。

(a) 匀晶转变　(b) 共晶转变　(c) 包晶转变　(d) 共析转变

4. 由共晶转变得到的两相混合组织称为______。

(a) 共晶组织　(b) 共析组织　(c) 层片状组织　(d) 珠光体

5. 某合金结晶时只发生 $L \longrightarrow \alpha + \beta$，则该合金称为______。

(a) 共晶合金　(b) 共析合金　(c) 包晶合金　(d) 匀晶合金

6. 某合金结晶时先发生 $L \longrightarrow \alpha$，然后又发生 $L + \alpha \longrightarrow \beta$，完成结晶后只有 β 相，则该合金称为______。

(a) 共晶合金　(b) 共析合金　(c) 包晶合金　(d) 匀晶合金

7. 层片状共晶组织的层片间距越小，其强度越高。(　　)

8. 在共晶点附近的合金中，共晶合金的熔点最低。(　　)

9. 共晶合金和接近共晶成分的合金具有好的流动性和良好的铸造性能，是常用的铸造合金。(　　)

10. 包晶合金与共晶合金相比更容易产生成分偏析。(　　)

3.3.4 固态相变

二元合金完成结晶后可能存在一种相或两种相，三种类型的组织：单相固溶体、共晶组织和单相固溶体＋共晶组织，在随后的冷却过程中还可能发生转变，即固态相变。

3.3.4.1 脱溶沉淀

如图 3-29 所示，$w_{Sn}=19\%$的合金，结晶时先发生匀晶转变，冷到共晶转变温度，结晶结束，生成 100%的 α 固溶体。随温度降低，固溶体的溶解度减小，如果溶质原子超过其饱和溶解度，将析出第二相，这一过程称为**脱溶沉淀**，即从固相 α 中析出第二相 β_{II}。为了区别从液相中结晶出的 β，从固相中析出的相下标加 Ⅱ 表示。图 3-30(a) 是刚完成结晶时的组织示意图，是单相固溶体。降温过程中析出第二相 β_{II}，β_{II} 分布在晶粒内或晶界上，如图 3-30(b) 所示。析出相对材料的力学性能影响很大，力学性能主要看 β 的性能、大小及数

量。弥散细小的β总能使强度有所提高，如β为化合物，则强度显著提高。大多数有色金属材料是应用这一原理提高合金强度的。

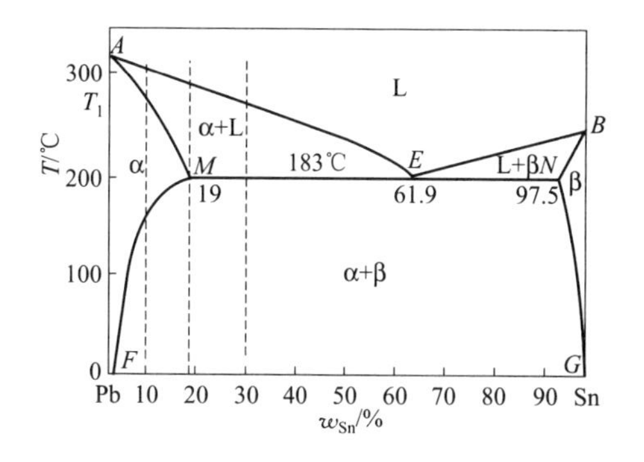

图 3-29　根据相图分析结晶过程

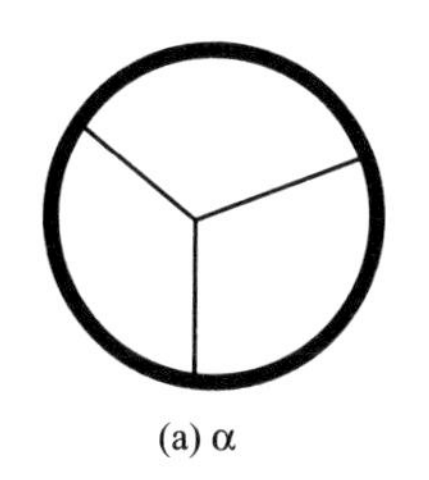

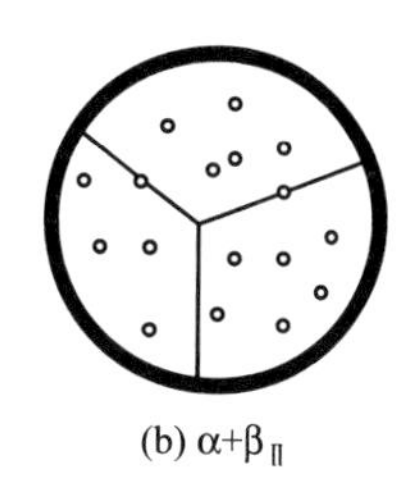

图 3-30　初生 α 和 α+ $β_{II}$ 结构

例 3-6　计算 w_{Sn} 为 10%和 19%合金室温下 α 和 $β_{II}$ 的质量分数。

解：由 Pb-Sn 相图可知，Sn 的质量分数为 2%～19%的合金，室温时由 α 和 β 两种相组成，由于 β 全部从 α 中析出，用 $β_{II}$ 表示。α 和 β 中 Sn 的含量分别为 2%和 100%，套用式(3-29) 计算 w_{Sn} 为 10%和 19%合金中 α 和 $β_{II}$ 的质量分数分别如下：

10%Sn 合金　$$w_{\alpha}=\frac{100-10}{100-2}=91.8\%$$

$$w_{\beta II}=1-w_{\alpha}=8.2\%$$

19%Sn 合金　$$w_{\alpha}=\frac{100-19}{100-2}=82.7\%$$

$$w_{\beta II}=1-w_{\alpha}=17.3\%$$

例 3-7　计算 $w_{Sn}=30\%$的 Pb-Sn 合金室温下相和组织的质量分数。

解：由 Pb-Sn 相图可知，$w_{Sn}=30\%$合金室温下由 α 和 β 两种相组成，成分点分别为 F 点和 G 点，套用式(3-29) 计算：

$$w_{\alpha}=\frac{100-30}{100-2}=71.4\%$$

$$w_{\beta I}=1-w_{\alpha}=28.6\%$$

在例 3-5 中已经计算出共晶转变结束时 $w_{\alpha_{初}}=74.4\%$和 $w_{(\alpha+\beta)}=25.6\%$。共晶组织在冷却过程中总量不发生变化，所以室温时仍是 25.6%。但是，$\alpha_{初}$在冷却过程中沉淀出 $β_{II}$，$β_{II}$的多少与 $\alpha_{初}$的量有关，例 3-6 计算了 100%$\alpha_{初}$时 $w_{\beta_{II}}=17.3\%$，本例中 $w_{\beta_{II}}=17.3\% w_{\alpha_{初}}=17.3\%\times74.4\%=12.9\%$。$w_{\alpha_{初}}=74.4\%-12.9\%=61.5\%$。

例 3-8　画出 Pb-Sn 合金室温下组织与成分的关系图。

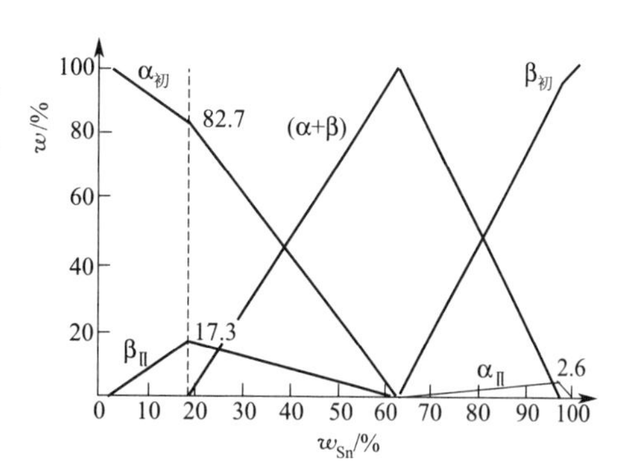

图 3-31　Pb-Sn 合金组织质量分数与含锡量关系

分析：根据杠杆定律，组织与成分之间是线

性关系，所以，首先要根据相图确定各种组织的成分范围。参考图 3-29，$w_{Sn}<2\%$（F 点左边的合金）只有初生的 $\alpha_{初}$，$w_{Sn}=2\%\sim19\%$之间有 $\alpha_{初}$ 和 $\beta_{Ⅱ}$，$w_{Sn}=19\%\sim61.9\%$之间有 $\alpha_{初}$、$\beta_{Ⅱ}$ 和（$\alpha+\beta$）共晶，$w_{Sn}=61.9\%\sim97.5\%$之间有 $\beta_{初}$、$\alpha_{Ⅱ}$ 和（$\alpha+\beta$）共晶，$w_{Sn}>97.5\%$只有 $\beta_{初}$。Pb-Sn 合金室温下组织与成分的关系图如图 3-31 所示。

图 3-32 是 $w_{Sn}=30\%$和 $w_{Sn}=70\%$合金的铸态组织。先结晶的 $\alpha_{初}$ 或 $\beta_{初}$ 呈树枝状，共晶组织呈层片状，而 $\beta_{Ⅱ}$ 分布在初生的 $\alpha_{初}$ 周围，$\alpha_{Ⅱ}$ 分布在初生的 $\beta_{初}$ 周围。

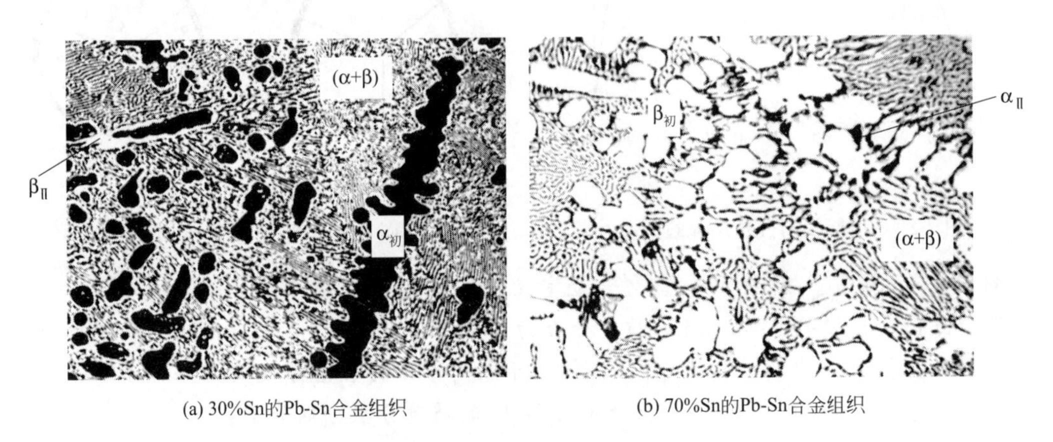

(a) 30%Sn的Pb-Sn合金组织　　(b) 70%Sn的Pb-Sn合金组织

图 3-32　两种 Pb-Sn 合金组织

3.3.4.2　调幅分解和有序转变

在学习二元合金的匀晶相图时，讲到了在 Cu-Ni 合金的匀晶相图中，存在成分偏析和调幅分解的现象，见图 3-15。Cu-Ni 合金的铸态组织，经侵蚀后，枝干和枝间颜色存在明显不同，说明它们的化学成分存在差异，先结晶出的枝干富含 Ni，不易受侵蚀因而呈亮白色，枝间后结晶而含 Cu 较多，易受侵蚀因而颜色较深。从图 3-23 可以看出，合金存在严重的枝晶偏析现象，同时，由相图可以看出，还伴随着调幅分解。即从一种固相 α 转变成为两种固相 α_1 和 α_2，三者晶体结构相同但成分不同，这种转变称为调幅分解。如果成分偏析是由于调幅分解造成的，则是热力学上稳定的组织，不能通过缓慢冷却消除，能再加热到单相区形成均匀的固溶体后快速冷却，避免发生调幅分解。

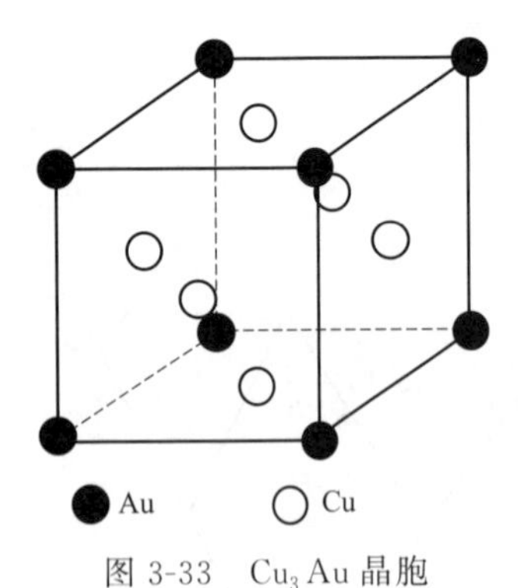

图 3-33　Cu_3Au 晶胞

有时候，调幅分解会生成新的固溶体，即溶质原子在溶剂中有序分布。在置换固溶体中，根据溶质原子排列是否有序分为无序固溶体和有序固溶体。随温度降低，可以发生无序到有序的转变。对有序固溶体，原子比保持固定值或接近于固定值。在 Cu-Au 合金中（图 3-16）生成的 Cu_3Au、CuAu、$CuAu_3$ 是序固溶体。如 Cu_3Au，仍然属于面心立方，8 个顶点是 Au，6 个面上是 Cu，如图 3-33 所示。当然，这些有序固溶体具有较大的溶解度。

3.3.4.3　共析转变和包析转变

共析转变和包析转变均属于固态下的恒温转变。**共析转变**是指由一个固相同时分解为两种成分和晶体结构不同的固相，其通式为：$\gamma \longrightarrow (\alpha+\beta)$，这种转变类似共晶转变。**包析转变**是指由两个固相反应生成另外一种固相，其通式为：$\alpha+\beta \longrightarrow \gamma$，这种转变类似包晶转变。

例 3-9　分析 Cu-Sn 相图。

分析：Cu-Sn 相图如图 3-34 所示，其中右上方是局部放大图。分析复杂相图的基本方法是先找出恒温转变线，写出恒温转变反应式；其次分清单相区，在两个单相区之间是两相区。在 Cu-Sn 相图中共有 11 个恒温转变，如图 3-34 中①～⑪，其中①～⑤包含了液相在内的恒温转变，它们分别是：

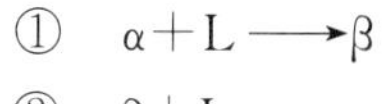

①　$\alpha+L \longrightarrow \beta$　　包晶转变

②　$\beta+L \longrightarrow \gamma$　　包晶转变

③　$\gamma \longrightarrow \varepsilon+L$　　熔晶转变

④　$\varepsilon+L \longrightarrow \eta$　　包晶转变

⑤　$L \longrightarrow \eta+\theta$　　共晶转变

其他 6 个恒温转变均属于固态相变：

⑥　$\beta \longrightarrow \alpha+\gamma$　　共析转变

⑦　$\gamma \longrightarrow \alpha+\delta$　　共析转变

⑧　$\delta \longrightarrow \alpha+\varepsilon$　　共析转变

⑨　$\gamma+\varepsilon \longrightarrow \zeta$　　包析转变

⑩　$\gamma+\zeta \longrightarrow \delta$　　包析转变

⑪　$\zeta \longrightarrow \delta+\varepsilon$　　共析转变

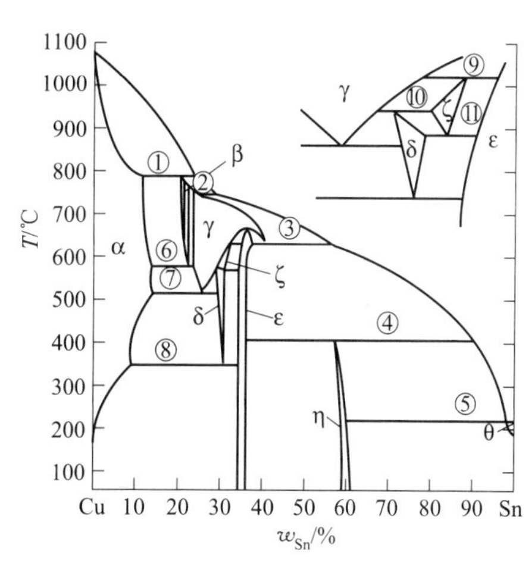

图 3-34　Cu-Sn 相图

知识巩固 3-6

1. 在只有固态下发生的相变统称为______。

(a) 共析转变　(b) 析出　(c) 珠光体转变　(d) 固态相变

2. 固溶体随温度降低，溶解度减小，多余的溶质原子形成另一种固溶体或化合物的过程称为______。

(a) 共析转变　(b) 脱溶沉淀　(c) 珠光体转变　(d) 固态相变

3. 由一个固相同时转变成两种成分不同但晶体结构相同且与母相晶体结构也相同的转变称为______。

(a) 共析转变　(b) 析出　(c) 调幅分解　(d) 固态相变

4. 由一个固相同时转变成两种固相的转变称为______。

(a) 匀晶转变　(b) 共晶转变　(c) 包晶转变　(d) 共析转变

5. 由两个固相转变成一种固相的转变称为______。

(a) 匀晶转变　(b) 共晶转变　(c) 包析转变　(d) 共析转变

6. 随温度降低，固溶体的溶解度减小，如果溶质原子超过其饱和溶解度，将析出第二相，由此产生的强化称为沉淀硬化。(　　)

7. 从固溶体中析出弥散分布的第二相如果是化合物，能显著提高强度，且第二相间距越小，其强度越高。(　　)

8. 调幅分解和无序-有序转变都属于固态相变。(　　)

9. 如果冷却速度足够快，可以抑制相图上有些固态相变，如脱溶沉淀、共析、包析转变，在实际中可利用这一原理改变合金的组织和性能。(　　)

10. 如果共析转变的组织是层片状组织，则冷却速度越快，层片间距越小，强度越高。(　　)

3.3.5 Fe-C合金

钢铁材料是目前乃至今后很长一段时间内，人类社会中最为重要的金属材料。为了研究方便，工业用钢和铸铁可以有条件地把它们看成二元合金即Fe-C合金。

3.3.5.1 石墨和渗碳体

在铁碳合金中，碳元素存在的主要形式包括：固溶到奥氏体或马氏体中、形成石墨或渗碳体。石墨的晶体结构属于六方点阵，如图3-35所示，六方层中点阵常数为0.142nm，而层间距为0.340nm。碳原子在六方层中彼此间以很强的共价键结合在一起，层与层之间结合较弱，因此石墨很容易沿六方层发生滑移。石墨的硬度很低，只有3～5HBS。

渗碳体是铁与碳形成的间隙化合物，其晶体结构如图3-36所示，属于正交晶系，晶胞内铁原子数与碳原子数之比为3∶1，故用Fe_3C表示，其碳含量为6.69%。渗碳体的硬度很高，约为800HBW，但强度很低，约为40MPa，塑性、韧性很差（$A\approx0$，$Z\approx0$，$A_K\approx0$）。渗碳体是亚稳定的化合物，当条件适当时会发生分解：$Fe_3C \longrightarrow 3Fe+C$，形成石墨。

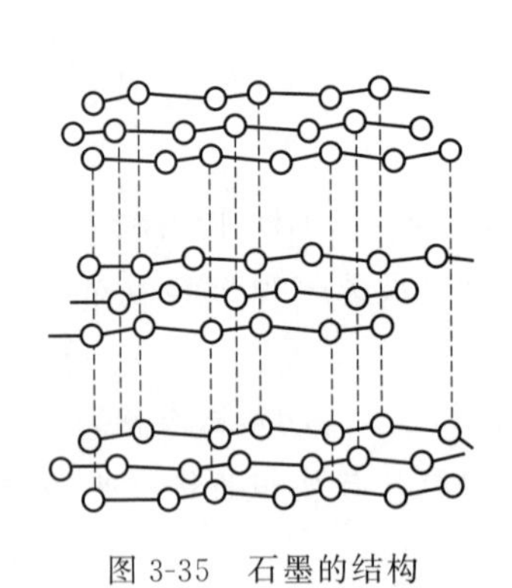

图3-35　石墨的结构

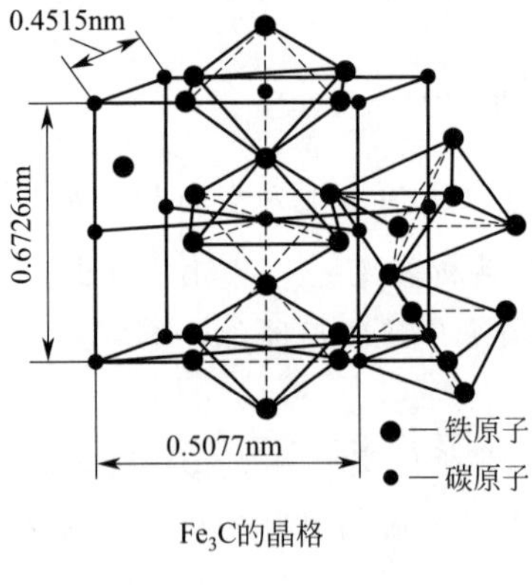

0.4515nm
0.6726nm
0.5077nm
● 一铁原子
• 一碳原子
Fe_3C的晶格

图3-36　Fe_3C的结构

在钢铁材料中，C可以溶解到α-Fe和γ-Fe中形成间隙固溶体，C与Fe及许多金属元素形成多种类型的碳化物，见表1-4和表1-5。

Fe_3C和石墨都可作为Fe-C合金的组元，形成Fe-Fe_3C和Fe-G（石墨）合金。

3.3.5.2 Fe-Fe_3C相图分析

Fe_3C作为Fe-C合金组元时的相图称为Fe-Fe_3C相图，如图3-37所示。Fe-Fe_3C相图中有4个单相区和1条垂直线，即液相区L、C溶解到δ-Fe形成的固溶体δ相区、C溶解到γ-Fe形成的固溶体γ相区、C溶解到α-Fe形成的固溶体α相区和C与铁形成的亚稳定化合物Fe_3C。

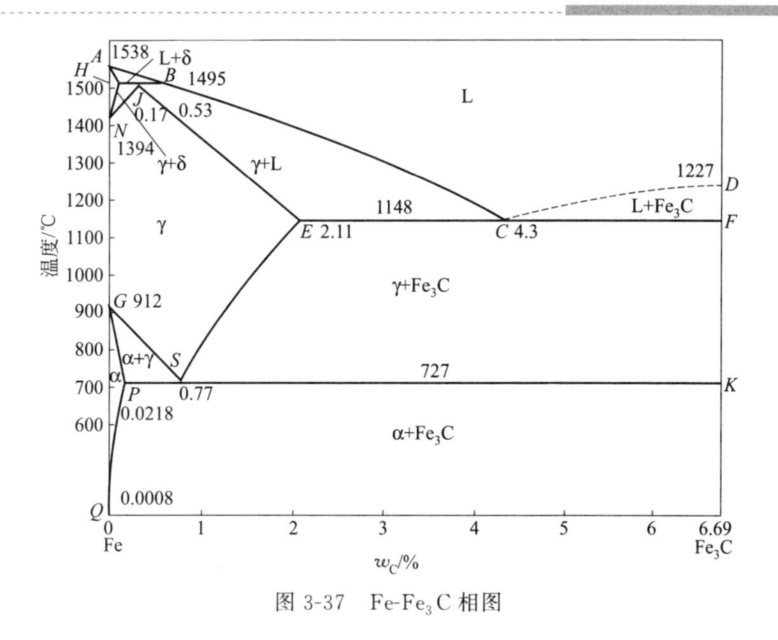

图 3-37　Fe-Fe_3C 相图

Fe-Fe_3C 相图有 7 个两相区，如图 3-37 所示。

Fe-Fe_3C 相图有 3 条恒温转变线。1495℃的包晶转变线，两端分别是 L 和 δ，下方是 γ，处在 H 点和 B 点的合金结晶时在该温度下发生包晶转变，即 $\delta_H + L_B \longrightarrow \gamma_J$。

1148℃是共晶转变线，两端分别是 γ 和 Fe_3C，上方是 L，处在 E 点和 F 点的合金结晶时在该温度下发生共晶转变，即 $L_C \longrightarrow \gamma_E + Fe_3C$。

727℃是共析转变线，两端分别是 α 和 Fe_3C，上方是 γ，处在 P 点和 K 点之间的合金结晶时在该温度下发生共析转变，即 $\gamma_S \longrightarrow \alpha_P + Fe_3C$。

3.3.5.3　Fe-G 相图

在 Fe-C 合金中加入 Si、Al、Cu、Ni 等元素，C 容易形成稳定性更高的石墨，用 G 表示，这样的相图称为铁-石墨相图，与铁-渗碳体相图非常相似，Fe-G 相图如图 3-38 所示。

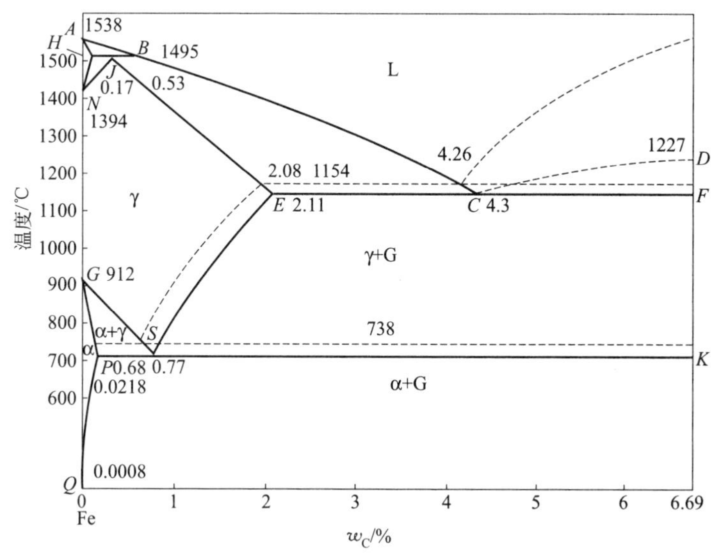

图 3-38　Fe-Fe_3C 和 Fe-G 双重相图

与 $Fe\text{-}Fe_3C$ 相图相比，Fe-G 相图中共晶转变温度由 1148℃升高到了 1154℃，共晶点由 4.3%C 降到了 4.26%C，E 点的含碳量也降到了 2.08%；共析转变温度从 727℃升高到了 738℃，共晶点从 0.77%C 降到了 0.68%C，总的来说变化不大。

3.3.5.4 Fe-C 合金分类

铁碳合金作为材料的总称叫**钢铁**，其种类繁多，接下来介绍钢铁的分类。

根据结晶时是否出现共晶组织，将 Fe-C 合金分为钢和铁（铸铁）。钢加热到一定温度转变为单相 γ，其组织名称叫**奥氏体**，具有很好的塑性，强度也比较低，可以通过压力加工成形。当然，有些钢铸态也含少量共晶组织，如 W18Cr4V 等高速钢、Cr12MoV 等冷作模具钢，对这类钢，压力加工时每次的变形量不能太大，否则会开裂，而且总的变形量还必须大，以便将共晶组织中的碳化物破碎并均匀分布。铸铁始终处在两相区，其组成是 $\gamma+Fe_3C$，由于渗碳体不能变形，因而无法进行压力加工成形，只能通过铸造成形。当然，钢也可以通过铸造成形，叫铸钢件。相同成分的铸钢件比锻钢件的力学性能差，尤其是塑性和韧性。图 3-39 所示是钢铁的分类。

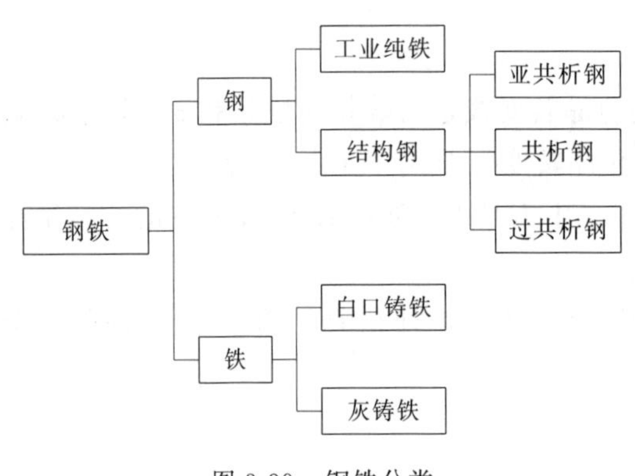

图 3-39　钢铁分类

在钢中，根据冷却时是否会发生共析转变，将钢分为工业纯铁和结构钢。工业纯铁含碳量极低，冷却时不发生共析转变，即组织中不包含珠光体组织。结构钢含碳量较高，发生共析转变，组织中有珠光体。

在结构钢中，又以共析转变点为分界线，分成了亚共析钢、共析钢和过共析钢。亚共析钢的平衡组织是铁素体+珠光体，共析钢全部是珠光体，过共析钢是珠光体+二次渗碳体。

在结构钢中，常常根据含碳量的高低分成低碳钢（$w_C<0.25\%$）、中碳钢和高碳钢（$w_C>0.65\%$）。

根据共晶转变时，C 是形成渗碳体还是石墨，将铸铁又分为白口铸铁和灰铸铁。共晶转变时 C 形成渗碳体，脆性大，断口平齐呈亮白色故称为**白口铸铁**。共晶转变时 C 形成石墨，塑性有所提高，断口平齐但呈暗灰色故称为**灰铸铁**。

3.3.5.5 典型合金平衡组织和性能

（1）工业纯铁　工业纯铁处在相图上的最左边，$w_C<0.02\%$。液态冷到约 1538℃结晶为体心立方的 δ 相，即 $L\longrightarrow\delta$，冷到约 1394℃发生晶格类型转变：$\delta\longrightarrow\gamma$，面心立方的 γ 冷到约 912℃又转变成了体心立方的 α，即 $\gamma\longrightarrow\alpha$，继续冷却，从 α 中析出三次渗碳体（$Fe_3C_{III}$），由于其量极少，组织中难以观察出来。室温得到（平面观察）块状的 α，其组织名称叫**铁素体**。铁素体是 C 固溶到 α 铁中形成的间隙固溶体，用 F 表示，其组织照片如图 1-28(a) 所示。

工业纯铁是钢铁中强度最低、塑性最好的材料，主要通过冷轧制成薄板材。工业纯铁板材的应用非常广泛，从汽车到列车，再到工业厂房等处处可见。

（2）共析钢　$w_C=0.77\%$的钢称为**共析钢**。液态冷到约 1500℃开始结晶，$L\longrightarrow\gamma$，约 1400℃结晶结束。由于结晶温度高，碳原子扩散速度快，即使结晶结束时有成分偏析，在冷却过程中碳原子也能进行比较充分的扩散使成分均匀。冷到共析转变温度 727℃ 发生共析转变：$\gamma_S \longrightarrow \alpha_P + Fe_3C$，这种混合物叫**珠光体**，用 P 表示。其组织属于层片状，见图 1-31(b)。

在珠光体中，基体是 α 相，渗碳体只占到 0.77/6.69＝11.5%，但其强度比铁素体要高得多，尤其经过热处理后得到细片状珠光体，再经过拉拔形变强化，其强度可达到 2000MPa 以上，常用于制造钢丝绳、预应力混凝土钢筋、螺旋弹簧等。共析钢的工业牌号常用 T8 表示，“T”表示碳素工具钢，“8”表示含碳量约为 8‰，类似的钢还有 T7、T10、T12。作为工具钢使用时要经过淬火＋低温回火热处理。

(3) 亚共析钢　亚共析钢在相图中位于 P 点和 S 点之间，其含碳量在 0.02%～0.77%。亚共析钢平衡组织是 F＋P，P 的质量分数随含碳量增加而增加。亚共析钢冷到约 1400℃ 进入单相 γ 相区。γ 相在冷却到 GS 线以下开始析出 α 相，这种从奥氏体中直接析出的 α 相的组织名称叫铁素体。

图 3-40 是亚共析钢冷却过程中铁素体和珠光体的形成示意图。图 3-40(a) 是多边形奥氏体，奥氏体在冷却到 GS 线以下开始析出 α 相即铁素体。由于奥氏体是面心立方结构，而铁素体是体心立方结构，从奥氏体中析出铁素体时，铁素体需要经过形核和长大。

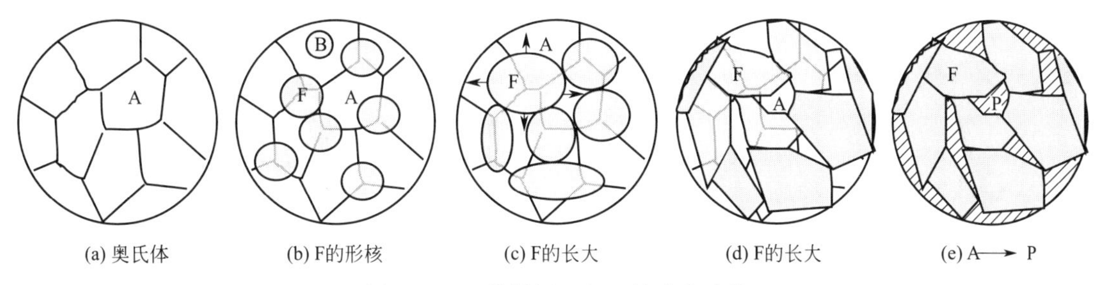

图 3-40　亚共析钢 F 和 P 的形成过程

在固态相变中的形核位置往往不是任意的，而是在那些有利位置形核。从热力学角度分析固态下的形核和液态下的形核没有太大区别。在液态下形核分为均匀形核和非均匀形核，其实固态下形核也类似有均匀形核和非均匀形核。如果铁素体在奥氏体晶粒内部形核，可认为是均匀形核，如图 3-40(b) 中标有 B 的晶核。如果在晶界上形核，类似于非均匀形核。设标有 B 的晶核半径为 r，则形成一个晶核的自由能变化为：

$$\Delta G = \Delta G_{A\to F}\frac{4\pi}{3}r^3 + \sigma_{A-F}4\pi r^2 \tag{3-32}$$

式中，$\Delta G_{A\to F}$ 是单位体积 A 转变成 F 的自由能差；σ_{A-F} 是 A 和 F 之间界面的单位面积表面能。但是，如果在奥氏体晶界的三叉晶界处形核，则形成一个半径为 r 晶核的自由能变化为：

$$\Delta G = \Delta G_{A\to F}\frac{4\pi}{3}r^3 + \sigma_{A-F}4\pi r^2 - \sigma_A\frac{3}{2}\pi r^2 \tag{3-33}$$

式中，σ_A 是 A 晶界的单位面积晶界能。对比式(3-33) 和式(3-32) 可知，F 优先在晶界上形核，在 A 晶粒内形核几乎不可能。

F 形核后向 A 晶粒内长大，如图 3-40(c) 所示，图中箭头所示为 F 长大的方向。因为 F 的含碳量大约只有 0.02%，所以，在 F 长大的同时，C 在奥氏体和铁素体边界的奥氏体一

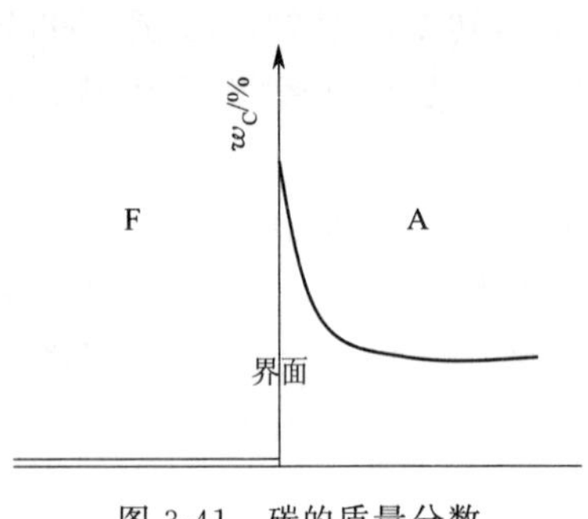

图 3-41　碳的质量分数在 F、A 内的分布

侧富集，如图 3-41 所示，富集的碳原子也沿 F 长大的方向向 A 晶粒内扩散，使奥氏体晶粒内的含碳量不断增大。碳原子的扩散速度是 F 长大的控制因素。由此可知，影响 F 长大速度的主要因素可概括为：①F 形核后的线长大速度越来越慢；②钢的含碳量越高，则 F 的长大速度越慢；③温度越低，碳原子扩散速度越慢，F 长大速度越慢；④当 A 内含碳量达到 0.77%时 F 停止长大。

当两个 F 晶粒相碰时［图 3-40(c)］形成晶界，由于 F 晶粒在各个方向的长大速度大小不一，所以晶界并不是平直的。当 A 内含碳量达到 0.77%时 F 停止长大，剩余的奥氏体转变成珠光体，如图 3-40(e) 所示。图 3-42 分别是 w_C 为 0.15%和 0.60%两种钢的退火组织（F+P）。

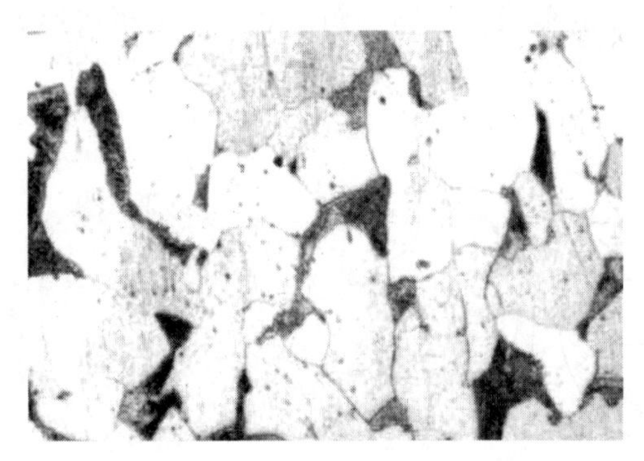

(a) w_C=0.15%

(b) w_C=0.60%

图 3-42　两种钢的退火组织

按照钢中含碳量的高低将钢分为**低碳钢**（w_C<0.25%）、**中碳钢**和**高碳钢**（w_C>0.65%）。

与工业纯铁相比，低碳钢含碳量增加，强度提高，塑性下降，主要通过热轧成形。可热轧成钢板、钢筋、型材、钢管等，主要用作桥梁、建筑等构件、自攻螺钉、铆钉等。钢号有 Q195、Q215、Q235、Q275，Q 后的数值是屈服极限，单位 MPa。这类钢属于普通质量钢，对化学成分没有严格要求，只要求力学性能。

中碳钢含碳量 0.25%～0.65%，属于优质钢，对 S、P 含量和其他元素在国家标准中都有严格要求，其平衡组织是 F+P。常用中碳钢的含碳量在 0.3%～0.45%，通常经过淬火+高温回火，即调质后使用，所以，也叫**调质钢**。中碳钢为优质钢，其钢号有 25、30、35、40、45 等。调质钢经过调质处理，具有较高的强度、塑性和韧性，即具有良好的综合力学性能，主要用于制造各类机械零件。如齿轮、曲轴、凸轮轴等重要零件。

（4）过共析钢　过共析钢属于高碳钢，常用高碳钢的含碳量在 0.8%～1.2%，其平衡组织是 P+Fe_3C_{II}。过共析钢冷却时从液相结晶出 A，然后从 A 中沿晶界析出渗碳体，从 A 中析出的渗碳体称为**二次渗碳体**，用 Fe_3C_{II} 表示，它分布在晶界上，如图 3-43 所示。分布在晶界上的二次渗碳体严重降低钢的塑性和韧性，所以，w_C>1.2%的钢很少使用。

高碳钢通常球化退火后进行机加工，再经过淬火+低温回火后使用，主要用于制造刃具，所以也叫碳素刃具钢。高碳钢为优质钢，其钢号有 T7、T8、T10、T12。

（5）白口铸铁　从液态结晶出渗碳体时，形成白口铸铁。共晶成分的合金冷到共晶转变温度 1148℃结晶出（$\gamma+Fe_3C$）共晶组织，称为**莱氏体**，用 Ld 表示。冷到共析转变温度 727℃，γ 转变成 P，P 与 Fe_3C 的混合物称为**室温莱氏体**，用 Ld′表示，其组织如图 3-44(b) 所示。

亚共晶合金得到亚共晶组织，包括初生相 γ 转变后的 $P+Fe_3C_{Ⅱ}$ 和 Ld′三种组织，如图 3-44(a) 所示。

过共晶合金得到过共晶组织，包括初生相 Fe_3C 和 Ld′ 两种组织，如图 3-44（c）所示。

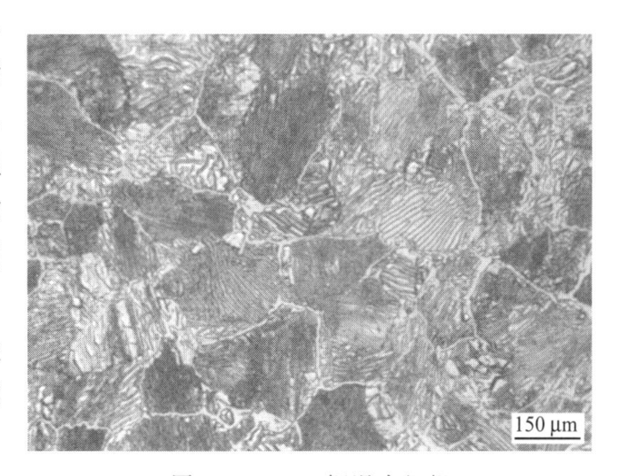

图 3-43　T12 钢退火组织

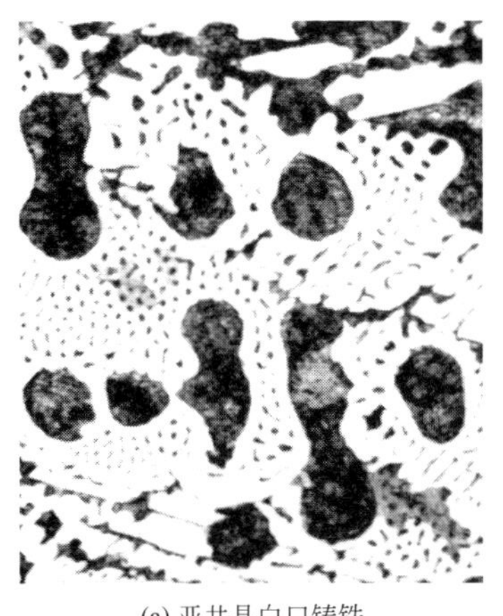
(a) 亚共晶白口铸铁

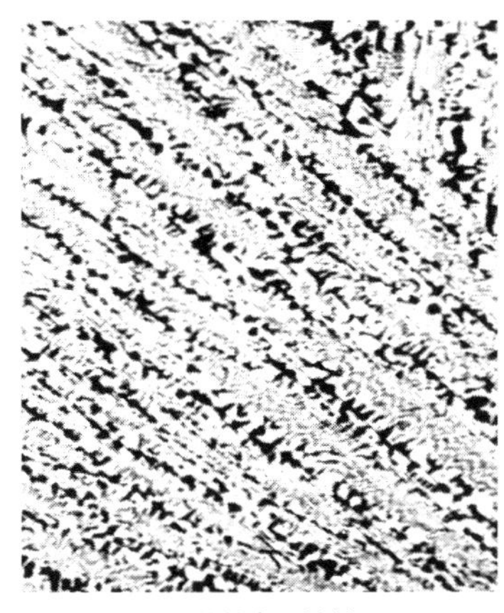
(b) 共晶白口铸铁

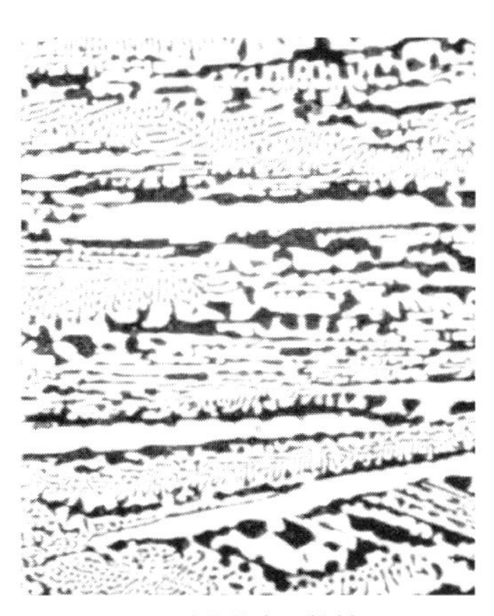
(c) 过共晶白口铸铁

图 3-44　白口铸铁组织

白口铸铁脆性大，不能进行锻造和切削加工，只能用于耐磨材料。

（6）灰铸铁　当碳以石墨形式存在时得到灰铸铁。灰铸铁的基体可以是 F 、P 或 F+P，石墨也有多种形状：片状、蠕虫状、团絮状、球状等，如图 3-45 所示。

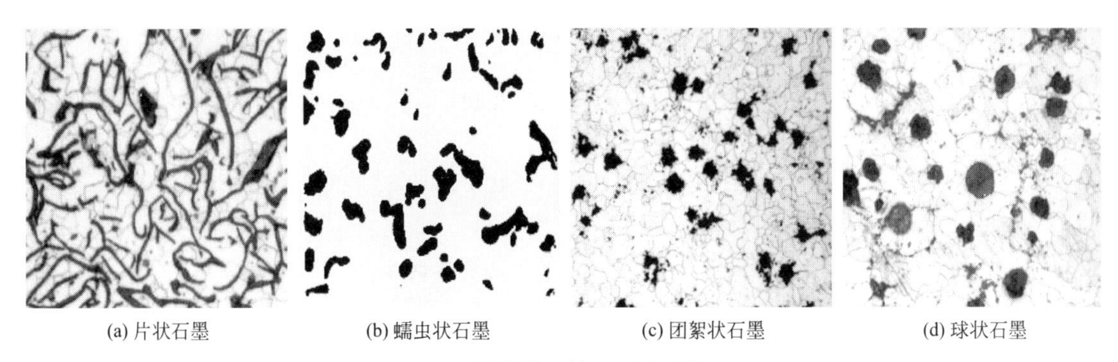
(a) 片状石墨　(b) 蠕虫状石墨　(c) 团絮状石墨　(d) 球状石墨

图 3-45　铁素体基体＋不同形状石墨

灰铸铁的性能主要取决于基体组织和石墨的形态。从基体考虑，从 F、F＋P 到 P 的强度依次增大，而塑性依次减小。从石墨形状考虑，从片状、蠕虫状、团絮状到球状，强度和塑性依次提高。灰铸铁的强度根据基体和石墨形状的不同以及热处理工艺不同可以从100MPa到700MPa变化。

灰铸铁在铸态可以进行切削加工，制造承受压力和震动的零件，如机床床身、各种箱体、壳体、泵体、缸体等等。

知识巩固 3-7

1. Fe-Fe_3C合金相图上的包晶转变温度是______。

(a) 1495℃　(b) 1148℃　(c) 912℃　(d) 727℃

2. Fe-Fe_3C合金相图上的共晶转变温度是______。

(a) 1495℃　(b) 1148℃　(c) 912℃　(d) 727℃

3. Fe-Fe_3C合金相图上的共析转变温度是______。

(a) 1495℃　(b) 1148℃　(c) 912℃　(d) 727℃

4. α相是C固溶在______中形成的间隙固溶体。

(a) γ-Fe　(b) α-Fe　(c) δ-Fe

5. γ相是C固溶在______中形成的间隙固溶体。

(a) γ-Fe　(b) α-Fe　(c) δ-Fe

6. 具有多边形特征的γ相称为______。

(a) 奥氏体　(b) 珠光体　(c) 铁素体　(d) 室温莱氏体

7. 从奥氏体中析出的多边形α相称为______。

(a) 奥氏体　(b) 珠光体　(c) 铁素体　(d) 室温莱氏体

8. 具有层片状特征的α和Fe_3C的混合物称为______。

(a) 奥氏体　(b) 珠光体　(c) 铁素体　(d) 室温莱氏体

9. Fe-Fe_3C合金共晶转变得到的室温组织称为______。

(a) 奥氏体　(b) 珠光体　(c) 铁素体　(d) 室温莱氏体

10. 珠光体中碳的质量分数是______%。

(a) 0.02　(b) 0.77　(c) 2.11　(d) 4.3

11. 莱氏体中碳的质量分数是______%。

(a) 0.02　(b) 0.77　(c) 2.11　(d) 4.3

12. C在奥氏体中的最大溶解度是______%。

(a) 0.02　(b) 0.77　(c) 2.11　(d) 4.3

13. 从液相中结晶出的渗碳体称为______。

(a) 一次渗碳体　(b) 二次渗碳体　(c) 三次渗碳体

14. 从奥氏体中析出的渗碳体称为______。

(a) 一次渗碳体　(b) 二次渗碳体　(c) 三次渗碳体

15. 从铁素体中析出的渗碳体称为______。

(a) 一次渗碳体　(b) 二次渗碳体　(c) 三次渗碳体

16. 屈服强度不小于235MPa的普通结构钢的钢号是______。

(a) 45　(b) Q235　(c) T10　(d) T12

17. 碳的质量分数为 0.43%～0.47%的优质结构钢钢号是______。

(a) 45　(b) Q235　(c) T10　(d) T12

18. 碳的质量分数约为 1%的优质刃具钢钢号是______。

(a) 45　(b) Q235　(c) T10　(d) T12

19. 铸态组织为一次渗碳体＋室温莱氏体的铸铁属于______。

(a) 灰铸铁　(b) 亚共晶白口铸铁

(c) 共晶白口铸铁　(d) 过共晶白口铸铁

20. 组织为铁素体＋珠光体＋片状石墨的铸铁属于______。

(a) 灰铸铁　(b) F 基体白口铸铁

(c) F＋P 基体白口铸铁　(d) F＋P 基体灰铸铁

21. 铁碳合金是指铁与渗碳体和铁与石墨组成的合金。(　　)

22. 钢和铁的区别在于钢的平衡组织中不包含共晶组织，钢加热到单相区可以进行锻造，而铸铁不能进行锻造。(　　)

23. 工业纯铁的室温组织主要是铁素体，三次渗碳体数量很少，可忽略不计。(　　)

24. 共析钢经过冷拔后可直接用于制造钢丝绳和螺旋弹簧，不需要淬火处理就可以获得足够高的强度。(　　)

25. 普通低碳钢可以用来制造建筑用钢筋，各种型钢、自攻螺钉等对强度要求不高的场合，也不需要淬火处理。(　　)

26. 优质中碳钢常常用来制造机器零件，并经过淬火＋高温回火后使用。(　　)

27. 过共析钢缓慢冷却时在晶界上容易析出二次渗碳体，如果以较快速度冷却则可以避免二次渗碳体的析出。(　　)

28. 白口铸铁难以进行机加工且脆性很大根本没有使用价值。(　　)

29. 灰铸铁易于进行切削加工，常用来制造箱体类零件或主要承受压力的零件。(　　)

30. 石墨形状对铸铁的力学性能没有影响。(　　)

3.4　合金化原理

提高金属材料强度的基本原理包括：固溶强化、细晶强化、位错强化和第二相强化。关于这些强化原理在第 2 章已作了介绍。本节以二元相图为依据，结合强化原理介绍典型合金的合金化原理。为进一步提高二元合金的力学性能，常常在二元合金的基础上再添加一些合金元素，这些合金元素在金属中的作用概括如下。

① 通过固溶强化、第二相强化和细晶强化提高硬度、强度、耐磨性。

② 通过提高硬度，增加第二相化合物数量提高耐磨性。

③ 通过形成单相固溶体、提高电极电位、在表面形成钝化膜提高耐蚀性。

④ 通过添加合金元素提高工艺性能，如铸造性能、焊接性能、压力加工性能、热处理性能、切削加工性能等。

3.4.1　有色金属合金化原理

常用的有色金属包括：铜、铝、锌、镁、钛等纯金属及其合金。

3.4.1.1 纯金属的性能特点及应用

纯金属的强度最低、塑性最好，很容易通过塑性加工成形。如铜管、铝管、钛管等管材；轧制成不同厚度的板材、带材；拉拔成线材、丝；通过塑性变形加工成形状复杂的小型零件。

纯金属的导电性和导热性最好，如导电用的铜带和铝带、铜线和铝线等就是常用的导电材料；铜散热器、铝散热器等。

3.4.1.2 单相固溶体

提高纯金属强度最简单的合金化原理是应用固溶强化原理，在纯金属基础上加入合金元素形成置换固溶体。置换固溶体的特点是强度得到提高，而塑性降低很少，因而也很容易通过塑性成形的方法成形。

固溶强化的效果主要取决于溶质原子与溶剂原子的半径差，其差别越大，强化效果越大，铍的原子半径比铜原子小很多，其强化效果最大，锡原子比铜原子大很多，其强化效果也很大，而镍和硅的原子半径和铜原子相近，其强化效果最小。但是，强化效果大的溶质原子的溶解度往往也很小，这就需要采用多元合金化代替单元强化。

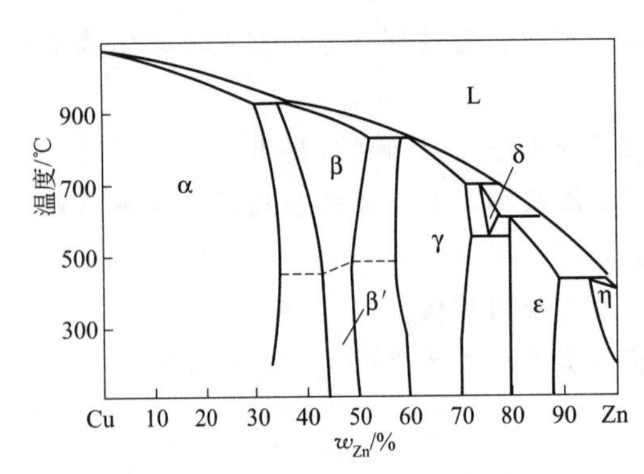

图 3-46 Cu-Zn 合金相图

黄铜是由铜和锌所组成的合金，由铜、锌组成的黄铜就叫**普通黄铜**，如果是由两种以上元素组成的多种合金就称为**特殊黄铜**。黄铜具有较强的耐磨性，黄铜常被用于制造阀门、水管、空调内外机连接管和散热器等。

从 Cu-Zn 相图（图 3-46）上可以看出，黄铜中锌的质量分数小于 35%是单相 α，即锌置换铜而形成的置换固溶体，从 H95 至 H65 都是单相黄铜。α 单相黄铜具有良好的塑性，能承受冷热加工，但 α 单相黄铜在锻造等热加工时易出现中温脆性，其具体温度范围随含锌量不同而有所变化，一般在 200～700℃，因此，热加工时温度应高于 700℃。单相 α 黄铜中温脆性区产生的原因主要是在 Cu-Zn 合金系 α 相区内存在着 Cu_3Zn 和 Cu_9Zn 两个有序固溶体，在中低温加热时发生有序转变时合金变脆；另外，合金中存在微量的铅、铋有害杂质与铜形成低熔点共晶薄膜分布在晶界上，热加工时产生晶间破裂。实践表明，加入微量的稀土元素铈可以有效地消除中温脆性。

图 1-28(b) 是单相黄铜的金相组织，图 3-47 是双相黄铜的金相组织。图 3-48 是黄铜的抗拉强度和延伸率随含锌量不同而变化的曲线。对 α 黄铜，随着含锌量的增多，R_m 和 A 都不断增高。对于（α+β）黄铜，当含锌量增加到约为 45%之前，室温强度不断提高。若再进一步增加含锌量，则由于合金组织中出现了脆性更大的 γ 相（以 Cu_5Zn_8 化合物为基的固溶体），强度急剧降低。（α+β）黄铜的塑性则始终随含锌量的增加而降低。所以，含锌量超过 45%的铜锌合金无实用价值。

青铜原指 Cu-Sn 合金，现在指 Cu 中加 Al、Si、Pb、Be、Mn 等为主加元素的铜基合金。从 Cu-Sn 相图（图 3-34）可以看出，青铜中锡的质量分数小于 7%，在 350℃以上是单

相 α，即锡置换铜而形成的置换固溶体，可以采用压力加工成形。从相图上看，大于 7%Sn 的合金在缓慢冷却过程中将沉淀出密排六方结构的 Cu_3Sn 电子化合物，即 ε 相。通过缓冷沉淀出的 ε 相比较粗大，强化效果比较小。

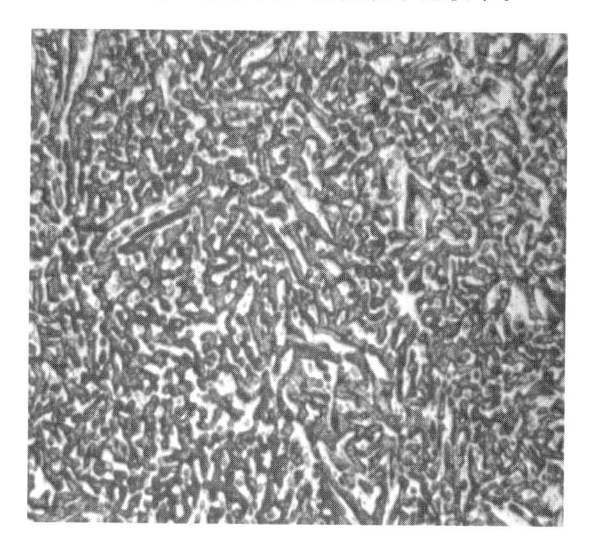

图 3-47　H62 双相黄铜组织

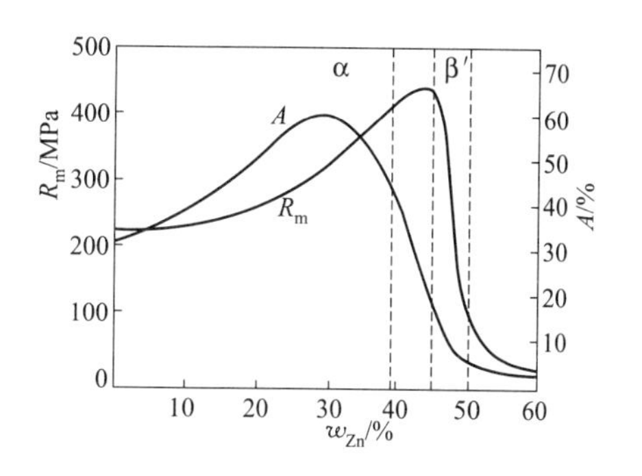

图 3-48　Cu-Zn 合金性能与 Zn 含量关系

从图 3-34 看出，Sn 的固溶强化效果很大，但缓冷到室温的溶解度很小，固溶强化作用小，如何增加锡的固溶强化作用？先把合金加热到单相区，形成单相固溶体，然后再迅速冷到室温。由于冷却速度快，ε 相还没有来得及沉淀已经冷到了室温，避免了 ε 相沉淀析出，得到了过饱和固溶体，则增大了固溶强化效果，这种工艺叫作**固溶处理**。

通过缓冷沉淀出的 ε 相比较粗大，强化效果比较小。如何增大 ε 相的强化作用呢？可以通过固溶处理得到单相过饱和固溶体，然后再加热到适当温度进行保温，使过饱和的锡从固溶体中沉淀析出，通过控制析出温度改变析出相的大小，得到细小弥散的第二相，提高第二相强化效果，即时效强化。

3.4.1.3　第二相强化

通过合金化，增加第二相的种类和数量，从而达到提高强度的目的。例如，在 Cu-Sn 合金中，将锡含量提高到 10%，经过固溶和时效处理，增加了固溶强化和第二相强化的作用，其强度比 7%Sn 的合金更高。即使不经过热处理，其强度也较高。

3.4.1.4　多元合金化

加入单一合金元素，无论是固溶强化还是第二相强化，都受到合金元素加入量的限制，如果同时加入多种元素，强化效果可以得到进一步提高。如黄铜中再加入 Sn、Mn、Fe、Al，青铜中再加入 P、Zn、Al、Fe、Be 等。

3.4.1.5　两相混合物

Al-Si 合金具有典型的共晶转变，是常用的铸造合金，其相图如图 3-49 所示。Si 溶于 Al 中形成固溶体，但溶解度很小。Al 和 Si 不形成化合物，Si 主要以单质 Si 的形式分布在 α 基体中形成共晶组织。由于硅是共价键结合的金刚石结构，在共晶组织中呈针状

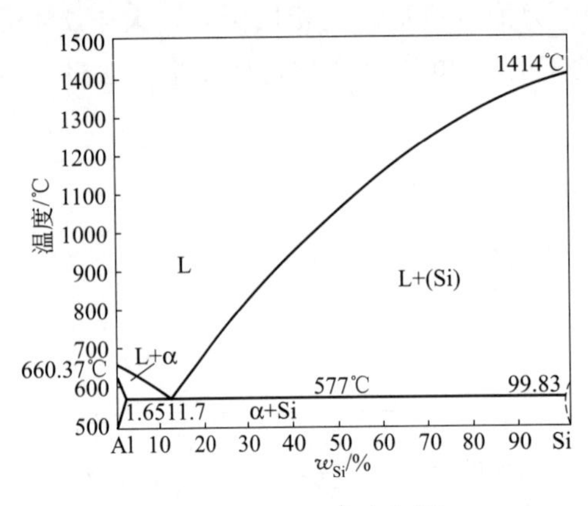

图 3-49 Al-Si 合金相图

[图 3-50(b)]，强度高而塑性极差。所以，常用亚共晶 [图 3-50(a)] 或共晶合金铸造成铝合金铸件，如气缸头、活塞、轿车轮毂等。

在 Cu-Zn 合金中，将锌含量提高到 40%，形成两相组织，由于 β 相是体心立方的电子化合物 (CuZn)，其强度高，但塑性差，只能通过铸造和切削加工成形，也是常用的黄铜之一。

上述合金化原理也适用于其他有色金属材料，如铝合金、镁合金、锌合金、钛合金等的合金化，加入合金元素的目的主要是提高强度和耐磨性，加入合金元素的种类越多，其强度越高。

知识巩固 3-8

1. 在合金设计中，广泛应用了固溶强化和第二相强化原理。(　　)

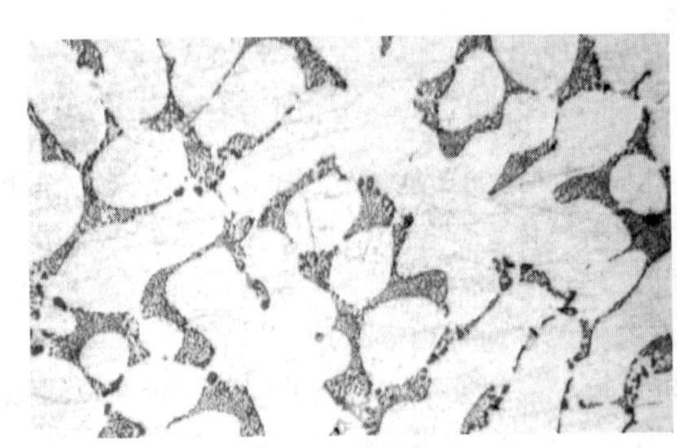

(a) Al-Si亚共晶合金铸态组织

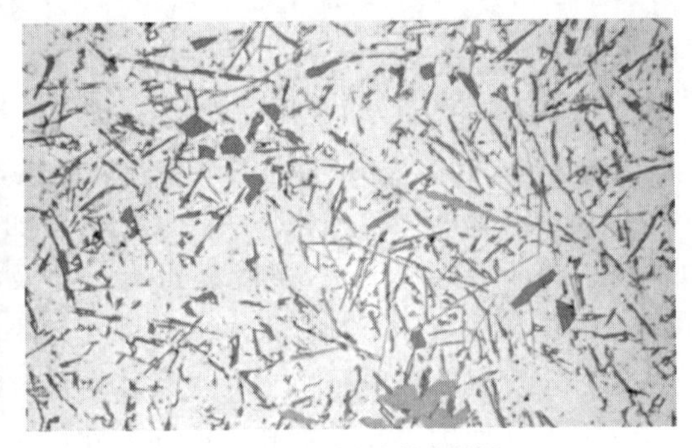

(b) Al-Si共晶合金铸态组织

图 3-50 Al-Si 合金铸态组织

2. 铜合金、铝合金、镁合金、钛合金、铁合金都属于有色金属。(　　)

3. 纯铜只能用于导电材料，不能用于制造小型零件。(　　)

4. 固溶强化效果主要取决于溶质原子与溶剂原子的半径差，其差别越大，强化效果越大。(　　)

5. H68 (68%Cu+32%Zn) 是典型的单相黄铜，而 H62 (62%Cu+38%Zn) 属于双相黄铜。(　　)

6. 固溶和时效处理是提高有色金属材料强度的主要热处理方法。(　　)

7. 不仅可以加入一种合金元素，也可以同时加入几种合金元素提高金属的强度，加入的合金元素种类和含量越多，其强度越高。(　　)

8. 接近共晶成分的铝合金有很好的铸造性能，可以铸造成复杂形状的铸件。(　　)

9. 双相黄铜只能用铸造和切削加工成形，不能用锻造方法成形。(　　)

10. 固溶强化效果大的元素，往往溶解度比较小，但可以通过固溶处理得到过饱和固溶体而提高强度；如果固溶强化效果小，但沉淀出的第二相强化效果大，则可以通过时效处理提高强度。(　　)

3.4.2　钢铁合金化原理

3.4.2.1　钢铁合金化特点

钢铁合金化与有色金属的合金化的共同点都是应用固溶强化和第二相强化，但有其自身的特点。这些特点主要包括：

① 通过加入合金元素，在室温下可以形成两种固溶体，即体心立方的 α 相和面心立方的 γ 相。

② 合金元素不与铁形成化合物，而是与碳形成碳化物，所有的碳化物都具有高硬度和高耐磨性，所以，控制碳化物的数量、形状、大小和分布是提高钢铁材料力学性能的关键。

③ 钢铁在加热或冷却时发生晶格类型的转变，即 α 和 γ 之间的转变，可以利用该转变控制组织。

④ 在有色金属中通过合金化，再采用固溶或固溶加时效的热处理工艺提高强度，利用相同的原理，钢铁通过淬火加回火的热处理技术达到提高强度、硬度和耐磨性的目的。

3.4.2.2　碳化物及其性能

碳化物是钢铁中存在的唯一一类化合物，它们对钢铁的性能有极其重要的作用。

合金元素加到钢铁中能否形成碳化物？形成哪种类型的碳化物？与合金元素的加入量以及合金元素与碳的亲和力有关。合金元素形成碳化物的稳定程度由强到弱的排列次序为：Ti、Zr、V、Nb、W、Mo、Cr、Mn、Fe、（Ni、Si、Co、Al、Cu）。其中的 Ti、Zr、V、Nb、W、Mo 为强碳化物形成元素，强碳化物形成元素与碳形成间隙相，具有高熔点、高硬度（表 3-1）和耐磨性。

表 3-1　碳化物的熔点和硬度

性能	ZrC	NbC	TiC	VC	WC	W_2C	Mo_2C
熔点/℃	3805	3770	3410	3023	2867	3120	2960
硬度/HV	2840	2050	2850	2010	1730	—	1480

纯铁的熔点只有 1538℃，碳化物的熔点远远高于纯铁的熔点，更高于渗碳体的熔点 1227℃；它们的硬度远远高于淬火钢的硬度（约 850HV）。高熔点意味着具有高的热稳定性（不易聚集长大）和耐磨性，它们的耐磨性是所有碳化物中最高的。

在钢中，即使只有万分之几的 Zr、Nb、Ti、V，也能与 C 形成极其细小的碳化物，这类碳化物不仅提高强度，而且能阻止晶粒长大起到细化晶粒的作用。

Cr 和 Fe 形成间隙化合物 $Cr_{23}C_6$（熔点 1577℃）和渗碳体 Fe_3C（熔点 1227℃），Cr 还可以形成 Cr_7C_3，Mn 不能与 C 单独形成碳化物而是形成合金渗碳体 $(Fe, Mn)_3C$、$(Fe, Cr)_3C$、$(Fe, Mo)_3C$、$(Fe, W)_3C$。

$Cr_{23}C_6$ 的耐磨性低于间隙相类型的碳化物，但高于合金渗碳体，渗碳体的耐磨性最低。在形成碳化物的元素中 Cr 的价格最低，是最常用的提高耐磨性的元素，在钢中加到 4%左右，而在耐磨铸铁中加入量高达 26%以上。

排在铁后边的元素 Ni、Si、Co、Al、Cu 实际上不能与 C 形成碳化物，也不能形成合金渗碳体，因为 Fe 的含量与它们相比太大了，它们只能形成置换原子起到固溶强化的作用。

3.4.2.3 固溶强化

固溶强化是提高钢铁材料强度的最主要方法，其次是第二相即碳化物强化。

图 2-26 显示了合金元素对铁素体的强化效果。在图示的元素中，P 虽然有最大的强化效果，但 P 是钢铁中最忌讳的元素之一，另一个元素是 S，因为它们都显著降低塑性和韧性。Si 和 Mn 是最常用的固溶强化的合金元素，一方面固溶强化作用大，另一方面不易形成碳化物而容易形成固溶体，再者，它们也用于脱氧而残留在钢中，是钢铁中必有的元素。

Ni 的强化效果也不错，但价格昂贵而不专门为固溶强化而加入钢铁中。W、Mo、Cr 主要形成碳化物，形成置换原子的量很少。

下面我们来分析低合金高强度结构钢合金化原理。这类钢的代表性钢种有：09Mn2、16Mn、14MnNb、15MnTi、15MnV、14MnMoV、14MnMoTi。用约 1.5%Mn 和＜0.5%Si 作为固溶强化元素，强碳化物形成元素 Nb、Ti、V、Mo 沉淀硬化并细化晶粒，屈服强度大于 300～400MPa，高于普通低碳结构钢。这类钢具有良好的焊接性能、高韧性和低的冷脆转变温度，常用来制造大型轮船、高压容器、高压锅炉甚至航空母舰。

3.4.2.4 减小获得马氏体的临界冷却速度

在有色金属中，通过加入合金元素，经固溶处理或固溶＋时效处理提高其强度。在钢铁材料中，能否应用相同的原理来提高强度呢？当然可以，这就是钢的淬火和回火，淬火相当于固溶处理，而回火相当于时效处理。起到强化作用的元素主要是碳，强碳化物形成元素通过改变回火时析出碳化物的类型和大小而对性能产生影响。

钢铁加热到共析转变温度以上形成 γ，γ 中固溶了大量碳。以 45 钢为例，加热到 840℃形成单相 γ，0.45%C 全部固溶到 γ 中，如果冷却速度大于临界冷却速度 v，γ 在 300℃左右才开始转变成单相 α′，注意，由于冷却速度快，在冷到 300℃之前，C 原子还没有扩散，因而形不成平衡的 α 和渗碳体相，因而得不到铁素体加珠光体组织。0.45%C 全部固溶到 α′相中得到 C 在 α 相中的过饱和固溶体，即**马氏体**。

为了获得马氏体，碳钢的尺寸不能大，大了只能在表面几毫米的深度内得到马氏体，为了获得更深的马氏体，需要在钢内加入合金元素。除 Co 和铝以外的元素都能减小临界冷却速度 v，最常用的是 Mn、Si、Cr、Ni、Mo 等，如 38CrMnSi、40Cr、42CrMo 等合金钢，加入的合金元素种类多、含量高，则临界冷却速度越小，越容易得到马氏体。

3.4.2.5 获得奥氏体组织

在室温下能否获得稳定的奥氏体组织呢？在 $Fe\text{-}Fe_3C$ 相图中，共析转变温度是 727℃，在室温无法得到稳定的奥氏体组织。如果加入大量的 Ni 或 Mn，共析转变温度降到室温以下，则在室温可以获得稳定的奥氏体组织。

Cr-Ni 奥氏体不锈钢，如 0Cr18Ni8、1Cr18Ni9Ti，18%左右的 Cr 提高基体的电极电位，在表面形成 Cr_2O_3 钝化膜，9%左右的 Ni 保证在室温下是单相奥氏体组织。由于是单相组织，防止了形成原电池，从而提高了耐蚀性。建筑装修用的奥氏体不锈钢是用 Mn 代替 Ni，大大降低了成本。另一个典型例子是 Mn13，含 13%Mn、1%～1.3%C，在使用过程中表面转变成马氏体，不仅耐磨，而且韧性很高，是典型的耐磨材料。

3.4.2.6　提高红硬性和耐磨性

渗碳体的熔点低，稳定性差，耐磨性也不如合金渗碳体，更比间隙相的碳化物差。因而，在高温下使用，非常容易长大而使强度降低。当使用温度不高时，可以加入Cr形成合金渗碳体以提高使用温度，再加入W、Mo、V则效果更好，如3Cr2W8V热作模具钢。使用温度到500～650℃，同时要求硬度高和耐磨性很高，如高速切削用的刃具——车刀、钻头、铣刀等，则需要加入更多W、Mo、V，如高速钢W18Cr4V、W6Mo5Cr4V2。

知识巩固3-9

1. 控制碳化物的数量、形状、大小和分布是提高钢铁材料力学性能的关键。(　　)
2. 钢铁通过淬火加回火的热处理技术达到提高强度、硬度和耐磨性的目的。(　　)
3. Ti、Zr、V、Nb、W、Mo为强碳化物形成元素，强碳化物形成元素与碳形成间隙相，具有高熔点、高硬度和耐磨性。(　　)
4. 在各类碳化物中，渗碳体的耐磨性最差。(　　)
5. Ni、Si不与C形成碳化物。(　　)
6. 在钢中，固溶强化效果最大的是C，Si和Mn也有比较大的固溶强化效果。(　　)
7. 16Mn比14MnMoTi的强度高。(　　)
8. 制造直径为200mm的轴应选用45钢而不应选42CrMo钢。(　　)
9. 奥氏体不锈钢在室温下是奥氏体的原因与其中的Ni或Mn含量无关系。(　　)
10. 车刀的刀头可能是W18Cr4V，而刀柄可能是45钢。(　　)

讨论题提纲

1. 讨论固溶强化和第二相强化原理在有色金属合金设计中的应用。

知识点：固溶强化原理、第二相强化原理

(1) 固溶强化

原理：$R_s=R_{s0}+\sum k_i w_i$

式中，R_{s0}为纯金属的屈服强度；k_i为溶质原子为i的强化系数（影响因素从溶剂和溶质原子两方面考虑）；w_i为溶质原子为i的强化系数分数，取值范围$0\sim w_{i,\max}$（最大溶解度）（影响因素从溶剂、多种溶质原子和温度三方面考虑）。

固溶体：无序固溶体、有序固溶体、电子化合物为溶剂形成的固溶体等。

工艺：

固溶处理——过饱和固溶体，条件为溶解度强烈依赖于温度。

室温塑性成形——室温下是单相固溶体或单相过饱和固溶体。

热塑性成形——加热到单相固溶体相区。

(2) 第二相强化

原理：$R_s=R_{s\alpha}+kS^{-1}$

式中，$R_{s\alpha}$为基体（固溶体）的强度；k为强化系数，影响因素：可变形第二相（相对于基体的强度）、不可变形第二相；S为粒子之间的距离（体积分数、粒子大小）。

体积分数大→粒子大（形成第二相需要原子扩散）

设计：多种第二相，每种的体积分数小，粒子尺寸都小。

多元合金化：溶质与溶剂成第二相（二元相图）

溶质原子与溶质原子形成第二相

溶剂原子-溶质原子-溶质原子形成第二相

如 Cu-Ni→Cu-Ni-Si

工艺：

固溶＋时效→细化第二相

室温塑性成形——室温下是单相过饱和固溶体。

热塑性成形——加热到单相固溶体相区。

铸造成形——加热也没有单相区。

2. 讨论钢铁合金化原理。

知识点：固溶强化原理、第二相强化原理、细晶强化原理

原理：

固溶体＝α 相

第二相＝各种碳化物

碳化物形成趋势：Ti、Zr、V、Nb、W、Mo、Cr、Mn、Fe、Ni、Si、（Co、Al、Cu）

（1）固溶强化 Mn 和 Si，如 09Mn、16Mn（Si 影响焊接性能）。

（2）细晶强化 Ti、Zr、V、Nb、W、Mo，如 15MnTi、15MnV 和 14MnMoTi。

（3）碳化物形状：小、圆、匀（大小、分布均匀）。

Fe_3C→（Fe，Mn，Cr，W，Mo）$_3$C→$Cr_{23}C_6$、Cr_7C_3→W_2C、Mo_2C 、ZrC、NbC、TiC、VC、WC（由大变小，条状或片状变为球状或粒状）。

高铬铸铁 Cr30，共晶组织以 $Cr_{23}C_6$ 为主，形状：短杆状、块状。

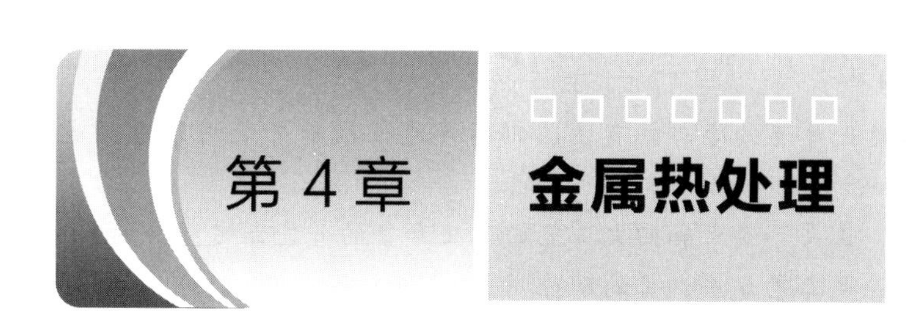

第4章 金属热处理

通过第1章的学习，我们已经掌握了材料的相结构和组织结构的基本知识。在第2章，我们学习了材料的力学性能知识，为我们根据设计要求，提出对选用材料的力学性能要求打下了基础。在第3章，我们借助于相图，解决了两个关键问题，一是给定合金成分，分析平衡结晶后得到的相和组织，二是为了满足对性能的要求，介绍了如何设计合金成分问题。当然，对同学们来说，不是为了设计成分，而是根据材料的成分分析相和组织。在第3章我们也接触到了一些热处理问题，如固溶、时效、退火、淬火、回火等，使我们了解到了热处理的重要性。

根据成分-工艺-组织-性能关系的基本原理，材料的成分一旦确定，工艺成了改变材料组织和性能的唯一途径。在众多的工艺中，热处理是发挥材料潜力最重要的工艺之一。本章对金属材料热处理相关问题作比较全面的介绍，为合理选材和制定热处理工艺打下基础。

热处理就是把固态金属材料或零件加热到预定温度，保温一段时间后，以一定的速度冷却，从而改变材料的组织结构和性能的热加工工艺。

热处理工艺曲线即温度与时间的关系曲线如图4-1中实线所示，纵坐标表示温度，横坐标表示时间，在坐标上不加刻度。工艺曲线包括升温、保温和冷却三个阶段。多数情况下对升温速度没有要求，如果对升温速度有要求，要标注升温时间。保温阶段要注明保温温度和保温时间。保温时间受多种因素如工件尺寸、装炉量等的影响，所以，在本书中绝大多数情况下未给出保温时间。冷却阶段要注明冷却时间或冷却方式。

热处理工艺的分类如图4-2所示。

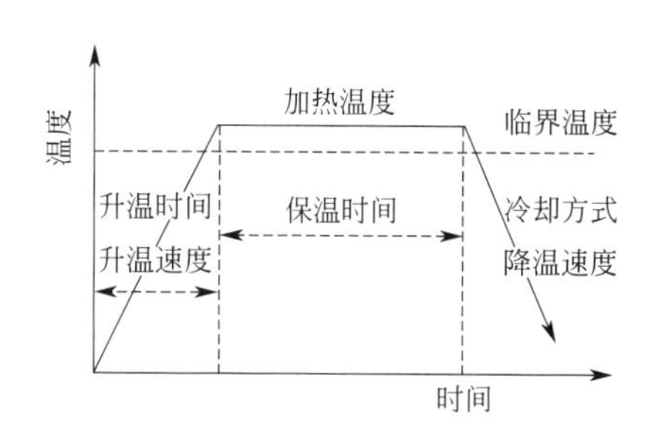

图4-1　热处理工艺曲线

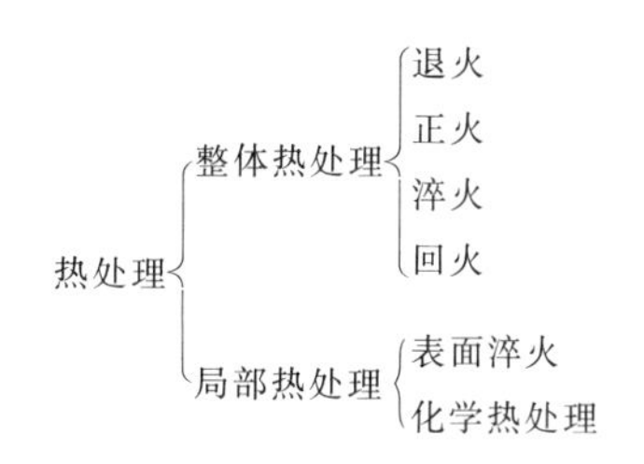

图4-2　热处理工艺的分类

学习目标

1. 掌握固溶、时效概念及其在提高有色金属材料强度、改善钢的韧性和耐蚀性等方面的应用。

2. 掌握奥氏体的形成过程、奥氏体晶粒度概念、影响奥氏体晶粒度的因素。

3. 掌握过冷奥氏体等温转变图并能用于分析珠光体、贝氏体、马氏体的转变过程及其组织特征和力学性能。

4. 掌握过冷奥氏体连续冷却转变图、钢的淬透性概念并能用于分析实际淬火条件下从表面到心部组织和性能的变化规律。

5. 掌握退火、正火、淬火和回火工艺的定义和目的并能制定相应的热处理工艺。

6. 掌握表面淬火工艺方法、目的及应用。

7. 掌握渗碳、渗氮的工艺并能用于实际零件的热处理。

4.1 合金的固溶和时效

4.1.1 定义

将合金加热到一定温度，保温后快冷到室温，获得过饱和固溶体的热处理工艺叫**固溶**。

图 4-3(a) 是相图的一部分，将图示合金加热到单相区，经过保温形成单相固溶体，随后快速冷却到室温，由于冷却速度快，β 相来不及析出得到了过饱和固溶体。

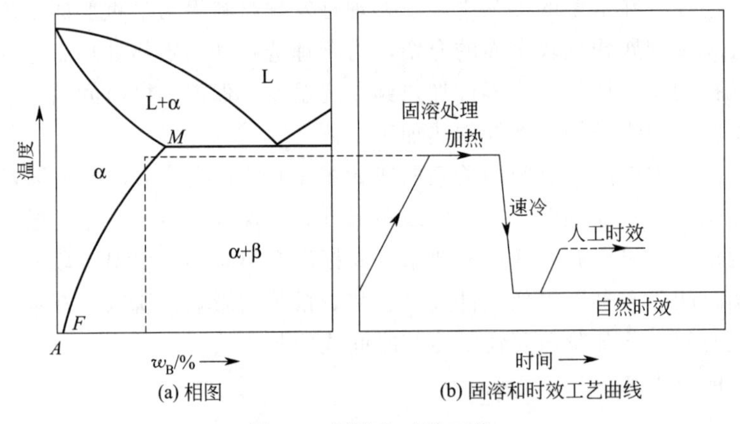

(a) 相图　(b) 固溶和时效工艺曲线

图 4-3　固溶和时效工艺

将过饱和固溶体在室温下放置或加热到低于溶解度曲线的某一温度保温使溶质原子发生偏聚或析出第二相的热处理工艺叫**时效**。

溶质原子在固溶过程中溶入固溶体，在时效过程中从过饱和固溶体中析出形成新相（固溶体或化合物）。

4.1.2 组织和性能变化

固溶和时效可以带来组织和性能变化。图 4-4 是 Cu-Ag-Cr 合金固溶处理获得的单相固溶体组织照片。Ag 在 Cu 中有较大溶解度，而 Cr 在室温下几乎不溶于 Cu，以单质 Cr 颗粒存在于 Cu 基体上，在高温下有一定的溶解度，并且温度越高溶解度越大。

Cu-Ag-Cr 合金固溶处理后相对电导率（纯铜的电阻率与合金的电阻率之比）和硬度与

固溶温度的关系如图 4-5 所示。从图 4-5 看出，随固溶处理温度提高，相对电导率和硬度均呈现出减小的趋势。这是因为随固溶处理温度提高，Cr 颗粒溶解到固溶体中使导电性降低，虽然固溶强化作用增大，但第二相强化作用减小，二者综合结果使硬度降低。这又说明了 Cr 的固溶强化效果没有第二相强化效果大，使固溶处理后硬度降低。相对电导率随固溶温度提高，即随固溶体中溶质原子的增加而降低。

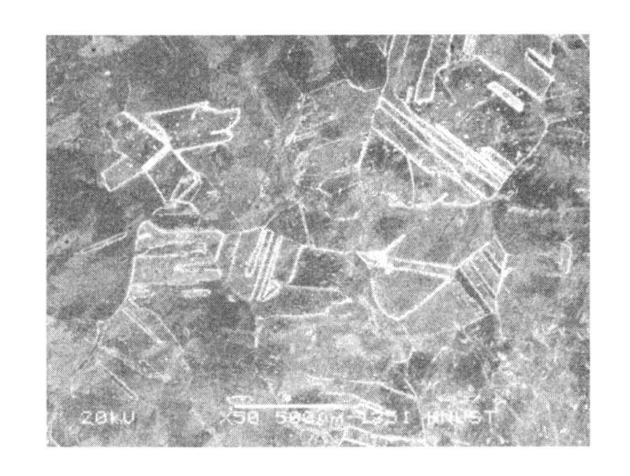

图 4-4 Cu-Ag-Cr 合金固溶处理组织

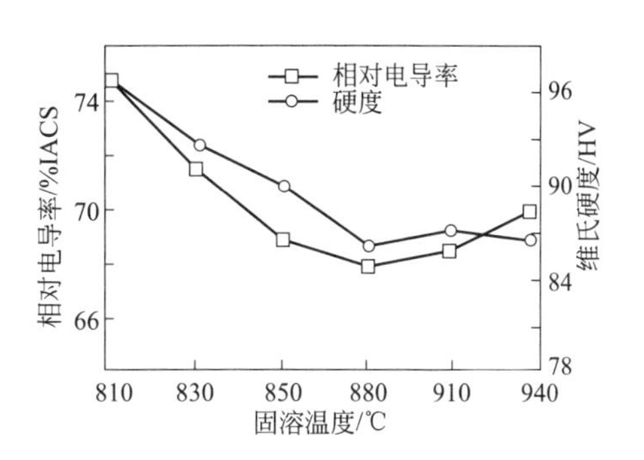

图 4-5 Cu-Ag-Cr 固溶态相对电导率、硬度与固溶温度关系

Cu-Ag-Cr 合金经过时效，从过饱和固溶体中析出第二相 Cr 颗粒，见图 4-6(a) 中黑色点状的析出相，其尺寸只有数纳米到数十纳米。由于时效析出第二相使固溶度减小，电导率提高［图 4-6(b)］。同时，由于第二相强化作用大于固溶强化作用，使硬度提高［图 4-6(c)］。通过时效处理，不仅使硬度提高，而且提高了导电性能。

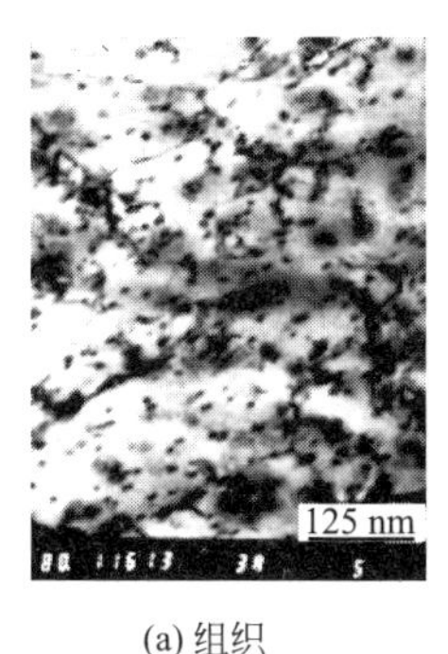

(a) 组织

(b) 相对电导率

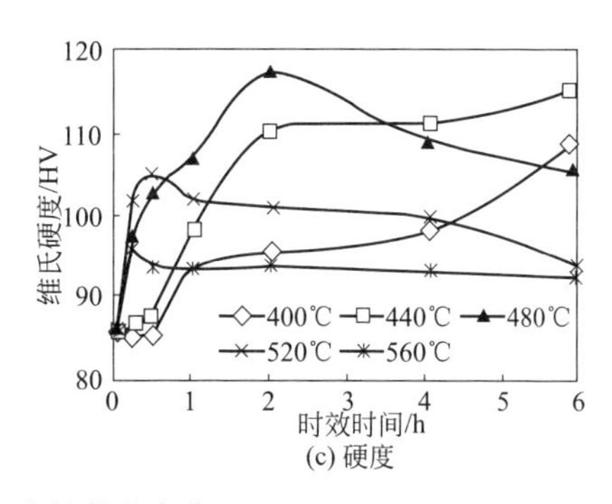

(c) 硬度

图 4-6 Cu-Ag-Cr 合金经过时效组织和性能的变化

从图 4-6(b) 看出，当时效温度低于 560℃时，随时效温度提高，最终的电导率提高，并且达到最大电导率的时间缩短。这是因为随着时效温度的升高，Cr 原子扩散速度提高，析出速度加快，并且固溶体中残留的 Cr 减少。如果继续提高温度，由于溶解度增大，可能造成导电性降低。随时效温度升高，析出的 Cr 颗粒长大，数量减少，第二相强化作用减小，使硬度降低，如图 4-6(c) 中 520℃和 560℃时效后的硬度变化规律。

图 4-7 是 Al-Cu 合金相图，4%Cu 合金室温平衡组织是 $\alpha+\theta$，固溶处理后得到过饱和固溶体。在 130℃时效（图 4-8），随着时效过程的进行，先形成溶质原子偏聚区，即 GP 区，其中 GP（Ⅰ）区是富铜区，GP（Ⅱ）区是有序区，θ'是过渡相。在这个过程中，硬度不断

提高，时效约 2000h 硬度最高，形成稳定的 θ 相后，随时间延长，θ 开始聚集长大，强化效果减小，硬度降低。

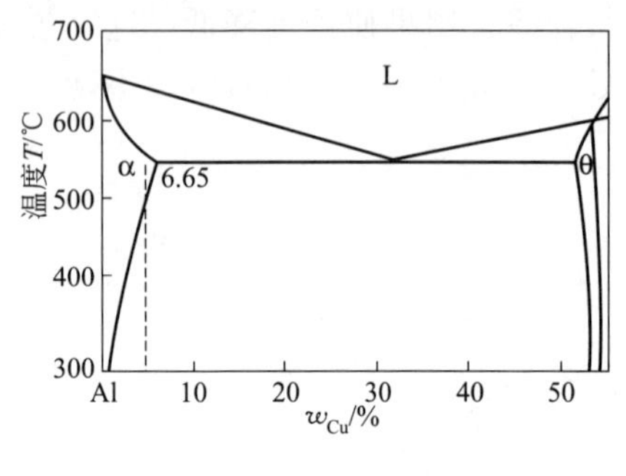

图 4-7　Al-Cu 合金相图

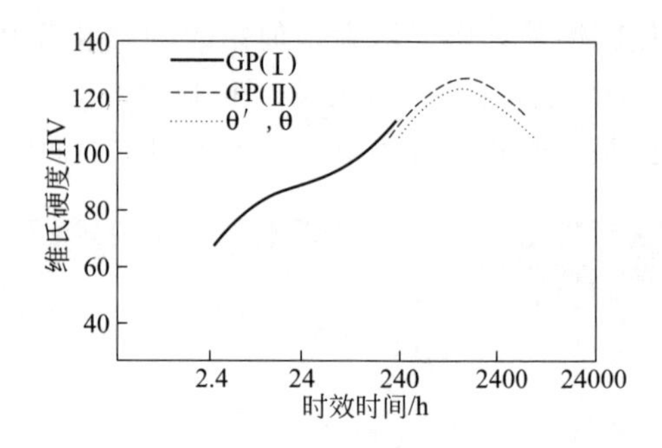

图 4-8　$AlCu_4$ 合金 130℃时效曲线

4.1.3　应用

对于有色金属材料，可以通过固溶处理提高强度，也可以通过固溶和时效配合提高强度，这是通过热处理提高有色金属材料强度的两种工艺。当然，由于加入的合金元素不同，有的固溶后强化效果大，有的时效后强化效果大，这就形成了两大类合金：固溶强化合金和时效强化合金。选用哪一类合金要考虑对性能的要求，如固溶强化合金的耐蚀性要好于时效合金，因为时效合金有第二相降低耐蚀性，而要求导电性好的用时效合金，时效后导电性能降低比较小。

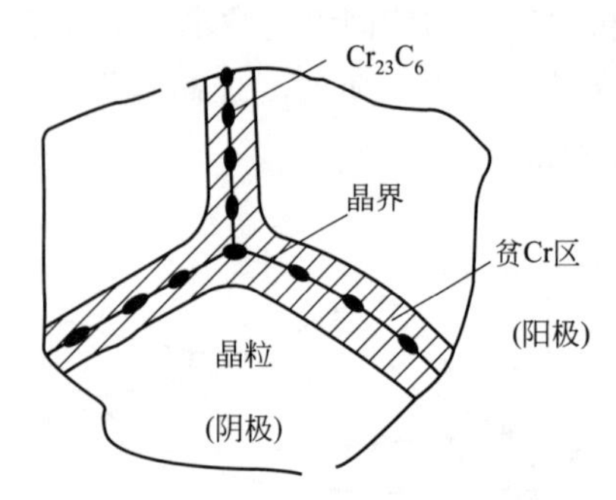

图 4-9　不锈钢晶间腐蚀原理

对于奥氏体不锈钢，如 1Cr18Ni8，约有 0.1%C，在缓慢冷却过程中沿晶界析出 $Cr_{23}C_6$，在晶界附近消耗了大量 Cr 而使晶界附近成为贫 Cr 区，如图 4-9 所示，由于晶界和晶粒附近 Cr 含量不同而形成原电池，导致腐蚀，又因为阳极面积比阴极面积小很多，也加速了阳极腐蚀，即出现晶间腐蚀。采用固溶处理，不仅能提高强度，而且能防止晶间腐蚀。1Cr18Ni9Ti 就不会出现晶间腐蚀，因为 C 更容易与 Ti 结合形成 TiC，采用固溶处理耐蚀性提高，采用时效处理耐蚀性略有降低但强度会大大提高。

奥氏体耐磨钢 Mn13［(1%～1.3%)C＋(11%～14%)Mn］是常用的具有高韧性和高耐磨性的耐磨钢，由于含有大量 Mn，在室温下仍是奥氏体使其具有高韧性。但是，由于含碳量很高，冷却时容易沿奥氏体晶界析出 $(Fe,Mn)_3C$ 而降低其韧性，通过固溶处理可提高韧性，这种处理通常叫作高锰钢的水韧处理（固溶后在水中冷却提高韧性）。同样，对于过共析钢，缓慢冷却在原奥氏体晶界析出网状二次渗碳体，即使再经过球化退火和淬火也难以消除，通过固溶然后空冷、风冷等快冷到室温，可避免在晶界上形成二次渗碳体。

知识巩固 4-1

1. 属于整体热处理的是______。

(a) 退火和渗碳　　(b) 正火和渗氮　　(c) 淬火和回火　　(d) 表面淬火

2. 把合金加热到一定温度，保温后快冷到室温，获得过饱和固溶体的热处理工艺叫__

____。

(a) 淬火　　(b) 固溶　　(c) 时效　　(d) 退火

3. 将过饱和固溶体在室温下放置或加热到低于溶解度曲线的某一温度保温使溶质原子发生偏聚或析出第二相的热处理工艺叫______。

(a) 淬火　　(b) 固溶　　(c) 时效　　(d) 退火

4. Cu-Ag-Cr 合金固溶处理后相对导电性和硬度均降低，然后再采用______可以提高导电性和硬度。

(a) 淬火　　(b) 固溶　　(c) 时效　　(d) 退火

5. 固溶或固溶加时效是提高有色金属材料强度的主要热处理方法，而固溶处理还可以提高奥氏体不锈钢的耐蚀性和提高高锰钢的韧性。(　　)

6. 对导电性和强度、耐磨性要求高的铜合金应选用固溶强化的铜合金经过固溶处理后使用。(　　)

7. 高铁接触线（为车辆供电的导线）应选用时效强化的铜合金经过时效处理后使用。(　　)

8. 通过固溶处理可以提高高锰钢的冲击韧性。(　　)

9. 通过固溶处理可提高奥氏体不锈钢的强度但不能提高其耐蚀性。(　　)

10. 通过时效处理也能提高奥氏体不锈钢的强度。(　　)

4.2 奥氏体的形成

钢的退火、正火和淬火都需要将钢加热到奥氏体区形成奥氏体，然后以炉冷（退火）、空冷（正火）、快速冷却（淬火）得到不同的组织，故先介绍奥氏体的形成。

由于合金元素能够改变相图上的临界温度和临界点的成分，对合金钢，其临界温度不能从铁碳相图上得到，但可以从合金钢手册中查到。

在铁碳相图上（图 3-37），即平衡冷却时，共析转变温度叫 **A_1 温度**。亚共析钢奥氏体和铁素体的平衡温度即 GS 线对应的温度叫 **A_3 温度**。过共析钢奥氏体与渗碳体平衡温度即 SE 线叫 **A_{cm} 温度**。

A_1 温度、A_3 温度和 A_{cm} 温度是在平衡条件下即非常缓慢加热或冷却条件下得到的。在实际中，是以一定的速度（常用 2℃/min）加热或冷却测出临界温度。加热时，上述三个临界温度都会升高，分别用 Ac_1、Ac_3、Ac_{cm} 表示。冷却时，上述三个临界温度都会降低，分别用 Ar_1、Ar_3、Ar_{cm} 表示。加热和冷却时的临界温度的平均值可作为平衡时临界温度的近似值，如 $A_1 \approx (Ac_1 + Ar_1)/2$。加热时用加热的临界温度 Ac_1、Ac_3、Ac_{cm}，冷却时用冷却时的临界温度 Ar_1、Ar_3、Ar_{cm}，如果不严格区分，均可用 A_1、A_3、A_{cm}。

4.2.1 共析钢奥氏体（A）形成过程

共析钢在室温时是珠光体组织，即 α 相与 Fe_3C 的混合物，加热到 Ac_1 温度以上，珠光体转变成奥氏体。

由于 α 相的含碳量只有 0.02%、Fe_3C 相的含碳量高达 6.69%，而生成的奥氏体的含碳量约为 0.77%（合金元素影响该值），所以，奥氏体的形成过程需要碳原子的扩散。由于 α

相是体心立方、Fe_3C 相是复杂的结构（图 3-36），而生成的奥氏体是面心立方，所以，奥氏体的形成必须有形核过程，然后再长大。

奥氏体的形成包括四个阶段：奥氏体的形核、长大、剩余渗碳体的溶解和成分均匀化，见图 4-10。

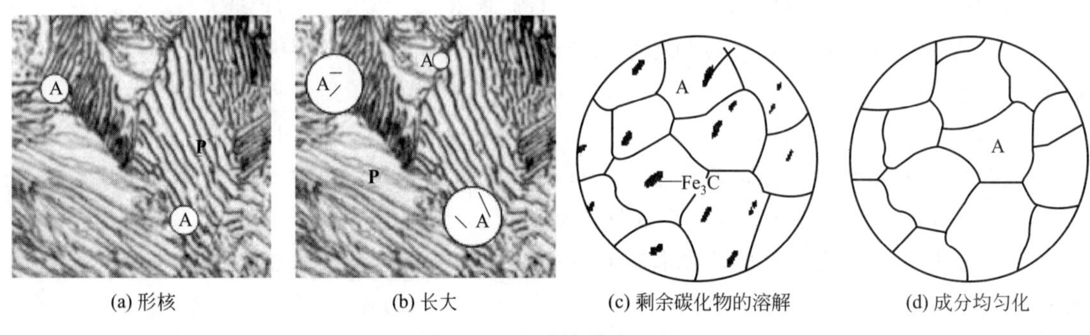

(a) 形核　(b) 长大　(c) 剩余碳化物的溶解　(d) 成分均匀化

图 4-10　奥氏体形成过程

4.2.1.1　形核

根据热力学分析，A 的核心不可能在 Fe_3C 内部形核，在 912℃以下也不可能在 α 内形核，那么，A 到底在哪里形核呢？A 只能在 α 与 Fe_3C 的边界上形核。无论是从结构起伏、能量起伏还是成分起伏来看，在 α 与 Fe_3C 的边界上形核都是最有利的。

A 形成核心时，增加了新的表面能，因而，只有当核心达到一定尺寸（临界晶核）时核心才是稳定的，这就需要能量起伏。因而，形核位置也应该是能量最高的位置。相界面处原子排列不规则，位错密度较高，处于能量较高的状态，具备奥氏体形核所需要的结构起伏和能量起伏条件。从结构起伏和能量起伏考虑，珠光体团交界处或珠光体团与先共析铁素体也可能成为奥氏体的形核部位。

α 的含碳量很低，仅为 0.02%，渗碳体的含碳量又极高，高达 6.69%，而奥氏体的含碳量介于二者之间（转变温度略高于 Ac_1 时为 0.77%），因此 α 与渗碳体都不能直接转变为奥氏体，而在 α 与渗碳体的界面上碳原子分布不均匀，碳浓度处于铁素体和 Fe_3C 之间，容易出现奥氏体形核所需要的浓度起伏。即使需要扩散，扩散距离也最短，因此奥氏体晶核优先在铁素体和渗碳体的相界面上形成。

4.2.1.2　长大

当奥氏体晶核在 α 和渗碳体的相界面上形成以后，就出现了 A 与原始组织之间的新界面 A/P。奥氏体晶核的长大是通过渗碳体的溶解、碳原子在奥氏体中的扩散以及奥氏体两侧的界面向铁素体和渗碳体推移来实现的。

由于在 α 内，α 与渗碳体和 α 与奥氏体接触的两个界面之间也存在着碳浓度差，因此，碳在奥氏体中扩散的同时，在铁素体中也进行着扩散。扩散的结果，促使铁素体向奥氏体转变，从而促进奥氏体长大。

实验表明，奥氏体的长大速率受碳的扩散控制，并与相界面碳浓度差有关。由于 α 与奥氏体相界面碳浓度差远小于渗碳体与奥氏体相界面上的碳浓度差，在平衡条件下，溶解一份渗碳体将促使几份 α 转变。因此，α 向奥氏体转变的速率比渗碳体溶解速率快得多，因此，转变过程中珠光体中的 α 总是首先消失。当 α 全部转变为奥氏体时，可以认为，奥氏体的长大即完成。但此时仍有部分渗碳体尚未溶解，保留在奥氏体中［图 4-10(b)、(c)］。此时奥氏体的平均含碳量低于共析成分的含碳量（0.77%）。

4.2.1.3 渗碳体的溶解和奥氏体成分的均匀化

α 消失以后，随着保温时间延长或继续升温，在奥氏体中的剩余渗碳体会通过碳原子的扩散不断溶入奥氏体中。全部溶解后，奥氏体中的碳浓度仍是不均匀的，原来是渗碳体的区域碳浓度较高，而原来是 α 的区域碳浓度较低，必须经过较长时间的保温，通过碳原子的扩散，奥氏体中碳浓度逐渐趋于均匀化，最后得到均匀的单相奥氏体［图 4-10(d)］。至此，奥氏体形成过程全部完成。

4.2.2 亚（过）共析钢奥氏体形成过程

亚共析钢和过共析钢的奥氏体形成过程与共析钢基本相同，当加热温度仅超过 Ac_1 时，原始组织中的珠光体转变为奥氏体，仍保留一部分先共析铁素体或先共析渗碳体（二次渗碳体），该过程称为不完全奥氏体化过程。只有当加热温度超过 Ac_3 或 Ac_{cm}，并保温足够的时间，才能获得均匀的单相奥氏体，此时称为完全奥氏体化过程。由此可见，非共析钢的奥氏体化包括两个过程：第一是珠光体的奥氏体化过程；第二是先共析相的奥氏体化过程。

4.2.3 奥氏体等温形成动力学

4.2.3.1 奥氏体等温形成动力学曲线

等温形成动力学曲线是指在一定温度下，新相的体积分数与等温时间的关系曲线。**奥氏体等温形成动力学曲线**是指在一定温度下等温，奥氏体的体积分数与等温时间的关系曲线。在等温条件下，奥氏体的形成符合一般相变规律，是通过形核、长大、残余渗碳体的溶解和成分均化来完成的。

图 4-11 是一种碳钢的奥氏体等温形成动力学曲线。由图 4-11 可以看出，奥氏体等温形成的主要特点如下。

① 在整个奥氏体形成过程中，奥氏体形成速率不同。转变初期，转变速率随时间的延长而加快，当转变量达到 50%左右时转变速率最大，随后转变速率又随时间的延长而减慢。这是由于转变初期只有少量的奥氏体形核并长大，随着等温时间的延长，形成的奥氏体核越来越多，相界面面积增大，因而转变速率越来越快。当转变量超过 50%以后，奥氏体晶粒因长大而相互接触，珠光体与奥氏体的相界面也越来越小，形核率降低（甚至停止形核），因此转变速率又逐渐减小。

② 在某一温度保温时，奥氏体并不立即形成，而是需要经过一定的孕育期之后才能开始。等温温度越高，孕育期越短。

③ 转变温度越高，形成奥氏体的时间越短，也就是奥氏体的形成速率越快。这是由于温度越高，过热度越大，奥氏体形核所需的浓度起伏越小；奥氏体与珠光体间的自由能差越大，即相变驱动力越大，碳原子与铁原子的扩散速率越快。以上这些因素都加快了奥氏体的形成。

4.2.3.2 奥氏体等温形成动力学图

等温形成动力学图是在等温温度-时间坐标上（时间坐标用对数坐标），将具有相同转变量的温度、时间点连接起来的曲线图，如图 4-12 所示。在图 4-12 中共有 4 条曲线，将整个平面分成 5 个区域。

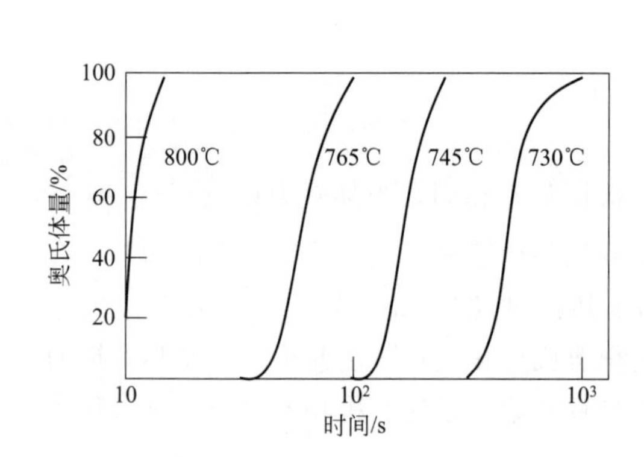

图 4-11 碳钢（0.86%）的奥氏体等温形成动力学曲线

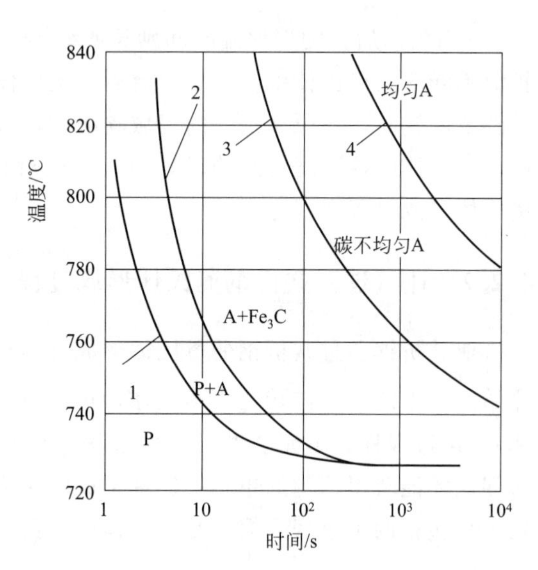

图 4-12 共析碳钢奥氏体等温形成动力学图

曲线 1 表示形成一定数量能测定的奥氏体所需的时间与温度的关系，量越少，曲线越靠左，通常取转变量为 0.5%～1%，称为**转变开始线**，在某温度下曲线上所对应的时间称为该温度下转变的**孕育期**。在开始转变线的下方是珠光体组织。

曲线 2 表示的是 α 完全消失时所需的时间与温度的关系，称为**转变终了线**。在曲线 1 和曲线 2 之间，组织为 P＋A。α 完全消失后，渗碳体还需一段时间才能完全溶解，曲线 3 即为渗碳体完全溶解的曲线。渗碳体消失后，奥氏体中碳的分布是不均匀的，需要一段时间才能均匀化，曲线 4 为奥氏体均匀化曲线。

由图 4-12 可以看出，完成奥氏体转变需要的时间并不长，而完成碳的均匀化需要的时间是非常长的。例如在 780℃等温，完成奥氏体转变只需要 7～8s，完成 Fe_3C 的溶解需要约 300s，而完成碳的均匀化需要约 10000s（约 2.8h）。由此可见，成分均匀化过程需要的时间是非常长的。如果在钢中加入合金元素，尤其是碳化物形成元素，需要的时间就更长。在实际生产中，得到的往往是成分不均匀的奥氏体。这种成分不均匀的奥氏体对随后的冷却转变有很大影响，所以，在确定工件的保温时间时要充分考虑这一点。

4.2.4 奥氏体的晶粒度

奥氏体晶粒大小是评定钢加热质量的重要指标之一。钢加热后形成的奥氏体晶粒大小对钢的冷却转变及转变产物的组织和性能都有重要影响。通常，奥氏体晶粒越细小，钢热处理后的强度越高，塑性、韧性越好，如高碳工具钢加热后获得细小的奥氏体晶粒，淬火快冷时会减小淬裂倾向，并会提高钢的强度和韧性。因此，了解奥氏体晶粒度概念、影响奥氏体晶

粒大小的因素以及奥氏体晶粒的长大倾向，具有重要的实际意义。

表示晶粒大小的理想方法是晶粒的平均体积、平均直径或单位面积中的晶粒数。为了方便起见，奥氏体的晶粒大小用晶粒度（N）来衡量。目前世界各国对钢铁产品几乎统一使用与标准金相图片相比较的方法来确定晶粒度 N 的级别。晶粒度级别与晶粒大小有如下关系：

$$n=2^{N-1} \tag{4-1}$$

式中，n 表示放大 100 倍时，每平方英寸（6.45cm^2）面积中观察到的平均晶粒数。

由式(4-1) 可知，晶粒度级别越小，单位面积中的晶粒数目越少，则晶粒尺寸越大。通常小于 4 级为粗晶粒，5～8 级为细晶粒，8 级以上的晶粒称为超细晶粒。

研究钢在热处理中奥氏体晶粒度的变化时，应分清下列三种不同的概念。

（1）起始晶粒度　**起始晶粒度**就是珠光体钢完全转变成奥氏体时的奥氏体晶粒度。一般情况下奥氏体的起始晶粒总是比较细小而均匀的。加热前原始组织越细小，加热速度越快，则起始晶粒越细小。奥氏体的起始晶粒形成之后，随着温度的继续升高或保温时间的延长，晶粒就会长大。而且晶粒越细小，越容易长大。

（2）实际晶粒度　钢在某一具体加热条件下获得的奥氏体的实际晶粒度称为奥氏体的**实际晶粒度**。它取决于具体的加热温度和保温时间。实际晶粒一般总比起始晶粒大。一般来说，在加热速度一定时，加热温度越高，保温时间越长，实际奥氏体晶粒越粗大。实际晶粒度对钢热处理后的性能有直接影响。

（3）本质晶粒度　**本质晶粒度**表示钢在一定条件下的奥氏体晶粒长大的倾向性。需要强调的是本质晶粒度并不是指具体的晶粒大小。本质晶粒度通常是根据标准试验方法（YB27-64）来测定的。将钢加热到（930±10)℃，保温 3～8h 后，测量高温奥氏体晶粒的大小，通常是在 100 倍的金相显微镜下与标准晶粒度等级图对比得到的。如晶粒度为 1～4 级，称为本质粗晶粒钢，晶粒度为 5～8 级，则为本质细晶粒钢。

钢的本质晶粒度与钢的脱氧方法和化学成分有关。一般用 Al 脱氧的钢为本质细晶粒钢，这是由于钢中形成弥散的 AlN 质点，在 930℃以下可以阻止奥氏体晶粒长大。含有 Ti、Zr、V、Nb、Mo、W 等强碳化物形成元素的钢也是本质细晶粒钢，因为这些元素能够形成难熔于奥氏体的碳化物质点，阻止奥氏体晶粒长大，其中影响最强烈的是 Ti 和 V。用 Si、Mn 脱氧的钢为本质粗晶粒钢。

4.2.5　影响奥氏体形成的因素

4.2.5.1　奥氏体化条件的影响

加热温度越高，过冷度越大，珠光体与奥氏体的自由能差越大，形核驱动力越大，形成奥氏体晶核所需时间越短，奥氏体形核速率和长大速率均提高，奥氏体起始晶粒细小，但容易长大。如果采用快速加热短时保温，则得到较细小的奥氏体晶粒，保温时间长则晶粒粗大。

图 4-13 是奥氏体晶粒面积与等温温度和保温时间的关系。保温时间从升到温开始计时，时间坐标上的负数表示没有升到温到升到温的时间。由图 4-13 可见，等温温度越高或等温时间越长，则奥氏体晶粒越大，加热温度是影响奥氏体晶粒大小的主要因素。

为了减小奥氏体晶粒尺寸，在热处理工艺制定方面可在保证零件性能要求的前提下，尽量选择较低的加热温度和较短的保温时间。为此在生产中可采用在两相区或临界区（接近临

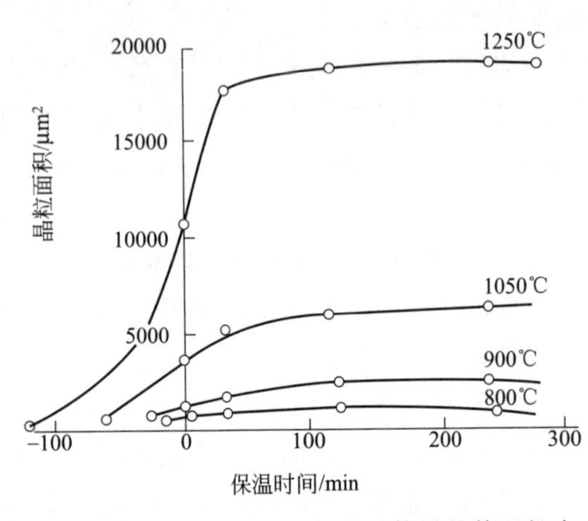

图 4-13　0.48C-0.82Mn 钢奥氏体晶粒等温长大

界点）进行加热，这种加热又称为不完全奥氏体化加热（相应的加热到单相奥氏体区的加热称为完全奥氏体化加热），可以使奥氏体晶粒细小。

亚共析钢在 $Ac_1 \sim Ac_3$ 温度之间加热淬火称为**亚温淬火**，又称临界区淬火。中碳钢临界区淬火，由于能得到极细的奥氏体晶粒，并使磷等有害杂质集中于少量游离分散的铁素体晶粒中，可以提高钢的缺口韧性，降低冷脆转变温度，减小回火脆性等。表 4-1 列出了几种钢的最佳亚温淬火处理规范及其与调质后性能的对比。从表 4-1 中数值可以看出，钢中含碳量越低，亚温淬火效果越好。随着钢中含碳量的增加，效果渐不明显。最佳亚温淬火温度以接近上临界点为宜。

表 4-1　中碳钢亚温淬火处理与调质处理后性能对比

钢号	临界点/℃		热处理		硬度/HRC	a_K/(J/cm²)				
	Ac_1	Ac_3	淬火/℃	回火/℃		25℃	−20℃	−60℃	−80℃	−100℃
45	724	780	830	600	17.0	146.8	145.7	112.1	92.9	85.2
			780	600	20.2	152.6	149.7	119.0	99.6	85.1
40Cr	743	782	860	600	30.7	157.0	109.9	76.9	67.4	65.4
			770	600	29.8	147.2	133.3	89.9	69.0	67.0
35CrMo	755	800	860	575	36.4	122.5	122.3	78.7	66.2	62.5
			785	550	37.3	150.7	131.2	142.9	131.2	120.1
42CrMo	730	780	860	600	36.0	120.1	119.7	115.9	105.9	85.8
			765	600	38.7	—	126.3	117.0	95.5	94.1

对于高碳钢的淬火，可采用短时加热淬火，即采用较快的加热速度、较短的保温时间，以获得较高的强度与韧性的热处理工艺。此时，奥氏体晶粒细小，溶入奥氏体的碳量较少，碳的分布不均匀（有中碳及高碳微区），致使 *Ms* 点升高，淬火组织中含有相当数量的板条状马氏体，因此具有较高的强度、塑性及韧性。而慢速加热时，淬火组织中主要为针状马氏体，其塑性、韧性均较差。

4.2.5.2　加热速度的影响

如果奥氏体是在连续加热过程中形成的，则加热速度影响奥氏体的形成。

加热速度越快，过热度越大，奥氏体形成温度越高，驱动力越大，形核率越大，转变所需要的时间越短。短时保温，可获得细小的奥氏体晶粒。如感应加热、盐浴加热都可获得非常大的加热速度，短时保温甚至“零”保温（保温时间为 0）可获得极细的奥氏体晶粒。

4.2.5.3　钢的原始组织的影响

原始组织越细小，相界面越多，形核位置越多，形核率越高，得到的奥氏体起始晶粒越细小。这种方法与快速加热不同，由于加热温度低，奥氏体起始晶粒大小比较均匀，长大驱动力小，反而不容易长大，是细化奥氏体的有效工艺方法。

对于中碳钢，锻造以后进行正火处理（完全奥氏体化后空冷）。对一些尺寸较大的零件，可以采用风冷（用电扇吹）或喷雾（水雾）冷却，提高冷却速率，得到F小、P的片间距小的F+P组织，加热时易得到比较细小的奥氏体晶粒。

用非平衡的马氏体、贝氏体组织或回火组织（回火屈氏体、回火索氏体）进行加热，也容易得到细小的奥氏体晶粒。但是，对某些中碳钢，用非平衡组织加热时如果加热速率不合适，容易出现组织遗传，不能起到细化奥氏体晶粒的作用。

Fe_3C片间距减小，界面多，碳原子扩散距离小，形核率大，转变快；片层状珠光体比粒状珠光体更易于形成奥氏体。对高碳钢，淬火前先进行球化退火得到粒状珠光体，在两相区加热形成奥氏体，并有部分碳化物存在阻止奥氏体晶粒长大，可得到隐晶马氏体。

4.2.5.4 化学成分的影响

合金元素的加入并不改变奥氏体的形成机制，但会影响奥氏体的形成速率。主要表现在以下几个方面。

① 合金元素一般改变珠光体向奥氏体转变的临界点。在加热温度一定的条件下，合金元素改变临界点，也就改变了过热度，从而影响到奥氏体的形成速率。例如Ni、Mn、Cu等元素降低临界点，增加了过热度，使奥氏体形成速率加快；而Si、Al、Mo、W等元素则升高临界点，降低奥氏体形成速率。

② 合金元素影响碳在奥氏体中的扩散速率，因而也影响奥氏体的形成速率。Co和Ni提高碳在奥氏体中的扩散速率，故加快了奥氏体的形成速率。Si、Al、Mn等元素对碳在奥氏体中的扩散速率影响不大。而Cr、W、Mo、V等强碳化物形成元素形成的碳化物熔点高，显著降低碳在奥氏体中的扩散速率，故大大降低奥氏体的形成速率。

③ 合金元素在α相和碳化物中的分布是不均匀的。在平衡组织中，碳化物形成元素主要集中于碳化物中，而非碳化物形成元素主要集中于α相中。随着保温时间的延长，在碳扩散均匀化的同时，还需要进行合金元素的均匀化。但合金元素的扩散速率与碳相比要慢得多，例如1000℃时，碳在奥氏体中的扩散系数为10^{-9}m/s，而合金元素在奥氏体中的扩散系数只有10^{-12}～10^{-13}m/s。此外，碳化物形成元素，特别是强碳化物形成元素强烈阻碍碳的扩散。碳化物完全溶解后，合金元素在钢中的分布仍是极不均匀的，因此，合金钢中奥氏体的均匀化时间要比碳钢长得多，使得奥氏体的形成速率大大降低。所以，对不同的钢，形成奥氏体时所需要的保温时间也不一样。保温时间越长，溶入奥氏体的合金元素越多，淬透性越好。

④ 共析钢奥氏体的形成速率最快。这是因为对亚共析钢和过共析钢来说，除了完成珠光体向奥氏体转变之外，还需要完成铁素体或渗碳体转变。当然，在实际生产中，不希望高碳钢中的渗碳体全部溶解到奥氏体中，常采用粒状珠光体为原始组织，在两相区加热，只有部分碳化物溶解到奥氏体中，使奥氏体的含碳量在中碳或中高碳范围，使马氏体具有一定的韧性，淬火后得到隐晶马氏体上分布有未溶碳化物的组织，低温回火后使用，具有很高的硬度和耐磨性。

知识巩固 4-2

1. 将尺寸相同的45钢、T8钢和T12钢放在同一个炉内进行完全奥氏体加热，最先完成奥氏体转变的是______。

(a) 45钢　　(b) T8钢　　(c) T12钢　　(d) 同时完成

2. 将滚动轴承钢加热到830℃、860℃、880℃保温后淬火，硬度非常接近（约

63HRC)，实际生产中应选择的加热温度是______。

(a) 830℃　　(b) 860℃　　(c) 880℃

3. 将钢分别以10℃/min和1000℃/min加热，奥氏体开始转变温度比较高的是______加热。

(a) 10℃/min　　(b) 1000℃/min

4. 将钢分别以10℃/min和1000℃/min加热，完成奥氏体转变需要的时间比较短的是______加热。

(a) 10℃/min　　(b) 1000℃/min

5. 相同钢处理成片状珠光体和粒状珠光体，然后同时加热转变为奥氏体，先完成奥氏体转变的是______。

(a) 片状珠光体　　(b) 粒状珠光体

6. 40钢、40Cr钢和42CrMo钢同时加热，先完成奥氏体转变的是______。

(a) 40钢　　(b) 40Cr钢　　(c) 42CrMo钢

7. CrWMn、W18Cr4V加热转变为奥氏体，加热温度比较高的是______。

(a) CrWMn　　(b) W18Cr4V

8. $Ac_1>A_1>Ar_1$。(　　)

9. P→A的过程包括四个阶段，在转变过程中伴随有铁和碳原子的扩散，加热温度越高，扩散越快，转变速度越快。(　　)

10. 将钢加热到奥氏体区，加热温度越高，则形核率越大，起始晶粒越细小，如果保温时间足够长，则加热温度越高得到的实际晶粒越粗大。(　　)

4.3 过冷奥氏体等温转变

钢加热至临界点以上，保温一定时间，将形成高温稳定组织——奥氏体。奥氏体冷至临界点以下，就不再是稳定组织，一般称为**过冷奥氏体**。过冷奥氏体在不同的冷却条件下，最终可能转变为珠光体、贝氏体、马氏体或它们的混合组织，从而导致钢材最终性能的多样性。

冷却条件可以分为两大类。其一是平衡冷却条件或近于平衡冷却条件，特征是冷却速率非常缓慢。大家知道，Fe-Fe_3C相图就是在这种条件下获得的。它反映了Fe-C合金在平衡条件下，成分、温度和显微组织之间的关系及变化规律。其二是非平衡冷却条件，它受时间因素影响。钢的过冷奥氏体转变动力学图就是研究某一成分钢的过冷奥氏体转变产物与温度、时间的关系及其变化规律。显而易见，在人们的生产实践中更多遇到的是非平衡条件的相变，因而，掌握过冷奥氏体的非平衡冷却条件下的转变规律，不仅大大深化了对其本质的认识，而且对热处理生产的指导意义也更为直接。

本节先介绍过冷奥氏体等温转变动力学图，通过这种动力学图对过冷奥氏体转变有一个概括性认识，为后续的工艺介绍打下一个基础。

4.3.1 过冷奥氏体等温转变图(TTT图)

奥氏体可以通过四种冷却方式从奥氏体区冷到室温。缓慢冷却，可以根据相图分析得到的组织，低于Ar_1温度，就没有奥氏体了。等温冷却，将奥氏体迅速冷到Ar_1温度以下的某一温度进行等温，由于冷却速度快，冷却过程中奥氏体的变化可以忽略不计，过冷奥氏体在等温过程中发生转变，通过改变等温温度和等温时间研究过冷奥氏体的转变过程及转变产物。等速冷却，将奥氏体以恒定速度进行冷却，通过改变冷却速度研究过冷奥氏体的转变过程及转变产物。变速冷却，这是生产中的实际冷却过程，可以近似看成是等速冷却，取一定温度内的平均冷却速度作为等速冷却速度。

研究过冷奥氏体在非平衡冷却条件下的转变规律，实际上是研究温度、时间这两个因素对转变产物的影响。由于用等温冷却方式研究转变动力学可以避开温度-时间的交互作用，所以被广泛用于动力学研究。

研究过冷奥氏体转变动力学常用的方法如下。

金相法是将处理后的试样制成金相试样，在显微镜下定出组织类型及其体积分数，同时检测转变产物的硬度。金相法简单易行、直观、精确，是常用方法之一。但试样消耗量大，测定时间长是它的缺点。

膨胀法使用圆柱形小试样（ϕ3～5mm，长 10～50mm）。利用奥氏体和转变产物的比容不同来测定转变开始点和终了点的温度和时间。这种方法用于连续冷却转变。

磁性法是利用奥氏体的顺磁性，而转变产物具有铁磁性来测定转变状态。

膨胀法和磁性法试样用量少，测定时间短，易于实现自动化，应用日渐广泛。

图 4-14 纵坐标为温度（一般以摄氏温标标定，也有用华氏温标标定的），横坐标为时间（以秒标定）通常以 lgτ 来分度，因此横坐标不能以零为原点。

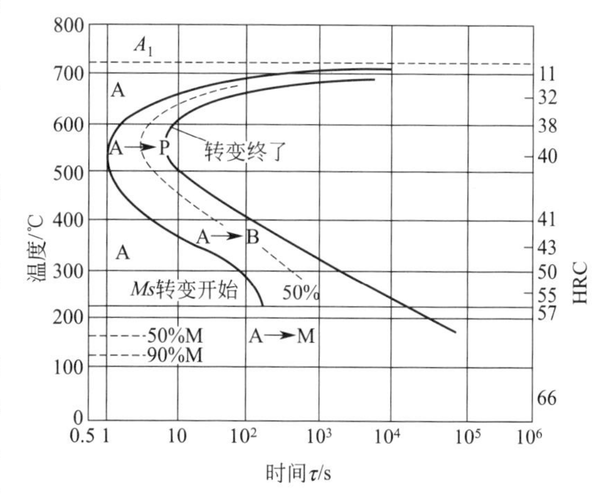

图 4-14　共析碳钢过冷奥氏体等温转变动力学图（TTT 图）

图 4-14 最上面的虚横线表示这种钢的临界点 A_1。图的下方一条横实线表示这种钢的**马氏体转变开始点** *Ms*。过冷奥氏体冷至 *Ms* 以下将发生马氏体转变。故 *Ms* 以下的区域是马氏体转变区，图中注有 A→M。在 A_1 和 *Ms* 两条横线之间有两条 C 形曲线，左侧一条称为转变开始线，右侧一条称为转变终了线。

纵坐标和转变开始线之间的区域称为**孕育区**，图中注有 A（奥氏体）。过冷奥氏体在该区不发生转变，即处于亚稳状态。在某一温度下，这个区域的横坐标长度称为该温度下的**孕育期**。转变开始线的突出部，也就是孕育期最短的部位一般称为**鼻子**。鼻子的坐标是一个十分重要的参数。转变开始线和终了线之间是转变区，在该区过冷奥氏体向珠光体或贝氏体转变，注有 A→P（珠光体）和 A→B（贝氏体）。该区的组织是奥氏体和转变产物的混合物。有一些图中还注有转变 20%、50%、80%等线。转变终了线右侧则是转变产物区，在珠光体转变范围，不存在过冷奥氏体，在贝氏体转变范围，尚保留有未转变的过冷奥氏体。

过冷奥氏体转变产物因等温温度不同而不同，一般来说，大体上可以分为三个温度段：临界点以下为**高温区**，转变产物由高温向低温依次为珠光体、索氏体和屈氏体，*Ms* 点以下为**低温区**，转变产物主要是马氏体；高温区和低温区中间是**中温区**，也称过渡区，转变产物主要为贝氏体。中间区的上部以上贝氏体转变为主，下部则以下贝氏体转变为主。原则上说，各类钢的转变产物的温度顺序大体如此。转变温度不同，得到的组织不同，其力学性能也不同（图

4-14)，随等温温度降低，硬度提高。图 4-15 是四种过冷奥氏体转变产物的金相组织。

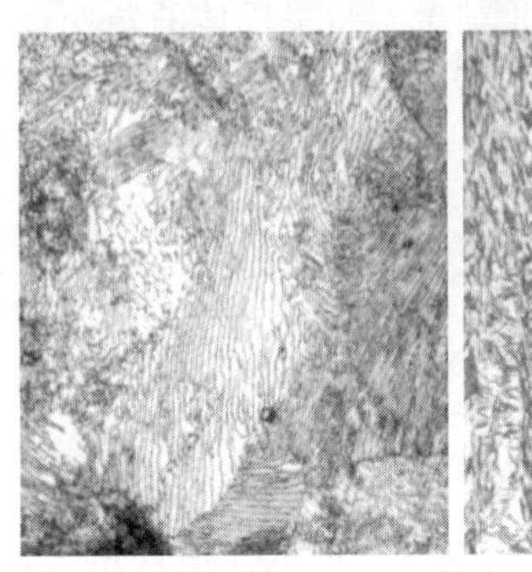

(a) 珠光体

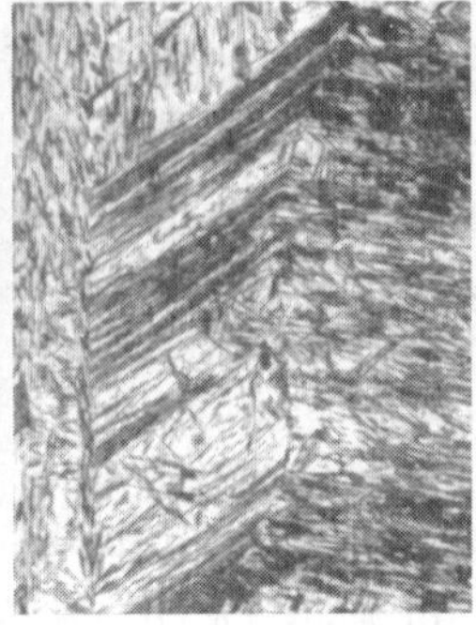

(b) 上贝氏体

(c) 下贝氏体+马氏体

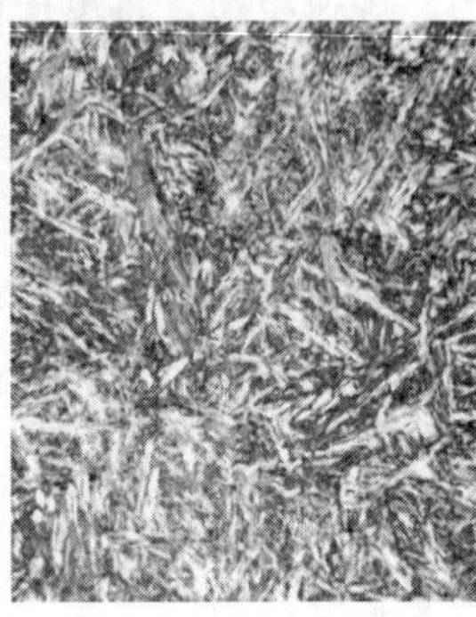

(d) 马氏体+残余奥氏体

图 4-15 四种过冷奥氏体转变产物

随着等温温度的降低，C 和 Fe 原子扩散系数减小，使得转变机制发生变化，得到不同类型的组织，即得到的组织是与转变温度相关联的，组织不同导致性能的变化。

知识巩固 4-3

1. 在 A_1 温度以下存在且不稳定的、将要发生转变的奥氏体称为______。

(a) 奥氏体　(b) 过冷奥氏体　(c) 残余奥氏体

2. 等温实验用的试样加工成薄片状的目的是______。

(a) 节约材料　(b) 提高冷却速度　(c) 减小试样质量

3. 在 TTT 图上，由过冷奥氏体转变开始点连起来的线叫______。

(a) 转变开始线　(b) 转变结束线　(c) Ms 点

4. 在 TTT 图上，由过冷奥氏体转变结束点连起来的线叫______。

(a) 转变开始线　(b) 转变结束线　(c) Ms 点

5. 在 TTT 图上，由过冷奥氏体转变成马氏体的最高温度叫______。

(a) 转变开始线　(b) 转变结束线　(c) Ms 点

6. 过冷奥氏体高温转变的产物是______。

(a) 马氏体　(b) 珠光体　(c) 贝氏体　(d) 残余奥氏体

7. 过冷奥氏体中温转变的产物是______。

(a) 马氏体　(b) 珠光体　(c) 贝氏体　(d) 残余奥氏体

8. 过冷奥氏体低温转变的产物是______。

(a) 马氏体　(b) 珠光体　(c) 贝氏体　(d) 残余奥氏体

9. 过冷奥氏体转变温度不同，得到的组织不同，转变温度越低，得到的组织的硬度越高。(　　)

10. 共析钢奥氏体只能在 A_1 温度以下发生转变。(　　)

4.3.2 影响等温转变图形状和位置的因素

影响过冷奥氏体等温转变的因素很多，凡是能增大过冷奥氏体稳定性的因素，都会使孕育期延长，过冷奥氏体等温转变速度减慢，因而使 C 曲线往右移；反之，凡是能降低过冷奥氏体稳定性的因素，都会加速转变，使 C 曲线向左移。

4.3.2.1　含碳量的影响

与共析钢相比，亚、过共析钢的 C 曲线的上部各多出一条先共析相析出线，并且 *Ms* 点随含碳量增大而降低，如图 4-16 所示。

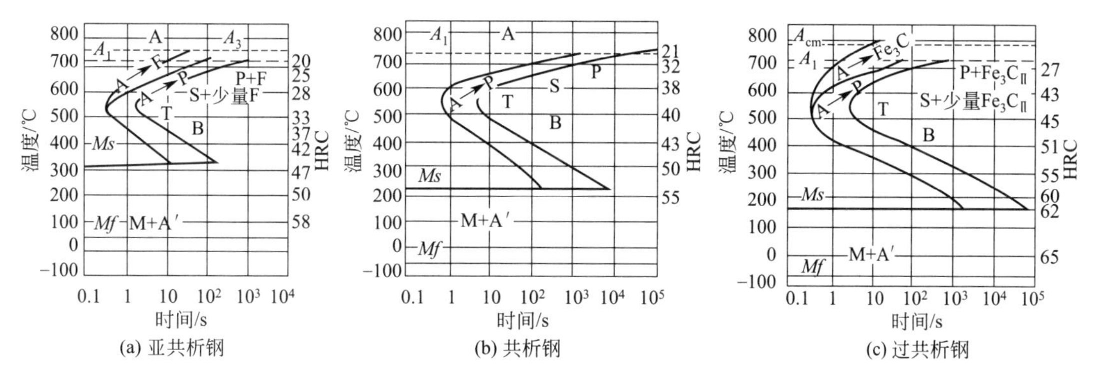

图 4-16　含碳量对等温转变图的影响

共析钢等温转变图只包含了珠光体、贝氏体和马氏体转变。亚共析钢等温转变图除了珠光体、贝氏体和马氏体转变外，还有铁素体转变。过共析钢等温转变图，除了珠光体、贝氏体和马氏体转变外，还有渗碳体转变。随奥氏体中含碳量的增大，马氏体开始转变温度 *Ms* 和转变终止温度 *Mf* 点逐渐降低。

4.3.2.2　合金元素的影响

除 Co 和 Al（>2.5%）以外的所有合金元素，当其溶入奥氏体中都增大过冷奥氏体的稳定性，使 C 曲线向右移，并使 *Ms* 点降低。其中 Mo 的影响最为强烈，W 次之，Mn 和 Ni 的影响也很明显，加入微量的 B 可明显地提高过冷奥氏体的稳定性。非碳化物形成元素 Ni、Si、Cu 等与弱碳化物形成元素 Mn，只是不同程度地降低珠光体和贝氏体的转变速度，使 C 曲线向右移动，但不改变其形状。

碳化物形成元素如 Cr、W、Mo、V 使 C 曲线形状变化，变成两拐弯。Cr、Mo、W、V、Ti 等碳化物形成元素，当其溶入奥氏体中后，除在不同程度上降低珠光体和贝氏体的转变速度，使 C 曲线向右移动外，还能改变其形状。若碳化物形成元素未溶入奥氏体中，而是在钢中形成稳定的碳化物，反而由于这些未溶的碳化物起到了非均匀形核的作用，促进过冷奥氏体的转变，使 C 曲线向左移。

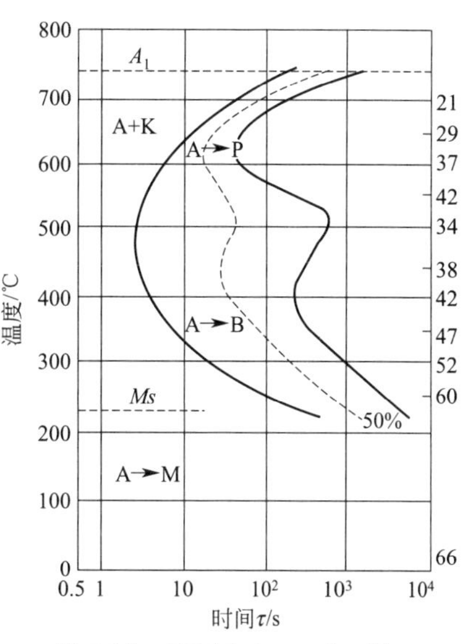

图 4-17　GCr15（w_C=1.0%，w_{Cr}=1.7%）的 TTT 图

图 4-17 是 GCr15 钢的 TTT 图。其转变终了线在 500℃左右向右侧凹陷，出现两个鼻子。

图 4-18 是 40CrNiMo 钢的 TTT 图。转变开始线的形状与图 4-17 的转变终了线的形状相似，出现两个

鼻子。而转变终了线为两条C形曲线。

图4-19是6Cr2Ni3钢的TTT图。它具有两条独立的C形曲线，分别是高温转变和中温转变。

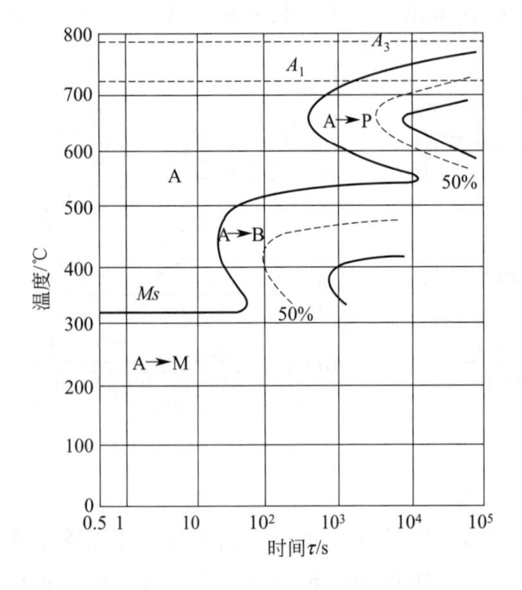

图4-18 40CrNiMo钢的TTT图

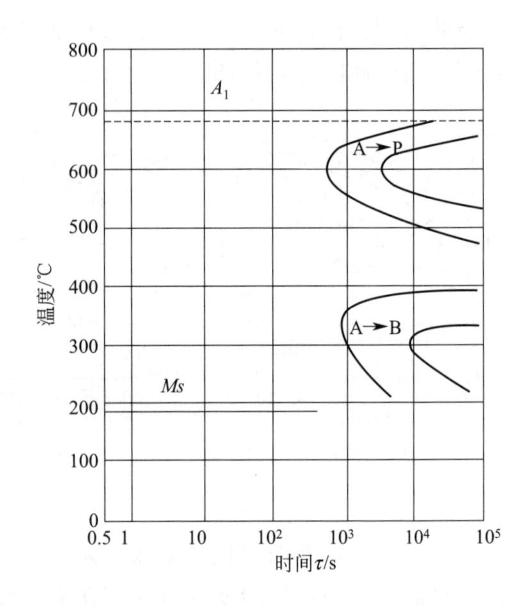

图4-19 6Cr2Ni3钢的TTT图

4.3.2.3 奥氏体化条件的影响

加热温度越高、保温时间越长，碳化物溶解越充分，溶入到奥氏体中的合金元素越多，奥氏体成分越均匀，提高了过冷奥氏体的稳定性，从而使C曲线右移。但是，这种提高淬透性的方法不能用于解决淬透性低的实际问题。因为提高加热温度或延长保温时间将使奥氏体晶粒长大，这是不希望出现的。例如，GCr15是常用的滚动轴承钢，正常的淬火加热温度是820～840℃，如果做成厚度较厚的轴承套圈，淬火后硬度达不到要求，如果将淬火加热温度提高到850～880℃，即使淬火后硬度达到了要求，但是，由于加热温度高，碳化物溶解得多，奥氏体晶粒变得粗大，淬火后马氏体组织也从隐晶马氏体变为针状马氏体，马氏体中含碳量提高，脆性增大，残余奥氏体量增多，带来了诸多弊端。解决问题的正确方法是改用淬透性比GCr15高的GCr15SiMn。

知识巩固4-4

1. 亚共析钢与共析钢相比，等温转变图多了一条______线。

(a) A→F　(b) A→P　(c) A→B　(d) A→Fe_3C

2. 过共析钢与共析钢相比，等温转变图多了一条______线。

(a) A→F　(b) A→P　(c) A→B　(d) A→Fe_3C

3. 不能使C曲线右移的合金元素是______。

(a) Si和Mn　(b) Co和Al　(c) Cr和Ni　(d) Mo和W

4. 能使珠光体和贝氏体转变曲线分离的合金元素是______。

(a) Si和Mn　(b) Co和Al　(c) Cr、Mo、W　(d) Mo和Mn

5. 下列钢中，C曲线最靠右的钢是______。

(a) 40 (b) 40Cr (c) 42CrMo (d) 16Mn

6. 下列钢中，C曲线最靠左的钢是______。

(a) 40 (b) 40Cr (c) 42CrMo (d) 16Mn

7. 下列钢中，能用于制造较大尺寸零件的钢是______。

(a) 40 (b) 40Cr (c) 42CrMo (d) 16Mn

8. 只有合金元素溶入奥氏体中才能改变C曲线的形状和位置。(   )

9. Cr、Mn、Si、Ni等元素因能使C曲线右移常被加入钢中。(   )

10. $Cr_{23}C_6$、W_2C等能使C曲线右移。(   )

4.3.3 珠光体的组织与性能

过冷奥氏体在 A_1～550℃（不同成分的钢转变温度范围有变化）之间转变成珠光体，记作 A(γ)→P(α+Fe_3C)。珠光体是α和Fe_3C两相的混合物。

一般认为共析钢中珠光体形成时的领先相是渗碳体。这种机制认为，若渗碳体为领先相，在奥氏体晶界上形成稳定的晶核后，就会依靠附近的奥氏体不断供应碳原子逐渐向纵深和横向长大，形成一小片渗碳体［图4-20(a)］。这样，就造成其周围奥氏体的碳浓度显著降低，出现贫碳区，于是就为α的形核创造了有利条件。当贫碳区的碳浓度降低到相当于α的平衡浓度时，就在渗碳体片的两侧形成α片［图4-20(b)］。α形成后随渗碳体一起向前长大，同时也向两侧长大。α长大的同时又使其外侧出现奥氏体的富碳区，促使新的渗碳体晶核形成。如此不断进行，α和渗碳体相互促进交替形核，并同时平行地向奥氏体晶粒纵深方向长大，形成一组α和渗碳体片层相间、大致平行的珠光体团［图4-20(c)］。在一个珠光体团形成的过程中有可能在奥氏体晶界的其他部位，或在已形成的珠光体团的边缘上形成新的、其他取向的渗碳体晶核，并由此形成另一个不同取向的珠光体团［图4-20(d)］。当各个珠光体团相遇时，奥氏体全部分解完了，珠光体转变即告结束，得到片状珠光体组织［图4-20(f)］。

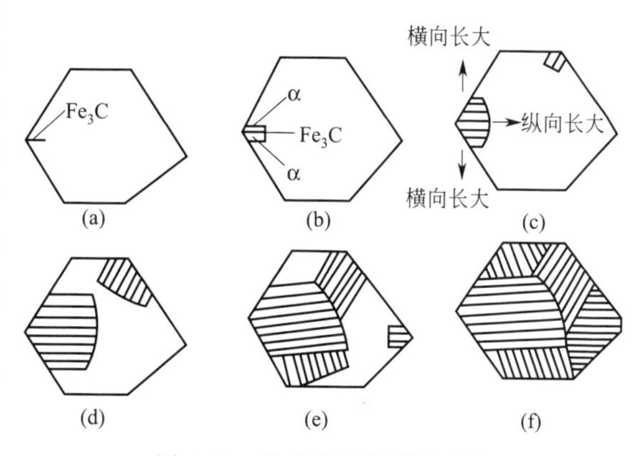

图4-20 片状珠光体形成过程

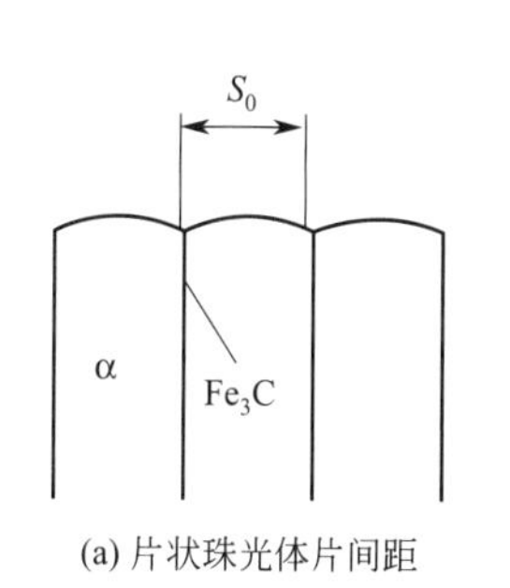

(a) 片状珠光体片间距

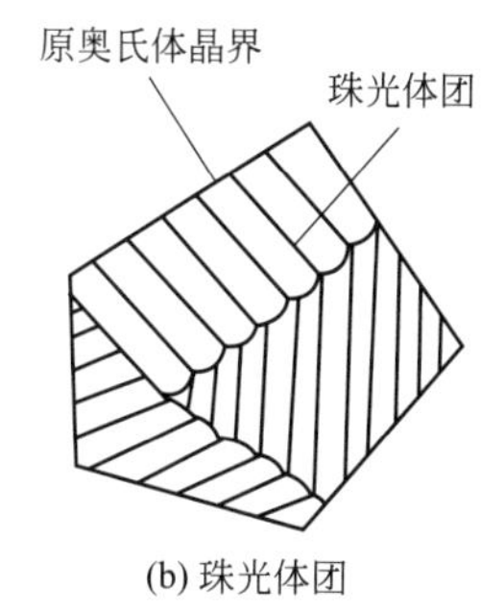

(b) 珠光体团

图4-21 片状珠光体片间距及珠光体团

根据Fe_3C的形态不同，珠光体主要分为片状珠光体和粒状珠光体两种。

4.3.3.1 片状珠光体

片状珠光体由片层相间的α和渗碳体片组成，如图4-21所示，组织照片如图4-15(a)所示。若干大致平行的α和渗碳体片组成一个珠光体团。在显微镜下，不同的珠光体团的片层间距不同，这是由于它们的取向不同或形成温度不同所致。

珠光体团中相邻的两片渗碳体（或 α）之间的距离称为珠光体的**片间距**，用 S_0 表示，如图 4-21(a) 所示，它是用来衡量珠光体组织粗细程度的一个主要指标。片间距的大小主要取决于珠光体的形成温度，而与奥氏体晶粒度和成分均匀性关系不大。随着冷却速度的加快，过冷度不断增大，珠光体的形成温度降低，转变所得的珠光体片间距也减小。

珠光体片间距 S_0 与过冷度 ΔT 之间的关系可用下面的经验公式来表达：

$$S_0=(8.02/\Delta t)\times 10^3 \tag{4-2}$$

式中，S_0 为珠光体的片间距，nm；Δt 为过冷度，℃。

根据珠光体片间距的大小，可将珠光体分为三类。一般所谓的片状珠光体是指在 A_1～650℃温度范围内形成的，在光学显微镜下能明显分辨出 α 和渗碳体层片状组织形态的**珠光体**［图 4-15(a)］，其片间距为 150～450nm。在 650～600℃温度范围内形成的珠光体，其片间距较小，为 80～150nm，只有在高倍的光学显微镜下（放大 800～1500 倍时）才能分辨出 α 和渗碳体的片层形态，这种片状珠光体称为**索氏体**（S）。在 600～550℃温度范围内形成的珠光体，其片间距极细，为 30～80nm，在光学显微镜下根本无法分辨其层片状特征，只有在电子显微镜下才能区分，这种极细的珠光体称为**屈氏体**（T）。

珠光体、索氏体和屈氏体都属于珠光体类型的组织。它们的本质是相同的，都是由 α 相和渗碳体两相组成的片层相间的混合物。它们之间的差别只是片间距的大小不同而已。

片状珠光体的力学性能主要取决于片间距。珠光体的片间距对强度和塑性的影响如图 4-22 和图 4-23 所示。可以看出，断裂强度与片间距的倒数成正比，与晶粒尺寸基本无关；当片间距大于 150nm 时，钢的塑性基本不变，而当片间距减小到 150nm 时，随片间距减小，钢的塑性显著增大。

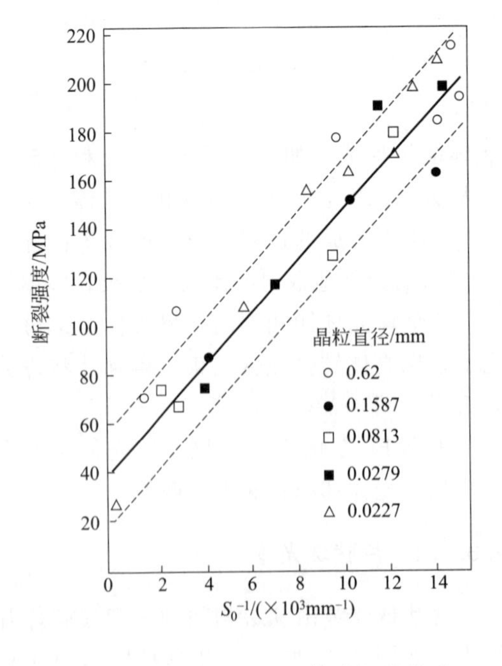

图 4-22　断裂强度与珠光体片间距关系

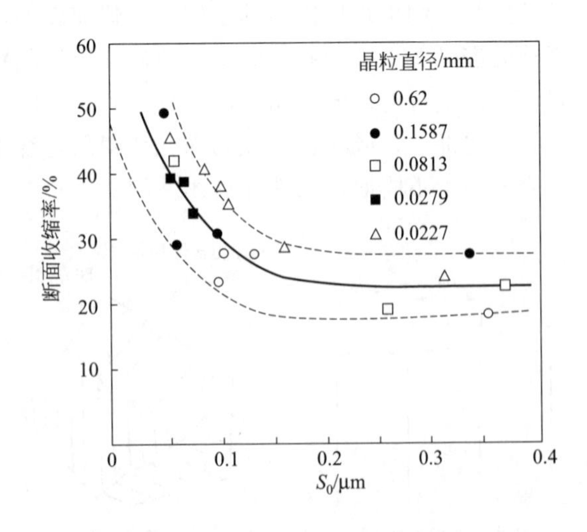

图 4-23　断面收缩率与珠光体片间距关系

片间距减小，相界面增多，对位错运动的阻碍增大，塑性变形抗力增大，故强度、硬度提高。片状珠光体的塑性也随片间距减小而增大，这是因为渗碳体片很薄时，在外力作用下可以滑移产生塑性变形，也可以产生弯曲；此外，片间距较小时，珠光体中的层片状渗碳体是不连续的，层片状的 α 并未完全被渗碳体片所隔离，因此使塑性提高。在生产中正是利用这一特点，对共析成分的钢丝进行铅浴或盐浴处理来提高其强度。该工艺是将钢丝加热到 A_3＋(80～100)℃完全奥氏体化后，放入 500～550℃ 的铅浴或盐浴中进行等温冷却，以获得索氏体组织，此时钢丝具有较高的强度和很高的塑性，在此基础上进行多次冷拔，可获得具有极高强度和一定塑性的钢丝，其强度可达 3000MPa 以上，见图 4-24。从图 4-24 可以看出，在相同变形量情况下，等温温度越低，强度越高。

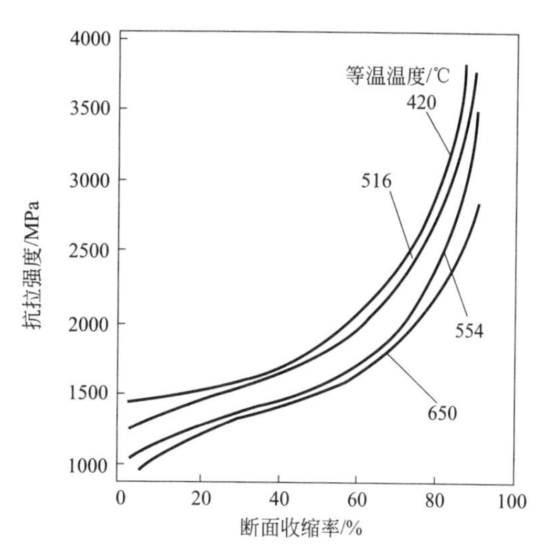

图 4-24　等温温度及冷拔变形量对 T9 钢 ϕ1mm 钢丝强度的影响（850℃奥氏体化）

如果钢中的珠光体是在连续冷却过程中形成的，转变产物的片间距大小不等，高温形成的珠光体片间距较大，低温形成的较小。这种片间距不等的珠光体在外力作用下将引起不均匀的塑性变形，并导致应力集中，从而使钢的强度和塑性都降低。为了获得片层厚度均匀的强度较高的珠光体，应采用等温处理。

片间距对冲击韧性的影响比较复杂，因为片间距的减小使强度提高，但冲击韧性降低，而渗碳体片变薄使其可以弯曲、形变，又有利于改善冲击韧性。由于这两个因素的共同作用，使冲击韧性的冷脆转变温度随片间距的减小先降后增，出现一极小值。

4.3.3.2　粒状珠光体

当渗碳体以颗粒状分布于 α 基体中时称为**粒状珠光体**（图 4-25）。粒状珠光体一般是经过球化退火得到的。渗碳体颗粒的大小、形态及分布与热处理工艺有关，其数量则取决于钢中的含碳量。粒状珠光体的力学性能主要取决于渗碳体颗粒的大小、形态与分布。一般来说，当钢的成分一定时，渗碳体颗粒越细，相界面越多，则钢的硬度和强度越高。碳化物越接近球状，分布越均匀，则钢的韧性越好。

图 4-26 为共析钢分别处理成片状和粒状珠光体时的真实应力-应变曲线。可以看出，在成分相同的条件下，粒状珠光体比片状珠光体的强度、硬度稍低，但塑性较好。粒状珠光体硬度稍低的原因是其 α 和渗碳体的相界面比片状珠光体少。粒状珠光体塑性好是因为 α 连续分布，渗碳体呈颗粒状分布在铁素体基体上，对位错运动的阻碍较小。高碳钢经过球化退火得到粒状珠光体后进行切削加工或压力加工，如用冷镦方法加工滚动轴承中的钢球或滚柱。

4.3.3.3　铁素体和片状珠光体混合组织及其性能

亚共析钢在退火和正火工艺下的室温组织为 F＋P；在淬火工艺下，如果没有淬透，心部也会出现F和P。图4-27是不同含碳量的亚共析钢正火组织，其中白色为F，灰或黑色为P。随钢中含碳量增加，铁素体量减少，珠光体量增多。对于一定成分的钢来说，还随冷却速度的加快，先析出铁素体量减少，珠光体量增多，珠光体的含碳量下降。

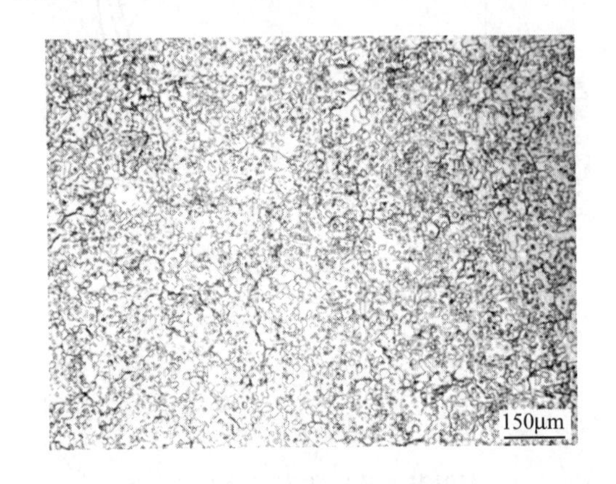

图4-25　粒状珠光体组织

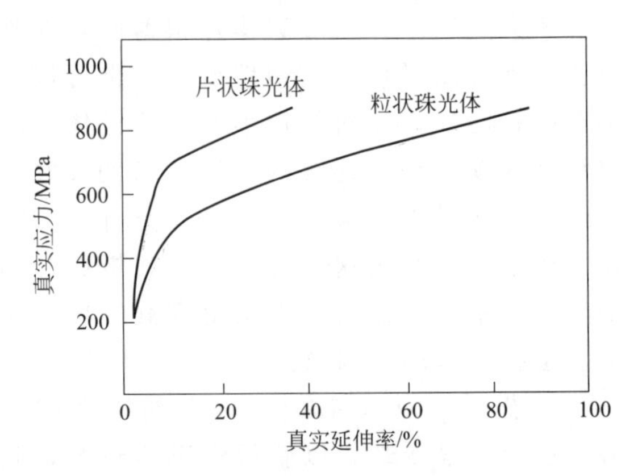

图4-26　片状珠光体与粒状珠光体的应力-应变曲线

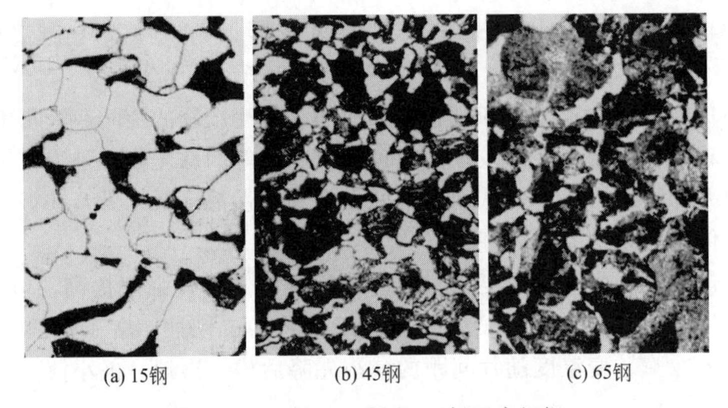

图4-27　15钢、45钢和65钢正火组织

塑性则随珠光体量的增多而下降，随铁素体晶粒直径的减小而升高。

亚共析钢的冲击韧性随珠光体量的增多而减小，而冷脆转变温度则随珠光体量的增多而升高，见图4-28。

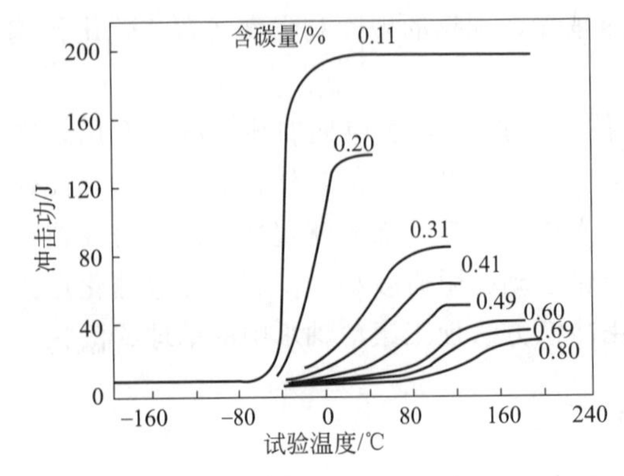

图4-28　钢的含碳量对正火组织冲击功的影响

珠光体量与钢中含碳量、合金元素和冷却速度有关。合金元素通过改变共析点成分而影响珠光体中的含碳量。由于合金元素能降低共析点的含碳量，所以，在相同含碳量情况下，合金钢的珠光体含量比碳素钢要多。冷却速度越快，产生的伪共析组织越多，珠光体量也会增多。

综上所述，亚共析钢在退火或正火状态下，随珠光体量增多，强度提高，塑性和韧性降低，韧脆转变温度提高。

4.3.3.4 魏氏组织及其性能

工业上将先共析片状α和先共析针（片）状渗碳体称为**魏氏组织**。前者称为铁素体魏氏组织［图4-29(a)］，后者则称为渗碳体魏氏组织［图4-29(b)］。

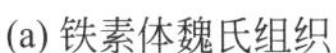

(a) 铁素体魏氏组织　　(b) 渗碳体魏氏组织

图4-29　铁素体魏氏组织和渗碳体魏氏组织

魏氏组织以及经常与之伴生的粗晶组织会严重恶化钢的性能，使钢的强度、塑性和冲击韧性显著降低，使钢的冷脆转变温度升高，容易发生脆性断裂，因此必须予以消除。对易于出现魏氏组织的钢材可以通过控制轧制、降低终锻温度、控制锻（轧）后的冷却速度或者改进热处理工艺，如采用细化晶粒的正火、退火、调质等工艺来防止或消除魏氏组织。

知识巩固4-5

1. 奥氏体转变成珠光体的过程中需要铁原子和碳原子的扩散，因而，转变温度越低，原子扩散越慢，形成的珠光体片间距越小，珠光体的强度和塑性越高。(　　)
2. 在一个奥氏体晶粒内可以生成3～5个珠光体团，但是珠光体团大小对其强度影响不大。(　　)
3. 珠光体的力学性能主要取决于珠光体转变的温度。(　　)
4. 珠光体不仅可以纵向长大，也可以横向长大。(　　)
5. 珠光体的片间距大于索氏体的片间距，而屈氏体的片间距最小。(　　)
6. 粒状珠光体的强度小于片状珠光体的强度，但塑性和切削加工性能没有片状珠光体好。(　　)
7. 亚共析钢随含碳量增加其强度减小，塑性和韧性提高。(　　)
8. 亚共析钢随含碳量增加其冷脆转变温度降低。(　　)
9. 工业上将先共析片状α和先共析针（片）状渗碳体称为魏氏组织。(　　)
10. 魏氏组织是一种不好的组织，通过正火、退火、调质等工艺可防止或消除魏氏组织。(　　)

4.3.4 贝氏体的组织与性能

贝氏体转变温度为550～230℃，即中温转变，反应式记为 $A \longrightarrow B(\alpha+Fe_3C)$，其中α相具有一定的碳过饱和度。贝氏体转变是半扩散型转变，即碳原子扩散，铁原子不扩散。转变产物又分为上贝氏体和下贝氏体。

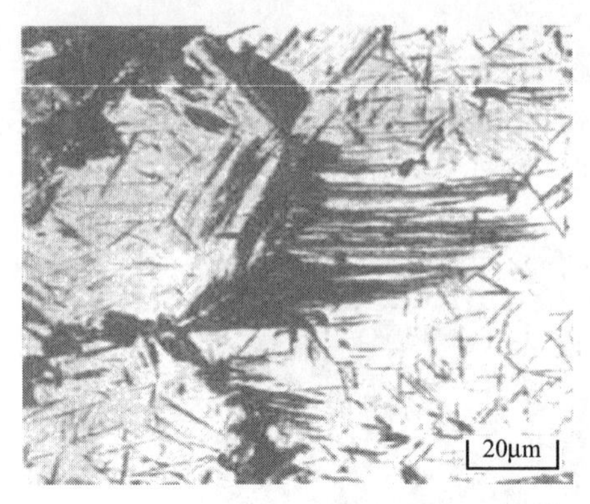
图 4-30 上贝氏体金相组织

上贝氏体即过冷奥氏体在 550～350℃ 的转变产物，组织特征呈羽毛状，如图 4-30 所示。在高倍显微镜下观察，渗碳体呈断续的细片状分布在条状的 α 相之间，如图 4-31 所示，Fe_3C 以较粗大的杆状或片状分布在较宽的 α 片之间，性能特点是易发生脆断。硬度为 40～45HRC，因为较容易发生脆断，工业上不应用。

上贝氏体中 α 晶核一般优先在奥氏体晶界贫碳区形成。α 形成后，当碳浓度起伏合适，且晶核超过临界尺寸时便开始长大。在其长大的同时，过饱和的碳从铁素体向奥氏体中扩散，并于 α 条间或 α 内部沉淀析出碳化物，因此贝氏体长大速度受碳的扩散控制。上贝氏体中 α 的长大速度主要取决于碳在其前沿奥氏体内的扩散速度，形成过程如图 4-32(a) 所示。

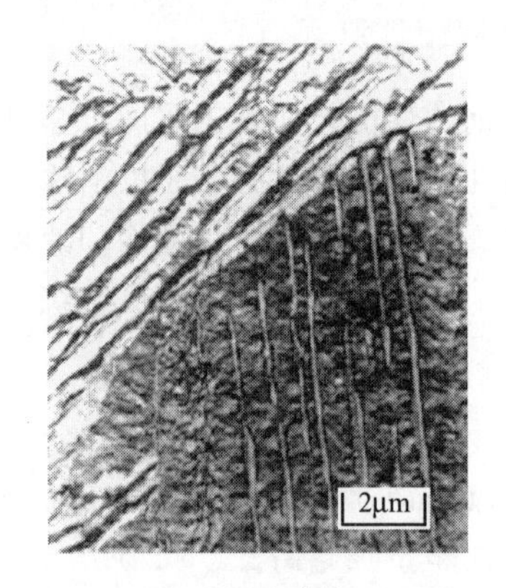
图 4-31 上贝氏体复型照片

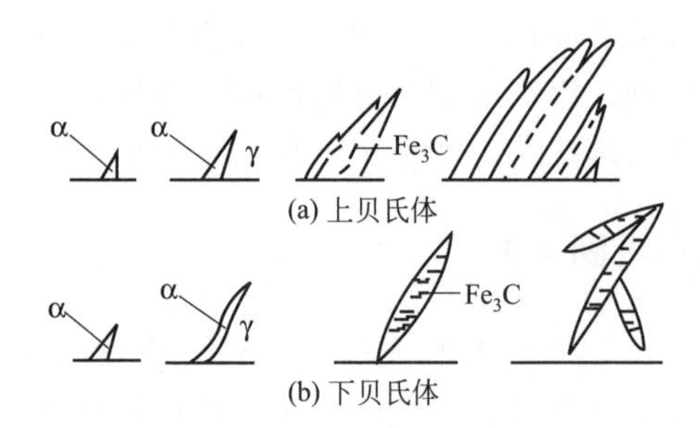

图 4-32 贝氏体形成过程

下贝氏体即过冷奥氏体在 350℃～*Ms* 的转变产物，在光学显微镜下的组织特征是黑色针状［图 4-33(a)］，在电镜下细小 Fe_3C 均匀分布在过饱和 α 针内，具有很高的强韧性，硬度 50～60HRC，是工业生产上追求的组织，可采用等温淬火得到。

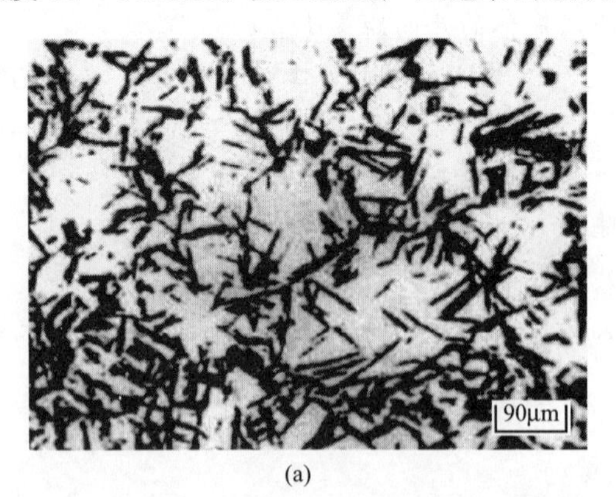
(a)

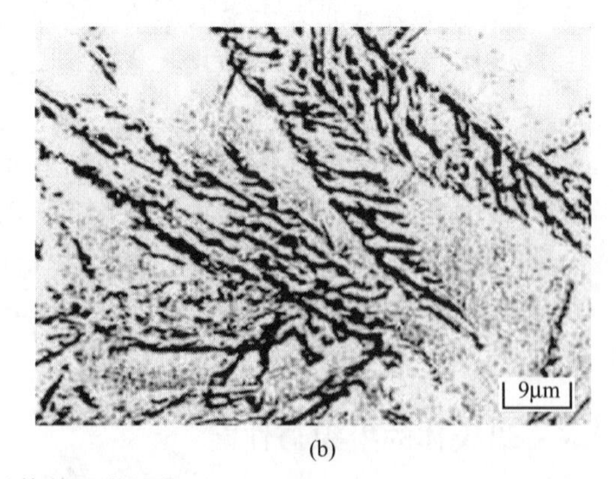
(b)

图 4-33 下贝氏体的显微组织

在下贝氏体形成温度范围内，由于转变温度低，首先在奥氏体晶界或晶内的某些贫碳区，形成 α 晶核，并按切变共格方式长大成片状或透镜状。由于转变温度低，碳原子在奥氏体中的扩散很困难，很难迁移至晶界。而碳在 α 中的扩散仍可进行。因此在 α 共格长大的同时，碳原子只能在 α 的某些亚晶界或晶面上聚集；进而沉淀析出细片状的碳化物。在一片 α 长大的同时，其他方向上 α 也会形成，从而得到典型的下贝氏体组织［图 4-32(b)］。

一般来说，下贝氏体的强度较高，韧性也较好，而上贝氏体的强度低，韧性很差，且随贝氏体形成温度的降低，强度和韧性逐步提高，塑性和韧性也同样随着形成温度的降低而提高，如图 4-34 所示。贝氏体 α 片或条的大小主要取决于贝氏体形成温度。贝氏体形成温度越低，则贝氏体 α 片或条的直径越小。所以也可以说贝氏体的强度取决于形成温度，形成温度越低，贝氏体的强度越高。

在相同强度的基础上，比较贝氏体组织与回火马氏体的韧性时，情况似乎比较复杂。大概可以作如下的估计。

① 在下贝氏体形成温度范围的中、上区域形成的贝氏体的韧性优于同强度马氏体的韧性。

② 在具有回火脆性的钢中，贝氏体的韧性高于回火马氏体的韧性，如图 4-35 所示。

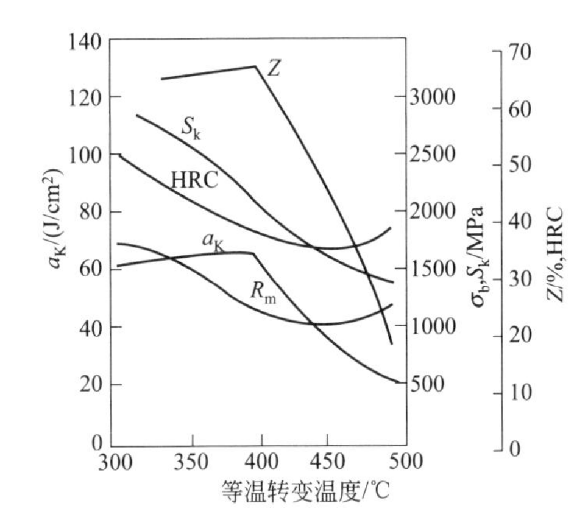

图 4-34 贝氏体的力学性能与形成温度的关系

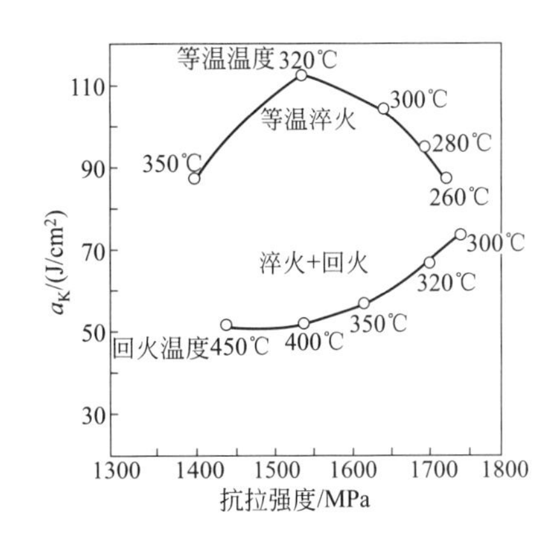

图 4-35 30CrMnSi 等温淬火与普通淬火回火的冲击韧性比较

③ 在高碳钢中，回火马氏体的韧性低于同强度贝氏体的韧性。

由于钢的淬透性的不同，某些钢淬火时往往获得马氏体和贝氏体的混合组织。对这种混合组织的韧性研究的结果表明：马氏体和贝氏体混合组织的韧性优于单一马氏体和单一贝氏体组织的韧性。这是由于先形成的贝氏体分割了原奥氏体晶粒，使得随后形成的马氏体条束变小。这一结论已在生产上得到了应用。

知识巩固 4-6

1. 上贝氏体在光学显微镜下观察呈羽毛状，脆性大，工业上一般不用上贝氏体组织。(　　)

2. 下贝氏体在光学显微镜下观察呈针状，电镜下观察可看到针内有细小碳化物析出，具有较高的韧性。(　　)

3. 下贝氏体与相同强度的回火马氏体相比韧性更高。(　　)

4. 下贝氏体转变温度越低，强度和硬度越高。(　　)

5. 在要求硬度高而且韧性也高的场合，如高铁列车的轴承，用下贝氏体代替马氏体则更好。(　　)

6. 上贝氏体中的α相与珠光体中的α相相比，碳的过饱和度增大，硬度更高。(　　)

7. 下贝氏体中的α相与上贝氏体中的α相相比，碳的过饱和度增大，硬度更高。(　　)

8. 下贝氏体中固溶在α相中的碳和分布在α相中的碳化物使下贝氏体具有非常高的硬度、强度和耐磨性。(　　)

9. 奥氏体的含碳量越高，得到的下贝氏体的硬度越高。(　　)

10. 10 钢和 T10 钢在相同温度下等温得到贝氏体，则它们的硬度相近。(　　)

4.3.5　马氏体的组织和性能

当奥氏体以大于临界速度冷却到 Ms 点以下时，在显微镜下可以看到一种针状组织，为了纪念最先观察到这种组织的德国冶金学家阿道夫·马丁，将其命名为马氏体，后来就把钢中奥氏体转变成马氏体的过程称为马氏体相变。

4.3.5.1　马氏体的晶体结构

马氏体转变的特征如下。

① 由面心立方的γ转变成体心立方的α，发生了晶格类型的变化。

② 由于过冷奥氏体转变为马氏体的温度低，铁原子已无法扩散，碳原子的扩散也极其缓慢，可以认为在转变过程中碳原子也不扩散，无碳化物生成，得到过饱和固溶体。

③ 由于碳的过饱和度很大，碳原子使体心立方的α变为体心正方。

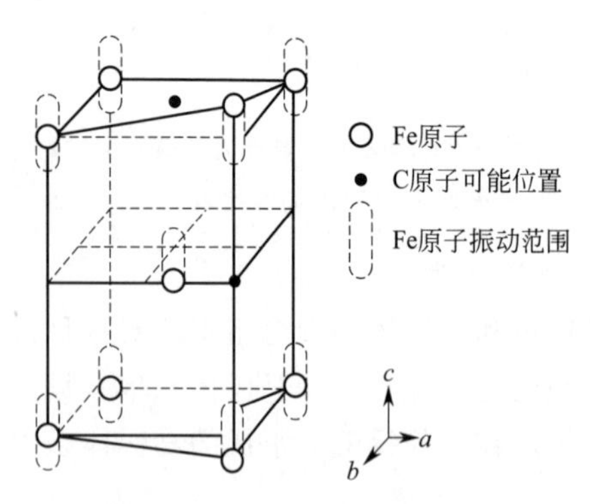

图 4-36　马氏体的晶体结构

图 4-36 是马氏体的晶体结构模型，α-Fe 是体心立方，由于马氏体中 C 的过饱和度很大，使马氏体不是体心立方而是体心正方，即 $a=b<c$，用 c/a 的比值反映马氏体的正方度。

马氏体是 C 在 α-Fe 中的过饱和固溶体，用 M 表示。反应式可表示为 $A(\gamma)\longrightarrow M(\alpha')$。

固溶处理也可以得到过饱和固溶体，但没有晶格类型的变化，而马氏体转变有晶格类型的变化。正是由于发生马氏体转变时有晶格类型的变化，使其组织特征不同于其他组织。

马氏体的组织形貌主要取决于马氏体中的含碳量，可分为低碳马氏体和高碳马氏体。

4.3.5.2　板条马氏体

低碳钢、低碳合金钢、马氏体时效钢以及不锈钢等淬火后可以得到**板条马氏体**，如图 4-37(a) 所示。

板条马氏体是由许多马氏体板条集合而成的。马氏体板条的立体形态可以是扁条状，也可以是薄板状［图4-37(b)］，板条之名即由此而来。每一个板或条均为一个单晶。相邻板条如不是孪晶关系，则将在其间夹有厚约200Å的薄壳状残余奥氏体。残余奥氏体的碳含量较高，也很稳定，在一些合金中，即使深冷至－196℃也不转变。

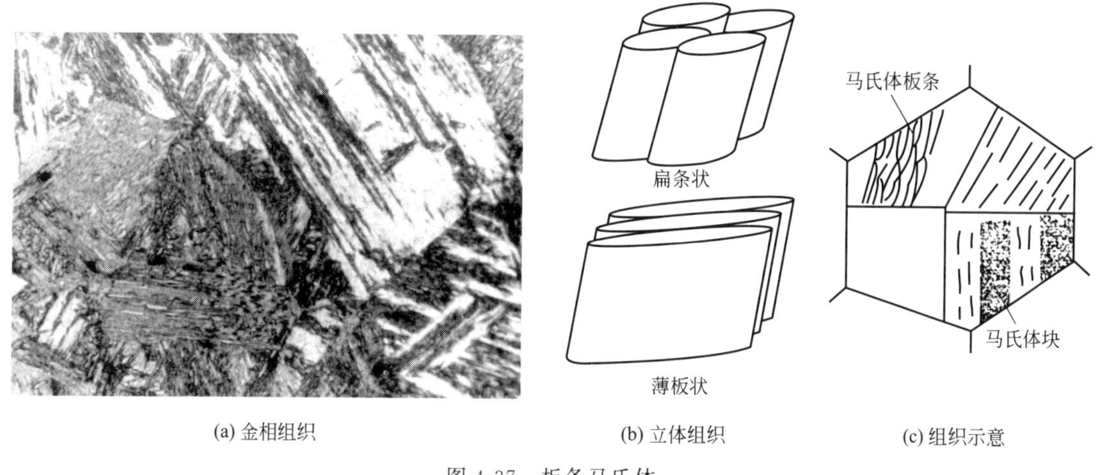

(a) 金相组织　(b) 立体组织　(c) 组织示意

图4-37　板条马氏体

许多相互平行的板条组成一个板条束。一个奥氏体晶粒可以转变成几个板条束［图4-37(c)］。在一个板条束内可以观察到黑白相间的块，块由板或条组成，故板或条是板条马氏体的基本单元。

不论是板还是条，在光学显微镜下和透射电镜中观察到的形状均呈长条形。板条宽度范围在0.025～3.25μm，多数板条宽度在0.1～0.2μm。

板条马氏体的亚结构主要为高密度的位错，位错密度高达（0.3～0.9）$\times 10^{12}$ cm^{-2}，故又称为**位错马氏体**。这些位错分布不均，相互缠结，形成胞状亚结构，称为位错胞，如图4-38所示。

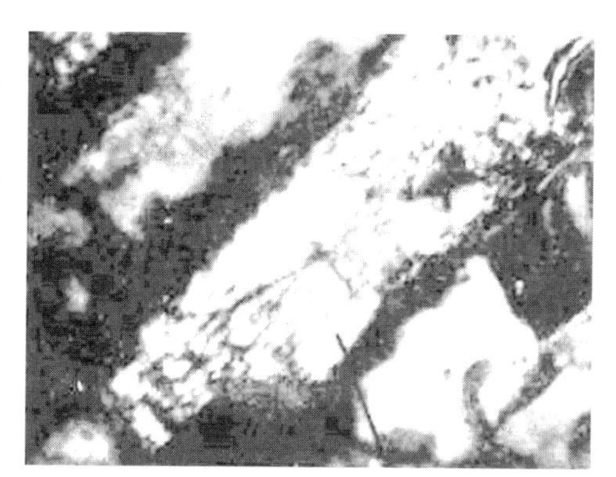

图4-38　板条马氏体的亚结构

4.3.5.3　片状马氏体

片状马氏体是在中、高碳钢及$w_{Ni}>29\%$的Fe-Ni合金中形成的一种典型马氏体组织。高碳钢中典型的片状马氏体组织见图4-39(a)。透镜片状马氏体的立体形状为双凸透镜状，与试样磨面相截，在光学显微镜下则呈针状或竹叶状，故又称为**针状马氏体**。

在原奥氏体晶粒中首先形成的马氏体片贯穿整个晶粒，将奥氏体晶粒分割，但一般不穿过晶界。以后陆续形成的马氏体片由于受到限制而越来越小，如图4-39(b)所示。马氏体片的周围往往存在残余奥氏体。片状马氏体的最大尺寸取决于原始奥氏体晶粒大小。奥氏体晶粒越粗大，则马氏体片越大；奥氏体晶粒越细小，则马氏体片越小。当最大尺寸的马氏体片小到光学显微镜无法分辨时（图4-40），便称为隐晶马氏体。高碳钢尤其是高碳合金钢，由于正常淬火时有大量未溶碳化物，阻碍了奥氏体晶粒的长大，晶粒细小，淬火得到的马氏体一般都是隐晶马氏体。

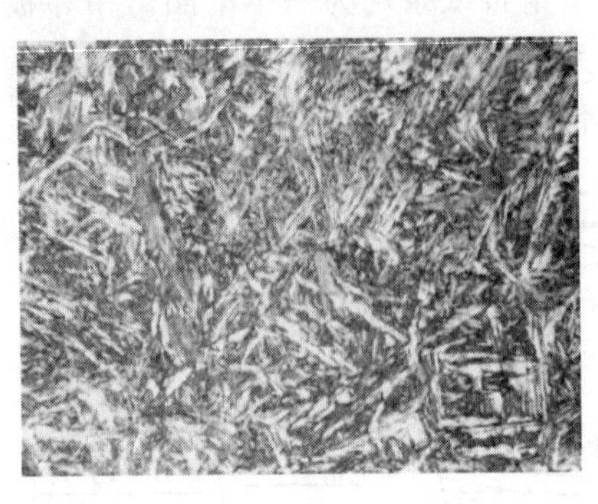

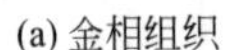

(a) 金相组织

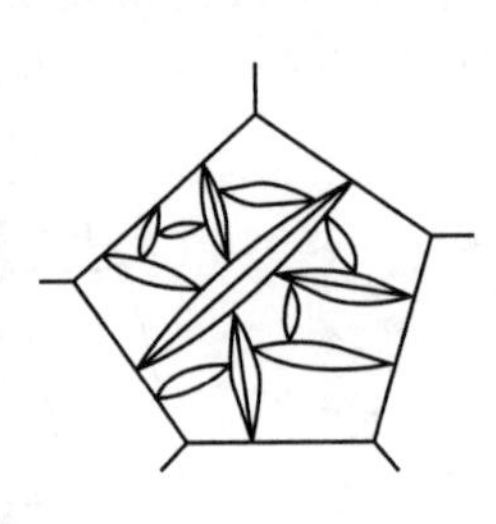

(b) 示意图

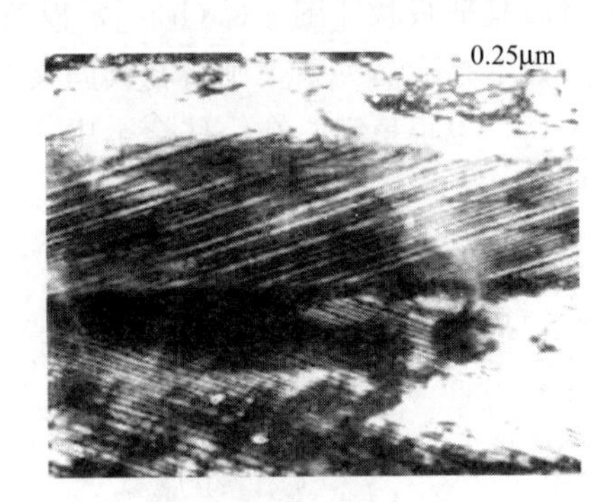

(c) 孪晶结构

图 4-39　透镜片状马氏体

片状马氏体的亚结构主要是孪晶［图 4-39(c)］。孪晶间距为 5～10nm，因此片状马氏体又称为**孪晶马氏体**。但孪晶仅存在于马氏体片的中部，在片的边缘则为复杂的位错网络。孪晶区所占比例与马氏体形成温度有关，形成温度越低，孪晶区所占比例就越大。

4.3.5.4　影响马氏体形态的因素

试验证明，钢的马氏体形态主要取决于马氏体的形成温度，而马氏体的形成温度又主要取决于奥氏体的化学成分，即碳和合金元素的含量，其中碳的影响最大。对碳钢来说，随着含碳量的增加，板条马氏体数量相对减少，片状马氏体的数量相对增加，残余奥氏体量增加，如图 4-41 所示。由图 4-41 可见，含碳量小于 0.2%的奥氏体几乎全部形成板条马氏体，而含碳量大于 1.0%的奥氏体几乎只形成片状马氏体。含碳量为 0.2%～1.0%的奥氏体则形成板条马氏体和片状马氏体的混合组织。

一般认为板条马氏体大多在 200℃以上形成，片状马氏体主要在 200℃以下形成。含碳量为 0.2%～1.0%的奥氏体在马氏体区较高温度先形成板条马氏体，然后在较低温度形成片状马氏体。碳浓度越高，则板条马氏体的数量越少，而片状马氏体的数量越多。

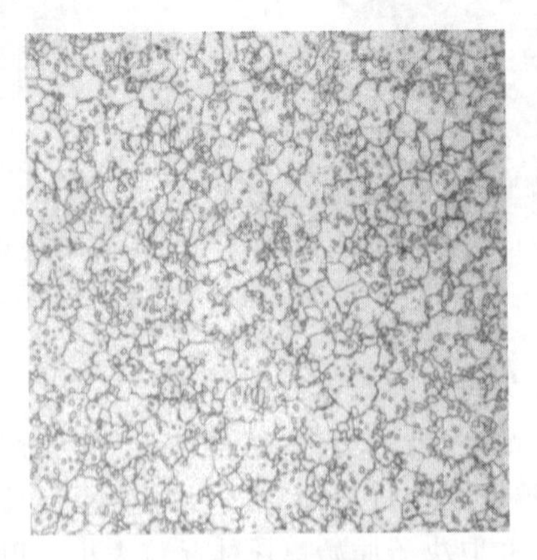

图 4-40　W18Cr4V 淬火组织

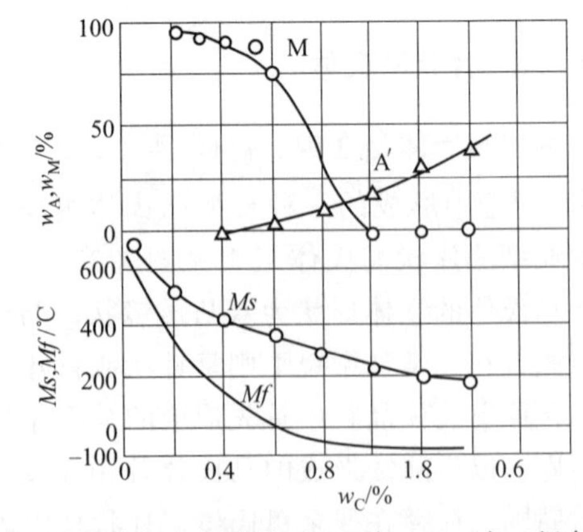

图 4-41　碳钢中含碳量对 Ms 点、Mf 点、板条马氏体体积分数和残余奥氏体体积分数的影响

溶入奥氏体中的合金元素除 Co、Al 外，大多数都使 Ms 点下降，因而都促进片状马氏体的形成。Co 虽然提高 Ms 点，但也促进了片状马氏体的形成。

如果在 Ms 点以上不太高的温度下进行塑性变形，将会显著增加板条马氏体的数量。提高亚共析钢奥氏体形成温度也提高板条马氏体量。

4.3.5.5 马氏体的性能

钢中马氏体的力学性能特点是具有高硬度和高强度。马氏体的硬度主要取决于马氏体的含碳量。

图 4-42 曲线 1 所示为马氏体的硬度与马氏体中含碳量的关系，可以看出，当马氏体中含碳量小于 0.4%时，随含碳量增加其硬度急剧升高；含碳量大于 0.4%时，随含碳量增加其硬度缓慢升高。这就是大多数结构钢的含碳量在 0.4%左右的原因。含碳量低了硬度显著下降，含碳量高了，硬度提高不多，但塑性和韧性下降的比较多。

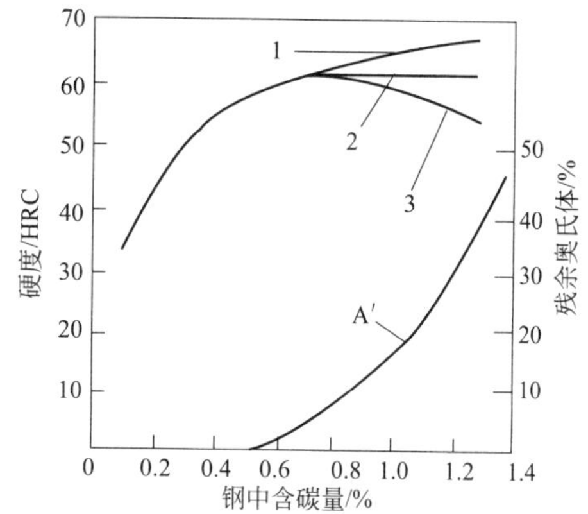

图 4-42 含碳量对马氏体和淬火钢硬度及残余奥氏体量的影响

1—马氏体硬度；2—Ac_1～Ac_{cm} 之间淬火；3—高于 Ac_{cm} 淬火

图 4-42 曲线 3 是将钢加热到单相奥氏体区（因而马氏体中含碳量与钢的含碳量相同）淬火后钢的硬度，对应的马氏体的硬度仍然是曲线 1。可以看出，当钢的含碳量高于共析成分时，尽管马氏体的硬度在增大，但钢的硬度却随钢中含碳量的增加而降低。这是因为随含碳量增加，残余奥氏体量增加，从而降低了淬火钢的硬度。根据这一规律，一般高碳钢淬火前先进行球化退火得到粒状珠光体组织，淬火时不加热到单相奥氏体区而是加热到两相区，这样碳化物溶解得慢，奥氏体中含碳量低（一般可控制到 0.5%～0.6%），淬火后的硬度反而高（图 4-42 中曲线 2），塑性韧性也较高。大量未溶的碳化物能提高耐磨性。在完全奥氏体化情况下，当含碳量达到 0.6%时，淬火钢硬度接近最大值，含碳量进一步增加，显然马氏体的硬度会有所提高，但由于残余奥氏体量增加，反而使钢的硬度有所下降。所以，低碳和中碳钢通常采用完全淬火，而高碳钢一般采用不完全（亚温）淬火。

钢中合金元素对马氏体的硬度影响不大，但可以提高其强度。

马氏体具有高硬度、高强度的原因是多方面的，在第 2 章介绍的四种强化原理在这里都有。

固溶强化是最主要的。首先是碳对马氏体的固溶强化。过饱和的间隙原子碳在 α 相晶格中造成晶格的正方畸变，形成一个强烈的应力场，该应力场与位错发生强烈的交互作用，阻碍位错的运动，从而提高马氏体的硬度和强度。

其次是位错等晶体缺陷的强化，常称为相变强化。马氏体转变时，在晶体内造成晶格缺陷密度很高的亚结构，如板条马氏体中高密度的位错、片状马氏体中的孪晶、板条与板条之间的亚晶界等，这些缺陷都将阻碍位错的运动，使马氏体强化。这就是所谓的相变强化。试验证明，无碳马氏体的屈服强度约为 284MPa，此值与形变强化铁素体的屈服强度很接近，而退火状态铁素体的屈服强度仅为 98～137MPa，这就是说相变强化使屈服强度提高了 147～186MPa。

再次是第二相强化，常称为时效强化。时效强化也是一个重要的强化因素。马氏体形成以后，由于一般钢的 Ms 点大多处在室温以上，因此在淬火过程中及在室温停留时，或在外力作用下，都会发生“自回火”，即碳原子和合金原子向位错及其他晶体缺陷处扩散偏聚或碳化物的弥散析出、钉轧位错，使位错难以运动，从而造成马氏体时效强化。

最后是细晶强化。原始奥氏体晶粒大小及板条马氏体束的尺寸对马氏体的强度也有一定影响。原始奥氏体晶粒越细小、马氏体板条束越小，则马氏体强度越高。这是由于相界面阻碍位错运动造成的马氏体强化。

马氏体的塑性和韧性主要取决于马氏体的含碳量和亚结构。

图 4-43 是含碳量对镍铬钼钢冲击韧性的影响。由图 4-43 可见，当 $w_C<0.4\%$时，马氏体具有较高的韧性，含碳量越低，韧性越高。当 $w_C>0.4\%$时，马氏体韧性很低，变得硬而脆，即使经过低温回火，韧性仍不高。从图 4-43 还可以看出，含碳量越低，冷脆转变温度也越低。由此可见，从保证韧性考虑，马氏体的含碳量不宜大于 0.4%～0.5%。

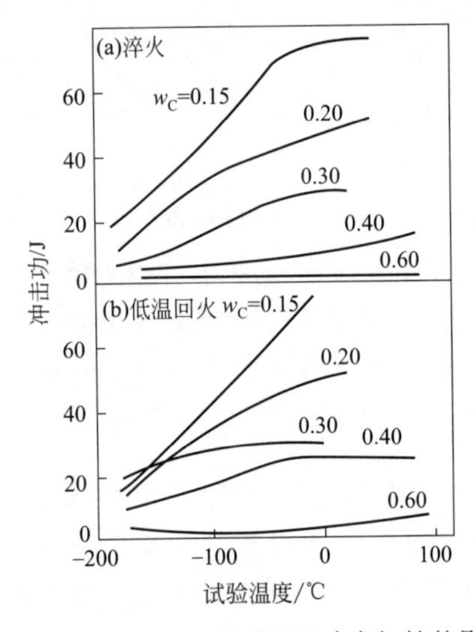

图 4-43　NiCrMo 钢含碳量对冲击韧性的影响

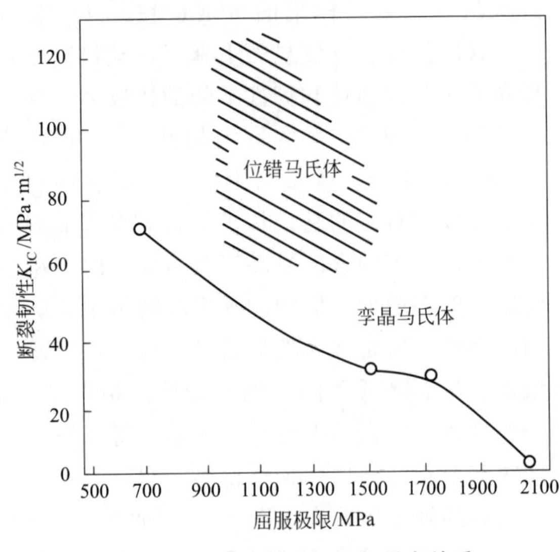

图 4-44　Cr 钢的断裂韧性与强度关系

除含碳量外，马氏体的亚结构对韧性也有显著影响。图 4-44 是用 $w_C=0.17\%$和 $w_C=0.35\%$的铬钢得到的屈服强度与断裂韧性之间的关系。不同的强度是通过淬火并不同温度回火得到的。由图 4-44 可见，强度相同时，位错马氏体的断裂韧性显著高于孪晶马氏体的断裂韧性。这是因为孪晶马氏体滑移系少，位错不易运动，容易造成应力集中而使断裂韧性下降。基于这一因素，生产中总是想办法获得位错马氏体。例如，中碳调质钢采用较高的奥氏体化温度使成分均匀，而对高碳钢采用较低的奥氏体化温度降低奥氏体中含碳量等都可以提高韧性。

知识巩固 4-7

1. 马氏体是 C 溶入 α-Fe 中形成的过饱和固溶体，属于体心正方结构，C 的过饱和度越大，其正方度越大。(　　)

2. 低碳马氏体在光学显微镜下为板条状，多个相互平行的板条组成板条束，一个奥氏体晶粒内可以形成几个板条束。(　　)

3. 在透射电镜下观察板条马氏体的亚结构，主要是位错，故称为位错马氏体。(　　)

4. 当 M 中的含碳量>1%时，光学显微镜下，M 为片状，故称为片状马氏体。(　　)

5. 低碳马氏体的亚结构主要是孪晶，而高碳马氏体的亚结构主要是位错。(　　)

6. 当马氏体针细小到在光学显微镜下分辨不出针的时候，称为隐晶马氏体，生产中应尽量避免出现隐晶马氏体。(　　)

7. 马氏体中含碳量越高，固溶强化作用越大，硬度越高。(　　)

8. 马氏体中含碳量越高，残余奥氏体量越少。(　　)

9. 马氏体中含碳量越高，强度越高，塑性和韧性越低。(　　)

10. 低碳马氏体比高碳马氏体的塑性和韧性高。(　　)

11. 当 $w_C<0.4\%$ 时，马氏体具有较高的韧性，含碳量越低，韧性越高。(　　)

12. 强度相同时，位错马氏体的断裂韧性显著高于孪晶马氏体的断裂韧性。(　　)

13. 对高碳钢采用较低的奥氏体化温度降低奥氏体中含碳量可以提高韧性。(　　)

14. 中碳调质钢采用较高的奥氏体化温度使成分均匀可以提高韧性。(　　)

15. 马氏体具有高硬度、高强度的原因是多方面的，包括固溶强化、细晶强化、位错强化和第二相强化四种强化。(　　)

4.4 连续冷却转变和钢的淬透性

TTT 图反映了过冷奥氏体等温转变的规律，在研究相变机理、组织形态等方面很有意义。但是，在一般热处理中，冷却多为连续冷却，转变规律和 TTT 图相差很大，因此，TTT 图难以直接应用。Bain 于 1933 年研究了过冷奥氏体连续转变动力学图，一般简记为 CCT 图。由于它反映了过冷奥氏体在连续冷却条件下的转变规律，因此，比较接近实际热处理冷却条件，应用也较 TTT 图方便，而且有效。

连续冷却是指奥氏体化后，以恒定的速度冷到室温，在冷却过程中同时测试试样的膨胀量，根据膨胀量与温度的关系确定转变开始温度和结束温度。

4.4.1 过冷奥氏体连续冷却转变图

图 4-45 是一幅比较典型的 CCT 图。过冷奥氏体在连续冷却条件下的转变产物和等温转变相似。其中，包括珠光体（P）、贝氏体（B）、马氏体（M）以及先共析铁素体（F）或先共析碳化物（K）等。从图 4-45 可知，CCT 图与 TTT 图有以下不同之处。

① 图 4-45 中有一组在终端注有用小圆圈套住的数字的曲线。这是一组冷却曲线，在 TTT 图中是没有的。原则上，测定 CCT 图应采用恒定冷却速度。由于恒定冷却速度难以做到，一般以奥氏体化温度（或者 800℃）至 500℃的平均冷却速度作为一种冷却速度来绘制 CCT 图。不难知道，当时间坐标为自然数坐标时，这组曲线应是直线。由于 CCT 图的时间坐标为对数坐标，因此，冷却曲线为一组曲线。也是由于这一点，时间坐标不能以零为原点，所以，高冷却速度的冷却曲线起点也就不在奥氏体化温度上。

冷却曲线终端用小圆圈套住的数字表示在该冷却速度下，转变产物的硬度值。多用维氏硬度（HV）表示，也有用洛氏硬度（HRC）表示的。图 4-45 为两者混用，靠右的两个即 236 和 187 是维氏硬度值，其余的是洛氏硬度值（HRC）。

从图 4-45 可以看出，冷却速度不同，得到的组织和硬度也不同，其规律是随冷却速度提高，硬度值增大。

② 冷却曲线和转变终了线交点所注的数字为这种转变产物所占的百分数。例如图 4-45

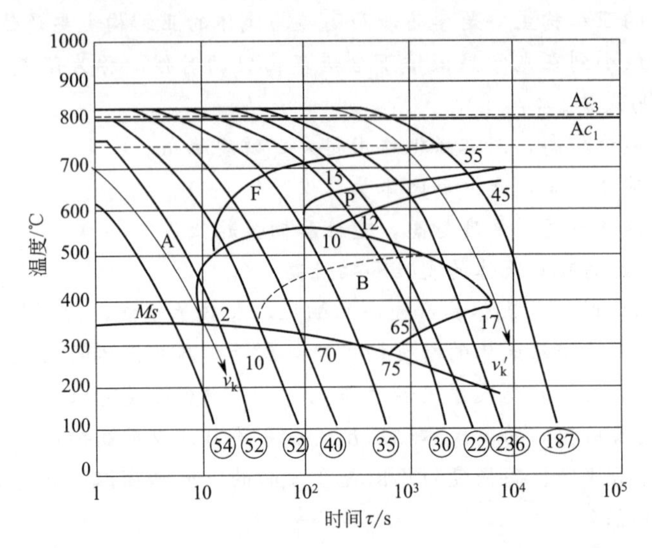

图 4-45 35CrMo 钢的 CCT 图

中，硬度值为 30HRC 的冷却曲线上分别注有 15、12 和 65 三个数字，它们表示铁素体占 15%、珠光体占 12%、贝氏体占 65%，余者为马氏体和少量的残余奥氏体。

③ 马氏体转变开始点 *Ms* 的水平线右侧为斜线。这是由于珠光体、贝氏体转变提高了奥氏体中的含碳量，导致 *Ms* 点下降的结果。

④ 与铁素体、珠光体或贝氏体开始转变线相切的最大冷却速度叫**上临界冷却速度**，用 v_k 表示，在图 4-45 中与贝氏体开始转变线相切的冷却速度最大，该冷却速度为上临界冷却速度。

⑤ 与珠光体或贝氏体转变结束线相切（或相交）的最小冷却速度叫**下临界冷却速度**，用 $v_k{}'$表示，在图 4-45 中与贝氏体转变结束线相交的冷却速度最小，该冷却速度为下临界冷却速度。

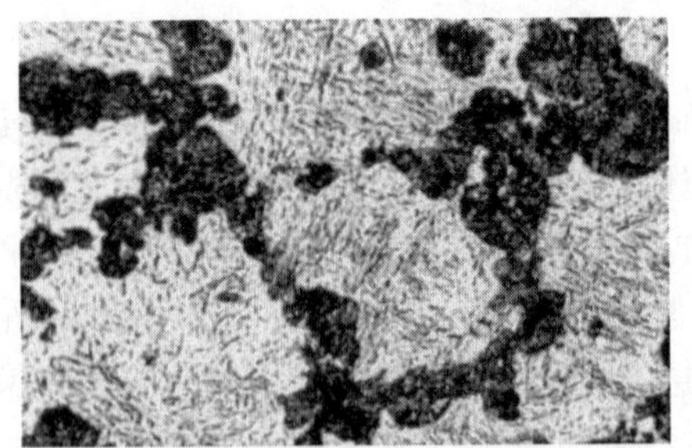

图 4-46 45 钢 850℃油冷组织

当 $v<v_k'$ 时，过冷奥氏体全部转变成铁素体、珠光体或贝氏体，冷却速度越慢，转变温度越高，铁素体、珠光体的量越多且珠光体片间距越大，强度、硬度越低。

当 $v>v_k$ 时，过冷奥氏体转变成马氏体。

当 $v_k>v>v_k'$ 时，过冷奥氏体部分转变成屈氏体或贝氏体，部分转变成马氏体。

图 4-46 是 45 钢在油中冷却得到的 T＋M 组织。屈氏体（黑色）沿奥氏体晶界形核并长大，冷到 *Ms* 以下温度剩余的奥氏体转变成了马氏体。

4.4.2 钢的淬透性

4.4.2.1 淬透性和淬硬层深度

钢的**淬透性**是指钢在淬火时能够获得马氏体的能力。它是钢材本身固有的属性，它主要与钢的过冷奥氏体稳定性或钢的临界冷却速度有关。

淬硬性是指钢在理想条件下进行淬火所能达到的最高硬度，它主要与钢的含碳量有关。

结构钢在淬火时在不同冷却速度下可获得不同的组织和硬度。若使钢件整个截面都得到淬火马氏体组织，需要使截面上每点的冷却速度均大于上临界冷却速度。当心部冷却速度小于上临界冷却速度时，此时钢件将不能被淬透，在心部出现了非淬火组织。因此钢的淬透性实质上受珠光体或贝氏体转变最快的温度下的孕育期的控制。凡抑制上述转变的因素均可提高其淬透性。

当零件不能获得百分之百马氏体时，从表面到50%马氏体深度的距离作为**淬硬层深度**。

应特别指出，钢的淬透性与零件的淬硬层深度之间不能混为一谈。钢的淬透性是钢材本身所固有的属性，不取决于其他外部因素。而零件的淬硬层深度除取决于钢材的淬透性以外，还与所采用的冷却介质、零件尺寸等外部因素有关。

由于淬透性反映了钢在淬火时获得马氏体的能力，通常可以用标准试样在一定条件下淬火能够淬硬的深度或全部淬透的最大直径表示。测定结构钢的淬透深度规定以体积分数50%淬火马氏体区的深度作为基准。将这种钢试样打断后，接近体积分数为50%马氏体的区域主要表现为沿晶断裂断口特征，而在未淬透的非马氏体断口上为塑性断口（或纤维断口），因而从断口上判断淬透层深度是很容易的。

钢的淬透性在生产中有重要的实际意义。在拉、压、弯曲或剪切应力的作用下工作的尺寸较大的零件，例如各类齿轮、轴类零件，希望整个截面都能被淬透，从而保证零件在整个截面上的力学性能均匀一致。选用淬透性较高的钢即能满足这一要求。如果钢的淬透性低，零件整个截面不能全部淬透，则表面到心部的组织不一样，力学性能也不相同，心部的力学性能，特别是冲击韧性很低。另外，对于形状复杂、要求淬火变形小的工件，如果选用淬透性较高的钢，便可以在较缓和的介质中淬火，因而工件变形较小。但是并非任何工件都要求选用淬透性高的钢，在有些情况下反而希望钢的淬透性低些。例如表面淬火用钢就是一种低淬透性钢，淬火时只是表面层得到马氏体。焊接用的钢也希望淬透性小，目的是避免焊接及热影响区在焊后冷却过程中得到马氏体组织，从而防止焊接构件的变形和开裂。

4.4.2.2 淬透性的测定及表示方法

淬透性的测定可以大体上分为计算法和试验法两大类别。计算法是根据钢材的主要成分与奥氏体晶粒度，通过一系列对钢淬透性影响系数的连乘累计而估算钢的理想临界直径。试验法则是通过测定在标准试样上的淬透直径或深度，或是标准试样在顶端淬火试验后半马氏体硬度区与淬火顶端间的距离大小来评价钢的淬透性。目前，国际上及我国通常采用的淬透性试验多为断口检验法、U曲线法、临界直径法和顶端淬火试验法，测定钢的淬透性。

（1）断口检验法　应在退火钢棒截面中部截取2～3个试样，方形试样的截面尺寸为20mm×20mm（±0.2mm），圆形试样的截面ϕ22～23mm，长度为（100±5）mm，试样中间一侧开一个深度为3～5mm的V形槽，以利于淬火后打断观察断口。试样分别在760℃、800℃、840℃下加热15～20min，然后淬入20～40℃水中。通过观察断口上淬硬层（脆断区）深度，对照相应的评级标准图来评定淬透性等级。

（2）U曲线法　为了真实地反映结构钢在一定的淬火介质中淬火后的淬透层深度，通常用长度为直径4～6倍的一组直径不同的试样，经奥氏体化后在一定的淬火介质（如水、盐水、油等）中冷却，然后沿试样纵向剖开，磨平后自试样表面向内每隔1～2mm距离测定一处硬度值，并将所测结果画成硬度分布曲线。此时，淬透性大小也可以用淬硬层（到半马氏体区处）厚度h或D_H/D比值来表示，其中D_H为未淬硬心部的直径，D为试样直径。

U曲线法的最大优点是直观、准确。但此法需花费很多试样，测定工作较繁重；此外，用U曲线法测出的 h 或 D_H/D 值与试样的直径、冷却条件、奥氏体化温度等因素有关。因此，它所反映的是钢材在一定条件下的淬透性。若比较不同钢材的淬透性，必须用在同样淬火介质中的 h 或 D_H/D 值来对比。

（3）临界直径法　如果用达到半马氏体硬度作为评价试样心部淬透的标准，那么用上述的U曲线法做试验时，总可以找到在一定的淬火介质中冷却时心部恰好能够淬透（达到半马氏体区硬度）的那个临界直径。低于此直径时全部可以淬透，而大于此直径就不能淬透。这个临界直径用 D_0 表示。通过在相同介质中测试 D_0 大小，即可比较不同钢的淬透性。

显然，钢材及淬火介质不同，D_0 也不一样，但对于一定成分的钢材，在一定淬火介质中冷却时 D_0 值是一定的。同样淬火条件下，淬透层深度越大，则反映钢的淬透性越好。

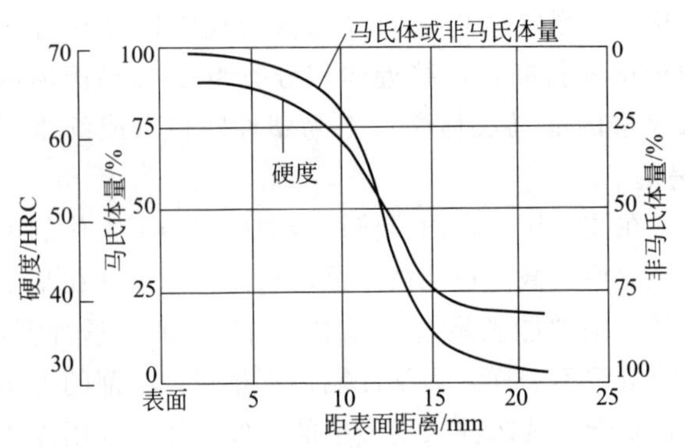

图 4-47　淬火试样断面上马氏体量和硬度的变化

半马氏体组织比较容易由显微镜或硬度的变化来确定。马氏体中含非马氏体组织量不多时，硬度变化不大；非马氏体组织量增至50%时，硬度陡然下降，曲线上出现明显转折点，如图4-47所示。另外，在淬火试样的断口上，也可看到以半马氏体为界，发生由脆性断裂过渡为韧性断裂的变化，并且其酸蚀断面呈现明显的明暗界线。半马氏体组织和马氏体一样，硬度主要与碳质量分数有关，而与合金元素质量分数的关系不大。

（4）顶端淬火试验法　顶端淬火试验法（简称端淬试验）是目前世界上应用最广泛的淬透性试验方法。其主要特点是方法简便，使用范围广，可用于测定优质碳素钢、合金结构钢、弹簧钢、轴承钢及合金工具钢等许多钢种的淬透性。端淬试验所用的试样为 ϕ25mm×100mm的圆柱形试棒，加热到 Ac_3+30℃，停留30～40min，然后在5s以内迅速放在端淬试验台上喷水冷却（图4-48）。喷水管口距试样顶端为12.5mm，喷水柱自由高度为65mm，水温20～30℃，待喷水到试样全部淬透后，将试样沿轴线方向在相对180°的两边各磨去0.2～0.5mm的深度，获得两个相互平行的平面，然后从距顶端1.5mm处沿轴线自下而上测定洛氏硬度值。当硬度下降缓慢时可以每隔3mm测一次硬度，并将测定结果画成硬度分布曲线，即淬透性曲线。

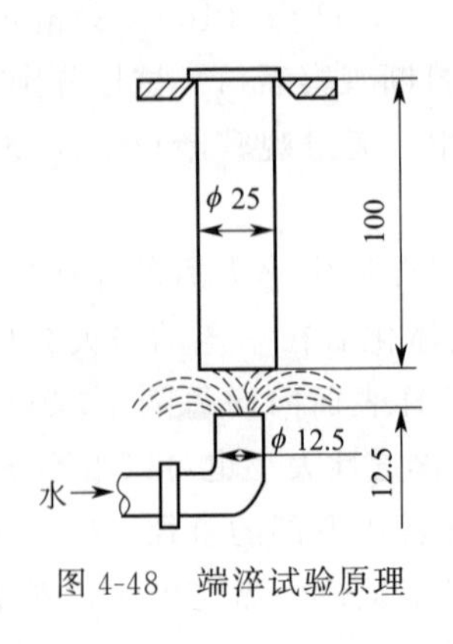

图 4-48　端淬试验原理

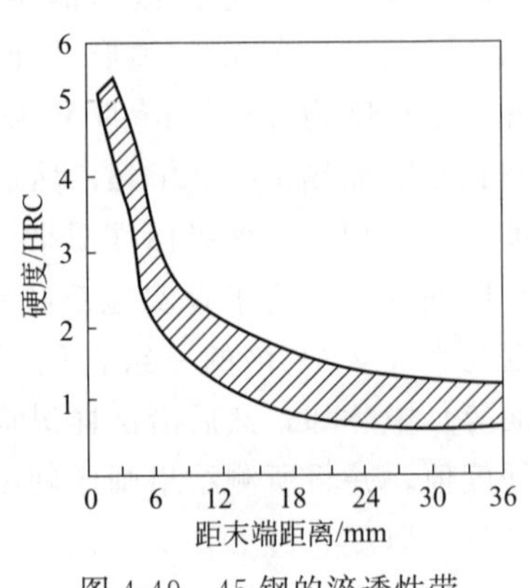

图 4-49　45钢的淬透性带

钢的淬透性以 J $\frac{HRC}{d}$ 来表示，d 为至水冷端的距离，HRC 为在该处测定的硬度值，如 J $\frac{42}{5}$ 则表示距水冷端 5mm 处试样的硬度值为 42HRC。

试验测出的各种钢的淬透性曲线均收集在有关手册中。同一牌号的钢，由于化学成分和晶粒度的差异，淬透性曲线实际上为有一定波动范围的淬透性带。图 4-49 为 45 钢的淬透性带。

知识巩固 4-8

1. 过冷奥氏体连续冷却转变是指奥氏体化后，以恒定的速度冷到室温的冷却过程中过冷奥氏体发生的转变过程。(　　)

2. 当实际冷却速度大于上临界冷却速度时，过冷奥氏体转变成马氏体；而实际冷却速度小于上临界冷却速度且大于下临界冷却速度时，过冷奥氏体部分转变成屈氏体或贝氏体，部分转变成马氏体。(　　)

3. 实际冷却速度小于上临界冷却速度且大于下临界冷却速度时，过冷奥氏体部分转变成屈氏体，屈氏体优先在过冷奥氏体晶粒内形核和长大，马氏体沿奥氏体晶界分布。(　　)

4. 淬透性是指钢在淬火条件下得到 M 组织的能力，钢的临界冷却速度越大，钢的淬透性越好。(　　)

5. 当零件尺寸比较大时，淬火后从表面到心部的组织都是马氏体。(　　)

6. 零件的淬透层深度不仅与钢的淬透性有关，也与零件大小和使用的淬火介质等有关。(　　)

7. 40Cr 钢的淬透性比 45 钢的淬透性好，而 42CrMo 钢的淬透性比 40Cr 钢的淬透性好。(　　)

8. 用 45 钢制造零件用水进行冷却，如果淬硬层比要求的浅，改用 40Cr 制造可能能满足淬硬层深度的要求。(　　)

9. 用 45 钢制造零件，要求淬硬层深度为 3mm，用油冷却时只能达到 2mm，改用水进行冷却，淬硬层深度能满足要求。(　　)

10. 零件尺寸越大，应选用淬透性越好的钢制造。(　　)

4.5 金属的退火和正火

钢经过退火或正火处理，得到的组织接近平衡组织。经过退火或正火后，亚共析钢得到的组织常为铁素体＋片状珠光体，而共析或过共析钢的组织常为片状或粒状珠光体。

4.5.1 退火

将金属加热到一定温度，保温一定时间，然后缓冷（如炉冷）从而获得接近平衡组织的热处理工艺叫**退火**。

总的来说，退火过程使组织由非平衡向平衡过渡，它可以均匀金属的化学成分及组织，消除成分偏析，细化晶粒；消除内应力，稳定工件尺寸，减小变形，防止开裂；降低硬度，提高切削加工性能；提高塑性，便于冷变形加工；消除淬火后的过热组织以便再进行淬火；脱氢，防止白点等。

4.5.1.1 去应力退火

将冷变形后的金属在低于再结晶温度加热，以消除内应力，但仍保留加工硬化效果的热处理，称为去应力退火。在实际生产中，去应力退火工艺的应用要比上述定义广泛得多。热锻轧、铸造、各种冷变形加工、切削或切割、焊接、热处理，甚至机器零部件装配后，在不改变组织状态，保留冷作、热作或表面硬化的条件下，将工件加热至 Ac_1 以下某一温度，保温一定时间，然后缓慢冷却，以消除内应力，减小变形、开裂倾向的热处理工艺统称为**去应力退火**。去应力退火温度范围很宽。习惯上，把较高温度下的去应力处理叫作去应力退火，而把较低温度下的这种处理，称为去应力回火，其实质都是一样的。

图 4-50 是低碳合金结构钢（$w_C=0.18\%$，$w_{Cr}=1.65\%$，$w_{Ni}=2.91\%$，$w_{Mo}=0.42\%$）在不同温度下消除内应力与退火时间关系。温度越高，消除内应力越充分，退火时间越短。

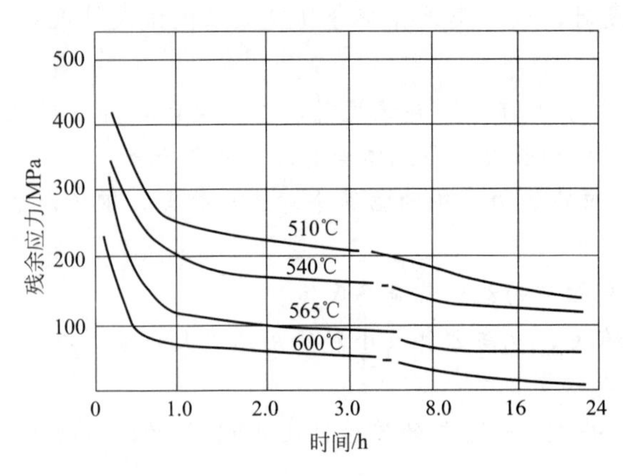

图 4-50　退火时间与残余应力关系

(1) 热锻轧材及工件的去应力退火　低碳结构钢热锻轧后，如硬度不高，适于切削加工，可不进行正火，但应在 500℃左右进行去应力退火。中碳结构钢为避免调质时的淬火变形，需在切削加工或最终热处理之前进行 500～650℃的去应力退火，加热时间不宜过长，以透烧为准，之后的冷却不宜过快，以免产生新的应力。具体加热温度要根据钢种、工件尺寸、形状及设备条件来决定。对于切削加工量大、形状复杂而要求严格的刀具、模具等，在粗加工与半精加工之间，淬火之前常进行 600～700℃、2～4h 的去应力退火。刀具在最终精磨过程中，或在放置及使用中常会发生开裂，可在精磨之后进行一次低于（或等于）回火温度的去应力退火（也称为时效），以避免开裂。在使用中每次修磨之后进行去应力退火，可提高刀具的使用寿命。需要渗氮的精密耐磨零件，应在调质处理及最终磨削加工后，进行一次低于调质温度的去应力退火，以防止零件在渗氮时的变形。热处理后性能不足（如硬度低）的重要工件或工具，在重新淬火之前也需进行去应力退火，以减小淬火变形。

(2) 冷变形钢材的去应力退火　冷轧薄金属板、带、冷拔钢材及索氏体化处理的钢丝等在制作某些较小工件（如弹簧等）时，应进行 250～350℃去应力退火处理，以防其制成成品后由于应力释放而产生变形。

4.5.1.2 再结晶退火

在冷变形加工中，随变形量增加，金属的强度、硬度增大，而塑性韧性降低。这种现象称为加工硬化。将冷变形后的金属加热到再结晶温度以上保持适当的时间，使变形晶粒重新形核，转变为均匀细小的等轴晶粒，同时消除加工硬化的热处理工艺称为**再结晶退火**。经过再结晶退火，强度、硬度显著降低，塑性、韧性明显升高，内应力基本消除，组织和性能最终恢复到变形前的状态。

一般把冷变形金属开始再结晶的最低温度称为**再结晶温度**。纯金属的再结晶温度与金属熔点之间有如下关系：

$$T_{再} \approx 0.4 T_{熔} \tag{4-3}$$

金属的再结晶温度不是一个物理常数，而是受化学成分、冷形变量、加热速度及退火保温时间的影响。纯铁的再结晶温度为 450℃，纯铜为 270℃，纯铝为 100℃。产生再结晶所需的最小变形量称为**临界变形量**，钢的临界变形量为 6%～10%。随变形量的增大，再结晶温度降低，至一定值时不再变化。再结晶后晶粒的大小，主要取决于冷变形量，变形量越大，晶粒越细。临界变形量时再结晶晶粒极为粗大。金属中的夹杂物有阻碍晶界迁移的作用，故一般均使再结晶温度升高。

在实际生产中，通常把经过大变形量冷变形金属（变形量＞70%），在 1h 保温时间内能够完成再结晶转变（转变量＞95%）的温度定义为再结晶温度。为了缩短退火周期，生产中采用的再结晶退火温度一般定为最低再结晶温度以上 100～200℃。

图 4-51 是 65Mn 钢经过 10%（1）、20%（2）、40%（3）变形后在 680℃退火力学性能随退火时间的变化。从图 4-51 中可以看出，随退火时间延长，抗拉强度、屈服强度降低而塑性提高。当保温时间在 1h 以上时，力学性能变化趋于稳定。

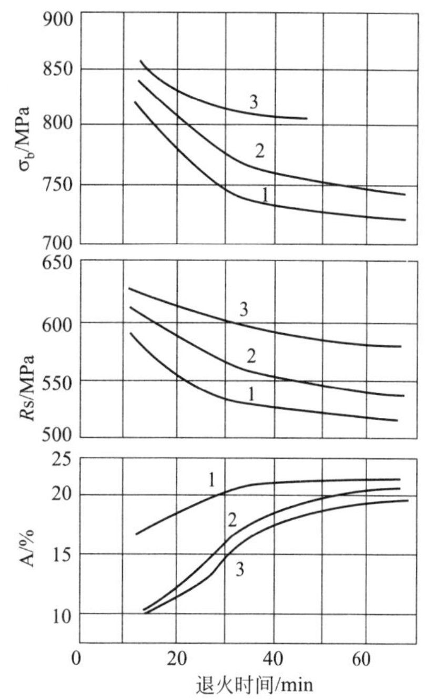

图 4-51　退火时间对 65Mn 钢力学性能的影响

1—w_{Mn}=0.54%，10%变形；

2—w_{Mn}=0.64%，20%变形；

3—w_{Mn}=0.75%，40%变形

（1）低碳钢的再结晶退火　低碳钢的再结晶温度在 450～650℃，随着含碳量及合金元素含量的增加，再结晶温度升高，超过 Ac_1 温度时将优先发生相变重结晶。这时，只能采用低于 Ac_1 温度的软化退火来降低冷变形材料的硬度。因此，低碳钢在冷拉、冷轧、冷冲等加工后的再结晶退火温度常取 650～700℃。

（2）不锈钢的再结晶退火　含高铬（13%～30% Cr）的马氏体及铁素体不锈钢的再结晶温度为 650～700℃。为了避免晶粒过度粗化（尤其是铁素体钢晶粒长大倾向大），含铬低（如 0Cr13）时采用下限，含铬高（如 Cr28）时采用上限。当钢中含铬较多时（高铬钢中 w_{Cr}＞16%，高铬镍钢中 w_{Cr}＞18%）在 540～810℃温度长时间保温易导致 σ 相（FeCr）脆性，在再结晶退火时应予以注意。必要时可采取高于 900℃的退火来消除加工硬化作用。马氏体及铁素体不锈钢再结晶退火时的保温时间常取 1～2h，或按 1.2～2min/mm（板材厚度）计算。铁素体钢在保温后应采用空冷或水冷，以防止出现 475℃脆性，一旦出现 σ 相，可用 930～980℃加热后快速冷却来消除，也可经高于 600℃加热并快速冷却使之恢复原有性能。奥氏体不锈钢的加工硬化倾向比其他钢大得多。经冷变形后的奥氏体钢，在 200～400℃加热可消除加工应力。600～800℃加热，可使碳化物沿晶界及滑移线析出。900～950℃以上加热时，发生再结晶，而碳化物依旧保留。加热到 1000℃以上时，碳化物才能溶入固溶体中。一般奥氏体钢（Cr18Ni9 型）不采用再结晶退火，而是通过 1000～1120℃的固溶处理获得几乎没有内应力及加工硬化效应的单相奥氏体组织。超低碳（w_C＜0.03%）的奥氏体不锈钢及稳定化奥氏体不锈钢（Cr18Ni9Ti 型）则可根据情况，在冷变形加工后进

行再结晶退火或去应力退火。

4.5.1.3 扩散退火

在实际生产中，由于铸锭及铸件的冷却属于非平衡结晶，将发生成分偏析现象，主要表现为化学成分的不均匀性及非金属夹杂物的非均匀分布。它会造成大型铸件组织与性能不均匀；偏析区内碳、硫、磷的偏聚，容易在压力加工及热处理时产生废品；热轧时偏析区易形成带状分布。为了消除上述偏析现象，改善组织与性能，可将金属铸锭、铸件或锻坯，在略低于固相线的温度长期加热，以消除或减少晶内偏析，达到均匀化目的的热处理工艺，称为**扩散退火**（亦称均匀化退火）。

均匀化退火温度因偏析程度不同而不同。通常选择在 Ac_3 或 Ac_{cm} 以上 150～300℃。温度过高时，加热炉寿命大为缩短，而且工件也易被烧毁。通常是在不需要较长的扩散保温时间的条件下，选用较低的温度，碳钢常取 1100～1200℃，合金钢常取 1200～1300℃。加热速度大多控制在 100～120℃/h。

冷却速度一般为 50℃/h，高合金钢则＜20～30℃/h。通常降温到 600℃以下即可出炉空冷。高合金钢及高淬透性钢最好在 350℃左右出炉，以免因冷速过快而产生应力，或使硬度偏高。

但由于该工艺加热温度很高，时间较长，消耗热量大而生产率低，只有在必要时才使用。因此，均匀化退火多用于优质合金钢及偏析现象较为严重的合金。一般铸钢件极少采用均匀化退火，但对铸造高速钢刀具等莱氏体钢制造的工件，则需进行高温均匀化退火，以打破共晶碳化物网，使碳化物分布均匀。但因均匀化退火后常使钢的晶粒粗大，因此需再进行一次完全退火或正火以细化晶粒。

4.5.1.4 亚共析钢的完全退火

将亚共析钢加热到 A_3＋(30～50)℃，保温一定时间后，缓慢冷却以获得近似平衡组织的热处理工艺称为**完全退火**，简称**退火**。

亚共析钢经过完全退火，得到平衡组织，即 P＋F。退火的目的是：①细化晶粒，均匀组织；②降低硬度，提高切削性能；③消除内应力。退火适用于亚共析钢的铸件、锻件、焊接件等。

4.5.1.5 不完全退火

将钢件加热至 Ac_1～Ac_3(Ac_{cm}) 之间的适当温度，保温后缓慢冷却的工艺称为**不完全退火**。

不完全退火的目的是降低硬度，改善切削加工性能；消除内应力，同时为下道工序做好组织准备。

4.5.1.6 亚共析钢等温退火

将亚共析钢工件加热到高于 Ac_3 的温度，待奥氏体转变完成并基本均匀后，较快地冷却到低于 Ar_1 以下的某个温度，等温保持足够长时间，使珠光体转变完全，然后出炉空冷（或油冷、水冷）的热处理工艺称为等温退火，如图 4-52 中曲线 a 所示。

等温退火时的加热温度、等温温度及保温时间可根据钢的过冷奥氏体等温转变曲线、工件截面尺寸及性能要求等条件确定。等温温度越高，先共析铁素体含量越多，珠光体的片层间距也越大，硬度越低。等温保持时间应比 C 曲线上等温转变完成时间更长些，以保证过冷奥氏体分解完全，尤其对于截面较大的工件。在生产中，碳钢常取 1～2h，低、中合金钢 3～5h。

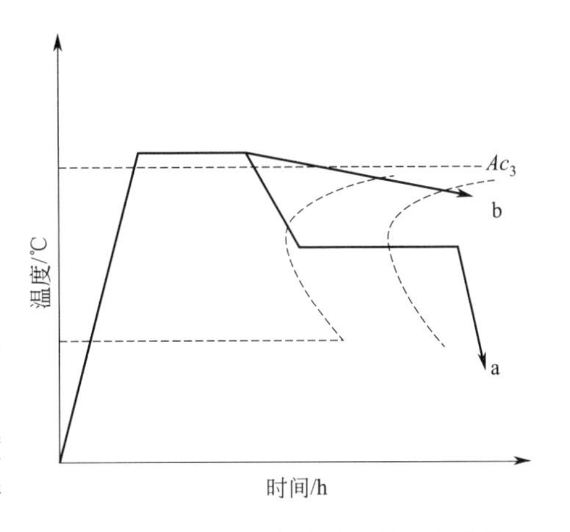

图 4-52　等温退火与完全退火工艺曲线

中碳及合金结构钢进行等温退火，可以得到比完全退火（图 4-52 曲线 b）更为均一的组织和性能，同时还能有效地消除锻造应力，而工艺周期却比完全退火缩短了大约一半（特别是合金元素含量比较多的钢）。在具体实施中，若选用周期加热炉，装炉量不能过多，否则从加热温度降低到等温温度较为缓慢，达不到等温退火的目的；在大批量生产中最好使用分段控温的连续加热炉；小批量生产时，可应用两台炉子（加热炉和等温炉）进行操作。

等温退火工艺也可应用于高碳工具钢及轴承钢的球化退火，以及结构钢大锻件的去除白点处理。

4.5.1.7　球化退火

使钢获得弥散分布于铁素体基体上的颗粒状碳化物组织（粒状珠光体）的热处理工艺称为**球化退火**。其目的是降低硬度，改善切削加工性能；消除网状或粗大碳化物颗粒，为最终热处理淬火做好组织准备，从而减小淬火时的变形和开裂。

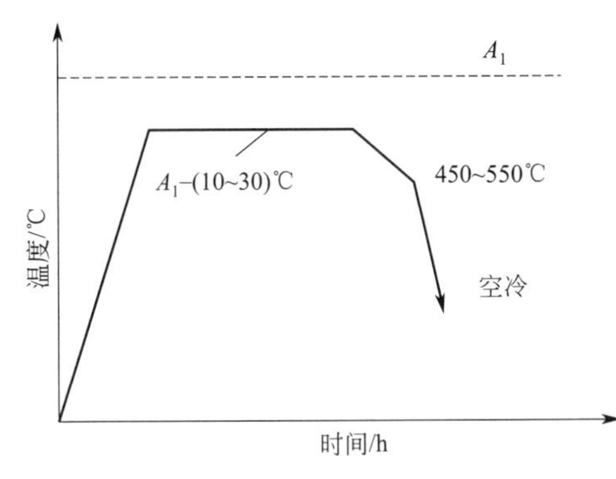

图 4-53　低温球化退火工艺曲线

球化退火主要应用于高碳工具钢、模具钢及轴承钢制作的刀具、冷作模具及轴承零件等的预备热处理，以改善切削加工性能及加工精度，防止工具的脆断和刀口崩落，提高轴承的接触疲劳寿命等。

常见的球化退火工艺主要有低温球化退火、一次球化退火、等温球化退火等。

（1）低温球化退火　**低温球化退火**是将钢材或工件加热到 Ar_1 以下 10～30℃，长时间保温（取决于钢种及要求的球化程度，一般 90～100h）后缓冷至 450～550℃后出炉空冷，以获得粒状珠光体的热处理工艺。其工艺曲线如图 4-53 所示。该工艺适用于原珠光体片层较薄，且无网状碳化物出现的合金结构钢及高碳工具钢，以降低硬度，改善切削加工性；有时为了便于对低碳钢进行冷变形加工，也可进行低温球化退火。几种低碳钢及低碳合金钢的低温球化工艺规范见表 4-2。

表 4-2　几种低碳钢及低碳合金钢的低温球化退火工艺规范

钢号	退火前硬度 /HBS	加热温度 /℃	保温时间 /h	冷却速度 /(℃/h)	出炉温度 /℃	退火后的硬度 /HBS
15、20	150～180	720	2～3	空冷	—	≤120
15Cr、20Cr	170	720	5～6	<50	450	≤125
35、45	>180	720	6～7	<50	550	≤145

（2）一次球化退火　将钢加热到 Ac_1 与 Ac_{cm}（或 Ac_3）之间，一般稍稍高于 Ac_1 温度，充分保温一定时间（2～6h），然后缓慢冷却至 500～650℃出炉冷却，称为**一次球化退火**，工艺曲线如图 4-54 所示。一次球化退火工艺是目前生产中应用最广泛的球化退火工艺之一，它实际上是不完全退火。

图 4-55 是 GCr15 钢经 780℃保温 5h，以不同速度进行冷却，在冷却过程中碳化物尺寸与温度的关系。从图中可以看出，随冷却速度提高，碳化物尺寸减小。碳化物尺寸越小则其硬度越高。

对于亚共析钢，随着含碳量的增多，一次退火的加热温度略有降低；而对于过共析钢，则随其含碳量的增多，加热温度升高。常用碳素工具钢及合金工具钢（包括轴承钢及高速钢）的一次球化退火工艺规范见表 4-3。

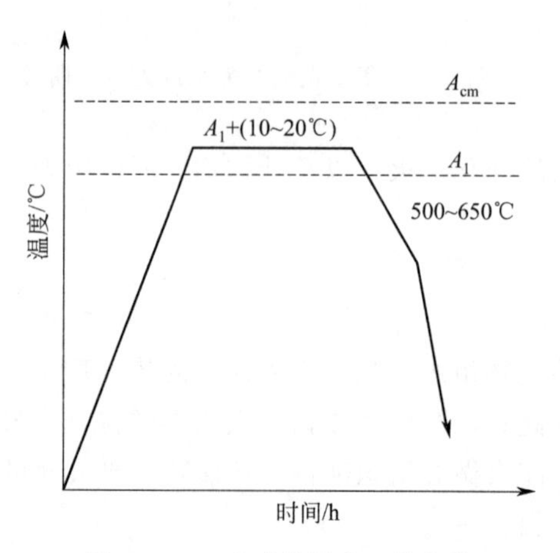

图 4-54　一次球化退火工艺曲线

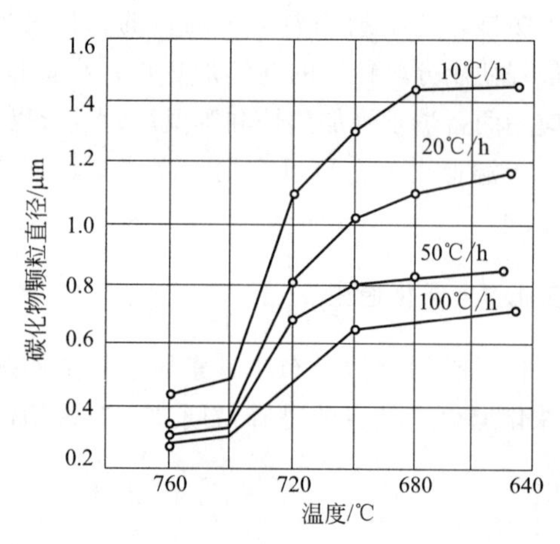

图 4-55　GCr15 钢在冷却过程中碳化物尺寸变化

表 4-3　常用工具钢一次球化退火工艺

钢号	加热温度 /℃	保温时间 /h	冷却速度 /(℃/h)	出炉温度 /℃	硬度 /HBS
T7、T8、T9	750～770	4	20～30	500	187～192
T10、T11、T12	760～780	4	20～30	500	197～217
CrWMn	770～790				207～255
9SiCr	790～810				197～241
CrMn	770～810				
Cr2	770～790				187～229
Cr12MoV	850～870	4～6	≤20～30	500～650	207～255
GCr9	780～800				170～207
GCr15	780～800				
9Cr18	850～870				197～255
9Mn2V	750～770				≤229
W18Cr4V	850～870	3～4	15～20	<500	207～255
W6Mo5Cr4V2	840～860				

（3）等温球化退火　将共析钢或过共析钢加热到 Ac_1＋(20～30℃) 保温，接着冷却到略低于 A_1 以下的温度保持一段时间，然后炉冷或空冷到室温的球化退火工艺称为**等温球化退火**（图 4-56）。若原始组织中网状碳化物较严重，则需加热到略高于 Ac_{cm} 的温度，使碳化物网溶入奥氏体中，然后较快地冷却到 Ar_1 以下温度进行等温球化退火。常用钢的等温球化退火规范见表 4-4。

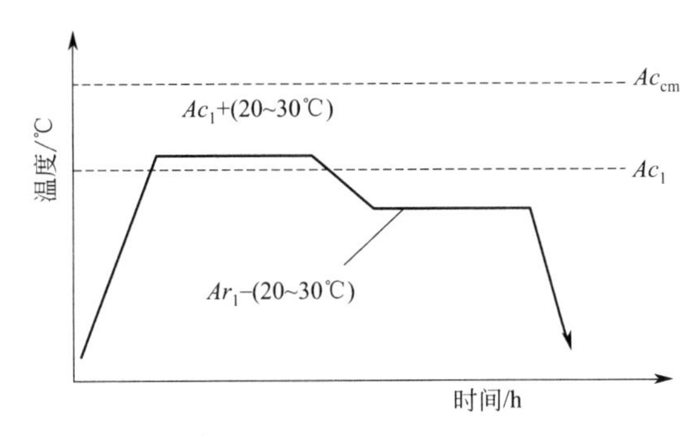

图 4-56　等温球化退火工艺曲线

表 4-4　常用钢的等温球化退火工艺规范

钢号	临界点/℃			等温退火		
	Ac_1	$Ac_{cm}(Ac_3)$	Ar_1	加热温度/℃	等温温度/℃	硬度/HBS
T8A	730	—	700	740～760	650～680	≤187
T10A	730	800	700	750～770	580～700	≤197
T12A	730	820	700	750～770	580～700	≤207
9SiCr	770	870	730	790～810	700～720	197～241
9Mn2V	736	765	652	760～780	570～690	≤229
CrWMn	750	940	710	770～790	680～700	207～255
Cr12MoV	810	—	760	850～870	720～750	207～255
W18Cr4V	820	—	760	850～880	730～750	207～255
GCr15				780～810	680～720	205～215
GCr15SiMn				760～790	720	205～215
Cr14MoV				900	740	197～255

与一次球化退火工艺相比，等温球化退火可获得较好的球化质量，并可节约工艺时间，提高生产率，因此它多应用于碳钢及合金钢刀具、冷冲模具以及轴承零件，是最常用的球化退火工艺。

知识巩固 4-9

1. 冷轧的工业纯铁板轧制到一定变形量后不能继续轧制，要想继续轧制先要进行______。

（a）去应力退火　（b）再结晶退火　（c）扩散退火　（d）球化退火

2. 消除铸件成分偏析应采用的热处理工艺是______。

（a）去应力退火　（b）再结晶退火　（c）扩散退火　（d）球化退火

3. 高碳钢锻造后，机加工前需要进行的热处理工艺是______。

（a）去应力退火　（b）再结晶退火　（c）扩散退火　（d）球化退火

4. 为了去除由于塑性变形、焊接、热处理及机械加工等造成的及铸件内存在的残余应力，需进行______。

（a）去应力退火　（b）再结晶退火　（c）扩散退火　（d）球化退火

5. 高碳钢球化退火的目的是______。

（a）消除应力

（b）降低硬度提高切削加工性能；为淬火做组织准备

（c）消除成分偏析

(d) 提高塑性和韧性

6. 制作导线用的铜丝冷拔后需进行______。

(a) 去应力退火　　(b) 再结晶退火　　(c) 扩散退火　　(d) 球化退火

7. 40Cr锻造后硬度偏高，机加工困难，需进行______。

(a) 去应力退火　　(b) 再结晶退火　　(c) 退火　　(d) 球化退火

8. 将金属加热到一定温度，保温一定时间，然后缓冷（如炉冷）从而获得接近平衡组织的热处理工艺叫退火。(　　)

9. 通过退火可以细化组织、降低硬度、提高切削加工性能和减小残余应力。(　　)

10. 用冷拔弹簧丝绕制成螺旋弹簧后应该进行去应力退火以减小残余应力。(　　)

4.5.2 正火

将钢加热到 Ac_3 或 Ac_{cm} 以上30～50℃，保温一定时间使之完全奥氏体化后，在空气中冷却（大件也可采用鼓风或喷雾），得到F+S或S组织的热处理工艺称为**正火**，工艺曲线如图4-57所示。正火与完全退火相比，二者的加热温度相同，但正火的冷却速度较快，转变温度较低。因此，对于亚共析钢来说，相同钢正火后组织中析出的铁素体数量减少，珠光体数量增多，且珠光体的片间距减小；对于过共析钢来说，正火可以抑制先共析网状渗碳体的析出，钢的强度、硬度和韧性也比较高。

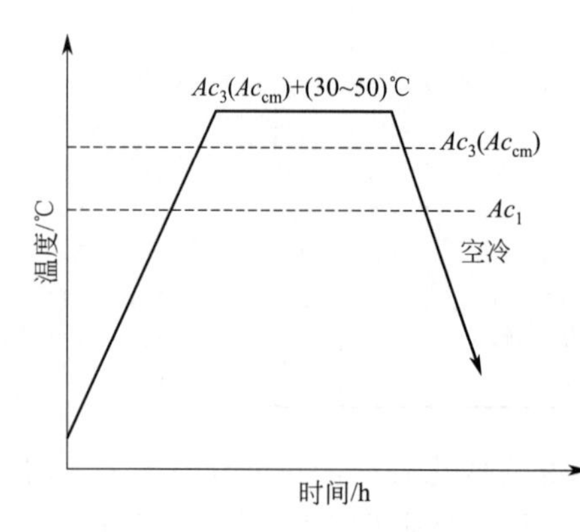

图4-57　正火工艺曲线

正火是工业生产中常用的热处理工艺之一，它既可以作为预备热处理工艺，为后续的热处理工艺提供合适的组织，例如消除严重的网状碳化物，为过共析钢的球化退火提供细片状珠光体；又可以作为最终热处理工艺，满足工件的使用性能要求。常用钢的正火温度及正火后的硬度如表4-5所示。

表4-5　常用钢的正火温度及正火后的硬度

钢号	加热温度/℃	硬度/HBS	钢号	加热温度/℃	硬度/HBS
35	860～890	≤191	50CrV	850～880	≤288
45	840～870	≤226	20	890～920	≤156
45Mn2	820～860	187～241	20Cr	870～900	≤270
40Cr	850～870	≤250	20CrMnTi	950～970	156～207
35CrMo	850～870	≤241	20CrMnMo	870～900	—
40MnB	850～900	197～207	38CrMoAl	930～970	—
40CrNi	870～900	≤250	T8A	760～780	241～302
40CrNiMo	890～920	≤390	T10A	800～850	255～321
65Mn	820～860	≤269	T12A	850～870	269～341
60Si2Mn	830～860	≤254	9Mn2V	870～880	—

正火工艺的应用如下。

4.5.2.1 低碳钢选用正火作为预先热处理改善切削加工性能

金属的最佳切削加工硬度范围为170～230HBS。对于含碳量小于0.25%的碳素钢与低合金结构钢，若选用退火作为预先热处理后硬度过低，切削加工时容易“粘刀”，且表面粗糙度很大，通过正火可得到更细的片状珠光体，硬度较退火高，使硬度提高至140～190HBS，可改善切削加工性能。同时，由于所得铁素体晶粒也较细，钢的韧性较好，用低碳钢制造的板、管、带及型材等大多采用正火处理，以保证较好的力学性能组合。

4.5.2.2 消除中碳钢热加工缺陷

中碳结构钢铸件、锻件、轧制件以及焊接件，在热加工后容易出现魏氏组织、晶粒粗大等过热缺陷和带状组织，通过正火可以消除这些缺陷，达到细化晶粒、均匀组织、消除内应力的目的。中碳钢普通工件，正火后组织细化，得到一定的力学性能，可代替调质处理作为感应加热表面淬火前的预处理。低合金结构钢（如40Cr等）也可用正火代替退火作为预先热处理，以缩短生产周期。

4.5.2.3 消除过共析钢的网状碳化物

过共析钢（工具钢、轴承钢等）工件可用正火消除网状碳化物。过共析钢在淬火之前要进行球化退火，以便于进行机械加工，并为淬火做好组织准备，但当过共析钢中存在严重的网状碳化物时，球化退火时将达不到良好的球化效果。通过正火可以消除过共析钢中的网状碳化物，提高球化退火质量。

4.5.2.4 提高普通结构件的力学性能

对于一些受力不大、性能要求不高的碳钢和合金钢结构件，随后不再进行淬火、回火，可以采用正火处理达到一定的综合力学性能。将正火作为最终热处理代替调质处理，操作简单，可减少工序，节约能源、提高生产效率。

4.5.2.5 避免淬火时的变形和开裂

对于大型锻件，为避免淬火时出现开裂，常采用正火作为最终热处理。正火后需进行高达700℃的高温回火，以消除应力，得到良好的力学性能组合。

知识巩固 4-10

1. 将钢加热到Ac_3（或Ac_{cm}）+(30～50)℃，保温一定时间，然后空冷（风冷、喷雾）的热处理工艺叫______。

(a) 退火　　(b) 正火　　(c) 淬火　　(d) 回火

2. 亚共析钢正火后的组织是______。

(a) F+P　　(b) F+S　　(c) B　　(d) M

3. 同种钢退火后的硬度比正火后的硬度______。

(a) 高　　(b) 低

4. 为了改善20钢、20Cr钢等低碳钢的切削加工性能，锻造后需进行______。

(a) 退火　　(b) 正火　　(c) 扩散退火　　(d) 去应力退火

5. 为了消除魏氏组织，需进行______。

(a) 退火　　(b) 正火　　(c) 扩散退火　　(d) 去应力退火

6. GCr15 轴承钢因锻造后冷却缓慢出现了网状碳化物，在球化退火前需进行______。

(a) 退火　(b) 正火　(c) 扩散退火　(d) 去应力退火

7. 45 钢锻造后出现带状组织，在淬火前需要进行______。

(a) 退火　(b) 正火　(c) 扩散退火　(d) 去应力退火

8. GCr15 轴承钢制造的轴承套圈锻造后空冷出现网状碳化物，锻造后采用______可以防止网状碳化物的出现。

(a) 风冷或喷雾冷　(b) 油冷　(c) 水冷　(d) 放在草木灰中冷

9. 25 钢锻造后硬度低不易加工，在加工前需进行______。

(a) 退火　(b) 正火　(c) 扩散退火　(d) 去应力退火

10. 42CrMo 钢锻造后进行正火处理，发现硬度偏高，不易切削加工，锻造后可采用______降低硬度，提高切削加工性能。

(a) 退火　(b) 正火　(c) 扩散退火　(d) 去应力退火

4.6 淬火和回火

钢的淬火、回火是最重要的热处理工艺。淬火与不同温度回火相结合，不仅可以显著提高钢的强度和硬度，而且可以获得不同的强度、塑性和韧性的合理配合，满足各种机械零件对材料力学性能提出的要求。

4.6.1 淬火

将钢加热到临界点以上一定温度、保温一定时间，然后以适当速度冷却获得马氏体或马氏体＋贝氏体组织的热处理工艺称为**淬火**。

淬火的目的是在工件上获得所需要的马氏体或下贝氏体组织。为此，应首先将钢加热到临界点（Ac_1）以上的温度并停留必要的时间使零件全部或部分奥氏体化，然后在大于临界冷却速度的条件下冷却，这样才能使奥氏体不发生铁素体和珠光体转变，冷到 Ms 点以下时奥氏体转变为马氏体。对一种钢来说，只有在恒速冷却条件下，其临界冷却速度才是一个固定值，在变速冷却（冷却速度随温度变化）条件下，则临界冷却速度不是一个固定值。实际工件的冷却都不可能是恒速冷却，因而不存在严格意义上的临界冷却速度。但是，为了叙述方便，仍然使用临界冷却速度的概念。设钢的临界冷却速度为 v_k，工件的冷却速度为 v，则获得马氏体的冷却条件为：

$$v \geqslant v_k \tag{4-4}$$

所谓“适当速度冷却”是指以满足式(4-4) 的速度进行冷却。

v_k 的大小主要取决于钢的化学成分和奥氏体化条件。而 v 的大小主要取决于工件的几何尺寸和冷却介质的冷却特性。当工件的几何尺寸和冷却介质一定时，工件不同部位的冷却速度也不相同。一般来说，工件表面的冷却速度大于其内部的冷却速度，所以，当表面满足式(4-4) 时，其心部可能不能满足式(4-4)，结果在心部得到部分马氏体甚至没有马氏体。当冷却介质一定时，工件的冷却速度又强烈依赖于工件的尺寸，尺寸越小、冷速越快，越容易得到马氏体。例如，用 45 钢做成非常薄（如厚度为 0.1mm）的片，经过奥氏体化后在空气中冷却，也能满足式(4-4)，因而得到 100％马氏体组织；如果做成直径 10mm 的圆棒在空气中冷却，根本得不到马氏体，在油中冷却能得到部分马氏体，在水中冷却能得到 100％

马氏体组织。如果用高速钢（如 W18Cr4V）做成直径 10mm 的圆棒，经奥氏体化后在水、油甚至空气中冷却，都能得到马氏体组织。总而言之，只有将材料、工件尺寸和冷却介质进行适当组合，才能得到所希望的马氏体组织。

钢的淬火是热处理工艺中最重要的工序。淬火后得到的组织主要是马氏体（或下贝氏体），此外，还有少量残余奥氏体，对高碳钢还有未溶的碳化物。钢件淬火的主要目的是提高强度、硬度和耐磨性。结构钢通过淬火和高温回火后，可以获得较好的强度和塑性、韧性的配合；弹簧钢通过淬火和中温回火后，可以获得很高的弹性极限；工具钢、轴承钢通过淬火和低温回火后，可以获得高硬度和高耐磨性；对某些特殊合金淬火还会显著提高某些物理性能（如高的铁磁性、热弹性即形状记忆特性等）。

4.6.1.1　加热温度

将亚共析钢加热到 Ac_3 以上 30～50℃称为**完全淬火**，加热到 Ac_1～Ac_3 之间称为亚温淬火。亚共析钢完全淬火工艺曲线如图 4-58(a) 所示，将工件加热到单相奥氏体区，形成均匀的奥氏体，然后放入淬火介质中冷却获得马氏体组织。亚共析钢**不完全淬火**是将工件加热到铁素体和奥氏体的两相区，形成铁素体和奥氏体，然后放入淬火介质中冷却，铁素体无变化，奥氏体转变成马氏体，得到的组织是铁素体加马氏体。

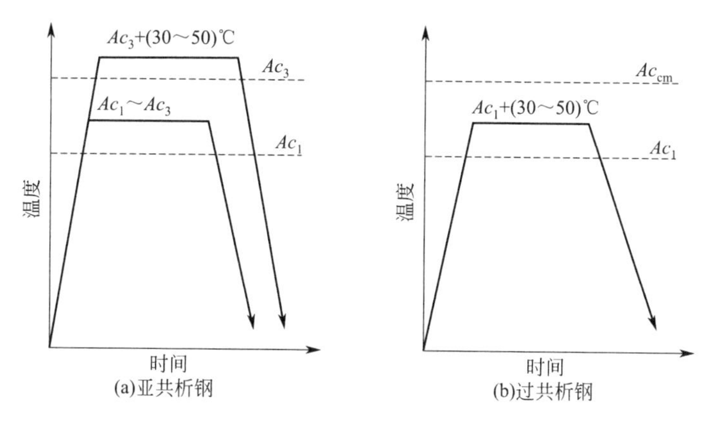

图 4-58　淬火工艺曲线

对于共析钢、过共析钢来说，淬火前的原始组织是粒状珠光体，将其加热到 Ac_1 以上 30～50℃进行不完全奥氏体化加热，其淬火工艺曲线如图 4-58(b) 所示。加热到奥氏体和渗碳体的两相区，形成在奥氏体基体上均匀分布的细小粒状碳化物，然后放入淬火介质中冷却，粒状碳化物无变化，奥氏体转变成马氏体，得到的组织呈细小粒状碳化物状，均匀分布在马氏体基体上。

4.6.1.2　加热时间

用 τ_H 表示加热时间。τ_H＝升温时间＋保温时间。可根据经验或配合试验确定，也可参考热处理手册确定。

4.6.1.3　加热设备

通常有箱式电阻炉、煤气炉、可控气氛炉、渗碳、渗氮、真空加热炉、盐浴炉等。

4.6.1.4 淬火介质

在淬火工艺中，淬火介质的选用是非常重要的。淬火介质的冷却能力太强，工件的冷却速度快，温度梯度大，容易造成工件的变形和开裂；淬火介质的冷却能力太弱，工件的冷却速度慢，温度梯度小，不易造成工件的变形和开裂，但是，可能出现屈氏体组织，甚至根本得不到马氏体组织，达不到淬火的目的。那么，钢的理想冷却曲线是什么？这要结合钢的等温转变图来说明，如图 4-59 所示，在高温区，即 A_1 温度附近，由于转变速度慢，冷却速度可以慢一点；在中温区，由于转变速度快，冷却速度也要快一点，否则容易出现屈氏体组织；到了低温区，即 *Ms* 附近，转变速度又变慢了，冷却速度也要慢一点，尤其到 *Ms* 以下，冷却速度越慢越好。

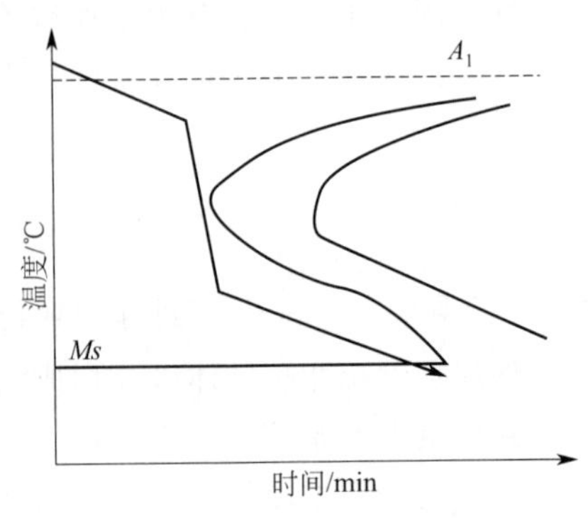

图 4-59 理想冷却曲线

选用淬火介质时，还要考虑工件的大小和钢的淬透性，零件尺寸大，要选用淬透性好的即 C 曲线靠右的钢，由于淬透性好，获得马氏体的临界冷却速度小，可以选用冷却能力弱的淬火介质，淬透性差的碳素钢，要选用冷却能力强的淬火介质。

淬火介质种类繁多，最常用的有水、盐水、碱水、油、有机物质的水溶液等。

水在 650～500℃冷速大，在 320～200℃冷速也大。适合形状简单、尺寸较大的碳钢件。

盐水（5%～10%NaCl）和碱水（3%～10%NaOH）和水性能类似。但鼻尖处冷速大大提高，高温淬火后表面硬度高而均匀、表面光滑，适于简单零件。

油在低温区冷却能力较理想，但高温区冷却能力太小，对于截面较大的碳钢及低合金钢不易淬硬。适用于合金钢和小尺寸的碳钢件。油的缺点之一是对环境污染比较严重。

有机物质的水溶液如聚乙烯醇、PAG 等水溶液，通过控制浓度，冷却能力介于水和油之间。对环境无污染，缺点是冷却性能的稳定性差。

4.6.1.5 淬火方法

为了获得所需的组织和性能，又避免产生过大的淬火应力，防止淬火变形和开裂，可以根据具体情况选用不同的淬火方法。

（1）单液淬火 **单液淬火方法**是将奥氏体化后的钢件投入一种淬火介质中，使之连续冷却至室温（图 4-60 *a* 线）。淬火介质可以是水、油、空气（静止空气或风）或喷雾等。通常，碳钢淬透性差，需要快冷，多用水淬；合金钢水淬易开裂，且合金钢有较高的淬透性，常用油淬。

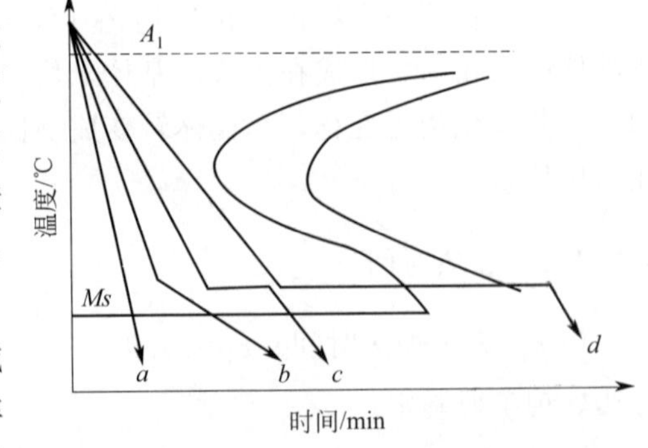

图 4-60 各种基本淬火方法冷却曲线

单液淬火的优点是操作简单，容易实现机械化和自动化；缺点是淬火时钢件内外温差大、淬火应力大，易导致变形、开裂，故常用于形状简单零件的淬火。

（2）双液淬火 **双液淬火方法**是将奥氏体化后的钢件先投入水中快冷至接近 *Ms* 点，然后立即转移至油中较慢冷却（图4-60 *b* 线）。这种“先水后油”的淬火方法可以有效地降低淬火应力，减少淬火变形和开裂，多用于高碳工具钢。其缺点是在水中停留的时间难以掌握，若水中停留时间太短，过冷奥氏体在油中冷却时会分解成非马氏体组织；若水中停留时间过长，奥氏体在水中已充分转变成马氏体，失去了双液淬火的作用。

（3）分级淬火　将奥氏体化后的钢件先投入温度约为 Ms 点的熔盐或熔碱中等温保持一定时间，待钢件内外温度一致后再移置空气或油中冷却，这就是**分级淬火**（图4-60 *c* 线）。此法可使钢件的淬火应力降至很小，能保证较小的淬火变形（或几乎不变形），适用于形状复杂和截面不均匀零件的淬火。但熔盐或熔碱的冷却能力较小，且等温时间受到限制，故此法多用于尺寸较小的钢件以及要求变形很小的小型精密零件等。

（4）等温淬火　等温淬火的冷却曲线如图4-60 *d* 线所示。等温淬火与分级淬火的区别是：分级淬火的最后组织中没有贝氏体而等温淬火组织中有贝氏体。根据等温温度不同，等温淬火得到的组织是贝氏体、贝氏体＋马氏体以及残余奥氏体等混合组织。这种混合组织比马氏体具有更高的塑性和韧性。工件等温淬火的变形量也非常小。

知识巩固 4-11

1. 钢经过热处理后得到的是马氏体组织，该热处理工艺称为____。
(a) 退火　(b) 正火　(c) 淬火　(d) 回火

2. 亚共析钢常用的淬火加热温度是____。
(a) $Ac_1 \sim Ac_3$　(b) $Ac_3+(30\sim50)$℃
(c) $Ac_1+(30\sim50)$℃　(d) $Ar_1+(30\sim50)$℃

3. 高碳钢常用的淬火加热温度是____。
(a) $Ac_1 \sim Ac_3$　(b) $Ac_3+(30\sim50)$℃
(c) $Ac_1+(30\sim50)$℃　(d) $Ar_1+(30\sim50)$℃

4. 亚共析钢加热到 $Ac_1 \sim Ac_3$ 之间保温后淬火，得到的组织是____。
(a) M　(b) F＋P　(c) F＋M　(d) S＋M

5. 高碳（过共析）钢正常情况下淬火后的组织是______。
(a) M　(b) M＋粒状碳化物＋A′
(c) F＋M　(d) S＋M

6. T12钢淬火加热温度是____。
(a) 727℃　(b) 780℃　(c) 850℃　(d) 900℃

7. 45钢加热到740℃保温后淬火，得到的组织是____。
(a) M　(b) F＋P　(c) F＋M　(d) S＋M

8. 碳素钢常用的淬火介质是____。
(a) 水　(b) 油　(c) 盐浴　(d) 水溶性淬火剂

9. 合金钢常用的淬火介质是____。
(a) 水　(b) 油　(c) 盐浴　(d) 盐水

10. 分级淬火常用的等温介质是______。
(a) 水　(b) 油　(c) 盐浴　(d) 盐水

4.6.2 回火

回火是紧接淬火的一道热处理工艺，大多数淬火钢都要进行回火。钢件淬硬后，再加热

到 Ac_1 以下温度，保温一定时间，然后冷却到室温的热处理工艺叫**回火**。

回火的目的是稳定组织，减小或消除淬火应力，提高钢的塑性和韧性，获得强度、硬度和塑性、韧性的适当配合，以满足不同工件的性能要求。钢淬火后得到的是非平衡组织，具有较高的硬度及淬火应力并且脆性较大。因此一般很少直接应用。通过回火可以在适当降低硬度的同时，消除大部分淬火应力而改善钢的塑性、韧性，同时使其尺寸稳定性大大提高。通过采用不同温度回火可以在很大范围内改善钢的强度、塑性、韧性的配合，从而可以满足各种机械零件对性能提出的不同要求。

4.6.2.1 马氏体的分解

钢淬火后的组织主要由马氏体或马氏体+残余奥氏体组成，在回火过程中发生的转变主要是马氏体的分解及残余奥氏体的转变。

（1）马氏体中碳原子的偏聚　马氏体中过饱和的碳原子处于晶格八面体间隙位置，使晶格产生较大的弹性畸变，加之马氏体晶体中存在较多的晶体缺陷，因此使马氏体能量增高，处于不稳定状态。

在 20～100℃温度范围回火时，铁和合金元素的原子难以进行扩散迁移，但 C、N 等间隙原子尚能作短距离的扩散迁移。当 C、N 原子扩散到上述晶体缺陷的间隙位置后，将降低马氏体的能量。因此，马氏体中过饱和的 C、N 原子向晶体缺陷处偏聚。

板条马氏体内部存在大量位错，碳原子倾向于偏聚在位错线附近的间隙位置，形成碳的偏聚区，导致马氏体的弹性畸变能下降。片状马氏体的亚结构为孪晶，没有足够的位错线容纳间隙碳原子，因此，除少量碳原子可向位错线偏聚外，大量碳原子将向垂直于马氏体 c 轴的 $(100)_M$ 晶面偏聚，形成小片状的富碳区，其厚度只有零点几纳米，直径约为 1.0nm。

碳原子的偏聚现象不能用金相方法直接观察到，但由于碳的偏聚区电阻升高，可以用电阻法等试验方法证实其存在，也可以用内耗法推测。

（2）马氏体的分解　当回火温度超过 80℃时，马氏体将发生分解，随着回火温度升高，马氏体中的碳浓度逐渐降低，晶格常数 c 减小、a 增大、正方度 c/a 减小。马氏体的分解一直延续到 350℃以上，在高合金钢中甚至可以延续到 600℃。

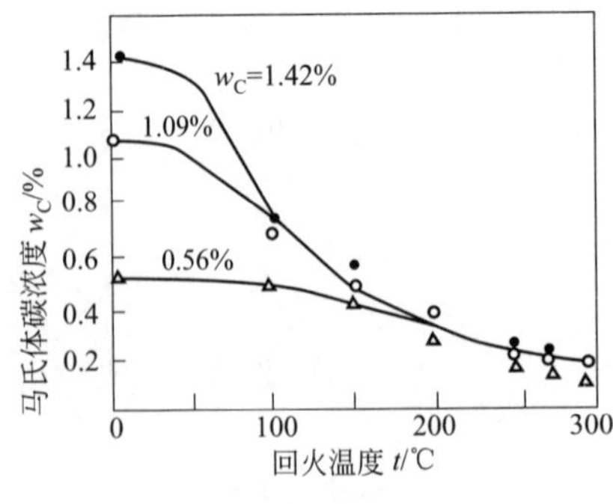

图 4-61　马氏体的碳浓度与回火温度的关系（回火 1h）

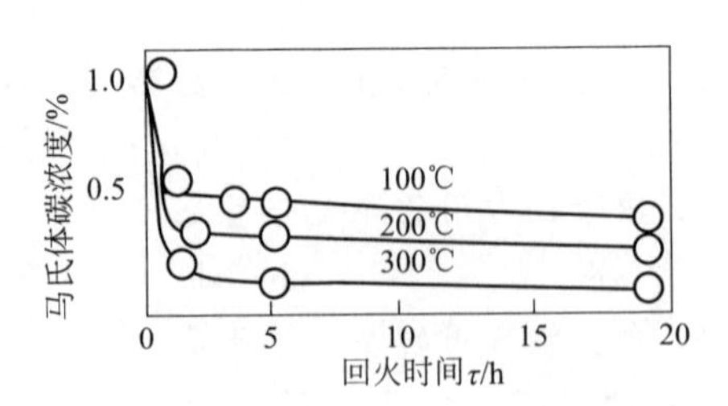

图 4-62　马氏体的碳浓度与回火时间的关系（w_C=1.09%）

不同含碳量的马氏体的碳浓度随回火温度的变化规律如图 4-61 所示。随着回火温度的升高，马氏体中含碳量不断降低。高碳钢的碳浓度随回火温度升高降低很快，含碳量较低的钢中碳浓度降低较缓。碳钢在 200℃以上回火时，在一定的回火温度下，马氏体具有一定的

碳浓度，回火温度越高，马氏体的碳浓度越低。

马氏体的碳浓度与回火时间的关系如图4-62所示。马氏体的碳浓度在回火初期下降很快，随后趋于平缓。回火温度越高，回火初期碳浓度下降越多。

片状马氏体在100～250℃回火时，固溶于马氏体中的过饱和碳原子脱溶沉淀，沿着马氏体的$(001)_M$晶面沉淀析出ε碳化物，其成分介于Fe_2C与Fe_3C之间，通常用ε-Fe_xC表示。碳化物与母相之间有共格关系，并保持一定的晶体学位向关系。

用透射电子显微镜观察ε碳化物，它是长度约为100nm的条状薄片，经分辨率更高的电子显微镜在暗场下观察，这种薄片由许多直径为5nm的小粒子所组成，见图4-63。

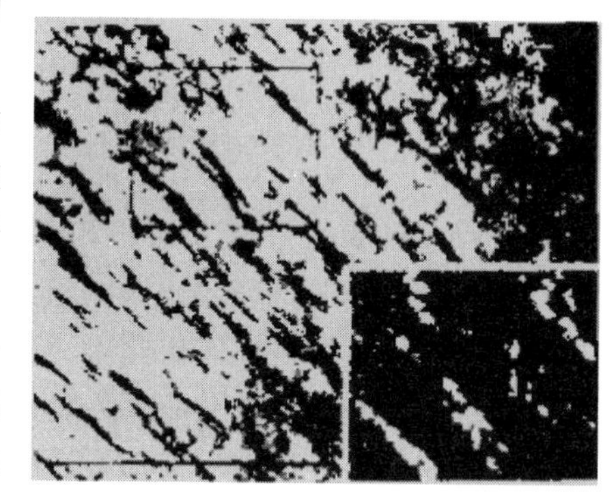

图4-63 $w_C=0.79\%$钢淬火后经150℃回火3h析出的ε碳化物

片状马氏体回火时，往往分为两个阶段：第一阶段是在80～150℃回火时，由于碳原子活动能力很低，碳原子只能在很短的距离内扩散，微小的ε碳化物析出后，只是周围局部马氏体贫碳，远处马氏体的碳浓度仍然不变。这样马氏体就形成浓度不同的“二相”，如图4-64(a)中的M和M′，故称为二相式分解。第二阶段在150～350℃回火时，由于碳原子可以作较长距离的扩散，随着碳化物的析出和长大，马氏体的碳浓度连续不断地下降，如图4-64(b)所示，被称为连续式分解。直到350℃左右，正方度趋于1，至此，马氏体分解基本结束。

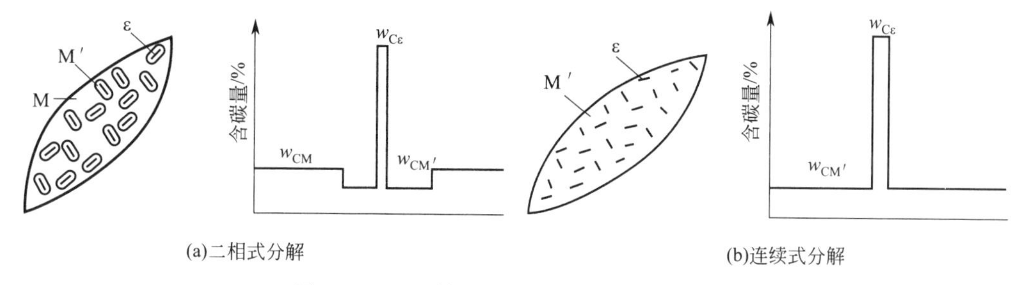

图4-64 马氏体的二相式分解和连续式分解

含碳量低于0.2%的板条马氏体，在淬火冷却时已经发生自回火，绝大部分碳原子易偏聚到位错线附近，所以在200℃以下回火时没有ε碳化物析出。

高碳钢在350℃以下回火时，马氏体分解后形成的α相和弥散的ε碳化物组成的复相组织称为回火马氏体，回火马氏体中的α相仍保持针状形态。由于它是两相组成的，较淬火马氏体容易腐蚀，故在金相显微镜下呈黑色针状组织。

4.6.2.2 残余奥氏体的转变

含碳量大于0.4%的碳钢淬火后，组织中总含有少量残余奥氏体，在250～300℃温度区间回火时，这些残余奥氏体将发生分解，随着回火温度升高，残余奥氏体的数量逐渐减少。

淬火碳钢在200～300℃回火时，残余奥氏体分解为α相和碳化物的混合物，称为回火马氏体或下贝氏体。

4.6.2.3 碳化物的析出、转变及聚集长大

在250～400℃回火时，马氏体内过饱和的碳几乎全部脱溶，并形成比ε碳化物更稳定的碳化物。

回火温度升高到250℃以上，在含碳量大于0.4%的马氏体中，ε碳化物逐渐溶解，同时沿着[112]$_M$晶面析出χ碳化物，其分子式为Fe_5C_2，具有单斜晶格。χ碳化物呈小片状平行地分布在马氏体片中，它与母相有共格界面，并保持一定的位向关系。

χ碳化物与ε碳化物的惯习面不同，说明χ碳化物不是由ε碳化物直接转变而来的，而是通过ε碳化物溶解，并在其他地方重新形核、长大的方式形成的，通常称为“离位析出”。

随着回火温度的升高，除析出χ碳化物以外，还同时析出θ碳化物。θ碳化物即为Fe_3C。析出θ碳化物的惯习面有两组：一组是{112}晶面，与χ碳化物的惯习面相同，说明这一组碳化物可能是从χ碳化物直接转变过来的，即“原位析出”；另一组是{110}$_M$晶面，说明这一组θ碳化物不是由χ碳化物转变得到的，而是由χ碳化物首先溶解，然后重新形核长大，以“离位析出”方式形成的。

当回火温度升高到400℃，淬火马氏体完全分解，但α相仍保持针状外形，碳化物全部转变为θ碳化物。这种由针状θ相和与其无共格关系的细小的粒状与片状渗碳体组成的机械混合物称为**回火屈氏体**，其金相和电子显微照片如图4-65所示。

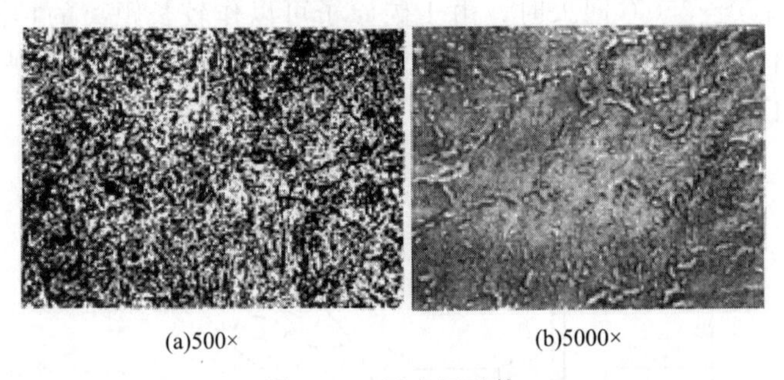

图4-65 回火屈氏体

当回火温度升高到400℃以上时，析出的渗碳体逐渐聚集和球化，片状渗碳体的长度和宽度之比逐渐缩小，最终形成粒状渗碳体。当回火温度高于600℃时，细粒状碳化物将迅速聚集并粗化，这种组织称为回火索氏体。碳化物的球化长大过程是按照小颗粒溶解、大颗粒长大的机制进行的。

4.6.2.4 α相状态的变化

淬火时，除由于马氏体转变所引起的位错与孪晶等晶内缺陷的增加外，还将由于表面和中心的温度差所造成的热应力及组织应力引起的塑性变形而使晶内缺陷及各种内应力均有所增加。淬火后存在的应力可按其平衡范围的大小分为三类：在零件整体范围内处于平衡的第一类内应力；在晶粒和亚晶粒范围内处于平衡的第二类内应力；在一个原子集团内处于平衡的第三类内应力。回火过程中，随回火温度的升高，原子活动能力增强，晶内缺陷及各种内应力均将逐渐下降。

（1）第一类内应力的消失　第一类内应力的存在将引起零件变形。如果零件在服役过程中所受外力与第一类内应力方向一致，两者相互叠加还将使零件发生早期失效。只有在外力

与内应力方向相反时，第一类内应力的存在才是有利的。

图 4-66 是 $w_C=0.3\%$ 钢回火时第一类内应力的变化。从图 4-66 可以看出，回火温度一定时，随回火时间延长，第一类内应力不断下降。开始时下降极快，超过 2h 后下降缓慢。回火温度越高，内应力下降越快，下降程度也越大。经过 550℃回火，第一类内应力可基本消除。

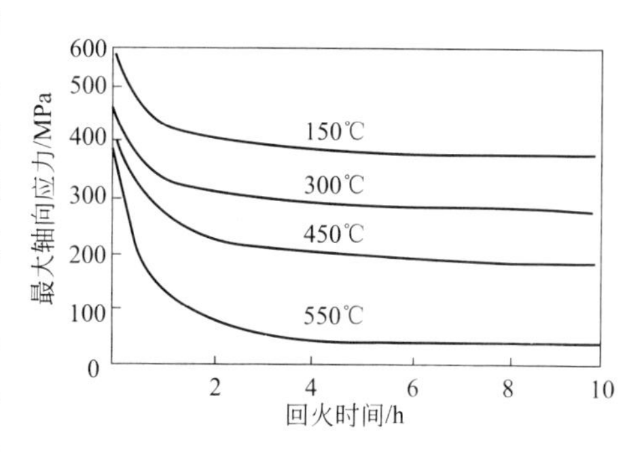

图 4-66　30 钢回火时第一类内应力的变化

(2) 第二、第三类内应力的消失　第二类内应力大小可能高达 150MPa，也随回火温度升高而降低。当高于 500℃回火时，第二类内应力可基本消失。

第三类内应力主要是由于碳原子的溶入而引起的，将随着马氏体的分解和碳化物的析出而不断下降。对碳钢而言，300℃回火后，第三类内应力可消失。

(3) α 相的回复与再结晶　中低碳钢淬火所得板条马氏体中存在大量位错，密度可高达 $(3\sim9)\times10^{11}$ 个/cm^2，故在回火过程中将发生回复与再结晶。在 400℃以上回火时，回复已清晰可见。经过回复，板条特征依然存在，只是板条宽度由于相邻板条的合并而显著增大。

回火温度高于 600℃时将发生再结晶。一些位错密度低的位错胞将长大成等轴的 α 晶粒。颗粒状碳化物均匀分布在 α 晶粒内。经过再结晶，板条特征完全消失。生产上称这种组织为**回火索氏体**。

4.6.2.5 回火后力学性能的变化

金属材料的性能取决于材料的成分与组织。对于一般钢来说，淬火组织主要为马氏体及少量残余奥氏体，故其淬火态及回火后的性能主要也取决于马氏体及马氏体分解产物的性能。但应注意，残余奥氏体及其转变产物对性能的影响也绝不可忽视，在有些情况下，残余奥氏体的影响很可能是主要的。

回火时，随回火温度的升高，α 基体发生回复和再结晶，使硬度与强度不断下降，塑性与韧性有所提高。

当回火温度低于 150～200℃时，在低碳马氏体中仅发生了碳的偏聚而无碳化物析出，在高碳马氏体中虽析出了亚稳过渡碳化物，但 α 基体的碳含量仍在 0.25%～0.3%以上(图 4-61)。故经低温回火后，碳原子的固溶强化仍是主要强化因素。碳原子在位错的偏聚以及亚稳过渡碳化物在位错的析出，都将对位错起钉扎作用，故经低温回火后，硬度和强度极限基本保持不变而弹性极限及屈服极限则明显升高。当亚稳过渡碳化物的析出量较多时，由于第二相强化效应的增加，硬度与强度还有可能有所提高。合金元素的存在对低温回火后的性能基本上没有影响。

回火温度超过 200℃后，随回火温度的升高，θ 碳化物析出，α' 中的含碳量不断下降。对于碳钢，当回火温度达到 300～350℃时，碳已全部析出，故碳原子的固溶强化效应也就消失，因 θ 碳化物的析出而产生的时效强化将成为主要因素，但其强化效果不如固溶强化。故此时强度将有所下降。少量合金元素的存在，将推迟 θ 碳化物的析出，故使强度下降速度变慢。随回火温度进一步提高，已析出的碳化物发生聚集长大而使时效强化效果减弱。与此同时，相硬化所提供的强化效应也为回复及再结晶所消除，故使强度与硬度不断下降，而塑性及韧性则不断升高。但冲击韧性的变化比较复杂，在两个温度范围内有可能出现异常下降，称为回火脆性。

图 4-67 是 $w_C=0.15\%$的低碳钢淬成低碳马氏体后回火时力学性能随回火温度的变化。由图 4-67 可见，在 200℃以下回火时，硬度与强度下降的不多，塑性和韧性也基本上没有变化。这是因为低碳马氏体低温回火时只有碳原子的偏聚而无碳化物的析出。但由于偏聚于位错的碳原子能钉扎住位错，故 $R_{P0.2}$ 有所升高。当回火温度超过 200℃后，将有针状 θ 碳化物在位错缠结处析出。这种弥散细小的碳化物能更有效地钉扎位错，故能进一步提高 $R_{P0.2}$，使 $R_{P0.2}$ 在 300℃附近回火时达到最高值。与此同时，由于在马氏体板条界面处又析出了薄片状 θ 碳化物，使冲击韧性下降到最低点。延伸率也因此没有增大。回火温度超过 300℃以后，由于 θ 碳化物已充分析出，且析出的碳化物又将随回火温度的升高而聚集长大，再加上 α 基体因回复和再结晶所引起的软化，故使硬度、$R_{P0.2}$、R_m 及 S_k（真实断裂强度）等均随回火温度的升高而显著下降，而塑性和冲击韧性则不断升高。

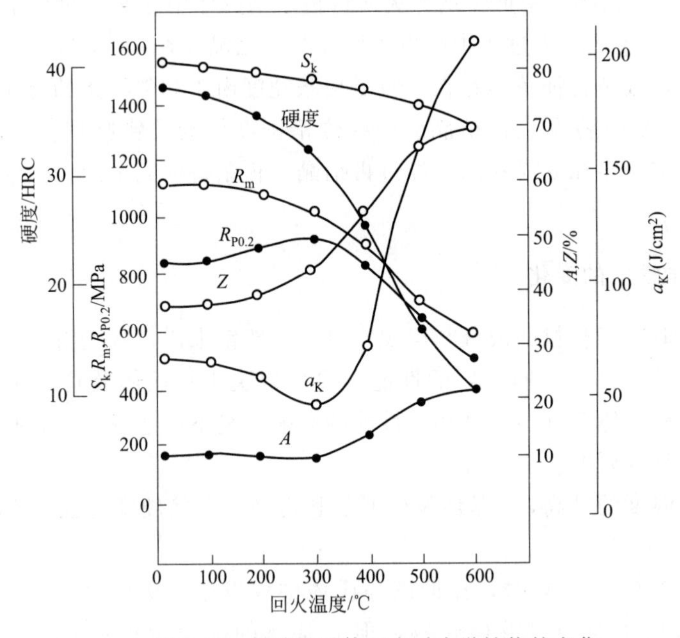

图 4-67　低碳马氏体回火时力学性能的变化

综上所述，低碳钢淬火成低碳马氏体后不经回火或经低温回火均可获得很好的综合力学性能。但应指出，由于低碳钢 *Ms* 点高，故即使未进行低温回火，实际上也已经发生了自回火。但为了降低淬火应力，在淬火得到低碳马氏体后常再进行一次低温回火。

图 4-68 是高碳钢淬火后回火时的力学性能与回火温度之间的关系。从图 4-68 可以看出，淬火后在 300℃以下回火时仍硬而脆，静拉伸时仍为脆性断裂，故 $R_{P0.2}$、R_m 及 S_k 等强度指标均无法测得。但从硬度的变化中仍可看出 300℃以下回火时力学性能的变化规律。在 200℃以下回火时，随回火温度升高，硬度不仅不下降，反而有所升高，马氏体含碳量越高，硬度升高越明显。这是因为在 200℃以下回火时有碳化物弥散析出，引起第二相硬化，且亚稳过渡碳化物析出后，固溶于 α 中的碳仍保持在 0.25%～0.3%。回火超过 200℃后，由于碳的进一步析出，将使硬度下降。但此时由于有较多的残余奥氏体发生

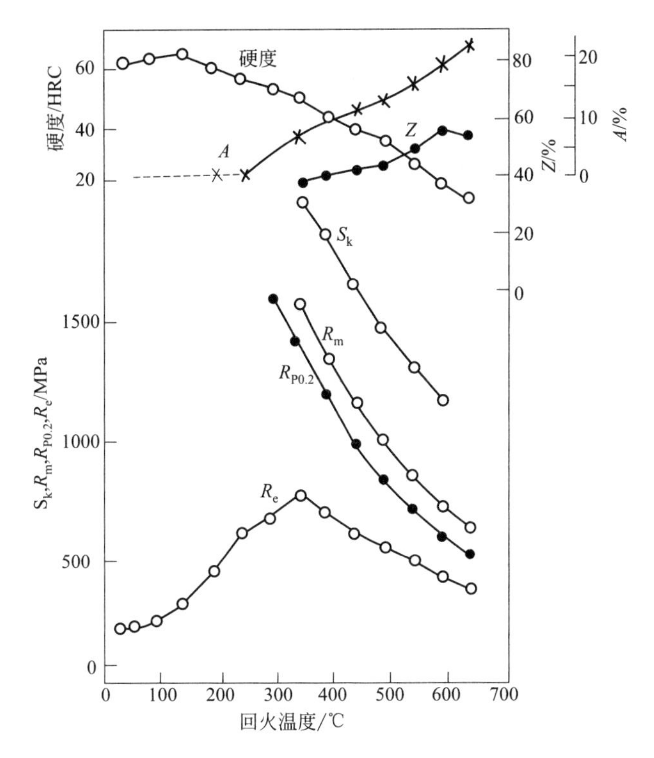

图 4-68　高碳钢（0.82%C，0.84%Mn）的力学性能与回火温度的关系

了转变，故硬度下降很慢。在含残余奥氏体多的钢中，甚至有可能硬度随回火温度升高而不下降。

弹性极限 R_e 在 300～350℃附近出现极大值。这也是因为在 350℃以下回火时，随回火温度升高，位错密度下降，且残存位错又为析出的碳化物所钉扎，故使 R_e 升高。

回火温度高于 300℃时，力学性能变化规律与低碳钢基本相同。

由此可见，高碳钢采用完全淬火时，如回火温度低于 300℃，则仍处于脆性状态；如高于 300℃回火，则所得力学性能并不比低碳马氏体经低温回火好。所以，高碳钢一般均采用不完全淬火，使溶入奥氏体中的碳仅为 0.5%左右，淬火后在低温回火状态下使用以获得高的硬度。提高钢的含碳量是为了增加碳化物的数量以提高耐磨性。

图 4-69 是中碳钢的力学性能与回火温度之间的关系。由图可见，在 200℃以下回火时，硬度基本不变或略有降低。这是因为中碳钢在 200℃以下回火时，虽有碳化物析出，但析出量少，析出时的硬化效果不大，故不能使硬度升高，仅能维持硬度不降低。回火温度超过 200～250℃后，随回火温度升高，硬度不断下降。且由于残余奥氏体量少，残余奥氏体的转变也未显示出对硬度的影响。与低碳钢及高碳钢一样，在 250℃以前，随回火温度升高，R_e 和 R_m 均不断上升，在 250～300℃达到最大值。在此期间，塑性指标并不高。当回火温度超过 300℃后，与低碳钢一样，随回火温度升高，强度下降，塑性上升。

综上所述，中碳钢经中温或高温回火后具有良好的综合力学性能，故中碳钢一般均在中温或高温回火状态下使用。

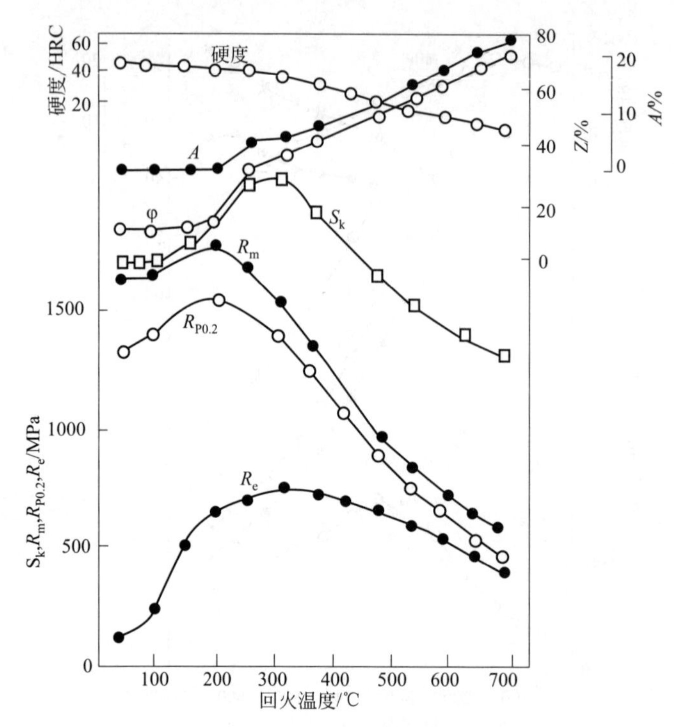

图 4-69　中碳钢（$w_C=0.41\%$，$w_{Mn}=0.72\%$）的力学性能与回火温度的关系

4.6.2.6　二次硬化现象

图 4-70 是 W18Cr4V 高速钢经 1280℃淬火再经不同温度回火后的硬度与回火温度关系。

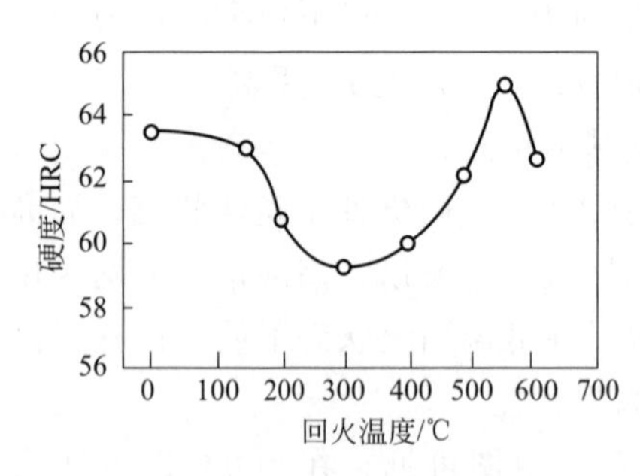

图 4-70　W18Cr4V 的硬度与回火温度的关系

由图可看出，当回火温度高于 150℃时，随回火温度升高，硬度不断下降。这是 θ 碳化物析出、聚集和长大的结果。当回火温度超过 300～400℃时，硬度重新回升，在 550℃左右达到最大值。这是因为随着回火温度升高，通过合金元素 W、V 的富集、形核而析出在高温下比 θ 碳化物更为稳定的弥散的合金碳化物。与此同时，已经析出的 θ 碳化物将重新溶入 α 基体。随回火温度的进一步提高，合金碳化物也将发生聚集长大而使硬度重新下降，在硬度曲线上留下一个硬度峰。这种由于细小、弥散分布的合金碳化物的析出，使已经因回火温度的升高、θ 碳化物的粗化而下降的硬度重新升高的现象称为**二次硬化**。

二次硬化效应的大小取决于引起二次硬化的合金碳化物的种类、数量、大小和形态。

并不是已经提到过的合金碳化物都能有效地引起二次硬化。用电镜证实，有明显的二次硬化效应的合金碳化物是 M_2C 及 MC 型碳化物。铬不能形成 M_2C 及 MC 型碳化物，故碳化铬与碳化铁一样，弥散析出时虽也能产生硬化效应，但很弱，只是在铬含量足够大时，才能显示出明显的二次硬化效应。Mo、W、V、Ti、Nb 等元素均能形成这两种类型的碳化物，故有明显的二次硬化效应。凡能促进这两种类型的碳化物弥散析出的因素均能促进二次硬化效应。如 Co、Ni 虽不能形成碳化物，但在含 Mo、W 等合金元素的钢中加入 Co 和 Ni 能促进 M_2C 的析出，故能提高二次硬化效应；又如高速钢淬火后采用 320～380℃低温预回火可以促进 560℃回火时 M_2C 碳化物的析出，故可使 560℃回火后的硬度提高。M_2C 及 MC 型碳化物均在位错区呈细针状高度弥散析出，且与 α 保持共格关系。例如用 W6Mo5Cr4V2 高速钢得出，引起二次硬化的 VC 颗粒直径仅 2nm，长 10～20nm，碳化物间距仅 1～2nm。如回火温度高，回火时间长，引起二次硬化的合金碳化物已经长大，则硬度将下降。因此凡能提高合金碳化物析出时的弥散度的因素也均能提高二次硬化效应。例如对高速钢采用中温变形淬火等。此外，凡是能抑制碳化物长大的因素也均能提高二次硬化效应的稳定性，即将过时效推向高温，如加入 Nb、Ta 等。

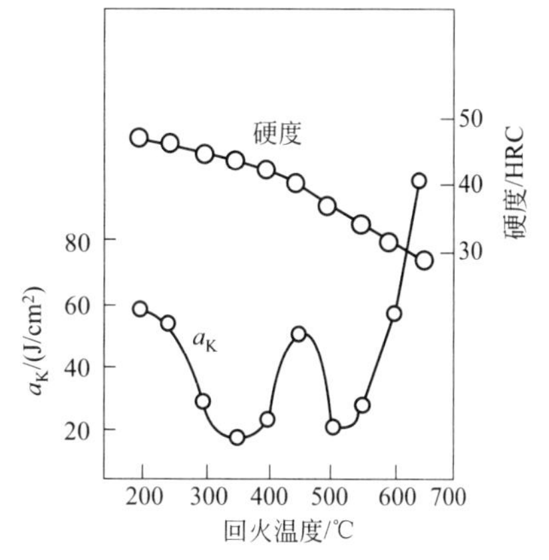

图 4-71　37CrNi3 钢的硬度和冲击韧性与回火温度的关系

4.6.2.7　回火脆性

钢在淬火后需要进行回火的主要目的是降低脆性，提高韧性。但遗憾的是随回火温度的升高，强度与硬度降低，钢的冲击韧性并不总是单调上升，而是在 250～400℃以及 450～650℃出现两个低谷，如图 4-71 所示。在这两个温度范围内回火，虽然硬度仍有所下降，但冲击韧性并未升高，反而显著下降。由回火所引起的脆性称为**回火脆性**。在 250～400℃出现的称为**第一类回火脆性**，在 450～650℃出现的称为**第二类回火脆性**。

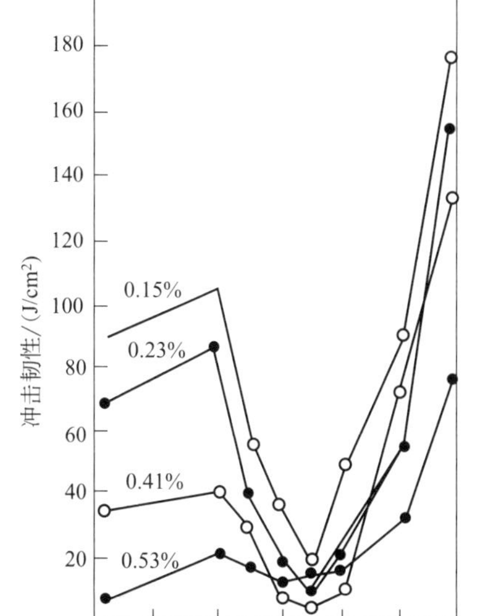

图 4-72　含碳量对 Cr-Mn 钢（1.4%Cr，1.1%Mn，0.2%Si，0.2%Ni）第一类回火脆性的影响

由于回火脆性的存在，使可供选择的回火温度受到了限制，因回火时为防止脆性升高必须避开这两个温度区间。这就给调整力学性能带来了困难。为克服这一困难，已对回火脆性进行了深入研究，但遗憾的是到目前为止还未能找到能彻底消除这两种回火脆性的有效办法。

（1）第一类回火脆性　淬火钢在 250～400℃回火后出现韧性降低的现象称为第一类回火脆性，又称为低温回火脆性。几乎所有工业用钢都在一定程度上具有这类回火脆件，而且脆性的出现与回火时冷却速度的快慢无关。图 4-72 是含碳量不同的 Cr-Mn 钢回火后冲击韧性与回火温度的关系，可以看出，均在 350℃出现一低谷。

产生低温回火脆性的原因尚未十分清楚，一般认为与马氏体分解时渗碳体的初期形核有关，并且认为是由于具有某种临界尺寸的碳化物在马氏体晶界和亚晶界形成的结果。也有人认为，脆性的出现与 S、P、Sb、As 等微量元素在晶界、相界或亚晶界的偏聚有关；此外，残余奥氏体分解时沿晶界、亚晶界或其他界面析出脆性的碳化物，以及韧性的残余奥氏体的消失，也是导致脆性产生的重要原因。

为了避免低温回火脆性，一般应不在脆化温度范围（特别是韧性最低所对应的温度）回火，或改用等温淬火工艺。

（2）第二类回火脆性　第二类回火脆性是指合金钢（含有 Cr、Ni、Mn、Si 等元素的合金钢）淬火并在 450～650℃回火后产生低韧性的现象，又称**高温回火脆性**。

高温回火脆性又称可逆回火脆性。其可逆性表现为：已产生高温回火脆性的钢件，若将其重新加热至 600～650℃，然后快冷，脆性即可消除；但再次加热至 450～600℃（无论随后是快冷还是慢冷），或加热至 600～650℃随后慢冷，又产生脆性；如果又加热至 600℃以上快冷，脆性再次消失。

高温回火脆性是有害杂质在原奥氏体晶界及显微裂纹表面发生偏聚，并使晶界和裂纹脆化的结果。

运用这种“杂质偏聚”导致高温回火脆性的观点，可以较好地解释为什么在 600～650℃回火后快冷能避免脆性。偏聚过程是原子定向扩散的过程。当在 600℃以上的温度回火时，由于原子热振动的加剧和无规律扩散的加速而减小了偏聚倾向，且快冷时来不及偏聚，结果不出现脆性。实际上，当在 600～650℃以上的温度回火时，Sb 的偏聚完全消失，P 的偏聚可降至很低的水平，随后在水中冷却时基本上不发生偏聚。

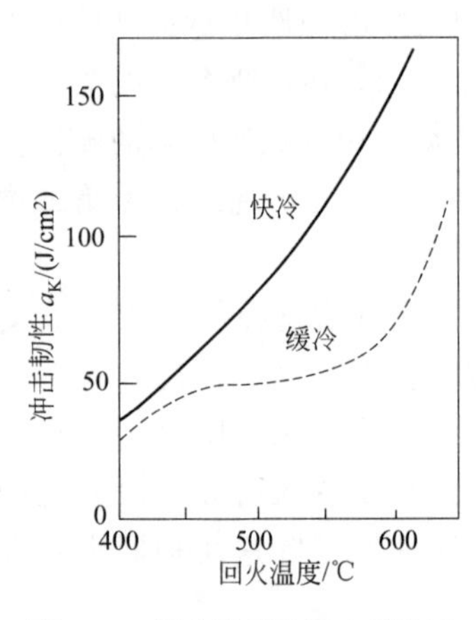

图 4-73　回火温度及回火后冷速对 30CrMnSi 钢冲击韧性的影响

Cr、Ni、Mn、Si 和 C 等合金元素促进第二类回火脆性，而 Mo、W、V、Ti 等合金元素具有遏制和减轻第二类回火脆性的作用。稀土元素 La、Nb、Pr 也具有遏制第二类回火脆性的作用。

第二类回火脆性的脆化速度及脆化程度与回火温度及时间有密切关系。温度一定时，随等温时间延长，冷脆转变温度升高。在 550℃以下，回火温度越低，脆化速度越慢，但能达到的脆化程度越大。550℃以上，随回火温度升高，脆化速度变慢，能达到的脆化程度进一步下降。

回火后冷却速度影响第二类回火脆性。回火后缓冷促进回火脆性，而快冷抑制回火脆性（图 4-73）。所以，对存在第二类回火脆性的钢，回火后要快速冷却，如采用油冷或水冷，而不采用空冷。

4.6.2.8　回火工艺的确定

制定钢的回火工艺时，根据钢的化学成分、工件的性能要求以及工件淬火后的组织和硬度来正确选择回火温度、保温时间、回火后的冷却等，以保证工件回火后能获得所需要的组织和性能。

决定工件回火后的组织和性能的重要因素是回火温度。生产中根据工件所要求的力学性能不同，所用的回火温度可分为低温、中温和高温。

（1）低温回火　低温回火温度范围一般为 150～250℃。低温回火钢大部分是淬火高碳钢和淬火高合金钢。经低温回火后得到隐晶马氏体加细粒状碳化物组织，即回火马氏体，具有很高的强度、硬度和耐磨性，同时显著降低了钢的淬火应力和脆性。在生产中低温回火大量应用于工具、量具、滚动轴承、渗碳工件、表面淬火工件等。

（2）中温回火　中温回火温度一般在350～500℃。回火组织为回火屈氏体。中温回火后工件的内应力基本消除，具有高的弹性极限、较高的强度和硬度、良好的塑性和韧性。中温回火主要用于各种弹簧零件及热锻模具。

（3）高温回火　高温回火温度为500～650℃，习惯上将淬火和随后的高温回火相结合的热处理工艺称为调质处理。高温回火的组织为回火索氏体。高温回火后钢具有强度、塑性和韧性都较好的综合力学性能，广泛应用于中碳结构钢和低合金结构钢制造的各种重要结构零件，如发动机曲轴、连杆、连杆螺栓、汽车半轴、机床主轴及齿轮等。

除上述三种回火方法之外，某些不能通过退火来软化的高合金钢，可以在600～680℃进行软化回火。

回火保温时间应保证工件各部分温度均匀，同时保证组织转变充分进行，并尽可能降低或消除内应力，使工件回火后的性能符合技术要求。

工件回火后一般在空气中冷却。对于一些重要的机器零件或工模具，为防止重新产生内应力和变形、开裂，通常都采用缓慢冷却的方式。对于具有第二类回火脆性的某些合金钢工件，高温回火后应进行油冷或水冷，以抑制回火脆性。

钢淬火、回火后的力学性能常以硬度来衡量。表4-6为常用钢不同硬度值下的回火温度。

表4-6　常用钢回火温度　　单位：℃

钢号	回火后硬度/HRC								备注
	25～30	30～35	35～40	40～45	45～50	50～55	55～60	≥60	
30	350	300	200	＜160				160～200	
35	520	460	420	350	290	＜170			
45	550	520	450	380	320	300	180		
60	580	540	460	400	360	310	250	180～200	
T7	580	530	470	420	370	320	250	160～180	
T10	580	540	490	430	380	340	250	160～180	
12CrNi3					400	370	240	180～200	渗碳后淬火
20CrMnTi							240	180～200	渗碳后淬火
20MnVB								180～200	渗碳后淬火
35CrMnSi	560	520	460	400	350	200			
40Cr	580	510	470	420	340	200～240	＜160		
40CrMo	620	580	500	400	300				
40CrMnMo		550	500	450	400	250			
40MnB	650	450	420	360～380	280～320	200～240	180～220		

知识巩固 4-12

1. 淬火钢加热到 A_1 以下，保温一定时间，然后冷却的热处理工艺叫______。

（a）退火　　（b）正火　　（c）淬火　　（d）回火

2. 淬火钢经过低温回火的马氏体叫______，它保持了淬火马氏体的高强度、高硬度，脆性和残余内应力有所降低，弹性极限有所提高。

（a）M　　（b）$M_{回}$　　（c）$T_{回}$　　（d）$S_{回}$

3. 淬火钢经过中温回火的组织用______表示，它保持了淬火马氏体的形状，析出稳定渗碳体，残余内应力显著降低，弹性极限提高，是弹簧常用的回火工艺。

(a) M　　(b) $M_{回}$　　(c) $T_{回}$　　(d) $S_{回}$

4. 淬火钢经过高温回火的组织用______表示，它是等轴状铁素体上均匀分布有细粒状的渗碳体，具有较高的强度、塑性和韧性，是要求具有良好综合性能的零件常用的回火工艺。

(a) M　　(b) $M_{回}$　　(c) $T_{回}$　　(d) $S_{回}$

5. 中碳钢也叫调质钢，常用来制造综合性能要求高的零件，淬火后常用的回火温度是______。

(a) 150～250℃　　(b) 250～350℃　　(c) 350～500℃　　(d) 500～650℃

6. 弹簧钢常用来制造螺旋弹簧或板簧，要求具有高的弹性极限和一定的韧性，淬火后常用的回火温度是______。

(a) 150～250℃　　(b) 250～350℃　　(c) 350～500℃　　(d) 500～650℃

7. 高碳钢常用来制造要求具有高硬度、高耐磨性的刃具、冷作模具和耐磨零件，淬火后常用的回火温度是______。

(a) 150～250℃　　(b) 250～350℃　　(c) 350～500℃　　(d) 500～650℃

8. 钢淬火后在250～350℃回火，出现______。

(a) 第一类回火脆性　　(b) 第二类回火脆性　　(c) 冲击韧性最高

9. 高速钢在560℃回火后硬度最高，这种现象叫作______。

(a) 红硬性　　(b) 二次硬化　　(c) 反常硬化　　(d) 反常现象

10. 高速钢制造刃具，要求具有高硬度、红硬性和耐磨性，常用的回火温度是______。

(a) 200℃　　(b) 300℃　　(c) 400℃　　(d) 560℃

4.7 表面淬火

表面淬火是一种对零件需要硬化的表面进行加热淬火的工艺。表面淬火是强化金属零件的重要手段之一。经表面淬火的零件不仅提高了表面硬度和耐磨性，而且与经过适当预先热处理的心部组织相配合，可以获得很高的疲劳强度和适当的韧性。由于表面淬火工艺简单、强化效果显著、热处理后变形小、氧化少、可以进行局部处理、节约能源、生产过程容易实现自动化、适合大批量生产和生产效率高等特点，具有很好的技术与经济效益，因而在生产上得到了广泛应用。

表面淬火方法包括感应加热、火焰加热、激光加热、电接触加热等。

4.7.1 感应加热表面淬火

4.7.1.1 感应加热的基本原理

将工件置于纯铜制感应器内，当感应器通入交流电时，在感应器内部和周围产生与电流频率相同的交变磁场，受交变磁场的作用，在工件内部相应地产生了感应电流。工件内部的感应电流在其内部自行闭合，方向与感应器内通入的电流方向相反，称为**涡流**，工件通过涡流而被加热到淬火温度。表面处的电流密度最大，越往心部电流密度越小，即涡流主要集中在表面（图4-74），而且频率越高，电流集中的表面层越薄，这种现象称为**表面效应**，又称**集肤效应**。

感应电流的透入深度与频率、磁导率、电阻率等因素有关，由于磁导率、电阻率与温度有关，所以，感应电流的透入深度与温度有关。在实际生产中，为了方便起见，钢中在 800℃电流透入深度的计算常使用下列简化公式计算：

$$\Delta_{800} \approx \frac{500 \sim 600}{\sqrt{f}} \text{ (mm)} \tag{4-4}$$

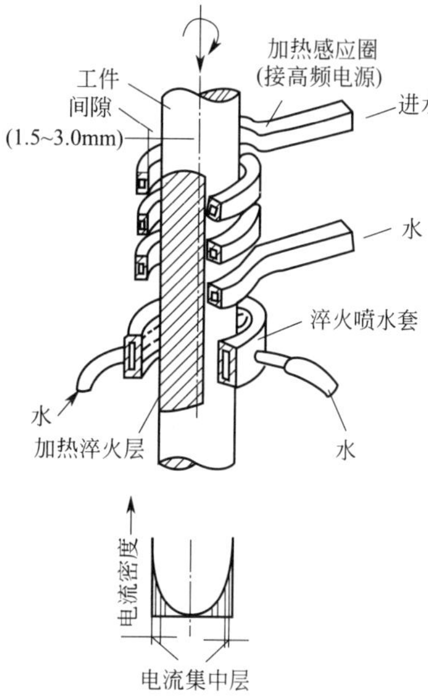

图 4-74　感应加热表面淬火

4.7.1.2　感应加热淬火的分类和选用

根据电流频率的不同，感应加热淬火可以分为超音频（27MHz）、高频（200～300kHz）、中频（2500～8000Hz）和工频（50Hz）四大类。生产中一般根据工件尺寸大小及淬硬层深度要求来选择合适的频率。

（1）高频感应加热淬火　淬硬层深度为 0.5～2mm。适用于要求淬硬层深度较浅的中、小型零件，如中小模数齿轮、小轴类零件等。

（2）中频感应加热淬火　淬硬层深度一般为 2～10mm。适用于淬硬层深度要求较深的大、中型零件，如直径较大的轴类和较大模数的齿轮等。

（3）工频感应加热淬火　淬硬层深度达 10～15mm。适用于大型零件，如直径大于 300mm 的冷轧辊、火车及起重机车轮、钢轨及轴类零件等。此外，钢铁的锻造加热，棒材和管材的正火、调质也可采用工频感应加热（穿透加热）。

（4）超音频感应加热淬火　淬硬层深度在 2mm 以上，适用于模数为 3～6 的齿轮、链轮、花键轴及凸轮等。

4.7.1.3　感应加热淬火的特点

与普通淬火相比，感应加热淬火具有如下特点：

① 感应加热速度快。

② 感应加热淬火后工件表面得到极细的隐晶马氏体组织，使表面的硬度比普通淬火高，脆性也较低，并具有较高的疲劳强度。

③ 工件表面不容易氧化和脱碳，且变形小。

④ 淬硬层深度易于控制。

⑤ 淬火操作易于实现机械化和自动化，劳动条件好，生产率高。

4.7.1.4　感应加热淬火工艺

（1）感应加热淬火用钢　碳的质量分数在 0.4%～0.5%的中碳钢和中碳低合金钢是最适宜于表面淬火的材料，如 40 钢、45 钢、40Cr 钢等。选择中碳钢和中碳低合金钢经预先热处理（正火或调质）后表面淬火，心部保持较高的综合力学性能，而表面具有较高的硬度和耐磨性。

（2）感应加热淬火件的技术要求　表面硬度、淬硬层深度和淬硬区分布等是感应加热淬火件的主要技术要求。其具体要求取决于工件的成分和性能要求。

感应淬火件的硬度范围通常根据零件使用性能而定，一般表面硬度要求在45～58HRC范围内。对于承受摩擦、扭转、弯曲或剪切等的零件，表面硬度和耐磨性要求高，此时硬度要高一些，对于承受冲击载荷的零件，要求有一定的韧性，此时硬度要适当降低。

淬硬层深度一般根据工件的工作条件和使用中是否修磨而定。对于轴类零件，淬硬层深度一般为直径的10%～20%。以耐磨性为主的零件，视磨削余量大小和使用情况，一般控制在1.5～5mm范围之内。

合理分布的淬硬层，对提高零件的力学性能十分重要。对于轴类零件，一般光轴淬硬区应沿截面圆周均匀分布，在轴端应保留2～8mm的不淬硬区，以免淬硬端部时产生尖角裂纹；在同一轴上若有两个淬硬区，应保证足够大的距离，以免形成交接裂纹。花键轴淬火时，淬硬区应超过花键全长10～15mm。

为了保证工件淬火后表面获得均匀细小的马氏体并减少淬火变形、改善心部的力学性能，感应加热淬火前工件需进行预备热处理：一般为调质或正火。重要件采用调质，非重要件采用正火。

与普通淬火件一样，感应加热淬火件一般也要进行回火。回火温度比普通加热淬火件要低，一般不高于200℃，回火时间为1～2h。

感应加热淬火零件的加工工艺路线为：下料→锻造→正火→粗加工→调质→精加工→感应加热淬火＋低温回火→磨削。

4.7.2 其他表面淬火方法

4.7.2.1 火焰加热表面淬火

火焰加热表面淬火是利用氧-乙炔气体或其他可燃气体（如天然气、煤气、石油气等）以一定比例混合进行燃烧，形成强烈的高温火焰，将工件迅速加热到淬火温度，然后急冷，使表面获得要求的硬度和一定的淬硬层深度，而心部依然保持原始组织的一种表面淬火方法。

火焰加热表面淬火零件的常用材料为中碳钢和中碳合金结构钢（合金元素含量＜3%），如35、45、40Cr、65Mn等；还可用于灰铸铁、合金铸铁等铸铁件。其淬硬层深度一般为2～6mm。若要获得更深的淬硬层深度，零件表面可能过热，甚至产生淬火裂纹。

火焰加热表面淬火法与其他表面淬火法相比，设备简单，费用低，操作方便，灵活性大。对单件、小批量生产或需在户外淬火的零件，或运输拆卸不便的巨型零件、淬火面积很大的大型零件、具有立体曲面的淬火零件等尤其适用，因而在重型、冶金、矿山、机车、船舶等工业部门得到了广泛的应用。

4.7.2.2 激光加热表面淬火

激光加热表面淬火是利用高能密度（功率密度大于10^3W/cm^2）激光束对金属工件表层迅速加热和随后激冷，使其表层发生固态相变而达到表面强化的一种淬火工艺。

激光加热表面淬火是一种新的淬火工艺，与常规表面淬火相比，具有如下优点：由于能量密度高，加热速度极快，无氧化脱碳，热变形极小；冷却速度也很快，可自淬火而不需要冷却介质；表面光洁度高，不需要再进行表面精加工，可作为最后一道工序；表面硬度高，一般不需要回火；适合对形状复杂的工件（如带有盲孔、小孔、小槽、薄壁的工件）进行局部表面淬火。

知识巩固 4-13

1. 利用快速加热将表层奥氏体化后进行淬火，以强化零件表面的热处理方法称为表面淬火。（　　）

2. 感应加热的频率越高，则有效加热层深度越深，淬火效果越好。（　　）

3. 由于感应加热的加热速度快，奥氏体形成温度高，保温时间很短，形成的奥氏体晶粒细小，淬火硬度比普通加热淬火的硬度高且脆性小。（　　）

4. 在频率一定的情况下，减小功率可减慢加热速度，实际加热时间延长，淬硬层深度增大。（　　）

5. 感应加热表面淬火能对工件整个表面加热，但不能对局部加热。（　　）

6. 带花键的轴类零件要求整体综合力学性能好，但花键处要求硬度高和耐磨性好，可以对整体进行调质处理以满足综合性能要求，对花键进行表面淬火以满足对硬度和耐磨性的要求。（　　）

7. 零件的尺寸越大或齿轮的模数越大，则需要的淬硬层越深。（　　）

8. 对综合性能要求不高但耐磨性要求高的零件如载荷不大的齿轮、内燃机摇臂等选用中碳钢先正火，然后进行表面淬火＋低温回火。（　　）

9. 对综合性能要求高，局部耐磨性要求高的零件如内燃机的凸轮轴等选用中碳钢先调质，然后进行局部表面淬火＋低温回火。（　　）

10. 可以在钢表面半径为1mm的圆内淬成马氏体。（　　）

4.8 化学热处理

钢的**化学热处理**是在一定的温度下，在不同的活性介质中，向钢的表面同时渗入一种或几种元素，从而改变表面层的化学成分、组织和性能的热处理工艺。钢的化学热处理种类及工艺很多，最常用的方法有渗碳、渗氮和碳氮共渗等。

化学热处理可分为介质分解出活性原子、活性原子被工件表面吸收和向内部扩散三个基本过程。

进行化学热处理时，被处理的金属工件必须置于特定的介质中加热。介质可能是气态，也可能是液态或固态。在一定的温度下，介质将发生分解，以形成渗入元素的活性原子。

吸收是指活性原子被金属表面吸收的过程。

工件表面吸附了渗入元素的活性原子后，该元素的浓度增大，致使表面和内部存在浓度梯度，从而发生渗入原子由浓度高处向浓度低处迁移。

4.8.1 钢的渗碳

为了增加工件表层的含碳量及形成一定的碳浓度梯度，将工件放在渗碳介质中加热并保温，使碳原子渗入表层的化学热处理工艺，称为**渗碳**。它是目前机械制造工业中应用最广泛的一种化学热处理工艺。

根据渗碳介质的状态，渗碳方法分为固体渗碳、液体渗碳和气体渗碳三类。当前生产中普遍使用的是气体渗碳。

4.8.1.1 渗碳件的主要技术要求和渗碳用钢

对渗碳件的主要技术要求是渗碳层的碳浓度、渗碳层深度。这些技术要求是决定渗层组织和性能的关键指标。

渗碳层表面碳的质量分数一般控制在 0.70%～1.05%较适宜。渗碳层碳浓度过低或过高都不好。若表层含碳量小于 0.70%，硬度和耐磨性低；当渗层的含碳量太高，大于 1.05%时，渗层中易出现大块或网状碳化物，导致渗层的脆性剥落或疲劳强度下降。

渗碳层深度是指零件经渗碳后，含碳量高于心部的表层厚度。它是渗碳零件的主要技术要求之一。渗碳层深度可根据工件承受载荷的情况及工件尺寸大小来选定。载荷越大，要求渗碳层的深度越深。渗层太浅，易于产生压陷和剥落；渗层过厚，工艺时间长，不经济，而且淬火后表层的压应力下降，不能提高表面的疲劳强度。

通常渗碳零件以零件的壁厚或齿轮的模数按以下公式计算渗碳层深度，并依据零件受力计算结果和零件的使用经验做出必要的修正。

$$\text{齿轮渗碳层深度(mm)} = \text{齿轮模数} \times (0.15 \sim 0.25) \tag{4-5}$$

其他渗碳零件渗碳层深度按零件壁厚计算，计算公式为：

$$\text{渗碳层深度(mm)} = \text{零件壁厚} \times (0.1 \sim 0.2) \tag{4-6}$$

通常厚壁零件选择系数的下限，而薄壁零件选择上限值。

渗碳用钢的含碳量一般在 0.15%～0.25%，为了提高心部强度，含碳量可以提高到 0.30%。一般要求的渗碳件，多用碳素钢制造，如 15 钢和 20 钢。对于工件截面较大、形状复杂，表面耐磨性、疲劳强度要求高，心部力学性能要求高的零件，多用合金渗碳钢来制造，如 20Cr、20CrMnTi、20CrMnMo 和 18Cr2Ni4WA 等。

4.8.1.2 渗碳方法

渗碳方法主要有固体渗碳、液体渗碳、气体渗碳和特殊渗碳。以下仅对固体渗碳和气体渗碳进行介绍。

（1）固体渗碳 **固体渗碳**是把工件埋在装有固体渗碳剂的箱子里，密封后将箱子放在炉内加热到 900～950℃，保温一定时间后出炉，随箱冷却或打开箱盖取出工件直接淬火。

固体渗碳剂选用的有木炭、焦炭等，生产中主要使用木炭。在固体渗碳剂中一般要加入能加速 CO 形成的催渗剂，例如，加入一定数量的碳酸盐，便能提高渗碳剂的活性和增加 CO 的浓度，达到提高催渗速度的目的。它们的反应式如下：

$$Na_2CO_3 \longrightarrow Na_2O + CO_2 \tag{4-7}$$

$$BaCO_3 \longrightarrow BaO + CO_2 \tag{4-8}$$

$$CO_2 + C \longrightarrow 2CO \tag{4-9}$$

固体渗碳是一种最古老的渗碳方法。其主要优点是：设备简单、适应性强，对渗碳任务不多而又无专门渗碳设备的中、小工厂非常适用；渗碳剂来源丰富（有商品化的固体渗碳剂），生产成本较低；操作简便，技术难度不大。它的主要缺点是：劳动强度大；渗碳剂粉尘污染环境；渗碳箱透热时间长，渗碳速度慢，生产效率低，同时不便于进行直接淬火；渗碳质量不易控制。它适用于单件、小批量生产，尤其适用于盲孔及小孔零件的渗碳。

（2）气体渗碳 将工件放在气体介质中加热并进行渗碳的工艺称为气体渗碳。它是目前应用最广泛、最成熟的渗碳方法。在实际生产中，使用的气体渗碳剂可分为两类：一类为液体介质，如煤油、甲醇等，可直接滴入渗碳炉中，经热分解后产生渗碳气体；另一类是气体介质，如煤气、天然气、液化石油气等，使用时可直接通入渗碳炉内。

气体渗碳的优点是温度及介质成分易于调整，碳浓度及渗层深度也易于控制，并容易实现直接淬火。气体渗碳适用于各种批量、各种尺寸的工件，因而在生产中得到广泛应用。

气体渗碳的工艺方法很多，主要分为滴注法及通气法两大类。

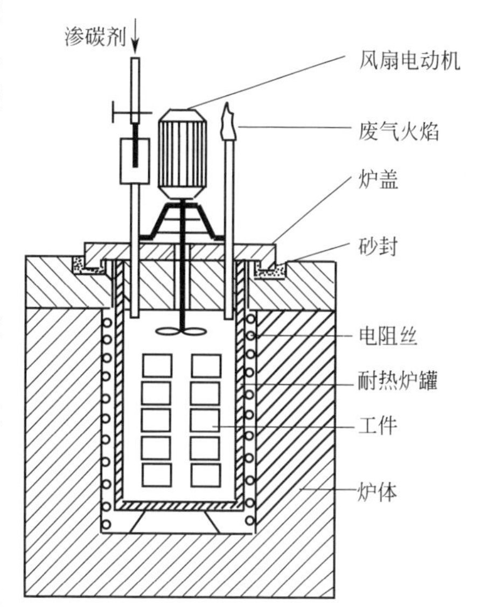

图4-75 滴注式气体渗碳炉

向渗碳炉内滴注液态碳氢或碳氢氧化合物，经过加热分解，形成含 CH_4、CO、H_2 及少量 CO_2、H_2O、O_2 的气氛，其中 CH_4 及 CO 在与炉罐及钢件表面接触时发生分解，析出活性炭原子渗入工件表面的工艺方法称为滴注式气体渗碳（图4-75）。滴注式气体渗碳是目前我国应用最广的渗碳方法。

4.8.1.3 渗碳后的热处理

钢经渗碳后，常用的热处理工艺有以下几种。

（1）预冷直接淬火＋低温回火 渗碳后工件从渗碳温度预冷至略高于 Ar_3 的温度后再进行淬火，叫作**预冷直接淬火**。此法常用于气体渗碳及液体渗碳。固体渗碳由于操作上的困难，很少采用。预冷温度一般稍高于心部的 Ar_3，以免心部析出先共析铁素体。淬火后在150～200℃进行低温回火，工艺曲线如图4-76(a)所示。渗碳件在淬透情况下，表层组织为回火马氏体＋部分二次渗碳体＋残余奥氏体，心部为低碳回火马氏体。该工艺适用于本质细晶粒钢（低合金渗碳钢）制作的零件。

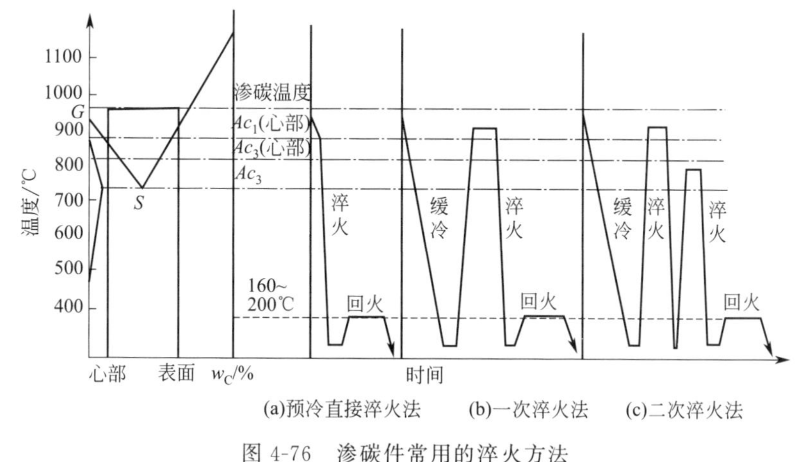

图4-76 渗碳件常用的淬火方法

（2）一次淬火＋低温回火 **一次淬火法**就是将渗碳后的零件置于空气中或缓冷坑中冷至

室温，然后再重新加热淬火，其工艺曲线如图 4-76(b) 所示。淬火加热温度根据零件要求而定。要求心部有较高的强韧性时，淬火温度可选用稍高于心部的 Ac_3 点，这样可使心部晶粒细化，不出现游离铁素体，具有较好的强韧性。对要求表面有较高硬度和耐磨性，而心部性能要求不高的工件来说，可选用稍高于 Ac_1 的温度作为淬火加热温度。此时，心部强度和硬度都比较低，而表面硬度高，耐磨性能好。经过回火后，表层的组织为回火马氏体＋部分二次渗碳体＋残余奥氏体，心部为低碳回火马氏体＋游离铁素体。

一次淬火法多用于固体渗碳后不宜于直接淬火的工件，或气体渗碳后高频表面加热淬火的工件等。

(3) 二次淬火＋低温回火　对于本质粗晶粒钢或使用性能要求很高的零件可采用二次淬火法。所谓**二次淬火**就是在渗碳缓冷后进行两次淬火处理的热处理工艺［图 4-76(c)］，这是一种保证心部与表面都获得高性能的热处理方法。第一次淬火加热温度稍高于零件心部的 Ac_3 温度，目的是细化心部晶粒及消除表面网状碳化物。第二次淬火的目的是使表面获得隐晶马氏体和粒状碳化物，以保证渗层的高强度、高耐磨性，并减少残余奥氏体量。第二次淬火的温度高于表层的 Ac_1 40～60℃。两次淬火处理的特点是表面和心部都能得到比较满意的组织和性能。它的缺点是加热、冷却的次数多，工件易于产生氧化脱碳和变形的缺陷；工艺复杂，能耗大，生产成本高。因此主要适用于有过热倾向的碳钢，以及表面要求高耐磨性、心部要求具有高耐冲击性的承受重载荷的渗碳件。目前该方法已很少应用。

4.8.1.4　渗碳后的组织

低碳钢渗碳后缓冷条件下的渗层组织，由表面到心部，依次为过共析区、共析区、亚共析区（即过渡区），接着为心部原始组织（图 4-77）。

图 4-77　渗碳缓冷后渗碳层的显微组织

渗碳后淬火工件（淬透）由表至里的金相组织依次为：马氏体＋碳化物（少量）＋残余奥氏体→马氏体＋残余奥氏体→低碳马氏体（心部）。

若未被淬透，则心部组织应为屈氏体（或索氏体、珠光体）＋铁素体组织。

渗碳件的加工工艺路线是：下料→锻造→机加工→渗碳→淬火＋低温回火→喷丸→磨削。

知识巩固 4-14

1. 能改变工件表层化学成分的热处理叫化学热处理。（　　）

2. CO 和 CH_4 在高温下可分解出活性 C 原子渗入到工件表层提高表层的含碳量，通过淬火可提高表面硬度、耐磨性和疲劳强度，是最常用的化学热处理工艺。（　　）

3. 气体渗碳是将某些有机化合物如煤油、甲醇、乙醇、异丙醇等滴入渗碳炉内，或直接将渗碳气氛通入炉内，在高温下分解出活性炭原子渗入工件表面的热处理工艺。(　　)

4. 常在900～920℃进行渗碳，为了防止渗碳过程中奥氏体晶粒长大，在渗碳钢中常加入Mo、Ti等合金元素，如20CrMnMo、20CrMnTi等渗碳钢。(　　)

5. 渗碳后可以进行直接淬火、一次淬火和二次淬火，最常用的是直接淬火。(　　)

6. 渗碳后工件表面的含碳量最高，通常为1%左右，渗碳时间越长，渗层越深。(　　)

7. 零件尺寸越大或齿轮模数越大，需要的渗碳层越浅。(　　)

8. 汽车、拖拉机变速箱齿轮常采用渗碳来提高表面硬度、耐磨性、接触疲劳强度和弯曲疲劳强度，而普通机床的变速箱齿轮因为受力小，多数情况下进行表面淬火即可满足使用要求。(　　)

9. 多数凸轮轴选用调质钢经过调质处理并对凸轮进行表面淬火能满足使用要求，如果采用渗碳钢进行渗碳处理，淬火+低温回火也能满足使用要求。(　　)

10. 多数要求综合性能高的零件选用调质钢经过调质后使用，采用渗碳钢经过渗碳处理也能满足使用要求，缺点是成本升高。(　　)

4.8.2 钢的渗氮

在一定温度下（一般在Ac_1以下）使活性氮原子渗入工件表面的化学热处理工艺称为**渗氮**。钢经渗氮后可获得高的表面硬度（1000～1200HV，相当于65～72HRC)、耐磨性、疲劳强度、红硬性及耐蚀性，而且变形极小。

根据渗氮时的加热方式及渗氮机理的不同，有普通氮化及等离子氮化两大类。普通氮化又可以分为气体氮化、液体氮化和固体氮化。目前工业中应用最广泛、最成熟的是气体氮化法。

4.8.2.1 气体氮化工艺

在渗氮罐内通入氨气，在一定温度下，氨气将分解出活性氮原子，活性氮原子被钢吸收后在其表面形成氮化层，同时向心部扩散。

氨气在450℃以上温度与铁接触后分解，其反应式如下：

$$2NH_3 \longrightarrow 2[N]+3H_2 \tag{4-10}$$

氮化温度不超过A_1温度，为500～580℃。由于氮化温度低，氮原子的扩散速度很慢，因而氮化速度慢，所需时间长，渗层也比较薄。

4.8.2.2 渗氮用钢及渗氮的特点

(1) 渗氮用钢　一般选用中碳合金钢。氮化用钢的常见代表钢种为38CrMoAlA，其特点是渗氮后可获得最高的硬度（1200HV)，具有良好的淬透性。因此，普遍用来制造要求表面硬度高、耐磨性好，心部强度高的渗氮件。

(2) 渗氮的特点　渗氮具有以下特点。

① 氮化处理是工件加工工艺路线中最后一道工序。氮化零件工艺路线为：下料→锻造→退火→粗加工→调质→精加工→去应力退火→粗磨→渗氮→精磨或研磨。

② 氮化温度低，变形很小。与渗碳、感应加热淬火相比，其变形很小。

③ 渗氮后的工件，不需要淬火便具有很高的表面硬度、耐磨性和红硬性。

④ 氮化显著提高钢的疲劳强度。

⑤ 氮化后的钢具有很高的耐腐蚀性。

4.8.2.3 离子氮化

在低真空（2000Pa）含氮气氛中利用工件（阴极）和阳极之间产生的辉光放电进行渗氮的工艺称为**离子氮化**，又称为等离子氮化。它不像气体渗氮那样由氨气分解而产生活性氮原子，而是被电场加速的粒子碰撞含氮气体的分子和原子而形成的氮离子在工件表面吸附、富集而形成活性很高的氮原子。经过离子渗氮的零件具有很高的表面硬度、耐磨性和疲劳强度。

与气体氮化相比，离子氮化具有几个优点：渗氮温度范围较宽；氮化时间短，速度快，处理周期为气体渗氮的1/3左右；渗氮层脆性小，工件变形小；不渗氮部分便于防护，容易实现局部渗氮；适用范围广，不仅适用于38CrMoAlA等专用渗氮钢，合金工具钢、不锈钢、耐热钢及球墨铸铁及铁基粉末冶金等材料都可进行渗氮。离子氮化工艺目前在生产中已得到了广泛应用。

知识巩固 4-15

1. 渗氮可以提高钢铁件的表面硬度、耐磨性、疲劳强度和耐蚀性。(　　)

2. 气体渗氮的渗剂是氨气，在500～580℃分解为氢气和活性氮原子，氮原子吸附在工件表面并向内部扩散形成渗氮层，渗氮层表层是氮化物层，次表面是含氮的固溶体上分布各种氮化物，表面硬度高达1200HV，因此具有很高的强度和耐磨性。(　　)

3. 离子渗氮的渗速大于气体渗氮的渗速。(　　)

4. 38CrMoAl是常用的渗碳钢，氮与Cr、Mo、Al都能形成氮化物，经过调质后再进行渗氮，不影响整体的综合性能且表面具有很高的硬度、耐磨性和疲劳强度。(　　)

5. 渗氮主要用于高精度耐磨零件、高疲劳强度件、耐热件、耐腐蚀件等的表面热处理。(　　)

4.8.3 复合渗

4.8.3.1 碳氮共渗

在一定温度下，同时将碳、氮渗入工件表层中并以渗碳为主的化学热处理工艺称为**碳氮共渗**，最早的碳氮共渗是在含有氰根的盐浴中进行的，因此又称为**氰化**。碳氮共渗与渗碳不同，是渗碳和渗氮的综合，兼有二者的长处，具有以下优点：由于共渗温度低（820～860℃），时间短，晶粒细小，可直接淬火；共渗后可用较低的速度冷却，淬火变形和开裂的倾向小；在相同的温度和时间条件下，碳氮共渗的渗速较快，可以缩短工艺周期；碳氮共渗层比渗碳具有更高的耐磨性、疲劳强度和耐蚀性；比氮化有更高的抗压强度和更低的表面脆性。

碳氮共渗按使用介质不同可分为固体碳氮共渗、液体碳氮共渗与气体碳氮共渗。气体碳氮共渗是目前广泛应用的一种方法。

气体碳氮共渗常用的介质可分为两大类：一类是渗碳介质加氨气，如煤油＋氨气、煤气+氨气等；另一类是含有碳氮元素的有机化合物，如三乙醇胺$(C_2H_4OH)_3N$+20%尿素$(NH_2)_2CO$等。

碳氮共渗后的零件经淬火+低温回火后，共渗层表面组织为细片状的含氮的高碳回火马氏体+粒状碳氮化合物+少量的残余奥氏体，扩散层为回火马氏体+残余奥氏体。心部组织取决于钢的成分和淬透性。但由于各组织中除含碳外还含有氮，而且由于共渗温度较低，晶粒细小，因而共渗层的硬度、耐磨性均高于渗碳。另外由于碳氮马氏体的比容大于含碳马氏体的比容，因而淬硬层具有较高的压应力，所以共渗层的抗弯曲疲劳强度和接触疲劳强度均高于渗碳零件。总之，碳氮共渗零件的力学性能优于渗碳零件。因此在实际生产中，目前有许多零件已采用碳氮共渗工艺代替渗碳工艺，尤其当共渗层的厚度≤0.75mm时，采用碳氮共渗既可获得高性能的零件，又可提高生产率和降低生产成本。

4.8.3.2 氮碳共渗（软氮化）

氮碳共渗俗称软氮化，它是在Fe-C-N三元素共析温度以下（530～570℃）对工件表面进行氮碳共渗的一种化学热处理工艺。它以渗氮为主，同时也渗入少量的碳原子。这种处理能大幅度提高钢件的疲劳强度、耐磨性、抗擦伤和抗咬合能力以及耐腐蚀性。与气体氮化相比，软氮化具有以下特点：氮化速度快，时间短，一般为1～4h，而气体氮化长达几十小时；软氮化所形成的表面白亮层一般脆性较小，不容易发生剥落；零件变形很小；适用的材料广，气体氮化适用于特殊的渗氮钢，而软氮化不受材料限制，可广泛用于碳钢、合金钢、铸铁、粉末冶金材料等。目前普遍用于模具、量具、刀具及耐磨零件的处理。

氮碳共渗的渗剂有三种：第一种是以氨气为主体添加其他渗碳气氛，如吸热型气氛、醇类裂化气等；采用氨气作为供氮气体，采用吸热式渗碳气体作为供碳气体；第二种是液体有机溶剂如甲酰胺、三乙醇胺等，其中以甲酰胺应用最广；第三种是尿素。

软氮化后的共渗组织与渗氮组织大致相同，碳钢软氮化后的组织为$F_{2\sim3}(N,C)$、Fe_3N和Fe_4N构成的化合物层。对于含有Cr、Mo、V、Al、Ti等元素的合金钢，共渗后除以上组织外，共渗层中还有许多呈弥散分布的细小的合金氮碳化物，它们起到弥散强化作用，能显著提高白色化合物层和扩散层的硬度，但降低了氮化速度。

知识巩固 4-16

1. 碳氮共渗的温度为820～860℃，向炉内同时通入渗碳剂和氨气使碳和氮同时渗入工件，渗完后直接淬火。（ ）

2. 碳氮共渗由于温度低，原子扩散速度较慢，不适合深层（>1mm）要求的渗层。（ ）

3. 低温气体氮碳共渗温度为500～570℃，以渗氮为主，同时渗入少量碳。（ ）

4. 表面热处理后的硬度和耐磨性由高到低的顺序是：渗氮、氮碳共渗、碳氮共渗、渗碳、表面淬火。（ ）

5. 表面热处理后不仅表面具有高硬度、高强度，同时还具有较大的残余压应力，使得表面热处理成为提高零件疲劳强度、耐磨性的有效热处理方法。（ ）

讨论题提纲

1. 讨论固溶和淬火的异同点、强化原理和适用范围。

固溶和淬火的相同点：得到过饱和固溶体。

强化原理：固溶强化。

固溶和淬火的不同点和适用范围如下。

固溶：基体无晶格类型变化。适用范围：有色金属、奥氏体钢。

淬火：基体有晶格类型变化→相变强化：位错、孪晶、亚晶界。适用范围：主要是钢铁。

2. 讨论时效和回火的异同点、强化原理和适用范围。

时效和回火相同点：过饱和固溶体分解。

强化原理：固溶强化减弱，第二相强化增强。

时效和回火不同点如下。

时效：固溶强化减弱，第二相强化增强，综合结果为强度提高。

适用范围：有色金属、奥氏体钢、沉淀硬化钢（含 Ti、W、Mo、V、Nb）。

回火：固溶强化减弱，相变强化减弱，第二相强化增强，综合结果为强度（低温回火）提高，强度（中、高温回火）降低、内应力降低，塑性和韧性提高。

适用范围：淬火钢。

3. 讨论淬透性的工程意义、影响淬透层深度的因素和提高淬透层深度的措施。

淬透性的工程意义：获得马氏体。

影响淬透层深度的因素：淬透性、奥氏体化条件、尺寸、淬火介质。

提高淬透层深度的措施：材料、加热工艺、淬火介质。

4. 讨论表面淬火和化学热处理的工艺、组织、性能特点及应用。

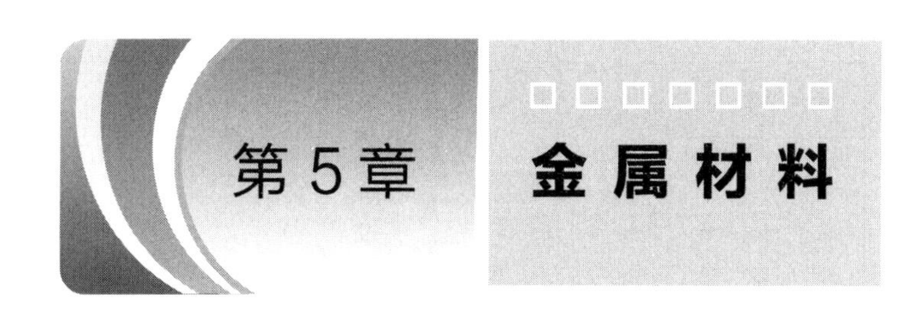

第5章 金属材料

无论是过去、现在还是将来，金属材料是机械工程领域最重要的材料。本章介绍常用的渗碳钢、调质钢、弹簧钢、滚动轴承钢、碳素刃具钢、低合金刃具钢、高速钢、热作模具钢、冷作模具钢的含碳量范围、主要合金元素的作用、热处理及其主要用途；不锈钢、耐热钢、耐磨材料、铸铁、有色金属材料及其应用。

学习目标

1. 掌握渗碳钢、调质钢、弹簧钢、滚动轴承钢、碳素刃具钢、低合金刃具钢、高速钢、热作模具钢、冷作模具钢的含碳量范围、主要合金元素的作用、热处理及其主要用途。

2. 了解不锈钢、耐热钢、耐磨材料、铸铁、有色金属材料及其应用。

3. 掌握根据零件服役条件合理选择金属材料、制定热处理工艺的基本原则和方法。

5.1 机器零件用钢

机器零件的特点是在较大载荷下使用，因而力学性能是其最重要的性能。由于零件的受力状况和大小、应力集中等情况不同，对材料力学性能的要求也不同，因而，开发了众多材料。按照用途，可分为渗碳钢、调质钢、弹簧钢、滚动轴承钢等钢种。

5.1.1 渗碳钢

5.1.1.1 渗碳钢的化学成分及热处理特点

渗碳钢的化学成分如下：

① $w_C=0.15\%\sim0.25\%$，属于低碳钢，可以保证渗碳零件心部具有足够的塑性和韧性。

② $w_{Mn}<2.0\%$、$w_{Cr}<2.0\%$、$w_{Ni}<4.0\%$，提高淬透性和心部强度。

③ $w_W<1.2\%$、$w_{Mo}<0.6\%$、$w_{Ti}<0.1\%$ 、$w_V<0.4\%$，这些元素能细化晶粒，防止零件在渗碳过程中发生奥氏体晶粒长大。

用渗碳钢制造的零件，渗碳后要进行淬火和低温回火（180～200℃）。渗碳后，钢表层的碳浓度较高，所以在淬火和低温回火后，表层可获得回火马氏体、一定量的合金碳化物和残余奥氏体组织，硬度高、耐磨性好，接触疲劳强度和弯曲疲劳强度都很高；心部获得有足够强度和韧性的低碳马氏体，达到“表硬里韧”的性能要求。表 5-1 所示为常用渗碳钢的热处理规范及力学性能。

表 5-1 常用渗碳钢的热处理规范及力学性能

钢号	毛坯尺寸/mm	热处理					力学性能				
		淬火温度/℃		冷却介质	回火温度/℃	冷却介质	R_s/MPa	R_m/MPa	A/%	Z/%	K_U/J
		第一次	第二次				不小于				
15Mn2	15	900		空		水、空	350	600	17	40	
15Cr		880	800	水、油	200	水、空	500	750	11	45	56
20Cr		880	800	水、油	200	水、空	550	850	10	40	48
20Mn2		850		水、油	200	水、空	600	800	10	40	48
20CrMnTi		880	870	油	200	水、空	850	1100	10	45	56
20CrMnMo		850		油	200	水、空	900	1200	10	45	56
12CrNi3A		860	780	油	200	水、空	700	950	11	50	72
12CrNi4A		860	780	油	200	水、空	850	1100	10	50	72
18Cr2Ni4WA		950	850	空	200	水、空	850	1200	10	45	80
20Cr2Ni4A		880	780	油	200	水、空	1100	1200	10	45	64

5.1.1.2 常用渗碳钢及用途

根据淬透性的高低，常用的合金渗碳钢可分为三类。

(1) 低淬透性合金渗碳钢　低淬透性合金渗碳钢包括 15Cr、20Cr、15Mn2、20Mn2 等。这类钢经渗碳、淬火与低温回火后**心部强度较低**，主要用作受力不太大、心部强度不需要很高的耐磨零件，如柴油机的凸轮轴、挺杆、小齿轮等。

(2) 中淬透性合金渗碳钢　中淬透性合金渗碳钢包括 20CrMnTi、12CrNi3A、20CrMnMo、20MnVB 等。这类钢中合金元素总量在 4%左右，其淬透性和强度较高，主要用于承受中等动载荷的耐磨零件，如汽车变速齿轮、联轴节、齿轮轴、花键套等。

(3) 高淬透性合金渗碳钢　高淬透性合金渗碳钢包括 12Cr2Ni4A、18Cr2Ni4WA、20Cr2Ni4A 等。这类钢合金元素总量小于 7.5%，淬火与低温回火后心部强度很高，主要用作重载和强烈磨损的大型零件，如内燃机的主动牵引齿轮、柴油机曲轴等。

5.1.1.3 渗碳钢渗碳后的性能及应用

渗碳钢经过渗碳、淬火和低温回火后具有以下性能特点：

① 渗碳后表面具有四高性能，即具有高硬度、高耐磨性、高的接触疲劳强度和高的弯曲疲劳强度。

② 心部具有较高的强度、塑性和韧性，即具有良好的综合力学性能。

③ 渗碳工艺生产成本较高。

选用渗碳钢进行渗碳、淬火和低温回火后使用的零件主要有以下几类：

① 表面要求耐磨性高，同时要求具有较高疲劳强度和韧性的零件，如凸轮轴、内燃机活塞销。

② 高应力下使用的轴类零件，这一类轴类零件对疲劳强度要求高，调质钢不能满足高疲劳强度要求。如风电的主轴、大功率内燃机曲轴等。

③ 高接触应力的齿轮，如汽车、拖拉机等变速箱齿轮。由于接触应力大导致接触疲劳、磨损、齿根弯曲疲劳，甚至一次冲断等失效形式。

例 5-1　以 20CrMnTi 合金渗碳钢制造的汽车变速齿轮为例，说明其热处理方法的选定和工艺的安排。

技术要求：渗碳层厚度 1.2～1.6mm，表面碳浓度为 1.0%，齿顶硬度 58～60HRC，心部硬度 30～45HRC。

整个工艺路线如下：锻造→正火→加工齿轮→渗碳→预冷淬火、低温回火→喷丸→磨齿（精磨）。

齿轮毛坯在机加工前需要正火，正火工艺曲线如图 5-1(a) 所示，是为了改善锻造状态的不正常组织，提高硬度以利于切削加工。20CrMnTi 钢的渗碳温度为 920℃左右，经查手册得知渗碳层厚 1.2～1.6mm 时所需渗碳时间为 6～8h。渗碳后，自渗碳温度预冷到 870～880℃直接油淬［图 5-1(b)］，再经 200℃低温回火 2～3h［图 5-1(c)］。表面层由于碳含量较高，淬火低温回火后基本上为回火马氏体组织，具有很高的硬度和耐磨性，心部为低碳回火马氏体组织，具有高的强度和足够的冲击韧性。

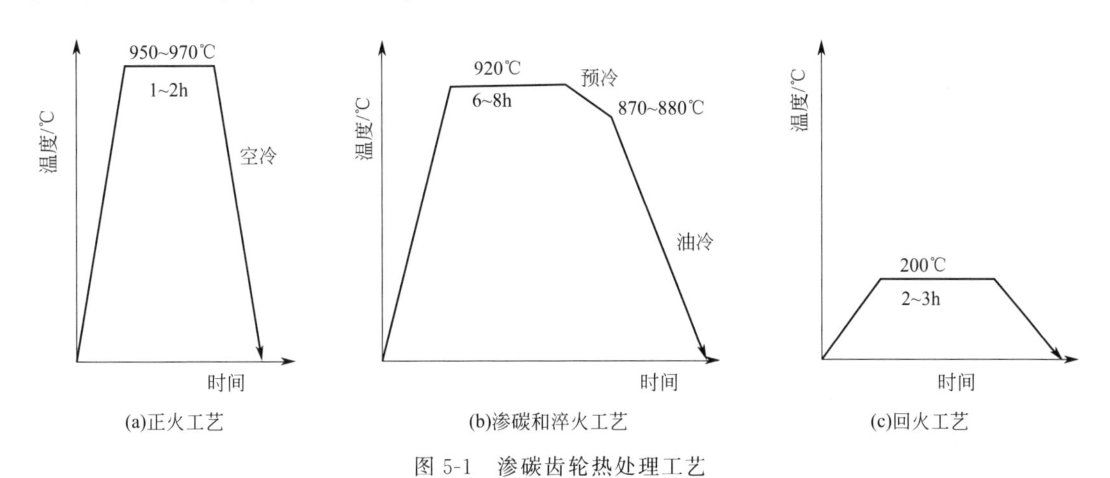

图 5-1　渗碳齿轮热处理工艺

知识巩固 5-1

1. 下列钢中不属于渗碳钢的是______。

(a) 15Cr、20Cr　　(b) 20CrMnTi、20CrMnMo

(c) 12Cr2Ni4A、18Cr2Ni4WA　　(d) 40Cr、42CrMo

2. 按淬透性由小到大排列正确的是______。

(a) 15Cr、18Cr2Ni4WA、20CrMnTi　　(b) 18Cr2Ni4WA、20Cr、20CrMnTi

(c) 20Cr、20CrMnMo、18Cr2Ni4WA　　(d) 18Cr2Ni4WA、20CrMnMo、15Cr

3. 活塞销的壁厚小于 10mm，采用渗碳工艺提高耐磨性，合适的材料是____。

(a) 15　　(b) 18Cr2Ni4WA　　(c) 20Cr　　(d) 40Cr

4. 制造汽车或拖拉机变速箱齿轮可选用______。

(a) 15Cr　　(b) 18Cr2Ni4WA　　(c) 20CrMnTi　　(d) 40Cr

5. 制造高应力下工作的曲轴可选用______。

(a) 15Cr　　(b) 20Cr　　(c) 20CrMnMo　　(d) 60Si2Mn

6. 制造承受较大弯曲应力的凸轮轴可选用______。

(a) 15　　(b) 20Cr　　(c) W18Cr4V　　(d) 60Si2Mn

7. 用 20CrMnMo 制造渗碳齿轮的加工路线是：锻造→正火→加工齿轮→渗碳→预冷淬火、低温回火。（　　）

8. 齿轮的模数越大，所选材料的淬透性也要越大。（　　）

9. 渗碳钢也可以在不渗碳的状态下使用。（　　）

10. 渗碳件淬火加低温回火后的耐磨性没有中碳钢表面淬火后的耐磨性好。（　　）

5.1.2 调质钢

调质钢是指经淬火及高温回火（调质）处理后使用的碳素结构钢和合金结构钢，热处理后得到回火索氏体组织，具有高的强度和良好的塑性与韧性的配合，即具有良好的综合力学性能。

5.1.2.1 调质钢的化学成分

调质钢的化学成分如下：

① w_C=0.30%～0.45%，属于中碳钢，可以保证调质后零件具有良好的综合力学性能。

② 合金调质钢中的主加元素有 Cr、Ni、Mn、Si 等，它们大都溶入基体，提高淬透性和强度、塑性及韧性。

③ W、Mo、V 起到细化晶粒、防止第二类回火脆性的作用。

常用调质钢处理规范及其性能指标见表 5-2。

表 5-2 常用调质钢调质处理规范及其性能指标

钢号	油淬临界直径/mm	热处理				力学性能(不小于)				
		淬火温度/℃	冷却介质	回火温度/℃	冷却介质	$R_{P0.2}$/MPa	R_m/MPa	A_5/%	Z/%	A_{KU}/J
45	5～20(水)	830	水	560	水	550	850	15	40	40
40Mn2V	25	860	油	600	水、油	850	1000	11	45	48
40MnVB	25～67	850	油	500	水、油	850	1050	10	45	56
40Cr	18～48	850	油	500	水、油	800	1000	9	45	48
40CrMn	20～47	840	油	520	水、油	850	1000	9	45	48
35CrMo	31～90	850	油	560	水、油	850	1000	12	45	64
42CrMo	39～120	850	油	580	水、油	950	1100	12	45	64
40CrNi	28～90	820	油	500	水、油	800	1000	10	45	56
40CrMnMo	43～150	850	油	600	水、油	800	1000	10	45	80
40CrNiMo	21～85	850	油	620	水、油	850	1000	12	55	80

5.1.2.2 常用调质钢及调质工艺

40 钢、45 钢等中碳钢经调质热处理后，力学性能不高，只适用于尺寸较小、应力较小的零件。合金调质钢淬透性好、淬火临界尺寸大，可用于尺寸较大、应力较高的零件。如 40CrNiMo、42CrMo 钢的综合力学性能较好，尤其是强度较高，比相同碳含量的碳素调质钢高 30%左右。

常用的合金调质钢通常包括三种系列。

（1）Mn 钢、Si-Mn 钢、Mn-B 钢　这类钢中主要合金元素 Mn 的作用是强化铁素体和增加淬透性。Si-Mn 钢的强度较好，但塑性和韧性较差，退火后硬度偏高。极少量的 B 能显著推迟铁素体转变，提高钢的淬透性。这类钢有第二类回火脆性，且奥氏体晶粒容易长大，加入 V 可细化晶粒和防止第二类回火脆性。

（2）Cr 钢、Cr-Mo 钢、Cr-Mn 钢、Cr-V 钢　Cr 钢中最常用的钢种是 40Cr，Cr 的加入主要是增加淬透性，强度有所提高，对塑性、韧性影响不大。42CrMo、35CrMo、40CrV 钢中的 Mo、V 不仅能增加淬透性，也能细化组织，防止第二类回火脆性，提高塑性和韧性。Cr-Mn 钢中同时加入 Cr、Mn 两种元素，能更好地提高钢的淬透性和强度。

（3）Cr-Ni 钢、Cr-Ni-Mo 钢　钢中同时加入 Cr、Ni 两种元素，可获得更好的力学性能，高的强度、韧性和塑性，同时也有很好的淬透性，但 Cr-Ni 钢有第二类回火脆性，加入 Mo 形成 Cr-Ni-Mo 钢则无第二类回火脆性。

调质钢的热处理可以分为两种。

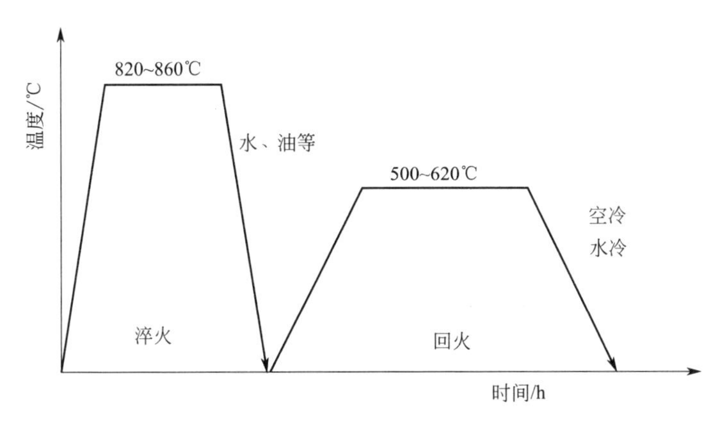

图 5-2　常用调质钢的调质处理工艺曲线

（1）预备热处理　根据调质钢的化学成分和组织特点，可采用退火、正火或正火＋高温回火等预处理方法。对于合金元素含量较少的钢，采用正火处理，正火后组织为索氏体；对于合金元素含量较多的钢，采用退火或正火＋高温回火，因为正火后组织可能出现马氏体，硬度较高，不利于切削加工，进行高温回火可降低硬度，提高切削加工性能。

（2）调质处理　调质处理是使零件达到力学性能要求的关键，淬透性的大小直接影响钢的最后力学性能。

调质钢热处理的第一步工序是淬火，一般都在油中淬火。处于淬火状态的钢，内应力大，很脆，不能直接使用，必须进行第二步工序——回火，其目的是消除内应力，提高塑性和韧性，调整强度，获得良好的综合力学性能。调质处理工艺曲线如图 5-2 所示。常用的淬火加热温度为 820～860℃，碳素钢用水冷却，合金钢用油冷却，较大尺寸的合金钢也可用水或水基淬火剂。回火温度大致在 500～620℃，要根据所用钢回火后的性能与回火温度的关系和零件对性能的具体要求确定具体的回火温度。无第二类回火脆性的钢回火后可以用空冷或水冷，有第二类回火脆性的钢回火后一定用水冷却，防止出现第二类回火脆性。

5.1.2.3　调质钢调质后的性能及应用

调质钢经调质处理后具有以下性能特点：

① 调质钢经调质处理后具有较高的强度，一般屈服强度在 700MPa 以上，疲劳强度大于 350MPa，零件的实际应力可达 350MPa 以上，如果需要，还可以通过适当降低回火温度进一步提高强度。

② 调质钢经过调质后具有良好的塑性和韧性，适合于应力集中大、冲击载荷等场合，能满足多数零件的服役条件要求。

③ 如果局部要求耐磨性较高，可以通过局部表面淬火低温回火提高耐磨性。

④ 对疲劳强度要求非常高的轴类零件，可以选用合金调质钢（如 38CrMoAl）经过调质＋渗氮处理使疲劳强度达到最高值。

例 5-2 用 40Cr 钢制造内燃机连杆螺栓（图 5-3），对其性能要求为：硬度≥280HBS，$R_{P0.2}$≥900MPa，R_m≥1000MPa，A≥10%，Z≥55%，A_K≥60J。40Cr 钢回火后的性能与回火温度的关系如图 5-4 所示。制定简明工艺路线和调质工艺。

分析：连杆螺栓是内燃机中一个重要的连接零件，在工作时它承受冲击性的、周期变化的拉应力和装配时的预应力，要求它具有足够的强度、冲击韧性和抗疲劳性能。连杆螺栓的直径虽然只有 16mm，但是，由于承受的是拉应力，心部也必须淬成马氏体，如果用碳素钢一般不能满足这一要求。另外，连杆螺栓上有缺口，如果用碳素钢必须用水冷，容易淬裂，综合考虑，选用合金调质钢 40Cr 比较合适。

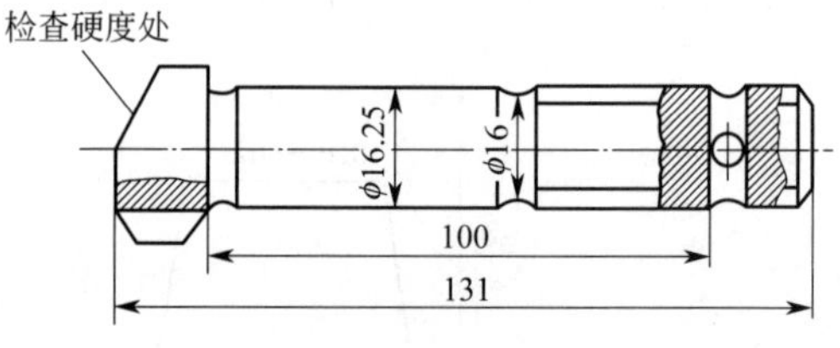

图 5-3 连杆螺栓

连杆螺栓的生产工艺路线如下：

下料→锻造→退火→机加工→调质→机加工（精加工）→检测硬度。

退火（或正火）作为预先热处理，是为了改善锻造组织，细化晶粒，有利于切削加工，并为随后的调质热处理做好组织准备。

调质热处理——淬火：加热温度（840±10)℃，油冷，获得马氏体组织；满足硬度要求，回火温度≤570℃，满足 $R_{P0.2}$ 要求，回火温度≤600℃，满足 R_m 要求，回火温度≤630℃，满足 A 要求，回火温度≥470℃，满足 Z 要求，回火温度≥470℃，满足 A_K 要求，回火温度≥450℃，能同时满足上述要求的温度范围是 470～570℃，所以，回火温度可取 520℃，回火后水冷（防止第二类回火脆性），其调质工艺曲线如图 5-5 所示。经过调质处理后金相组织为回火索氏体，不允许有块状铁素体出现，否则会降低强度和韧性。

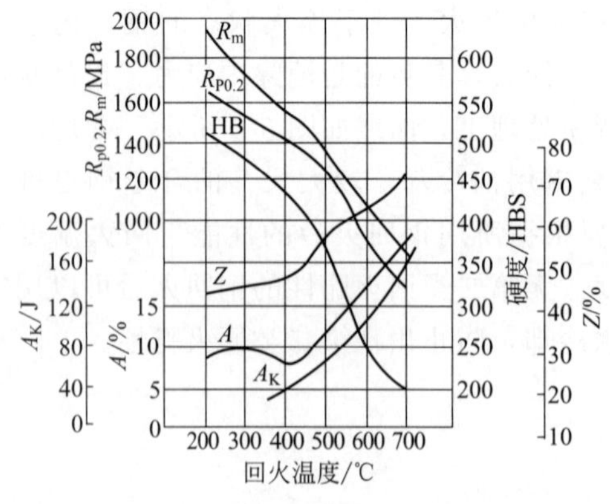

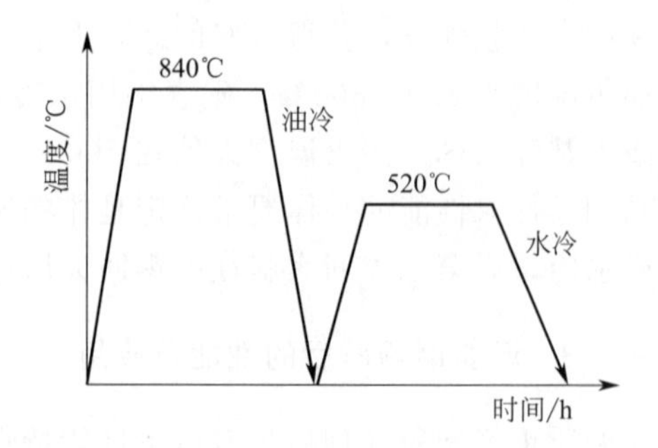

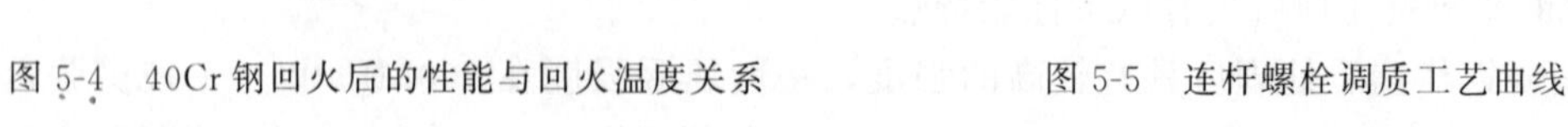

图 5-4 40Cr 钢回火后的性能与回火温度关系　　图 5-5 连杆螺栓调质工艺曲线

例 5-3 图 5-6 给出了 40Cr 调质钢制备的主轴，调质后要求硬度为 220～250HBS，局部表面（图 5-6）要求硬度为 48～53HRC。写出其简明加工路线并确定回火温度。

加工路线：下料→锻造→退火→机加工→调质→精加工→局部表面淬火→精加工。由图 5-4 可知，620℃回火，硬度在 220～250HBS。

本例说明，由于对零件的局部有更高的硬度和耐磨性要求，在进行完调质处理之后，在零件的局部再进行高频感应加热表面淬火处理，提高表面硬度和耐磨性。现在这种方法用得非常普遍，如凸轮轴、花键轴、曲轴等。当然，如果经过表面淬火还不能满足强度和耐磨性要求，可考虑采用渗碳或渗氮处理。

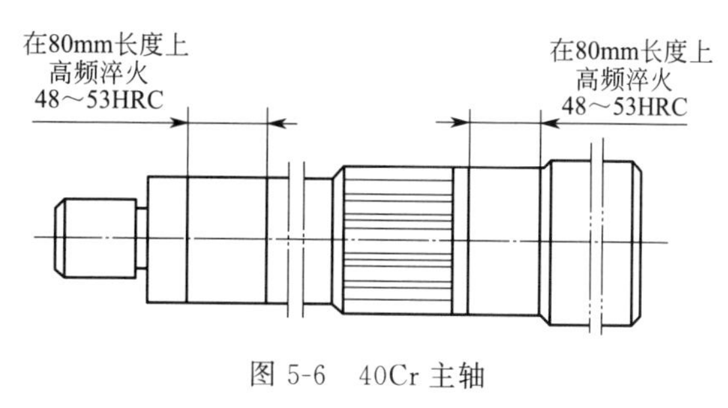

图 5-6 40Cr 主轴

例 5-4 调质钢用于制造中等接触应力的齿轮。

齿轮是机械工业的基础件，种类多，应用广。齿轮的选材主要根据接触应力大小进行选择，因为摩擦力、弯曲应力与接触应力成正比。如果接触应力很小，如玩具、仪表齿轮可选用工程塑料、黄铜；接触应力再提高，可选用灰铸铁、球墨铸铁；通用的减速机、矿山机械、机床变速箱等齿轮可选用调质钢经过调质处理或表面淬火处理。当用调质钢经过表面淬火还不能满足使用要求时再考虑采用渗碳钢进行渗碳处理。

知识巩固 5-2

1. 下列钢中不属于调质钢的是______。

(a) 40 钢、45 钢　　(b) 40Cr 钢、42CrMo 钢

(c) 20CrMnTi　　(d) 38CrMoAl

2. 一个直径为 20mm 的轴，要求抗拉强度大于 700MPa 且综合力学性能较好。从经济角度考虑，同时又能满足性能要求，比较合适的选材和热处理工艺是______。

(a) 45 钢淬火＋中温回火　　(b) 45 钢淬火＋低温回火

(c) 40Cr 调质处理　　(d) 45 钢调质处理

3. 一个直径为 70mm 的轴，要求抗拉强度大于 900MPa 且综合力学性能较好，比较合适的选材和热处理工艺是____。

(a) 45 钢淬火＋中温回火　　(b) 45 钢淬火＋低温回火

(c) 40Cr 调质处理　　(d) 45 钢调质处理

4. 一个直径为 200mm 的轴，要求综合力学性能好，比较合适的选材和热处理工艺是______。

(a) 45 钢调质处理

(b) 42CrMo 钢加热到单相 A 区，水冷，最后高温回火

(c) 42CrMo 钢加热到 A 区，油冷，最后高温回火

(d) 45 钢加热到 A 区，水冷，最后高温回火

5. 直径约 20mm 的连杆螺栓是内燃机中的关键部件，要求综合力学性能非常高，比较合适的选材和热处理工艺是______。

(a) 20Cr 渗碳＋淬火＋低温回火　　(b) 45 钢淬火＋中温回火

(c) GCr15 钢调质处理　　(d) 40Cr 钢调质处理

6. 某零件用40Cr制造，在强度、淬透性方面还不能满足要求，改用______可能能满足要求。
(a) 50　(b) 45　(c) 42CrMo　(d) 5CrMnMo
7. 某零件用45钢制造，淬硬层深度不能满足要求，改用______可能能满足要求。
(a) 40Cr　(b) 50　(c) 40　(d) 60Si2Mn
8. 某零件用40Cr钢制造，淬硬层深度不能满足要求，改用______可能能满足要求。
(a) 40钢　(b) 40MnVB　(c) 5CrNiMo　(d) 20CrMnTi
9. 调质钢调质后具有高的强度、良好的塑性与韧性的配合，即具有良好的综合力学性能。(　　)
10. 调质钢只能调质后使用。(　　)

5.1.3　弹簧钢

弹簧主要分为板弹簧和螺旋弹簧两大类，是利用弹性变形来储存能量、缓和振动和冲击。弹簧所受应力主要是切应力和弯曲应力，而且都是变动载荷，主要失效形式是疲劳断裂。无论哪种结构的弹簧，其储存的能量与应力的平方成正比，因此，弹簧钢应满足以下性能要求：

① 具有较高的弹性极限，以保证其足够的弹性变形能力，避免在高负荷下产生塑性变形。

② 具有较高的疲劳强度、高的屈强比（$R_{P0.2}/R_m$）和良好的表面质量，以免产生疲劳破坏。

③ 弹簧在工作时往往承受各种冲击载荷，因此需要具有足够高的韧性。

④ 具有一定的淬透性和低的脱碳敏感性。

⑤ 在高温及腐蚀条件下工作的弹簧，还应该具有良好的耐热性和耐蚀性。

5.1.3.1　弹簧钢的化学成分

弹簧钢的化学成分如下：

① w_C=0.46%～0.75%，属于中高碳钢，可以保证弹簧经热处理后具有较高的弹性极限和疲劳强度。

② 合金弹簧钢中的主加元素有w_{Mn}=0.50%～1.3%和w_{Si}=0.70%～2.0%，它们大都溶入基体，提高淬透性和强度，而Si对提高弹簧钢屈强比的作用尤为突出。

③ w_{Cr}=0.60%～1.10%、w_V=0.10%～0.20%，具有提高淬透性和提高弹簧钢的高温强度的作用。

表5-3是常用热轧弹簧钢的热处理和力学性能。

表5-3　常用热轧弹簧钢的热处理和力学性能

钢号	热处理			力学性能(不小于)			
	淬火温度/℃	淬火介质	回火温度/℃	$R_{P0.2}$/MPa	R_m/MPa	A/%	Z/%
65	840	油	500	785	980	9	35
70r	830	油	480	835	1030	8	30
65Mn	830	油	540	785	980	8	30
60Si2Mn	870	油	480	1180	1275	5	25
55SiCrA	860	油	450	1300	1450	6	25
55CrMnA	830	油	460	1080	1225	9	20
50CrVA	850	油	500	1130	1275	10	40
55SiMnVB	850	油	460	1225	1375	5	30

5.1.3.2 常用弹簧钢

常用的弹簧钢包括 65Mn、55Si2Mn、60Si2Mn、55SiMnMoV 等。65Mn 钢中锰含量为 0.90%～1.20%，属于较高锰含量的优质碳素结构钢，这类钢淬透性较好，强度较高，但有脱碳敏感性、过热倾向和回火脆性，淬火时容易开裂。55Si2Mn、60Si2Mn 属于硅锰弹簧钢，由于硅含量较高，可显著提高弹性极限和回火稳定性。

55SiMnMoV 为新钢种，有更好的淬透性和更高的强度，可替代 55CrVA 钢制造大截面汽车板簧和重型车、越野车的板簧。

5.1.3.3 弹簧的生产工艺路线

(1) 热轧弹簧钢　热轧弹簧钢采用的加工工艺路线如下（以板簧为例）：扁钢剪断→加热压弯成形后淬火＋中温回火→喷丸→装配。

弹簧钢淬火温度一般为 830～870℃。加热时不允许脱碳，以免降低钢的疲劳强度。淬火加热后在油中冷却，冷至 100～150℃时即可进行中温（400～550℃）回火，获得回火屈氏体组织。热处理工艺如图 5-7 所示。弹簧热处理后要进行喷丸处理，使其表面强化，并且使表层产生残留压应力，提高弹簧的疲劳寿命。

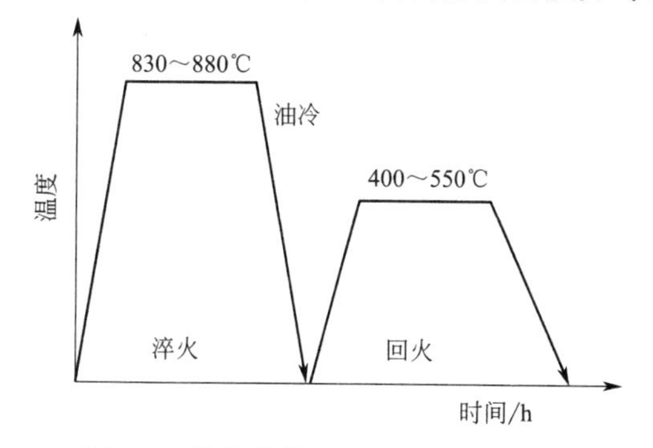

图 5-7　热轧弹簧钢的热处理工艺曲线

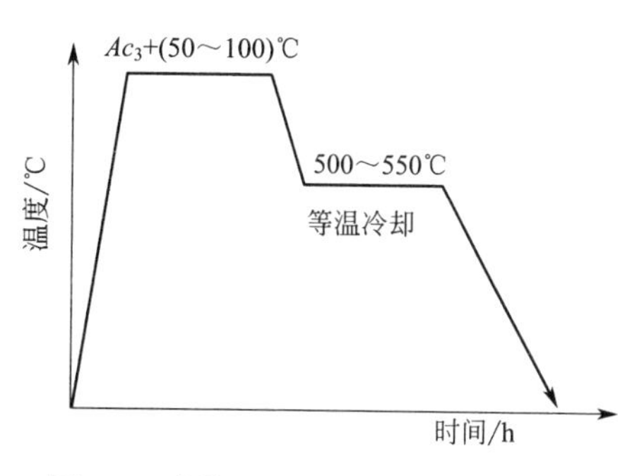

图 5-8　冷拉（轧）弹簧钢的索氏体化处理工艺曲线

(2) 冷拉（轧）弹簧钢　冷拉（轧）弹簧钢用来制备直径较小或厚度较薄的弹簧。这类弹簧钢是由碳钢（65、65Mn、75）或合金钢（55Si2Mn、60Si2Mn）经冷拉而成。钢丝在冷拉之前，先要经过索氏体化处理。索氏体化处理是将钢加热到 Ac_3 以上 50～100℃，得到奥氏体组织，然后在 500～550℃进行等温冷却（图 5-8），使其转变为索氏体组织。最后再经过清理，拉拔到成品所需的尺寸。用直径≤8mm 的冷拉弹簧钢丝冷绕卷制成形的弹簧，不进行淬火处理，只进行去应力退火即可。其全部加工工艺过程如下：缠绕→切成单件→磨光端面→调整几何尺寸→去应力退火→最后调整尺寸→喷砂→检验→表面处理。

知识巩固 5-3

1. 制造厚度为 10mm 的板状弹簧，比较合适的选材和热处理工艺是______。

(a) 5CrNiMo 调质处理　　(b) 45 钢淬火＋中温回火

(c) 60Si2Mn 淬火＋中温回火　　(d) 60Si2Mn 调质处理

2. 制造直径为 10mm 的螺旋弹簧，比较合适的选材和热处理工艺是______。

(a) 5CrNiMo 调质处理　　(b) 45 钢淬火＋中温回火
(c) 60Si2Mn 淬火＋中温回火　　(d) 60Si2Mn 调质处理
3. 弹簧冷成形加工后产生了较大的内应力，需进行______。
(a) 去应力退火　(b) 中温回火　(c) 完全退火　(d) 再结晶退火
4. 弹簧得到 $T_{回}$ 组织的最终热处理工艺是______。
(a) 去应力退火　　(b) 淬火＋中温回火
(c) 完全退火　　(d) 再结晶退火
5. 60Si2Mn 中 Si 和 Mn 的作用是______。
(a) 提高淬透性　　(b) 提高淬透性和强化铁素体
(c) 细化晶粒　　(d) 强化铁素体
6. 制造重型车、越野车的板簧可选用______。
(a) 55SiMnMoV　(b) 65Mn　(c) 40Cr　(d) 60Si2Mn
7. 弹簧淬火加热时如果表面脱碳将降低疲劳强度。(　　)
8. 对弹簧进行表面喷丸处理可提高疲劳强度。(　　)
9. 弹簧钢经过冷拔成细丝后绕制成螺旋弹簧不需要进行淬火处理就可以达到要求的强度。(　　)
10. 弹簧钢只能用来制造弹簧。(　　)

5.1.4 滚动轴承钢

5.1.4.1 滚动轴承工作条件及性能要求

用于制造滚动轴承的钢称为**滚动轴承钢**。滚动轴承在工作时，滚动体和套圈均受周期性交变载荷的作用，循环受力次数可达数万次/min，它们之间呈点或线接触，接触应力可达3000MPa，滚动体和套圈表面都会产生滚动和滑动，使接触面之间产生摩擦磨损和接触疲劳破坏。摩擦造成的过度磨损会使轴承精度降低，增大摩擦力使温度升高和增加振动、产生噪声使轴承不能正常工作。

根据滚动轴承的工作条件，对滚动轴承钢有如下性能要求：滚动轴承钢必须有高而且均匀的耐磨性，高的弹性极限和接触疲劳强度，足够的韧性和淬透性，同时在大气和润滑剂中具有一定的抗腐蚀能力。此外，为提高接触疲劳强度，对钢的纯度、非金属夹杂物和组织均匀性等都有严格要求，否则这些缺陷将会缩短轴承的使用寿命。

5.1.4.2 滚动轴承钢的化学成分

滚动轴承钢一般是指高碳铬钢，其碳含量为 0.95%～1.10%，铬含量为 0.4%～1.65%，尺寸较大的轴承可采用铬锰硅钢，合金元素起到提高淬透性、接触疲劳强度和耐磨性的作用。此外，滚动轴承钢对杂质含量要求很严，一般规定硫含量小于 0.025%，磷含量小于 0.025%，非金属夹杂物的含量必须很低，否则严重影响接触疲劳强度。表 5-4 是常用轴承钢的化学成分。

表 5-4　常用轴承钢的化学成分　　单位：%（质量分数）

钢号	C	Cr	Si	Mn	Ni	Mo	P	S	Cu
GCr9	1.00～1.10	0.90～1.20	0.15～0.35	0.25～0.45	≤0.30	0.08	≤0.025	≤0.025	≤0.25
GCr9SiMn	1.00～1.10	0.90～1.20	0.45～0.75	0.95～1.25	≤0.30	0.08	≤0.025	≤0.025	≤0.25
GCr15	0.95～1.05	1.40～1.65	0.15～0.35	0.25～0.45	≤0.30	0.08	≤0.025	≤0.025	≤0.25
GCr15SiMn	0.95～1.05	1.40～1.65	0.45～0.75	0.95～1.25	≤0.30	0.08	≤0.025	≤0.025	≤0.25

5.1.4.3 滚动轴承钢的热处理

滚动轴承钢的热处理常采用以下几种。

(1) 正火　为了消除锻造毛坯的网状碳化物可在900～950℃保温后在空气中冷却；为了使球化退火后得到均匀细小的粒状碳化物，球化退火前也可以进行一次正火，正火后得到细片状索氏体，硬度为270～390HBS。滚动轴承钢正火工艺曲线见图5-9。

(2) 球化退火　通常采用等温球化退火，加热到780～810℃保温后冷却到710～720℃，再保温一段时间后缓冷，可得到粒状珠光体。球化退火的目的是便于切削加工，同时使碳化物呈细粒状均匀分布，为淬火做组织准备。滚动轴承钢球化退火工艺曲线见图5-10。

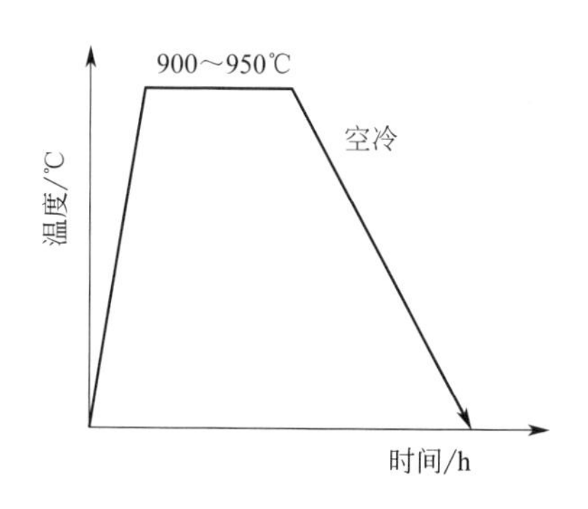

图5-9　滚动轴承钢正火工艺曲线

图5-10　滚动轴承钢球化退火工艺曲线

(3) 淬火和回火　淬火加热时要严格控制加热温度，淬火后应得到极细的马氏体和较少的残留奥氏体。GCr15钢和GCr15SiMn钢通常采用820～840℃淬火，温度过高将引起晶粒长大，并因碳化物溶入奥氏体过多而使淬火后残留奥氏体量增多，导致钢的性能不良。

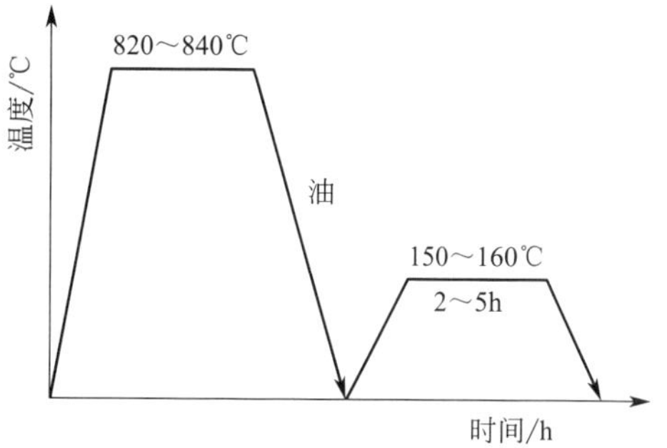

图5-11　滚动轴承钢淬火和回火工艺曲线

滚动轴承钢均采用低温回火即150～160℃，保温2～5h。回火后硬度为61～65HRC。淬火和回火工艺曲线见图5-11。

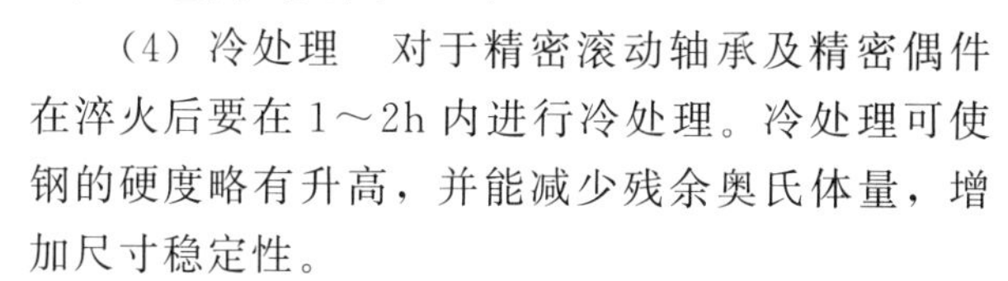

(4) 冷处理　对于精密滚动轴承及精密偶件在淬火后要在1～2h内进行冷处理。冷处理可使钢的硬度略有升高，并能减少残余奥氏体量，增加尺寸稳定性。

(5) 时效　对精密零件，为了保证尺寸的稳定性，除了在淬火后进行冷处理外，还要在磨削后再进行120～130℃保温5～10h的低温时效处理，以消除内应力，稳定尺寸。

不同的轴承由于对性能要求不同，并不是所有的热处理过程都要进行。对于精密轴承一般要进行冷处理和时效处理。

滚动轴承的生产工艺路线一般如下：轧制、锻造→预先热处理（球化退火）→机加工→淬火和低温回火→磨削加工→成品。

滚动轴承钢除用作轴承外，还可以用作精密量具、冷冲模、机床丝杆以及柴油机油泵上的精密偶件——喷油嘴等。

知识巩固 5-4

1. 某轴承套圈试生产时选用 GCr15，发现淬透性不能满足要求，需要改用______。
(a) GCr9　(b) GCr15SiMn　(c) ZG45　(d) ZG50
2. GCr15 锻造后出现较严重的网状碳化物，预先热处理应该采用______。
(a) 正火　(b) 球化退火
(c) 正火＋球化退火　(d) 完全退火＋球化退火
3. GCr15SiMn 锻造后为细片状珠光体组织，预先热处理应该采用______。
(a) 正火　(b) 正火＋球化退火　(c) 球化退火　(d) 完全退火
4. GCr15SiMn 锻造后应该采用的热处理工艺是______。
(a) 780～810℃加热保温后随炉冷到 500℃出炉空冷
(b) 820～840℃加热保温后随炉冷到 500℃出炉空冷
(c) 780～810℃加热保温后出炉空冷
(d) 780～810℃加热保温后随炉冷到 710～720℃保温，然后炉冷到 500℃出炉空冷
5. 精密轴承的生产工艺路线是______。
(a) 锻造→球化退火→机加工→淬火和低温回火→磨削加工
(b) 锻造→球化退火→机加工→淬火→冷处理→低温回火→磨削加工
(c) 锻造→球化退火→机加工→淬火→冷处理→低温回火→磨削加工→时效→抛光（研磨）
(d) 锻造→球化退火→机加工→淬火→低温回火→冷处理→磨削加工→时效
6. 滚动轴承钢锻造后球化退火的目的是______。
(a) 降低硬度便于切削加工
(b) 提高塑性和韧性
(c) 降低硬度便于切削加工，为淬火做组织准备
(d) 消除锻造应力
7. 精密轴承淬火后冷处理的目的是______。
(a) 提高硬度　(b) 减少残余奥氏体量、稳定尺寸
(c) 降低硬度便于切削加工　(d) 消除锻造应力
8. 精密轴承时效处理的目的是______。
(a) 提高硬度　(b) 减少残余奥氏体量、稳定尺寸
(c) 降低残余应力、稳定尺寸　(d) 消除锻造应力
9. 为了提高列车轴承的韧性可以采用______。
(a) 等温处理成上贝氏体组织　(b) 等温处理成下贝氏体组织
(c) 淬火得到马氏体组织　(d) 等温处理成屈氏体组织
10. 为了提高特大型轴承的韧性可以采用______。
(a) 滚动轴承钢等温处理成下贝氏体组织　(b) 渗碳钢渗碳、淬火＋低温回火
(c) 滚动轴承钢淬火得到马氏体组织　(d) 滚动轴承钢调质处理成索氏体组织

5.2 刃具钢

用于制造各种刃具的钢称为**刃具钢**，包括碳素刃具钢、低合金刃具钢和高速钢及硬质合

金。根据刃具的服役条件和使用要求，对刃具钢的性能要求一般都比较高，比如一定的淬透性、高的硬度和耐磨性以及较高的热硬性。

刃具钢是用来制造各种切削加工工具（车刀、铣刀、刨刀、钻头、丝锥、板牙等）的钢种。刃具在切削过程中，刀刃与工件表面金属相互作用使切屑产生变形与断裂并从整体上剥离下来，故刀刃本身承受弯曲、扭转、剪切应力和冲击、振动负荷，同时还要受到工件和切屑的强烈摩擦作用，产生大量热，使刃具温度升高，有时高达 600℃左右，切削速度越快、吃刀量越大则刀刃局部升温越快。刃具的失效形式有卷刃、崩刃和折断等，但最普遍的失效形式是磨损。因此，对其性能要求如下。

① 高的硬度和耐磨性。刃具必须具有比被加工工件更高的硬度，一般切削金属用的刃具，其刃口部分硬度要高于 60HRC。硬度主要取决于钢中的碳含量，因此，刃具钢的碳含量都较高，一般在 $w_C=0.6\%\sim1.5\%$ 范围内。耐磨性与钢的硬度有关，也与钢的组织有关。硬度越高，耐磨性越好。在淬火回火状态及硬度基本相同的情况下，碳化物的硬度、数量、颗粒大小和分布等对耐磨性有很大影响。

② 高的红硬性。对切削刃具，不仅要求在室温下有高硬度，而且在温度较高的情况下也要求能保持高硬度。红硬性的高低与回火稳定性和碳化物弥散沉淀等有关，钢中加入 W、Mo、V、Nb 等元素可显著提高钢的红硬性。

③ 具有一定的强度、韧性和塑性，防止刃具由于冲击、振动负荷作用而发生崩刃或折断。

5.2.1　碳素及低合金刃具钢

5.2.1.1　碳素刃具钢

常用的碳素刃具钢有 T7A、T8A、T10A、T12A 等，其碳含量通常在 $w_c=0.65\%\sim1.3\%$ 范围内。因其生产成本低，冷、热加工工艺性能好，热处理工艺（淬火＋低温回火）简单，热处理后有相当高的硬度（58～64HRC），切削热不大（＜200℃）时具有较好的耐磨性，因此在生产上获得广泛应用。对于侧重于要求韧性的工具如錾子、凿子、冲子等多采用 T7、T8（A）钢；侧重要求硬度和耐磨性的工具如锉刀、刨刀多采用 T12A、T13A 钢；要求较高硬度和一定韧性的工具如小钻头、丝锥、低速车刀等多采用 T9A～T11A 钢等。表 5-5 是碳素刃具钢的牌号、热处理及主要用途。

碳素刃具钢的缺点是淬透性低、回火稳定性差、红硬性差。因此，碳素刃具钢只能用于制造手用工具、低速及小走刀量的机用刀具。碳素刃具钢淬火时需用水冷，形状复杂的工具易于淬火变形、开裂危险性大等不宜选用碳素刃具钢。当对刃具性能要求较高时，就必须采用合金刃具钢。

表 5-5　碳素刃具钢的牌号、热处理及主要用途

钢号	热处理					用途举例
	淬火			回火		
	温度/℃	介质	硬度/HRC	温度/℃	硬度/HRC	
T7、T7A	780～800	水	61～63	180～200	60～62	凿子、锤子、木工工具、石钻
T8、T8A	760～780	水	61～63	180～200	60～62	简单模子、冲头、剪切金属用剪刀、木工工具
T9、T9A	760～780	水	62～64	180～200	60～62	冲头、冲模、凿子、木工工具
T10、T10A	760～780	水、油	62～64	180～200	60～62	刨刀、拉丝模、冷冲模、手锯锯条、硬岩石钻子
T12、T12A	760～780	水、油	62～64	180～200	60～62	丝锥、锉刀、刮刀

5.2.1.2 低合金刃具钢

为克服碳素刃具钢淬透性差、耐热性差等缺点，在此基础上加入适量的合金元素 Cr、Mn、Si、W、V 等形成的合金工具钢即称为**低合金刃具钢**。

低合金刃具钢中碳的质量分数在 0.75%～1.5%，多数在 1%左右。碳形成适量碳化物，同时保证钢淬火、回火后获得高硬度和高耐磨性；加入 Cr、W、Mo、V 等强碳化物形成元素在钢中形成合金渗碳体和特殊碳化物，用以提高钢的硬度和耐磨性，并可细化晶粒，提高强度；合金元素 Cr、Mn、Si 等则主要是提高钢的淬透性，提高强度。表 5-6 是最常用的低合金刃具钢的化学成分、热处理。

表 5-6 低合金刃具钢的化学成分、热处理

钢号	化学成分/%					淬火			回火	
	C	Mn	Si	Cr	W	温度/℃	介质	硬度/HRC	温度/℃	硬度/HRC
9SiCr	0.85～0.95	0.3～0.6	1.2～1.6	0.95～1.25		850～870	油	62	190～200	60～63
CrWMn	0.9～1.05	0.8～1.1	≤0.4	1.9～1.2	1.2～1.6	820～840	油	62	140～160	62～65

常用的低合金刃具钢为 9SiCr，该钢淬透性很高，临界淬透直径为 40～50mm，淬、回火后的硬度在 60HRC 以上。和碳素刃具钢相比，在相同的回火硬度下，9SiCr 的回火温度可提高 100℃以上，故切削寿命提高 10%～30%。此外，9SiCr 钢的渗碳体分布较均匀，可用于制造板牙、丝锥、搓丝板等精度及耐磨性要求较高的薄刃刀具。但该钢脱碳倾向较大，退火硬度较高，切削加工性差。

CrWMn 钢是一种微变形钢，具有高淬透性、高硬度和高耐磨性。由于该钢残余奥氏体较多，可抵消马氏体相变所引起的体积膨胀，故淬火变形小，因此该钢适于制造截面较大、要求耐磨和淬火变形小的刃具，如板牙、拉刀、长丝锥、长铰刀等。一些精密量具（如游标卡尺、块规等）和形状复杂的冷作模具也常使用该钢种。

低合金刃具钢红硬性虽比碳素刃具钢有所提高，但其工作温度不能超过 250～300℃，否则硬度下降，使刃具丧失切削能力，它只能用于制造低速切削且耐磨性要求较高的刨刀、铣刀、板牙、丝锥、钻头等刃具。

知识巩固 5-5

1. 手工使用的錾子、凿子、冲子等多采用______。
(a) 50　(b) T7 和 T8A　(c) CrWMn　(d) W18Cr4V

2. 锉刀、刨刀等要求硬度和耐磨性高的刃具多采用______。
(a) T7　(b) T12A、T13A　(c) 1Cr18Ni9Ti　(d) 60Si2Mn

3. 形状简单的小冲头可选用的材料是______。
(a) 45　(b) CrWMn　(c) 35　(d) 42CrMo

4. 搓丝板（加工螺纹）可选用______。
(a) 45　(b) 9SiCr　(c) W18Cr4V　(d) 42CrMo

5. 9SiCr 钢板牙的生产工艺路线是______。
(a) 锻造→球化退火→机加工→淬火＋低温回火→磨削加工
(b) 下料→球化退火→机加工→淬火＋低温回火→磨平面→刨槽→开口

(c) 锻造→球化退火→机加工→淬火→冷处理→低温回火→磨削加工→时效
(d) 锻造→球化退火→机加工→淬火→低温回火→冷处理→磨削加工→时效

6. 9SiCr 中碳的质量分数约为______。

(a) 0.09%　　(b) 0.9%　　(c) 9.0%　　(d) 0.009%

7. T12 钢中碳的质量分数约为____。

(a) 0.12 %　　(b) 1.2%　　(c) 0.012%　　(d) 0.0012%

8. CrWMn 中碳的质量分数约为____。

(a) 0.09%　　(b) 1%　　(c) 9.0%　　(d) 0.10%

9. 低速切削用的麻花钻可选用______。

(a) T7　　(b) GCr15　　(c) 1Cr18Ni9Ti　　(d) 60Si2Mn

10. GCr15 中 Cr 的质量分数约为____。

(a) 15%　　(b) 1.5%　　(c) 0.15%　　(d) 0.015%

5.2.2 高速钢和硬质合金

5.2.2.1 高速钢

高速钢是用于高速切削的高合金工具钢。其红硬性较高，工作温度达 500～600℃时硬度仍可保持在 60HRC 以上，故可进行高速切削。

高速钢中碳的质量分数为 0.7%～1.65%。碳的作用是保证高速钢淬火、回火后具有高硬度（63～66HRC），同时与碳化物形成元素生成碳化物，提高耐磨性。

高速钢中含有大量的强碳化物形成元素 W、Mo、V 和 Cr，这些元素的质量分数分别是，W 为 6.0%～19.0%，Cr 为 4.0%，V 为 1.0%～5.0%，Mo 为 6.0%。W 和 Mo 的作用是提高红硬性，含有大量 W 和 Mo 的马氏体具有高的回火稳定性，在 500～600℃回火温度下，因析出了细小、弥散的特殊碳化物（Mo_2C、W_2C）而产生二次硬化效应，使刃具可高速切削，W 和 Mo 可互相取代，1%Mo 可代替 1.5%～2.0%W。Cr 的主要作用是显著提高淬透性。V 在钢中可形成稳定的 VC，产生二次硬化，显著提高红硬性和耐磨性。Co 不形成碳化物，但能显著提高红硬性。表 5-7 是常用高速钢的化学成分、热处理温度及回火后硬度。

表 5-7 常用高速钢的化学成分、热处理温度及回火后硬度

钢号	主要化学成分/%						热处理温度		硬度/HRC
	C	W	Mo	Cr	V	Co	淬火温度/℃	回火温度/℃	
W18Cr4V	0.73～0.83	17.2～18.7	—	3.80～4.50	1.00～1.20	—	1250～1270	550～570	63
W6Mo5Cr4V2	0.80～0.90	5.55～6.75	4.5～5.5	3.80～4.50	2.70～3.20	—	1190～1210	540～560	64
W6Mo5Cr4V3	1.15～1.25	5.90～6.70	4.7～5.2	3.80～4.50	2.70～3.20	—	1190～1210	540～560	64
W12Cr4V5Co5	1.50～1.60	11.7～13.0	—	3.75～5.00	4.50～5.25	4.75～5.25	1220～1240	550～560	65
W6Mo5Cr4V2Co5	0.87～0.95	5.90～6.70	4.7～5.2	3.80～4.50	1.70～2.10	4.50～5.00	1190～1210	540～560	64
W6Mo5Cr4V3Co8	1.23～1.33	5.90～6.70	4.7～5.3	3.80～4.40	3.80～4.50	8.00～8.80	1170～1190	550～570	66

用高速钢制造刃具的工艺路线为：下料→锻造→球化退火→机加工→淬火＋回火。

高速钢铸态组织中含有大量共晶莱氏体，共晶碳化物呈鱼骨状，粗大且分布很不均匀，

脆性很大，很难用热处理方法消除，只能采用锻造方式将其击碎。锻造加工时，采用大锻造比，反复镦粗与拔长，目的是使碳化物细化并均匀分布。高速钢锻造的目的不仅仅在于成形，更重要的是击碎莱氏体中的粗大碳化物，从而改善其性能。锻造后要缓慢冷却，以免开裂。

高速钢锻、轧后应进行等温球化退火，工艺曲线如图 5-12 所示。其目的是降低硬度，以利于切削加工，并使碳化物形成均匀分布的颗粒状，为最终热处理做好组织准备。球化退火后的组织为索氏体（基体）＋未溶粒状碳化物。

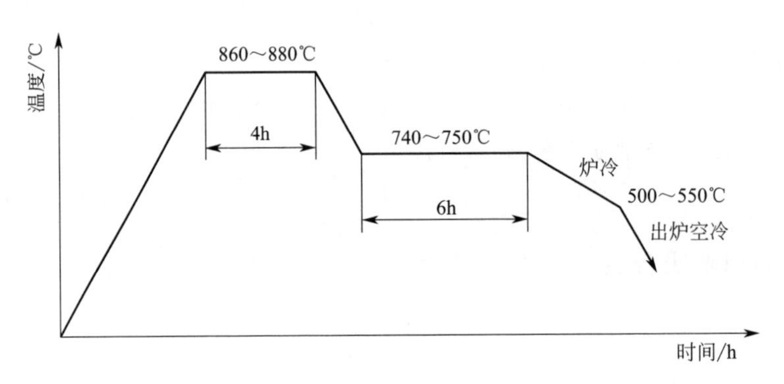

图 5-12　W18Cr4V 钢等温球化退火工艺

由于高速钢中含有大量强碳化物形成元素，所形成的碳化物具有非常高的稳定性，如图 5-13 所示，可以看出高速钢中的钨及钒在奥氏体中的溶解度只有在 1000℃以上才有明显增加。只有将 W、Mo、Cr、V 等大量碳化物形成元素更多地溶解到奥氏体中而又不使奥氏体晶粒粗大时，才能充分发挥碳和合金元素的作用，淬火后获得高碳、高合金元素且细小的马氏体，回火后才能以合金碳化物形式弥散析出，从而保证高速钢获得高的淬透性、淬硬性和红硬性。在不发生过热的前提下，淬火加热温度越高，合金元素溶解越多，淬火后马氏体的合金浓度越高，回火后的红硬性亦越高。但温度过高，不仅晶粒容易长大，影响淬火后的性能，而且碳化物偏析严重的地方容易熔化，同时，淬火时马氏体转变温度变低，使残余奥氏体大大增加。因此，高速钢淬火的加热温度常控制在 1150～1300℃，W18Cr4V 钢淬火温度取 1270～1280℃为宜。W18Cr4V 钢淬火组织如图 5-14 所示，由隐针马氏体、未溶碳化物和残余奥氏体组成。

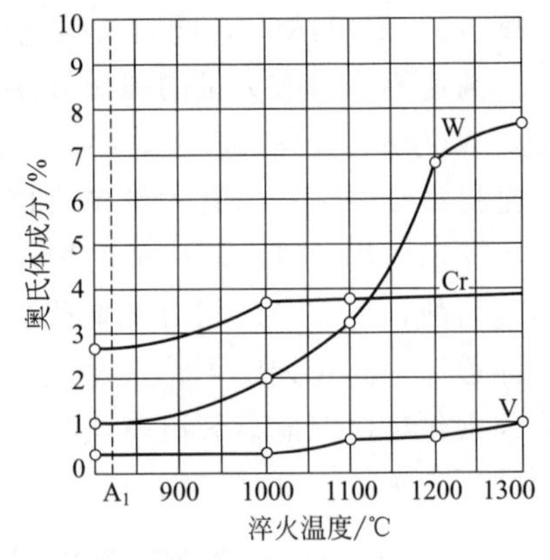

图 5-13　W18Cr4V 钢淬火温度对奥氏体成分的影响

回火工艺是 560℃左右三次回火，因为在 560℃左右回火硬度有最高值，这是由于二次硬化提高了钢的硬度、耐磨性及红硬性。钢经淬火后硬度为 62～63HRC，而经三次 560℃回火后硬度达 63～65HRC，如图 5-15 所示。

为何要进行三次回火，这是因为高速钢在淬火状态下有 25％～30％的残余奥氏体，一次回火难以消除，经三次回火可使残余奥氏体减至最低值。第一次回火，残余奥氏体降至 15％左右；第二次回火，残余奥氏体降至 3％～5％；第三次回火后，残余奥氏体才降至 1％左右。高速钢经淬、回火后的组织为回火马氏体＋粒状碳化物＋少量残余奥氏体。

当刃具的工作温度高于700℃时，一般高速钢已无法胜任，这时应使用硬质合金刀具（工作温度可达800～1000℃）、陶瓷材料刀具（工作温度可达1000～1200℃）、超硬工具材料（可耐1400～1500℃的高温）等。

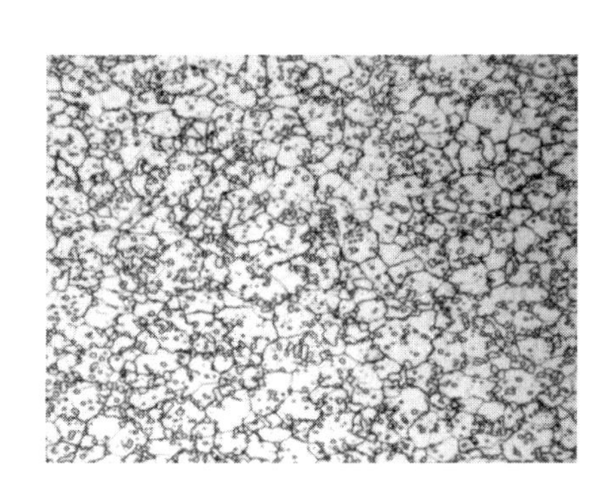

图5-14 W18Cr4V钢淬火后组织

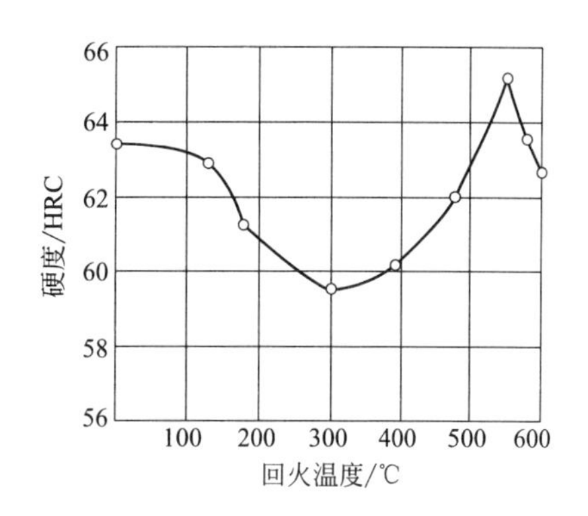

图5-15 W18Cr4V钢硬度与回火温度的关系

5.2.2.2 硬质合金

在高速切削以及切削高硬度或高韧性的材料时，一般的高速钢刀具很难胜任，需采用硬质合金。硬质合金是将一些难熔的碳化物粉末和粘接剂（如Co、Ni等）混合，加压成形，再经烧结而成的一种粉末冶金材料。

硬质合金的特点是：硬度高（69～81HRC），热硬性好（可达900～1000℃），耐磨性优良。硬质合金刀具的切削速度可比高速钢提高4～7倍，刀具寿命可提高5～80倍。硬质合金由于硬度太高，性脆，不能进行机械加工。

硬质合金分为金属陶瓷硬质合金和钢结硬质合金两种。

（1）金属陶瓷硬质合金　金属陶瓷硬质合金是将一些难熔的金属碳化物粉末（如WC、TiC等）和黏结剂（如Co、Ni等）混合，加压成形，再经烧结而成的粉末冶金材料。金属陶瓷硬质合金广泛应用的有两类：钨钴类和钨钴钛类。

钨钴类应用最广的牌号有YG3、YG6、YG8等，“YG”表示钨钴类硬质合金，后边的数字表示钴的含量。如YG6表示含钴6%，含WC94%的钨钴硬质合金。

钨钴钛类硬质合金应用最广的牌号有YT5、YT15、YT30等，“YT”表示钨钴钛类硬质合金，后边的数字表示TiC的含量。如YT15表示含TiC15%，其他为WC和钴的钨钴钛硬质合金。

以上两类硬质合金中，碳化物是合金的“骨架”，起坚硬耐磨的作用，钴则起粘接剂的作用。它们之间的相对量直接影响到硬质合金的性能。一般来说，含钴量越高，则强度、韧性越高，而硬度、耐磨性越低。

钨钴类比钨钴钛类有较高的强度和韧性，而钨钴钛类比钨钴类有较高的硬度和较好的耐磨性及热硬性。

一般根据加工方式、被加工材料的性质、加工条件来选择硬质合金刀具，如表5-8所示。目前，金属陶瓷硬质合金除广泛用作切削刀具外还广泛用作量具、模具等耐磨零件，在采矿、采煤、石油、地质钻探等领域中，还应用它制造钎头和钻头等。

表 5-8 硬质合金刀具的选用举例

加工方式	被加工材料									加工条件及特征
	碳钢及合金钢	特殊难加工钢	奥氏体不锈钢	淬火钢	钛及钛合金	铸铁		有色金属及合金	非金属材料	
						硬度≤240HBW	硬度400～700HBW			
车削	YT5 YT14 YT15	YG8 YG6A	YG8	—	YG8	YG5 YG8	YG8 YG6X	YG6 YG8	—	锻件、冲压件及铸件表皮断续带冲击的粗车
	YT15 YT14 YT5	YG8	—	YT5 YG8	YG6 YG8	YG6 YG8	—	YG3X	YG3X	不连续面的半精车和精车
	YT30	YT14 YT15	YG6X	YT15 YT14	YG8	YG3X	YG6X	YG3X	YG3X	连续面的半精车和精车
	YT15 YT14 YT5	YG8	YG6X	—	YG8	YG6 YG8	—	YG3X	YG3X	切断及切槽
	YT15 YT14	YT15 YT14	YG6X	YG6X	YG6	YG3X	YG6X	YG6	YG3X	精粗车螺纹
刨削	YG15	—	—	—	—	YG8	—	YG8	YG6 YG8	粗加工
拉削	YT5	—	—	—	—	YG6 YG8	—	YG6	YG6	半精加工及精加工
铣削	YT15 YT14	YT15 YT14 YT5	—	—	YG8	YG3X	YG6X	YG3X	YG3X	半精铣及精铣
钻削	YT5	—	—	—	YG6 YG8	YG6 YG8	YG6 YG8	YG6 YG8	—	铸孔、锻孔、冲压孔的一般扩钻
铰削	YT30 YT15	YT30 YT15	YG6X	YT30	YG8	YG3X	YG6X	YG3X	YG3X	预铰及精铰

注：X表示细颗粒。

（2）钢结硬质合金　钢结硬质合金是性能介于高速钢和硬质合金之间的新型工具材料，它是以一种或几种碳化物（如WC、TiC等）为硬质相，以合金钢（如高速钢、铬钼钢等）粉末为黏结剂，经配料、混料、压制和烧结而成的粉末冶金材料。高速钢钢结硬质合金适用于制造各种形状复杂的刀具如麻花钻头、铣刀等，也可制造在较高温度下工作的模具和耐磨零件。

知识巩固 5-6

1. 高速切削的刀具选用______。

(a) CrWMn　(b) W18Cr4V　(c) 9SiCr　(d) GCr15

2. W18Cr4V淬火加热温度一般为______。

(a) 850℃　(b) 950℃　(c) 1050℃　(d) 1270℃

3. W18Cr4V淬火后的回火温度一般为______。

(a) 460℃　(b) 560℃　(c) 600℃　(d) 200℃

4. W18Cr4V淬火后的回火次数一般为______。

(a) 1次　(b) 2次　(c) 3次　(d) 4次

5. W18Cr4V中碳的质量分数约为______。

(a) 0.09%　　(b) 1.2%　　(c) 0.7%～0.8%　(d) 0.20%

6. W18Cr4V钢中Cr的主要作用是______。

(a) 提高淬透性　　(b) 提高淬硬性

(c) 提高热硬性和耐磨性　　(d) 细化晶粒

7. W18Cr4V钢中W、V的主要作用是______。

(a) 提高淬透性　　(b) 提高淬硬性

(c) 提高热硬性和耐磨性　　(d) 细化晶粒

8. 硬质合金比高速钢的红硬性和耐磨性更高。(　　)

9. 高速钢和硬质合金也可以用来制造要求耐磨性特别高但对韧性要求不高的耐磨件。(　　)

10. 高速钢和硬质合金不能用于制造拔丝模。(　　)

5.3 模具钢

模具在先进加工技术中处于非常重要的地位，这是因为，使用模具进行成形，材料利用率高，可节约资源；用模具加工生产率高，可节约生产成本；用模具成形加工精度高，可实现少、无切削加工。热作模具是在较高温度下使用的一类模具。**模具钢**是用于制造冲压模、锻模、挤压模、压铸模等的钢。根据模具的工作条件不同，可分为：热作模具、冷作模具和塑料模具。

5.3.1 热作模具钢

热作模具钢系指用于热态金属成形的模具用钢，如热锻模、热挤压模及压铸模等。

热作模具工作条件的主要特点是与热态（温度高者可达1100～1200℃）金属相接触。由此带来两方面问题：一是使模腔表层金属受热，温度可升至300～400℃（锤锻模）、500～800℃（热挤压模），甚至近千度（钢铁压铸模）；二是使模腔表层金属产生热疲劳，即模具型腔表面在工作中反复受到炽热金属的加热和冷却剂的冷却交替作用而引起的龟裂现象。此外，还有使工件变形的机械应力和与工件间的强烈摩擦作用。热作模具常见的失效形式有模腔变形（塌陷）、磨损、开裂和热疲劳等。

热作模具钢在高温工作条件下应具备以下特点：

① 良好的高温强韧性；

② 高的热疲劳和热磨损抗力；

③ 一定的抗氧化性和耐蚀性等。

热作模具钢的化学成分有以下特点：

① 碳的质量分数一般为0.3%～0.6%，以保证高温力学性能。因为热作模具钢是依靠碳化物进行强化的，为了保证 钢的韧性和热疲劳抗力，碳化物量不能太多，所以，选择含碳量为中等含量。

② 加入W、Mo、V等强碳化物形成元素是为了提高钢的耐磨性、红硬性、耐热疲劳性及抑制第二类回火脆性，而加入Cr、Mn、Si、Ni则是为了提高钢的强度、韧性、淬透性与回火稳定性。

按照钢中主要合金元素种类与配比以及所具备的高温性能，可划分为四个各具特色的类型，即高韧性、高强韧性、高耐热性和析出硬化热作模具钢。常用热作模具钢的牌号、热处理及用途见表 5-9。

表 5-9　常用热作模具钢的牌号、热处理及用途

钢号	淬火处理		回火后硬度/HRC	用途
	温度/℃	介质		
5CrMnMo	820～850	油气	39～47	中小型热锻模
5CrNiMo	830～860	油气	35～39	压模、大型热锻模
4Cr5MnSiV	980～1030	油或空气	39～50	大中型热锻模、热挤压模
4Cr5W2SiV	1030～1050	油或空气	39～50	大中型热锻模、热挤压模
3Cr2W8V	1075～1125	油	40～54	高应力热压模、精密锻造或高速锻模

目前，一般中小型热锻模具都采用 5CrMnMo 钢制造，大型热锻模具采用 5CrNiMo 钢制造。

热作模具钢的热处理主要包括：锻造后预先热处理为退火以消除锻造应力，降低硬度以利于切削加工，并为随后的淬火做组织准备。其最终热处理工艺为淬火＋高温回火（大型热锻模），或中温回火（中、小型热锻模），或低温回火（压铸模、热挤压模）。典型的热处理工艺曲线如图 5-16 所示。

5.3.2　冷作模具钢

冷作模具钢是指用于冷态成形的模具用钢，如冷冲模、冷挤压模、冷镦模、拉丝模等。冷作模具在常温下使坯料变形，由于坯料的变形抗力很大且存在加工硬化效应，模具的工作部分受到了强烈的挤压、摩擦和冲击作用。冷作模具常见的失效形式有脆断、塌陷、磨损、啃伤和软化等。因此，冷作模具钢所要求的性能主要是高的硬度和良好的耐磨性，以及足够的强度和韧性。

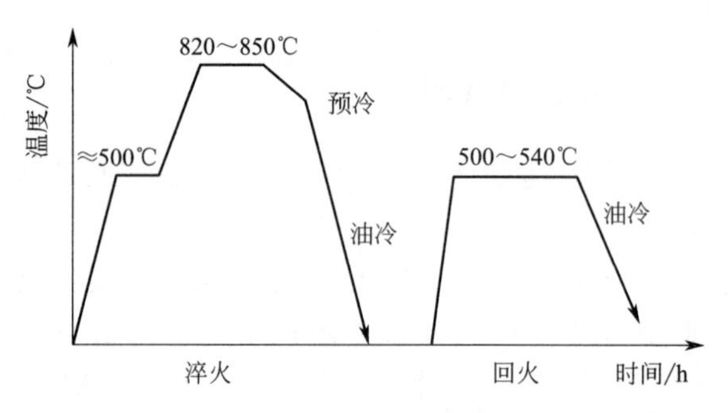

图 5-16　5CrMnMo 钢制热锻模的淬火回火工艺

冷作模具钢的性能在常温条件下应具备以下特点：

① 较高的变形抗力，主要是指高硬度、高抗压强度与抗弯强度等，以保证模具在高应力作用下保持其尺寸精度不发生变化。

② 较好的韧性，主要是指较好的冲击韧性和断裂韧性。

③ 较高的耐磨性、抗咬合性和抗疲劳性能。

④ 较好的冷、热加工工艺性能，如良好的可锻性、可切削性、淬透性与淬硬性，极小的脱碳敏感性和较小的淬火变形倾向等。

冷作模具钢的化学成分有以下特点：碳的质量分数多在 1.0%以上，有时达到 2%，以保证获得高硬度和高耐磨性；通过加入 Cr、W、Mo、V 等较强碳化物形成元素，形成难熔碳化物以提高耐磨性，尤其是 Cr 还显著提高淬透性。

冷作模具钢按化学成分含量可分为碳素工具钢、低合金工具钢、高合金工具钢、高速钢等；按工艺性能和承载能力又可分为低淬透性、低变形、微变形、高强度、高韧性和抗冲击冷作模具钢等。

对于尺寸小、形状简单、负荷轻的冷作模具（如小冲头、剪薄钢板的剪刀）可选用 T7-T12（A）等碳素工具钢制造；对于尺寸较大、形状复杂、淬透性要求较高的冷作模具，可选用 9SiCr、9Mn2V、CrWMn 或 GCr15 等低合金刃具钢；而对尺寸大、形状复杂且负荷重、变形要求严的冷作模具，须采用中或高合金模具钢，如 Cr12、Cr12MoV 等，其化学成分如表 5-10 所示。这类钢淬透性高、耐磨性好，属微变形钢。

表 5-10　Cr12 型钢的化学成分　　单位：%（质量分数）

钢号	C	Cr	Mo	V
Cr12	2.0～2.3	11.5～13.0	—	—
Cr12MoV	1.45～1.7	11.0～12.5	0.4～0.6	0.15～0.3

冷作模具钢的预先热处理一般为球化退火（包括等温退火），最终热处理为淬火加低温回火。典型的热处理工艺曲线如图 5-17 所示。

锻后采用球化退火，最终热处理工艺方案有两种。

（1）一次硬化法　即采用低温淬火加低温回火，如图 5-17 所示，其硬度可达 61～64HRC。由于其晶粒细小、强度和韧性较好，变形较小，故在生产上多采用。

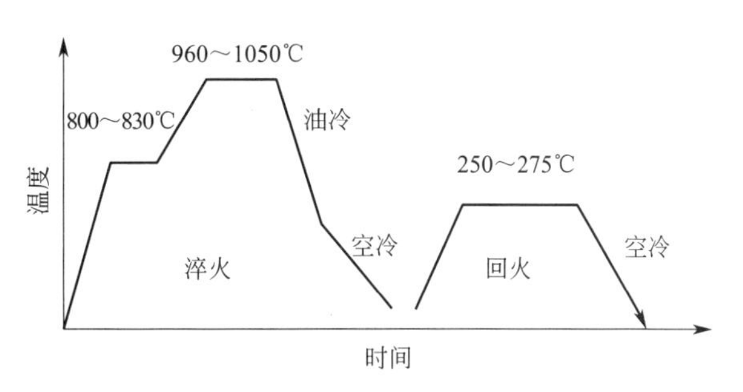

图 5-17　Cr12MoV 钢制冷冲模具的淬火、回火工艺

（2）二次硬化法　即采用较高的淬火温度（1100～1150℃）并进行 2～3 次高温回火（回火温度 500～520℃），其硬度为 60～62HRC。此法的优点是可获得较高的红硬性和耐磨性及高抗压强度，适宜制作在 400～450℃条件下工作的模具，其缺点是韧性低于一次硬化法，且淬火变形较大。

为了提高冷作模具的耐磨性、抗疲劳能力及减小变形，延长模具的使用寿命，也可采用渗氮、氮碳共渗（软氮化）和渗硼等对模具局部表面进行化学热处理。

渗氮及氮碳共渗工艺最大的优点是处理温度低（一般是 500～600℃），热处理变形小，生成的氮化物层很硬，耐磨性特别高，耐蚀性、耐热性和疲劳强度也较理想。

渗硼按所用介质的物理状态，可分为固体渗硼、液体渗硼、膏剂渗硼和气体渗硼。模具钢渗硼后表面硬度可达 1300～2000HV，耐磨性极高，即使加热到接近 600℃仍能保持很高的硬度。渗硼工艺在模具上获得广泛应用。该工艺的缺点是渗层脆性高，淬火时易产生裂纹。因此，最好是渗硼温度与钢的淬火温度相近，渗硼与淬火相结合进行。渗硼工艺广泛应用于各种冷作模具，也适用于热锻模、压铸模、热挤压模及塑料模等。

知识巩固 5-7

1. 普通热锻模可以选用______。

(a) CrWMn　　(b) 5CrMnMo　　(c) 40Cr　　(d) 45

2. 大型热锻模具可选用______。

(a) CrWMn (b) 5CrNiMo (c) 40Cr (d) 45

3. 重载的冲孔落料模可以选用______。

(a) CrWMn (b) GCr15 (c) Cr12MoV (d) 9SiCr

4. 重载的拉丝模可以选用______。

(a) CrWMn (b) GCr15 (c) Cr12 (d) 9SiCr

5. 重载的冲孔用的冲头可以选用______。

(a) CrWMn (b) GCr15 (c) W18Cr4V (d) 9SiCr

6. 冲硅钢片用的模具可选用的材料是______。

(a) 45 (b) CrWMn (c) Cr12MoV (d) 42CrMo

7. 在2mm厚的钢板上冲孔可选用______。

(a) 45 (b) CrWMn (c) Cr12MoV (d) 42CrMo

8. 无论是冷作模具还是热作模具，淬火后都采用低温回火。( )

9. 热作模具淬火后采用高温回火。( )

10. 3Cr2W8V可用于制造热作模具。( )

5.4 不锈钢和耐热钢

5.4.1 不锈钢

腐蚀是金属制品中经常发生的一种现象，会造成金属制品的损坏。因此，采取必要的措施提高金属抗蚀或耐蚀性具有重要意义。金属的腐蚀有两种形式，即化学腐蚀和电化学腐蚀。**化学腐蚀**是金属和周围介质直接发生化学作用而发生的腐蚀；**电化学腐蚀**是金属在电解质溶液中由于原电池作用而引起的腐蚀。金属的腐蚀大部分都属于电化学腐蚀。因此，防止金属腐蚀的一种途径是使金属表面形成一层保护膜将金属与电解质溶液隔开，避免形成微电池；另一种是使金属呈单相组织（如铁素体或奥氏体），避免形成微电池的两个电极，并且依靠合金元素提高铁素体或奥氏体的电极电位。不锈钢就是利用这个原理而设计的耐腐蚀钢。

不锈钢中含有大量的铬，或大量的铬和镍，有的还含有钼、铜等元素。其中，铬是提高抗蚀能力的基本元素，与氧结合形成致密的 Cr_2O_3 保护膜，能提高钢的电极电位，而且能使碳含量很低的钢成为单相铁素体组织，因而可以有效地防止钢的腐蚀。碳在不锈钢中对提高抗腐蚀作用来说是不利的，但能提高钢的强度和硬度。

根据不锈钢的组织特征可将不锈钢分为四大类：马氏体不锈钢、铁素体不锈钢、奥氏体不锈钢和双相不锈钢。

5.4.1.1 马氏体不锈钢

马氏体不锈钢的主要特点是除含有较高的铬外，还含有较高的碳。加热到临界温度以上形成奥氏体，淬火得到马氏体，故称为马氏体不锈钢。马氏体不锈钢具有较高的强度、硬度和耐磨性。常用的马氏体不锈钢有12Cr13、20Cr13、30Cr13、40Cr13、95Cr18等，如表5-11所示。

表 5-11 马氏体不锈钢的热处理、性能和用途

钢 号	淬火温度/℃	回火温度/℃	$R_{P0.2}$/MPa	R_m/MPa	A/%	Z/%	用途举例
12Cr13	950～1000	700～750	345	540	22	55	耐蚀性良好，刃具
20Cr13	920～980	600～750	440	640	20	50	汽轮机叶片、阀杆、塑料模具
30Cr13	920～980	600～750	540	735	12	40	刃具、喷嘴阀座、阀门等
40Cr13	1050～1100	200～300	—	—	—		热油泵轴、阀片、医疗器械、弹簧
95Cr18	800～920	200～300	—	—	—		剪切刀片、手术刀片、耐磨零件

5.4.1.2 铁素体不锈钢

这类钢含铬高含碳低，无论是高温还是室温都处在α相区，故称为铁素体不锈钢。铁素体不锈钢能抗大气、硝酸和盐水溶液的腐蚀，抗高温氧化能力强，热膨胀系数较小，塑性、热加工工艺性能良好并有较奥氏体不锈钢为好的切削加工性能。常用的几种铁素体不锈钢牌号及用途如表 5-12 所示。

表 5-12 铁素体不锈钢的热处理、性能和用途

钢号	退火温度/℃	$R_{P0.2}$/MPa	R_m/MPa	A/%	Z/%	用途举例
008Cr27Mo	900～1050 快冷	245	410	20	45	有机酸、氢氧化钠、含卤离子的设备
06Cr13Al	780～850 空冷	175	410	20	60	汽轮机材料、淬火部件、复合钢材
10Cr17	780～850 空冷	205	450	22	50	建筑内装饰、重油燃烧器部件、家用电器
10Cr17Mo	780～850 空冷	205	450	22	60	代替 10Cr17，汽车外装饰材料

5.4.1.3 奥氏体不锈钢

当钢中含大约 18%Cr、8%Ni 时，无论是高温还是室温都处在γ相区，故称为奥氏体不锈钢。奥氏体不锈钢在冷却过程中容易在晶界上析出铬的碳化物使晶界附近贫铬，造成晶界非常容易腐蚀，这种腐蚀称为晶间腐蚀。加入强碳化物形成元素 Ti、Mo 可防止晶间腐蚀。这类钢中还可以加入 Cu、Nb 等元素以进一步提高其抗蚀性。奥氏体不锈钢具有良好的塑性、韧性、焊接性和抗腐蚀性能，在氧化性介质中或还原性介质中均有很好的耐腐蚀性，故应用广泛。表 5-13 是常用的几种奥氏体不锈钢的热处理、性能和用途。

表 5-13 常用的几种奥氏体不锈钢的热处理、性能和用途

钢号	固溶温度/℃	$R_{P0.2}$/MPa	R_m/MPa	A/%	Z/%	用途举例
06Cr19Ni10	1100～1150 快冷	205	520	40	60	食品设备、化工设备、核电设备
06Cr18Ni10Ti	920～1150 快冷	205	520	40	50	耐酸容器及设备衬里、输送管道等设备和零件，抗磁仪表，医疗器械
06Cr17Ni12Mo2Ti	1000～1100 快冷	205	530	40	55	抗硫酸、磷酸、蚁酸、乙酸等的设备
12Cr18Ni9	1100～1150 水冷	205	520	40	60	建筑用

5.4.1.4 双相不锈钢

双相不锈钢是指同时具有奥氏体和铁素体两种金相组织结构的不锈钢。最少相的含量应大于 15%，最常见的是两相各占 50%的双相不锈钢。由于具有α+γ双相组织结构，双相不锈钢兼具有铁素体不锈钢和奥氏体不锈钢的特点。与铁素体不锈钢相比，双相不锈钢的韧性高，冷脆转变温度低，耐晶间腐蚀性能和焊接性能均显著提高，同时又保留了铁素体不锈钢

的一些特点，如475℃脆性、热导率大、线膨胀系数小、具有超塑性、有磁性等。与奥氏体不锈钢相比，双相不锈钢的强度高，耐晶间腐蚀、耐应力腐蚀、耐腐蚀疲劳等性能有明显改善。双相不锈钢的钢号有00Cr18Ni5Mo3Si2、00Cr22Ni5Mo3N、00Cr25Ni6Mo2N、00Cr25Ni7Mo3N、00Cr25Ni6Mo3CuN，其典型钢种为2205，即22%Cr、5%Ni的双相不锈钢，该钢的铁素体和奥氏体大约各占50%。其强度和耐蚀性均优于06Cr19Ni10奥氏体不锈钢，常用于石化工业管线、压力容器及心轴等。

知识巩固 5-8

1. 不锈钢是指某些在大气和一般介质中具有较高化学稳定性的钢。（　　）

2. Cr是提高不锈钢抗蚀能力的基本元素，能在钢表面形成一层保护性的Cr_2O_3薄膜，提高钢基体的电极电位，形成单相的铁素体组织。（　　）

3. Ni促使钢呈单相奥氏体组织，提高钢的塑性和韧性，改善钢的焊接性能。（　　）

4. 马氏体不锈钢含较高的Cr（12%～18%），较高的C（0.1%～0.45%），淬火得到马氏体。（　　）

5. 马氏体不锈钢应用于要求力学性能较高、抗蚀性能要求不高的零件。如弹簧、轴、水压机阀、汽轮机叶片、轴承、刃具等。（　　）

6. 铁素体不锈钢含Cr较高（12%～32%），含C较低（<0.15%），耐蚀、抗高温氧化能力优于马氏体不锈钢。（　　）

7. 铁素体不锈钢主要用于强度要求不高、耐蚀性要求较高的场合，如硝酸、氮肥工业设备、容器、管道和食品加工设备等。（　　）

8. 奥氏体不锈钢含碳量较低（<0.19%），含较高Cr（12%～30%）和Ni（6%～20%），室温下为奥氏体。（　　）

9. 奥氏体不锈钢的耐蚀性随含碳量增加而提高。（　　）

10. Ti可防止奥氏体不锈钢的晶间腐蚀。（　　）

5.4.2 耐热钢

金属的耐热性包括高温抗氧化性和高温强度的综合性概念。**耐热钢**是在高温下具有高的抗氧化性并具有足够高温强度的钢。

金属抗氧化性指标是以单位时间内单位面积上质量的增加或减少的数值来表示的，单位是$g/(m^2 \cdot h)$。当温度$T<570$℃时，$Fe+O_2 \longrightarrow Fe_2O_3+Fe_3O_4$，这种氧化膜致密可防止进一步氧化。所以，在较低温度钢铁都具有很好的抗氧化性。而当温度$T>570$℃时，$Fe+O_2 \longrightarrow FeO+Fe_2O_3+Fe_3O_4$，这种氧化膜疏松不能防止氧化。所以，当温度较高时碳钢的氧化速度急剧增大。在钢中加入Cr、Si、Al等合金元素，在高温下形成致密的Cr_2O_3、SiO_2、Al_2O_3氧化膜具有很好的抗氧化性。铸铁中因为含有大量Si使其抗氧化性远远高于碳钢和低合金钢。

金属的高温强度主要是指高温蠕变强度，高温蠕变强度越大，则表示金属的高温强度越高。蠕变是指金属在一定温度和应力作用下，随时间的延长逐渐产生塑性变形的现象，温度越高蠕变现象越明显。在室温下，通过提高渗碳体的数量可以提高强度。但在高温下，由于渗碳体容易聚集长大而使强度降低。而强碳化物形成元素与碳结合形成合金渗碳体、合金碳化物在高温下具有高的稳定性，可提高高温强度。

常用的耐热钢包括马氏体型不锈钢和奥氏体型不锈钢。

5.4.2.1 马氏体型耐热钢

这类钢所含的主要合金元素是 Cr、Mo、Si 等，是在 Cr13 型马氏体不锈钢的基础上，添加了合金元素 Si 和强碳化物形成元素 W、Mo、V 等。在加热及冷却时，发生 $\gamma \longrightarrow \alpha$ 相变，可通过淬火得到马氏体。当合金元素含量较高时，空冷便可得到马氏体组织，这类钢经淬火、回火后使用，组织是回火马氏体或回火索氏体。表 5-14 是常用的几种马氏体型耐热钢的成分及用途。

表 5-14 常用的几种马氏体型耐热钢的成分及用途 单位：%（质量分数）

钢号	C	Cr	Si	Mo	W	V	用途
42Cr9Si2	0.35～0.50	8.0～10.0	2.0～3.0	—	—	—	800～900℃不起皮，内燃机排气阀
40Cr10Si2Mo	0.35～0.45	9.0～10.5	1.9～2.6	0.7～0.9	—	—	
12Cr13	0.08～0.15	11.5～13.5	1.0	—	—	—	高压燃气轮机叶片
14Cr11MoV	0.11～0.18	10.0～11.5	0.5	0.5～0.7	—	0.25～0.4	低压燃气轮机叶片
13Cr11Ni2W2MoV	0.10～0.16	10.5～12	0.60	0.35～0.50	1.5～2.0	0.18～0.3	

5.4.2.2 奥氏体型耐热钢

奥氏体型耐热钢的高温强度比马氏体型耐热钢要高，工作温度达到 650～700℃，钢的抗氧化性能也非常好。此外，奥氏体钢还具有良好的塑性变形和焊接性能，但切削加工性能不好。奥氏体型耐热钢除表 5-13 所示的奥氏体不锈钢外，还有 30Cr18Mn12SiN、20Cr20Mn9Ni2Si2N、30Cr18Ni25Si2、00Cr25Ni20 等。

知识巩固 5-9

1. 耐热钢是指具有良好的高温抗氧化性和高温强度的钢。（ ）

2. $T<570$℃，$Fe+O_2 \longrightarrow Fe_2O_3+Fe_3O_4$，易氧化。（ ）

3. $T>570$℃，$Fe+O_2 \longrightarrow FeO+Fe_2O_3+Fe_3O_4$，不易氧化。（ ）

4. $Cr+O_2 \longrightarrow Cr_2O_3$，$Si+O_2 \longrightarrow SiO_2$，$Al+O_2 \longrightarrow Al_2O_3$，可防止氧化。（ ）

5. 金属的高温强度一般用蠕变极限和持久强度来表示。（ ）

6. 在钢中加入 W、Mo、V、Ti、Nb 提高高温强度，加入 Cr、Si、Al 提高高温抗氧化性。（ ）

7. 3Cr18Mn12SiN、2Cr20Mn9Ni2Si2N、3Cr18Ni25Si2 常用于工作温度达 1000℃的零件，如加热炉受热零件、锅炉吊钩等。（ ）

8. 40Cr9Si2、12Cr13、40Cr10SiMo、10Cr11MoV 等常用于 600 ℃以下承受较大载荷的零件，如：燃气轮机叶片、内燃机排气阀等。（ ）

9. 奥氏体不锈钢高温抗蚀性能、抗氧化性能比马氏体型耐热钢好，还具有良好的塑性变形和焊接性能，但切削加工性能不好。（ ）

10. 10Cr18Ni9Ti、40Cr14Ni14W2Mo 等钢常用作内燃机排气阀、燃气轮机轮盘和叶片等。（ ）

5.5 耐磨材料

耐磨材料是指受强烈冲击和磨料磨损条件下使用的材料。其特点是：磨损速度快，允许的磨损量大，需要整体耐磨。因而，不能用表面淬火、渗碳、渗氮等表面处理方法来提高耐磨性。

图 5-18(a) 是颚式破碎机原理图，通过颚板冲击挤压矿石而使矿石破碎，颚板受到强烈的冲击和磨损，因而，颚板不仅要具有高的耐磨性，而且要具有高的韧性。图 5-18(b) 是球磨机原理图，滚筒旋转带动被破碎的物料和磨球旋转，磨球冲击物料和衬板使物料被破碎。磨球和衬板都需要用耐磨材料制造。图 5-18(c) 是锤式破碎机原理图，装在旋转轴上的锤头与物料（如煤炭）冲击将物料破碎，锤头和衬板都需要用耐磨材料制造。

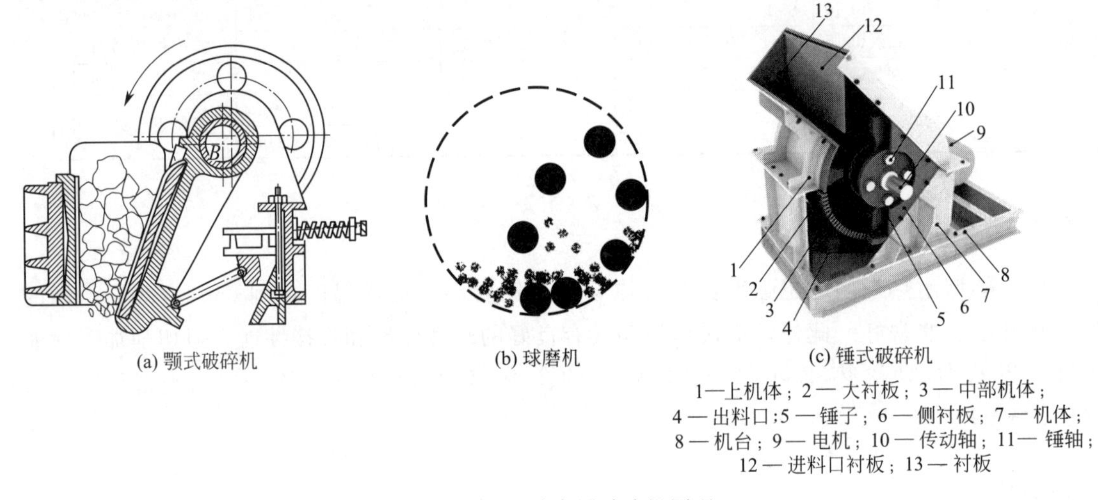

图 5-18 三种常用破碎机原理

5.5.1 高锰钢

高锰钢的成分比较简单，碳的质量分数为 1.0%～1.3%，锰为 11.0%～14.0%，钢号 Mn13。由于 Mn 是扩大γ区元素，在高锰钢中锰含量高达 11%以上，使这种钢在室温下的组织也是奥氏体和沿晶界分布的大量二次渗碳体。由于 Mn13 是奥氏体钢，塑性和韧性很高，使得机加工比较困难，基本上都是铸造成形的，牌号为 ZGMn13。

高锰钢在 1290～1350℃直接浇注，随后冷却过程中有大量的碳化物沿奥氏体晶界析出，这些碳化物严重降低钢的韧性。为了避免或降低二次渗碳体对高锰钢韧性的不利影响，将铸造后的高锰钢加热到 1000～1100℃并保持一定时间，使碳化物完全溶入奥氏体中，然后水中冷却。由于冷速很快，碳化物来不及析出，得到单相奥氏体组织，此时钢的硬度只有 180～220HBS，而塑性、韧性很高。在使用过程中，当受到强烈冲击和较大压力时，表面产生加工硬化并伴随有相变 $A \longrightarrow M+K$，使表面硬度升高到 500～550HBS，而心部仍然是奥氏体，实现了表硬里韧，整体可承受冲击载荷，而表面具有非常高的耐磨性。

高锰钢广泛应用于既要求耐磨又要求耐冲击的一些零件，如铁路道岔、挖掘机铲斗、拖拉机和坦克的履带板、碎石机的颚板、衬板等。

5.5.2 高铬铸铁

高铬铸铁是高铬白口耐磨铸铁的简称，是一种性能优良而受到特别重视的抗磨材料。它有比合金钢高得多的耐磨性，和比一般白口铸铁高得多的韧性、强度，同时它还有良好的抗高温和抗腐蚀性能，加之生产便捷、成本适中，而被誉为当代最优良的抗磨损材料之一。

高铬铸铁的化学成分主要是2.0～3.6%C，10%～30%Cr。为了进一步提高其韧性，可添加少量Mo、Ni、Cu等元素。Cr与C结合，组织中出现大量Cr_7C_3、$Cr_{23}C_6$碳化物。铸态组织为亚共晶或共晶组织，如图5-19所示，其中黑色为珠光体，白色为莱氏体，提高含碳量，珠光体减少，莱氏体增多。铸态硬度大于45HRC。

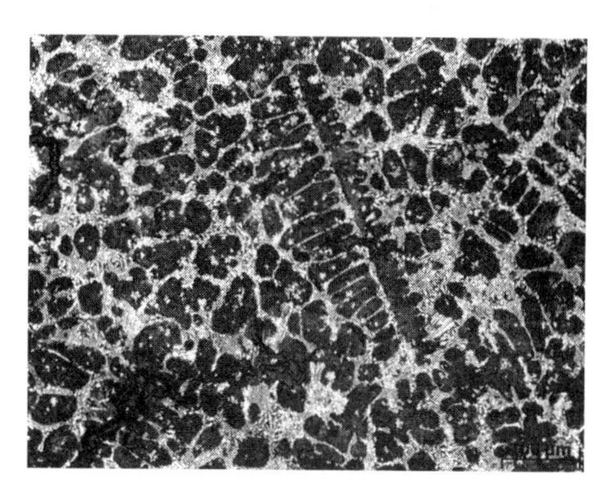

图5-19 高铬铸铁铸态组织

为了提高高铬铸铁的耐磨性，铸造后要进行热处理。加热温度根据含Cr量而定，通常为940～1050℃，Cr量越高则加热温度越高。因为高铬铸铁含铬量高，淬透性非常好，根据工件大小，可以采用空冷、风冷、喷雾冷和在有机高分子水溶液中冷却。淬火后硬度可达到60～66HRC。低温回火后使用。

高铬铸铁在采矿、水泥、电力、筑路机械、耐火材料等方面应用十分广泛，常用于制造衬板、锤头、磨球等耐磨件。

知识巩固5-10

1. 耐磨材料是指受强烈冲击和磨料磨损条件下使用的材料。(　　)

2. 可以用表面淬火、渗碳、渗氮等表面处理方法来提高耐磨材料的耐磨性。(　　)

3. 由于Mn13是奥氏体钢，塑性和韧性很高，使得机加工比较困难，基本上都是铸造成形的。(　　)

4. 将铸造后的高锰钢加热到1000～1100℃，并保持一定时间，使碳化物完全溶入奥氏体中，然后在水中冷却。由于冷速很快，碳化物来不及析出，得到单相奥氏体组织，此时钢的硬度只有180～220HBS，而塑性、韧性和耐磨性都很高。(　　)

5. 高锰钢在使用过程中表面产生加工硬化并伴随有相变$A \longrightarrow M+K$，使表面硬度升高到500～550HBS，而心部仍然是奥氏体，实现了表硬里韧，整体可承受冲击载荷，而表面具有非常高的耐磨性。(　　)

6. 高锰钢加热到1000～1100℃，并保持一定时间，使碳化物完全溶入奥氏体中，然后水中冷却防止碳化物沿奥氏体晶界析出，从而可提高韧性。(　　)

7. 高锰钢广泛应用于既要求耐磨又要求耐冲击的一些零件：铁路道岔、挖掘机铲斗、拖拉机和坦克的履带板、碎石机的颚板、衬板等。(　　)

8. 高铬铸铁是高铬白口耐磨铸铁的简称，被誉为当代最优良的抗磨损材料之一。(　　)

9. 为了提高高铬铸铁的耐磨性，铸造后要进行淬火处理，加热到940～1050℃，可以采用空冷、风冷、喷雾冷和在有机高分子水溶液中冷却，硬度可达到60～66HRC。（　　）

10. 高铬铸铁常用于制造衬板、锤头、磨球等耐磨件。（　　）

5.6 铸铁

铸铁是含碳量在2%以上的铸造铁碳合金的总称。通常用生铁、废钢、铁合金等以不同比例配合，通过熔炼而成。主要元素除铁、碳以外还有硅、锰和少量的磷、硫等元素，是将生铁重新回炉熔化，并加进铁合金、废钢、回炉铁调整成分而得到的。

铸铁生产工艺简单，成本低廉，并且具有优良的铸造性能、切削加工性能、耐磨性能和消振性能。因此，铸铁广泛应用于机床、汽车、拖拉机等机械制造领域，冶金、矿山及交通运输行业。

铸铁可分为：白口铸铁、灰铸铁、可锻铸铁、球墨铸铁、蠕墨铸铁等。

5.6.1 灰铸铁

灰铸铁简称灰铁，含有较高的碳和硅，碳主要以石墨形式存在，断口呈灰色。

灰铸铁的组织由片状石墨和金属基体组成。由于石墨化进行程度的不同，基体组织可分为铁素体、珠光体、铁素体加珠光体三种，其显微组织见图5-20。

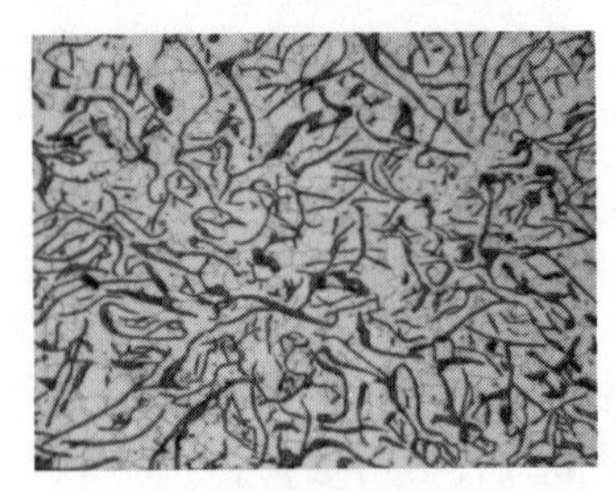

(a) 铁素体灰铸铁

(b) 铁素体+珠光体灰铸铁

(c) 珠光体灰铸铁

图5-20　不同显微组织的灰铸铁

灰铸铁的成分接近于共晶点，熔点低，液态下流动性好，结晶后分散缩孔少，偏析小，且石墨比容大，使铸件凝固时收缩量减少，故灰铸铁具有优良的铸造性能，可以铸造形状复杂的铸件。

石墨本身是良好的固体润滑剂，脱落后形成的空洞能吸附和储存润滑油，且石墨组织松软，能吸收振动能量，因而灰铸铁具有良好的耐磨性和消振性。

石墨的存在相当于组织中已存在很多小的缺口，同时石墨可以起断屑作用和对刀具的润滑减磨作用，故灰铸铁具有较低的缺口敏感性和良好的切削加工性能。

受片状石墨的影响，灰铸铁的抗拉强度、塑性、韧性及弹性模量均低于碳钢。受基体组织的影响，灰铸铁的抗压强度比抗拉强度高3～4倍，而接近于钢，这是灰铸铁的明显特性。

灰铸铁的牌号、力学性能和用途见表5-15。牌号中的“HT”为“灰铁”二字的汉语拼音的第一个字母，用以表示灰铸铁，其后面的数字表示最低抗拉强度。

表 5-15 灰铸铁的牌号、力学性能和用途

类别	牌号	铸件壁厚/mm	R_m/MPa	R_{bb}/MPa	R_{bc}/MPa	硬度/HBS	用途举例
铁素体灰铸铁	HT100	所有尺寸	100	260	500	<140	低负荷不重要零件，如防护罩、手轮、重锤等
铁素体+珠光体灰铸铁	HT150	15～30	150	330	650	150～200	中等负荷零件，如机座、变速箱体、皮带轮、轴承座、支架等
珠光体灰铸铁	HT200	15～30	200	400	750	170～220	较大负荷重要零件，如齿轮、支座、汽缸、飞轮、床身、轴承座等
	HT250	15～30	250	470	1000	190～240	
孕育(变质)灰铸铁	HT300	15～30	300	540	1100	187～225	高负荷、耐磨和高气密性重要零件，如齿轮、凸轮、活塞环、机床床身等
	HT350	15～30	350	610	1200	197～269	
	HT400	20～30	400	680	—	207～269	

注：R_{bb}—抗弯强度，R_{bc}—抗压强度。

为了细化灰铸铁的组织，提高灰铸铁的力学性能，通常在碳、硅含量较低的灰铸铁液中加入孕育剂进行孕育处理，经过孕育处理的灰铸铁叫**孕育铸铁**或**变质铸铁**。孕育铸铁的金相组织是在细密的珠光体基体上分布着均匀细小的石墨片，其强度高于普通灰铸铁，铸件整个截面上的组织和性能比较均匀一致，因而断面敏感性小，用来制造力学性能要求高、截面尺寸变化较大的大型铸件，如重型机床床身、液压件、齿轮等。

热处理只能改变灰铸铁的基体组织，不能改变石墨的形态和分布状况，这对提高灰铸铁力学性能的效果不大，故灰铸铁的热处理工艺仅有退火、表面淬火等。

一些形状复杂和尺寸稳定性要求较高的零件，如机床床身、柴油机缸体等，为防止变形开裂，保证尺寸稳定，必须进行消除应力的退火，又称人工时效。退火工艺是：加热速度为50～100℃/h，加热温度为500～600℃，保温2～8h；冷却速度为20～50℃/h，炉冷至150～200℃后出炉空冷。

灰铸铁铸件表层和薄壁处往往会因冷速较快而产生白口组织，难以切削加工，需要加热至共析温度以上进行退火，又称高温退火。退火工艺是：将铸件加热到850～900℃，保温2～5h，然后随炉冷却至250～400℃，出炉空冷。

有些铸件的工作表面，如机床导轨的表面，需要较高的硬度和耐磨性，为此可进行表面淬火处理，如感应加热表面淬火、火焰加热表面淬火、点接触电加热表面淬火等。

知识巩固 5-11

1. 铸铁可分为：灰铸铁、可锻铸铁、蠕墨铸铁、球墨铸铁等。(　　)

2. 在F、F+P、P基体上分布有片状石墨的铸铁称为球墨铸铁。(　　)

3. 以F、F+P、P为基体的灰铸铁的强度依次提高。(　　)

4. 灰铸铁具有优良的铸造性能、耐磨性和消振性以及较低的缺口敏感性和良好的切削加工性能。(　　)

5. 孕育铸铁用来制造力学性能要求高、截面尺寸变化较大的大型铸件，如重型机床的机身、导轨、汽缸体、液压件、齿轮等。(　　)

6. 将灰铸铁加热到500～600℃保温可消除铸造应力，防止变形开裂，保证尺寸稳定。(　　)

7. 如果灰铸铁中有莱氏体组织，可加热到850～900℃保温，使莱氏中的$Fe_3C \longrightarrow G$，降低硬度，提高切削加工性。(　　)

8. 对灰铸铁进行表面淬火可进一步提高表面耐磨性。(　　)

9. 灰铸铁可用于制造承受压力和振动的零件，如机床床身、各种箱体、壳体、泵体、缸体等。(　　)

10. 灰铸铁的塑性和韧性非常差，能用于制造承受拉伸的重要零件。(　　)

5.6.2 可锻铸铁

可锻铸铁是由铸态白口铸铁件经长时间石墨化退火得到的一种高强度铸铁。根据基体组织的不同，可分为铁素体可锻铸铁和珠光体可锻铸铁，见图 5-21。

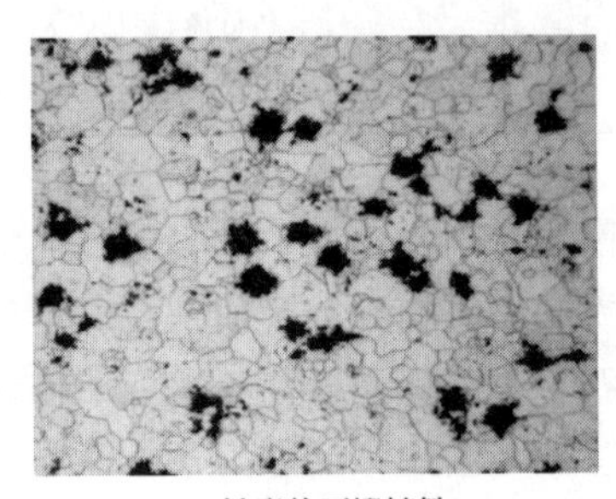

(a) 铁素体可锻铸铁

(b) 珠光体可锻铸铁

图 5-21　不同显微组织的可锻铸铁

可锻铸铁中的石墨呈团絮状，对基体的割裂作用比片状石墨小，所以可锻铸铁的强度比灰铸铁高，还具有一定的塑性和较高的韧性。

可锻铸铁的牌号、力学性能和用途见表 5-16。牌号中的“KT”表示可锻铸铁，“KTH”为铁素体基体可锻铸铁，“KTZ”为珠光体基体可锻铸铁，后面的第一组数字表示最低抗拉强度，第二组数字表示最低伸长率。

可锻铸铁的生产分为两步。第一步是浇注成纯白口铸铁。为了获得纯白口铸件，应选择低的碳、硅含量，其化学成分（质量分数）大致为：2.4%～2.8% C，0.8%～1.6% Si，0.4%～1.2% Mn，P≤0.1%，S≤0.2%。第二步是石墨化退火，将白口铸件加热至 900～980℃，保温约 15h，使组织中的渗碳体发生分解，得到奥氏体和团絮状石墨。在随后的缓冷过程中，从奥氏体中析出二次石墨，并沿着团絮状石墨表面长大；当冷却至 750～720℃共析温度时，奥氏体发生转变生成铁素体和石墨，最终得到铁素体可锻铸铁。如果在共析转变过程中冷却速度较快，最终将得到珠光体可锻铸铁。

可锻铸铁退火时间长，生产工艺复杂，成本高，加之球墨铸铁迅速发展，不少可锻铸铁件已被球墨铸铁所代替。

表 5-16　可锻铸铁的牌号、力学性能和用途

类别	牌号	试样直径 D/mm	R_m/MPa	$R_{P0.2}$/MPa	A/%	硬度 /HBS	用途
铁素体（黑心）可锻铸铁	KTH300-06	15	300	—	6	<150	水暖管件、汽车后桥壳、支架、钢丝绳扎头、扳手、农机上的犁刀和犁铧等
	KTH330-08	15	330	—	8	<150	
	KTH350-10	15	350	200	10	<150	
	KTH370-12	15	370	—	12	<150	
珠光体可锻铸铁	KTZ450-06	15	450	270	6	150～200	曲轴、连杆、齿轮、活塞环、扳手、矿车轮、凸轮轴、传动链条、万向接头等
	KTZ550-04	15	550	340	4	180～230	
	KTZ650-02	15	650	430	2	210～260	
	KTZ700-02	15	700	530	2	240～290	

知识巩固 5-12

1. 可锻铸铁是由铸态白口铸铁经长时间石墨化退火得到的一种高强度且可以进行锻造成形的铸铁。(　　)

2. 可锻铸铁的组织特点是在铁素体、铁素体+珠光体或珠光体基体上分布团絮状石墨。(　　)

3. 在力学性能方面，由于可锻铸铁石墨呈团絮状，对基体的割裂作用比片状石墨小，所以可锻铸铁的强度、塑性及韧性比灰铸铁高。(　　)

4. KTH300-06是抗拉强度为300MPa、伸长率为6%的可锻铸铁。(　　)

5. 可锻铸铁常用来制造薄壁、形状复杂、承受冲击和振动载荷的零件，如汽车和拖拉机的后桥外壳、管接头、低压阀门等。(　　)

5.6.3　球墨铸铁

球墨铸铁中的石墨呈球状，对基体的削弱作用和造成的应力集中很小，故强度高，有良好的塑性和韧性，且铸造性能好，生产简便，成本低，所以在工业上应用越来越广。

球墨铸铁的组织取决于第三阶段石墨化过程进行的程度，按照基体组织的不同，可分为铁素体球墨铸铁、珠光体球墨铸铁以及铁素体加珠光体球墨铸铁，见图5-22。

球墨铸铁的力学性能大大高于灰铸铁，并优于可锻铸铁，它的某些性能接近于钢，如弯曲疲劳强度、耐磨性、抗拉强度。同时，球墨铸铁还保留有灰铸铁的一些优点，如优良的铸造性能、切削加工性和低的缺口敏感性，另外还可通过热处理大大提高其性能。它的出现大大促进了“以铁代钢，以铸代锻”的技术革命。

球墨铸铁的牌号、力学性能和用途见表5-17。牌号中的“QT”表示球墨铸铁，后面的第一组数字表示最低抗拉强度，第二组数字表示最低伸长率。

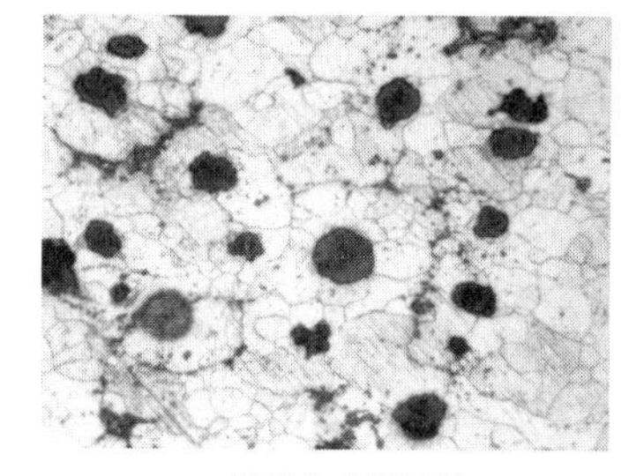
(a) 铁素体球墨铸铁

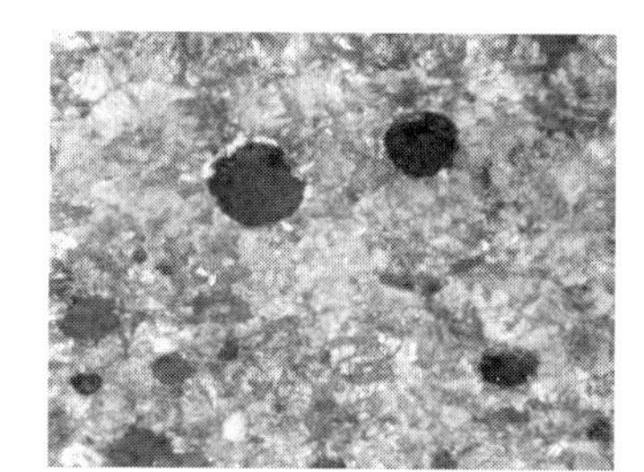
(b) 珠光体球墨铸铁

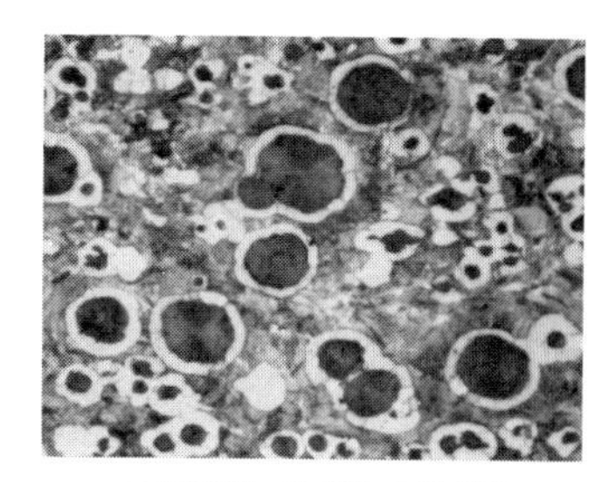
(c) 铁素体+珠光体球墨铸铁

图5-22　不同显微组织的球墨铸铁

表5-17　球墨铸铁的牌号、力学性能和用途

类别	牌号	R_m/MPa	$R_{P0.2}$/MPa	A/%	A_K/J	硬度/HBS	用途举例
铁素体球墨铸铁	QT400-18	400	250	18	14	130～180	汽缸、后桥壳、机架、变速箱壳
	QT450-10	450	310	10	—	160～210	
铁素体+珠光体球墨铸铁	QT600-3	600	370	3	—	190～270	曲轴、连杆、凸轮轴、汽缸套、矿车轮
珠光体球墨铸铁	QT700-2	700	420	2	—	225～305	
	QT800-2	800	480	2	—	245～335	

球墨铸铁的成分（质量分数）范围是：3.6%～3.8% C，2.0～2.8% Si，0.6%～0.8% Mn，P≤0.1%，S≤0.07%。球墨铸铁要进行球化处理和孕育处理，即在浇注前向铁液中加入一定量的球化剂和孕育剂。我国广泛采用的球化剂是稀土镁合金，加入方法一般采用冲入法。孕育剂常采用75%硅铁或硅钙合金，孕育方法分为一次处理和多次处理。

球墨铸铁的热处理包括以下几种。

（1）退火　退火的目的是获得铁素体基体球墨铸铁。球墨铸铁的铸态组织中常出现渗碳体和珠光体，不仅力学性能差，而且难以加工。为了获得高韧性的铁素体基体组织并改善切削性能，消除铸造应力，必须进行退火，使其中的渗碳体和珠光体得以分解。根据铸态组织的不同，可分为高温退火和低温退火。

当铸态组织为F+P+Fe_3C+G时，采用高温退火，退火工艺是：将铸件加热到900～950℃，保温2～5h后，随炉缓冷至600℃出炉空冷。

当铸态组织为F+P+G时，只需采用低温退火，退火工艺是：将铸件加热到720～760℃，保温2～8h后，随炉缓冷至600℃出炉空冷。

（2）正火　正火的目的是获得珠光体基体，以提高球墨铸铁强度、硬度和耐磨性，可分为高温（完全奥氏体化）正火和低温（不完全奥氏体化）正火。高温正火工艺是：将铸件加热到880～920℃，保温3h左右，然后空冷，得到P+G组织。低温正火工艺是：将铸件加热到820～860℃，保温一定时间，然后空冷，得到F+P+G组织。

正火所获得珠光体量的多少，主要取决于冷却速度，增大冷却速度将会增加珠光体量。因此，正火的冷却方法除空冷外，还可采用风冷和喷雾冷却等。由于正火时冷却速度较大，常会在铸件中产生一定的内应力，故在正火后可增加一次去应力退火（常称回火），即加热到500～600℃，保温3～4h，然后空冷。

（3）调质　对于要求综合力学性能较高的零件，如承受交变载荷的连杆、曲轴等，可采用调质处理，工艺为：淬火加热温度850～900℃，油淬或水淬，回火温度550～620℃，空冷，得到回火索氏体加球状石墨的组织。

（4）等温淬火　对于一些综合力学性能要求较高、形状比较复杂、热处理容易变形或开裂的零件，如齿轮、轴承套等，可采用等温淬火，工艺为：淬火加热温度840～900℃，保温一定时间，在250～300℃盐浴炉中等温0.5～1.5h后空冷，一般不再回火，最后得到下贝氏体加球状石墨的组织。

知识巩固 5-13

1. 球墨铸铁中的石墨呈球状，强度高，具有良好的塑性和韧性，铸造性能好，成本低，生产工艺简单。（　　）

2. QT400-18是抗拉强度为400MPa、伸长率为18%的球墨铸铁。（　　）

3. 球墨铸铁可替代部分铸钢、锻钢件，如曲轴、连杆、轧辊、汽车后桥、齿轮等。（　　）

4. 对要求综合力学性能较高的球墨铸铁零件，如连杆、曲轴等，可采用调质处理。（　　）

5. 对要求高硬度的球墨铸铁件可以加热到840～900℃，保温一定时间，250～300℃盐浴炉中等温30～90min后空冷，得到下贝氏体+球状石墨组织。（　　）

5.6.4 蠕墨铸铁

蠕墨铸铁中的石墨为短小的蠕虫状，形态弯曲，端部圆钝，长宽比小。一般将长宽比为3～10的石墨称为蠕虫状石墨，它是介于球状石墨和片状石墨之间的一种石墨形态。

蠕虫状石墨由许多细小的分枝组成，每一分枝都由小的团状石墨堆垛而成。整块蠕虫状石墨是多晶体，它的生长是以微小石墨球连接在一起，其生长尖端在结晶过程中通过结晶奥氏体上的沟槽与铁液相连通，并在其中生长。若加入钛、铝等降低熔点的元素，则容易保持这种铁液沟槽，为蠕虫状石墨的生长提供有利条件。

获得蠕虫状石墨可用稀土硅铁作蠕化剂，也可用镁和钛铝组成的复合蠕化剂，其中镁和稀土元素为石墨球化元素，钛、铝等为反球化元素。为了消除镁和稀土元素的白口化影响，通常要用75%硅铁进行孕育处理。

蠕墨铸铁对铁液的化学成分要求与球墨铸铁相似，向铁液中加入蠕化剂即可。所得到的蠕虫状石墨的圆整化程度，可用圆整化系数 K 来描述：

$$K=4\pi A/L^2$$

式中，A 为单个石墨的截面积；L 为单个石墨的截面周长，取试样上有代表性视场中的全部石墨来统计。当 $K<0.15$ 时属于片状石墨，当 $K>0.8$ 时属于球状石墨，当 $0.15<K<0.8$ 时属于蠕虫状石墨。

石墨的蠕化效果常用蠕化率来表述，它指的是检测视场中蠕虫状石墨面积占全部石墨面积的百分数，一般要求不低于50%。控制球化元素镁和稀土元素的含量，可以得到高的蠕化率，但其残留量范围要求太窄，很难控制和检测，生产上操作起来很不方便。为此，往往加入反球化元素钛、铝，与球化元素镁制成复合蠕化剂。

蠕墨铸铁的力学性能取决于石墨的蠕化率、形态、分布和基体组织。按照基体组织的不同，蠕墨铸铁可分为铁素体蠕墨铸铁、珠光体蠕墨铸铁以及铁素体加珠光体蠕墨铸铁。

蠕墨铸铁的牌号和力学性能见表5-18。牌号中的“RuT”为蠕铁二字的汉语拼音简写，用以表示蠕墨铸铁，其后面的数字表示最低抗拉强度。

由于蠕墨铸铁强度较高、塑性较好，常用来制造电机外壳、柴油机气缸盖、机座、机床床身、钢锭模、飞轮、排气管、阀体等机器零件。

表 5-18 蠕墨铸铁的牌号和力学性能

类别	牌号	R_m/MPa	$R_{P0.2}$/MPa	A/%	硬度/HBS	蠕化率/%
铁素体蠕墨铸铁	RuT260	260	195	3.0	121～197	≥50
铁素体+珠光体蠕墨铸铁	RuT300	300	240	1.5	140～217	
	RuT340	340	270	1.0	170～249	
珠光体蠕墨铸铁	RuT380	380	300	0.75	193～274	
	RuT420	420	335	0.75	200～280	

知识巩固 5-14

1. 蠕墨铸铁中的石墨为短小的蠕虫状，形态弯曲，端部圆钝，对基体的割裂作用小，强度较高。(　　)

2. 用稀土硅铁作蠕化剂可获得蠕虫状石墨。(　　)

3. 蠕墨铸铁的塑性没有灰铸铁的高。(　　)

4. 在相同强度下，蠕墨铸铁的塑性比可锻铸铁的高。(　　)

5. 在相同强度下，蠕墨铸铁的塑性比球墨铸铁的高。(　　)

5.7 常用有色金属材料

有色金属的种类很多，但工业上应用较多的主要有铝合金、铜合金、钛合金、镁合金、轴承合金以及近年来发展起来的一些新型及特种用途材料。与钢铁相比，有色金属及其合金具有许多特殊的力学、物理和化学性能，因而成为航空航天、汽车制造、船舶制造、电器仪表等现代工业、国防、科学研究领域中不可缺少的工程材料。

5.7.1 铝合金

铝及其合金的性能特点如下。

(1) 密度小，比强度高　纯铝的密度为 $2.7g/cm^3$，大约是钢铁材料的三分之一，铝合金的密度也很小。采用各种强化手段后，铝合金的强度可以接近低合金高强度钢，因此其比强度（强度与密度之比）比一般的高强度钢高得多。

(2) 加工性能良好　铝及其合金（退火状态）的塑性很好，能通过冷、热压力加工制成各种型材，如丝、线、箔、片、棒、管等。其切削加工性能也很好。高强铝合金在退火状态下加工成形后，经过适当的热处理工艺，可以达到很高的强度。铸造铝合金铸造性能优良，例如，硅铝明（一种铝硅合金）可适用于多种铸造方法。

(3) 具有优良的物理、化学性能　铝的导电性和导热性好，仅次于银、铜和金，居第四位。室温时，铝的导电能力约为铜的 62%；若按单位质量材料的导电能力计算，铝的导电能力为铜的 2 倍。纯铝及其合金有相当好的抗大气腐蚀性能，这是因为在铝的表面能生成一层致密的氧化铝薄膜，它能有效地隔绝铝与氧的接触，从而阻止铝的进一步氧化。

5.7.1.1 纯铝

纯铝是一种具有银白色金属光泽的金属，晶体结构为面心立方，无同素异构转变。纯铝在大气和淡水中具有良好的耐蚀性，但在碱和盐的水溶液中表面的氧化膜易破坏，使铝很快被腐蚀。纯铝具有良好的低温性能，在 0～－253℃塑性和冲击韧性不降低。

纯铝的铝含量不低于 99.00%，此外还含有少量的杂质，主要杂质为铁和硅。一般说来，随着杂质含量的增加，纯铝的导电性和耐蚀性均降低。

纯铝的强度很低，虽然可通过冷作硬化的方式强化，但不宜直接用作结构材料。一般应在铝中加入适当的合金元素形成铝合金，按照生产工艺的不同，可分为铸造铝合金和变形铝合金。

5.7.1.2 铝合金的强化

提高铝的强度的基本途径是，在铝中加入适当的合金元素，通过固溶强化、弥散强化来实现提高强度的目的。如果再配合热处理和其他措施，铝合金的强度和韧性可得到进一步的改善。

(1) 时效强化　将含有 4%Cu 的铝合金加热到 α 相区中的某一温度，经过一段时间保温，获得单一的α固溶体组织，而后投入水中快冷，使次生相来不及析出，从而在室温下获得过饱和α固溶体，这种处理称为固溶处理。经过固溶处理的铝合金，强度和硬度升高并不多，但在放置一段时间（4～5d）后，强度和硬度显著升高。这种淬火后铝合金的强度和硬度随时间延续而显著升高的现象称为时效强化。如果时效是在室温下进行，则称为自然时效；在一定加热条件下进行，则称为人工时效。

（2）细晶强化　铝合金特别是变形铝合金的塑性较好，在铝合金结晶过程中，若采取一些强冷措施，如在连续浇注铸锭时向结晶器中通水冷却、向热的铸锭上多次喷水激冷等，可以提高铸造的冷却速度，增大结晶的过冷度，结晶时一般不会开裂，但可以有效地细化晶粒，改善合金的性能。

铝硅系铸造合金具有优良的流动性，并具有很小的收缩率，铸造性能很好，但二元铝硅合金不能进行有效的时效强化，固溶强化效果也不好，铸态组织很粗，合金强度很低。若在浇注前向液态合金中加入变质剂，进行变质处理，则可以细化晶粒，提高强度。传统变质剂是钠盐的混合物，加入量一般为合金液的2%～3%。

5.7.1.3　铸造铝合金

铸造铝合金要求具有良好的铸造性能，为此，合金组织中应有适当数量的共晶体，合金元素总量为8%～25%，一般高于变形铝合金。铸造铝合金有铝硅系、铝铜系、铝镁系、铝锌系四种，其中以铝硅系合金应用最广。常用铸造铝合金的牌号、力学性能和用途见表5-19。

表5-19　常用铸造铝合金的牌号（代号）、力学性能和用途

类别	牌号（代号）	铸造方法与合金状态	R_m/MPa	A/%	硬度/HBS	用途
铝硅合金	ZAlSi12（ZL102）	金属型铸造，退火	155	2	50	抽水机壳体，在200℃以下工作、承受低载荷的气密性零件
		砂型/金属型铸造，变质处理	145	4	50	
		砂型/金属型铸造，变质处理，退火	135	4	50	
	ZAlSi5Cu1Mg（ZL105）	金属型铸造，淬火＋不完全时效	235	0.5	70	在225℃以下工作的零件，如风冷发动机的气缸头
		砂型铸造，淬火＋不完全时效	195	1.0	70	
		砂型铸造，淬火＋人工时效	225	0.5	70	
铝铜合金	ZAlCu5Mn（ZL201）	砂型铸造，淬火＋自然时效	295	8	70	支臂、挂架梁、内燃机气缸头、活塞等
		砂型铸造，淬火＋不完全时效	335	4	90	
	ZAlCu4（ZL203）	砂型铸造，淬火＋自然时效	195	6	60	形状简单、粗糙度要求高的中等承载件
		砂型铸造，淬火＋不完全时效	215	3	70	
铝镁合金	ZAlMg10（ZL301）	砂型铸造，淬火＋自然时效	280	10	60	砂型铸造、在大气或海水中工作的零件
铝锌合金	ZAlZn11Si7（ZL401）	金属型铸造，不淬火，人工时效	245	1.5	9080	结构形状复杂的汽车、飞机零件
		砂型铸造，不淬火，人工时效	195	2		

铝硅系合金又称硅铝明，其特点是铸造性能好，线收缩小，流动性好，热烈倾向小，具有较高的抗蚀性和足够的强度，在工业上应用十分广泛。最常见的是ZL102，其铸造性能好，但强度低，经过变质处理可提高其力学性能。在此合金成分基础上加入一些合金元素，可组成复杂的硅铝明，通过固溶处理和时效处理实现合金强化，可满足较大负荷零件的要求。

铝铜系合金可以通过时效强化提高强度，并且时效强化的效果可以保持到较高温度，使合金具有较高的热强性。由于合金中只含少量共晶体，故铸造性能不好，抗蚀性和比强度也较优质硅铝明低。

铝镁系合金密度小，强度高，比其他铸造铝合金耐蚀性好，但铸造性能不如铝硅合金好，流动性差，线收缩率大，铸造工艺复杂。

铝锌系合金密度较大，耐蚀性差，但铸造性能很好，铸造冷却时能够自行淬火，经自然时效后就有较高的强度，可在铸态下直接使用。

5.7.1.4 变形铝合金

按照主要合金元素的种类以及合金性能的突出特点，变形铝合金可分为防锈铝、硬铝、超硬铝、锻铝等。常用变形铝合金的牌号、化学成分和力学性能见表 5-20。牌号中的第一位数字表示主要合金元素的种类，第二位数字或字母表示改型情况，最后两位数字没有特殊意义，仅用来区分同一组中不同的铝合金。

防锈铝合金包括 Al-Mn 系合金和 Al-Mg 系合金，其中 Al-Mn 系合金有比纯铝更高的强度和耐蚀性，并具有良好的塑性和焊接性，但切削加工性较差；Al-Mg 系合金比纯铝的密度小，强度比 Al-Mn 系合金高，并有较好的耐蚀性。这类合金的时效强化效果极弱，冷变形可以提高合金强度，但会显著降低塑性。主要用于制造各种耐蚀性薄板容器，如油箱、蒙皮及一些受力小的构件，在飞机、车辆和日用器具中应用很广。

硬铝合金（Al-Cu-Mg 系）中铜、镁含量较多，有一定的固溶强化作用，通常采用自然时效，也可采用人工时效，故强度、硬度高，比强度高，耐热性好，可在 150℃以下工作，但塑性低、韧性差。常用来制造飞机的大梁、螺旋桨、铆钉机蒙皮等，在仪器制造中也得到广泛应用。

超硬铝合金（Al-Mg-Zn-Cu 系）是室温强度最高的铝合金，经过固溶处理和人工时效后，可获得很高的强度和硬度，其比强度相当于超高强度钢，但最大的缺点是抗蚀性差，对应力腐蚀敏感。主要用于工作温度不超过 120～130℃的受力构件，如飞机蒙皮、大梁、起落架等。

锻铝合金（Al-Mg-Si-Cu、Al-Cu-Mg-Ni-Fe 系）中的元素种类很多，但含量少，通常要进行淬火和人工时效处理，具有良好的热塑性、铸造性能和锻造性能，并有较高的力学性能。常用于制造形状复杂的大型锻件。

表 5-20 常用变形铝合金的牌号、化学成分和力学性能

类别	牌号	化学成分/%(质量分数)				其他	R_m/MPa	A/%
		Cu	Mg	Mn	Zn			
防锈铝	5A05	0.18	4.8～5.5	0.3～0.6	0.20	—	265	15
	3A21	0.20	0.05	1.0～1.6	0.10	Ti0.15	≤165	20
硬铝	2A11	3.8～4.8	0.4～0.8	0.4～0.8	0.30	Ti0.15	370	12
	2A12	3.8～4.9	1.2～1.8	0.3～0.9	0.30	Ti0.10～0.15	390～420	12
超硬铝	7A04	1.4～2.0	1.8～2.8	0.2～0.6	5.0～7.0	Cr0.10～0.25 Ti0.10	530～550	6
锻铝	6A02	0.2～0.6	0.45～0.9	0.15～0.35	0.20	Si0.5～1.2	295	12
	2A50	1.8～2.6	0.4～0.8	0.4～0.8	0.30	Si0.7～1.2	380	10
	2A14	3.9～4.8	0.4～0.8	0.4～1.0	0.30	Ni0.10	460	8

知识巩固 5-15

1. 可以通过固溶处理、时效处理提高铝合金的强度。（　　）
2. Al-Si 系合金、Al-Cu 系合金和 Al-Zn 系合金是常用的铸造铝合金。（　　）

3. Al-Mn、Al-Mg 、Al-Cu-Mg、Al-Mg-Zn-Cu、Al-Mg-Si-Cu、Al-Cu-Mg-Ni-Fe 等是常用的锻造铝合金。(　　)

4. Al-Cu-Mg 采用自然或人工时效，析出 $CuAl_2$、$CuMgAl_2$ 等提高强度，可制造螺旋桨叶片、支柱、飞机翼梁、翼肋等。(　　)

5. Al-Mg-Zn-Cu 合金经过人工时效析出 $CuAl_2$、$CuMgAl_2$、$MgZn_2$、$Al_2Mg_3Zn_3$ 等提高强度，是变形铝合金中强度最高的一类铝合金，可制造飞机大梁、起落架等。(　　)

5.7.2 铜合金

5.7.2.1 工业纯铜

工业纯铜具有玫瑰红色，表面形成氧化膜后呈紫色，故一般称为紫铜。

铜为面心立方晶格，密度约为 8.9g/cm^3，熔点为 1083℃。纯铜的最大优点是导电、导热性好，其导电性在各种金属中仅次于银而居第二位，故纯铜的主要用途就是制作电工元件。工业纯铜中常含有少量的杂质，铜的物理性能随铜的纯度不同而异，加工因素也有一定影响。

铜在室温有轻微氧化，温度升高，氧化速度加快。铜的标准电极电位很高(+0.345V)，表面又常生成一层保护膜，耐大气、水、水蒸气的腐蚀，故铜导线在野外使用时可以不加保护，还可以制作各种冷凝器、水管等。但是铜的钝化能力小，在各种含氧或氧化性的酸、盐溶液中，容易引起腐蚀。

纯铜的强度很低，但是塑性极好，可以承受各种形式的冷热压力加工，因此，铜制品多是经过适当形式压力加工制成的。在冷变形过程中，铜有明显的加工硬化现象，加工硬化是纯铜的唯一强化方式。冷变形铜材退火时，也和其他金属一样，产生再结晶，从而影响铜的性能。再结晶软化退火温度一般选择 500～700℃。

5.7.2.2 铜合金的强化

纯铜的强度不高，不宜直接作为结构材料。采用加工硬化的方法虽然可将抗拉强度和布氏硬度提高，但伸长率急剧下降。铜中加入适量合金元素以后，可获得强度较高的铜合金，同时还保留纯铜的一些优良性能。

铜合金的强化机制主要有以下三种。

(1) 固溶强化　用于铜合金固溶强化的元素主要有锌、铝、锡、镍等，它们在铜中的最大溶解度均大于 9.4%。合金元素与铜形成固溶体后，产生晶格畸变，增大了位错运动的阻力，使强度提高。

(2) 时效强化　铍、钛、锆、铬等合金元素在固态铜中的溶解度随温度降低而急剧减小，因而具有时效强化效果。最突出的是 Cu-Be 合金，经固溶时效处理后，最高强度可达 1400MPa。

(3) 过剩相强化　铜中加入的元素含量超过最大溶解度以后，会出现少量的过剩相。过剩相多为硬而脆的金属化合物，可使铜合金的强度提高。过剩相的量不能太多，否则会使铜合金的强度和塑性都降低。

5.7.2.3 黄铜

黄铜是以锌为主要合金元素的铜合金。按所含合金元素的种类，黄铜可分为简单黄铜和复杂黄铜，只含锌不含其他合金元素的黄铜称为简单黄铜或普通黄铜，除锌以外还含有一定数量其他合金元素的黄铜称为复杂黄铜或特殊黄铜。按生产方法的不同，黄铜又可分为压力加工黄铜和铸造黄铜。

常用黄铜的牌号、化学成分、力学性能及用途见表5-21，其中力学性能数字中的分母：对压力加工黄铜为硬化状态（变形程度50%），对铸造黄铜为金属型铸造；分子：对压力加工黄铜为退火状态（600℃），对铸造黄铜为砂型铸造。

表5-21　常用黄铜的牌号（代号）、化学成分（质量分数）、力学性能及用途

类别	牌号（代号）	W_{Cu}/%	其他元素/%	R_m/MPa	A/%	硬度/HBS	用途
普通黄铜	（H68）	67～70	余量Zn	320/660	55/3	—/150	复杂的冷冲压件、散热器外壳、弹壳、导管、波纹管、轴套等
	ZCuZn38(ZH62)	60～63	余量Zn	295/295	30/30	60/70	散热器、螺钉等
特殊黄铜	HSn62-1（海军黄铜）	61～63	Sn0.7～1.1 余量Zn	400/700	40/4	50/95	与海水和汽油接触的船舶零件
	HPb59-1（易切削黄铜）	57～60	Pb0.8～1.9 余量Zn	400/650	45/16	44/80	热冲压及切削加工零件，如销、螺钉、螺母、轴套等
	ZCuZn40Mn3Fe1（ZHMn55-3-1）	53～58	Mn3.0～4.0 Fe0.5～1.5 余量Zn	440/490	18/15	100/110	轮廓不复杂的零件，海轮上在300℃以下工作的管配件、螺旋桨等
	ZCuZn25Al6Fe3Mn3	60-66	Al4.5～7.0 Fe2.0～4.0 Mn1.5～4.0 余量Zn	725/740	10/7	157/166	高强、耐磨零件，如桥梁支撑板、螺母、螺杆、耐磨板、滑板、涡轮等

5.7.2.4 青铜

青铜是以除锌和镍以外的其他元素作为主要合金元素的铜合金。按所含合金元素的种类，青铜可分为锡青铜、铝青铜、铅青铜、铍青铜等。按生产方法的不同，青铜又可分为压力加工青铜和铸造青铜。

常用青铜的牌号、化学成分、力学性能及用途见表5-22。其中力学性能数字中的分母：对压力加工青铜为硬化状态（变形程度50%），对铸造青铜为金属型铸造；分子：对压力加工青铜为退火状态（600℃），对铸造青铜为砂型铸造。

表5-22　常用青铜的牌号（代号）、化学成分（质量分数）、力学性能及用途

类别	牌号（代号）	第1主加元素/%	其他元素/%	R_m/MPa	A/%	硬度/HBS	用途
压力加工锡青铜	（QSn4-3）	Sn3.5～4.5	Zn2.7～3.3 余量Cu	350/550	40/4	60/160	弹性零件、管配件、化工机械中的耐磨和抗磁零件
	（QSn6.5-0.1）	Sn6.0～7.0	P0.1～0.25 余量Cu	350～450/700～800	60～70/7.5～12	70～90/160～200	弹簧、接触片、振动片、精密仪器中的耐磨零件
铸造锡青铜	ZCuSn10P1（ZQSn10-1）	Sn9.0～11.5	P0.5～1.0 余量Cu	220/310	3/2	80/90	重要的减摩零件，如轴承、轴套、涡轮、摩擦轮、机床丝杆螺母
	ZCuSn5Zn5Pb5（ZQSn5-5-5）	Sn4.0～6.0	Zn4.0～6.0 Pb4.0～6.0 余量Cu	200/200	13/13	60/65	中速中等载荷的轴承、轴套、涡轮及1MPa下的蒸汽管和水管配件

续表

类别	牌号（代号）	第 1 主加元素/%	其他元素/%	R_m/MPa	A/%	硬度/HBS	用途
铸造铝青铜	ZCuAl10Fe3（ZQAl9-4）	Al8.5～11.0	Fe2.0-4.0 余量 Cu	490/540	13/15	100/110	耐磨零件及在蒸汽、海水中工作的高强度耐蚀件、低于 250℃的管配件
铸造铅青铜	ZCuPb30（ZQPb30）	Pb27.0～33.0	余量 Cu	—	—	—/25	大功率航空发动机、柴油机曲轴及连杆的轴承以及一些耐磨零件
压力加工铍青铜	（QBe2）	Be1.8～2.1	Ni0.2-0.5 余量 Cu	500/850	40/3	90/250	重要弹性元件、耐磨零件及在高温、高压、高速下工作的轴承

知识巩固 5-16

1. 黄铜是以铜和锌所组成的合金，由铜、锌组成的黄铜叫作普通黄铜，由铜、锌及其他元素组成的合金叫作特殊黄铜。(　　)

2. 青铜原指 Cu-Sn 合金，现在指 Cu 中加 Al、Si、Pb、Be、Mn 等为主加元素的铜基合金。(　　)

3. 白铜是以镍为主要添加元素的铜基合金，呈银白色，有金属光泽。(　　)

4. α 单相黄铜（H96～H65）具有良好的塑性能进行冷热加工，如薄板、棒、弹壳等。(　　)

5. 两相黄铜（H63～H59），合金组织中除了具有塑性好的 α 相外，还出现了由电子化合物 CuZn 为基的 β 固溶体。(　　)

5.7.3　钛合金

钛是银白色金属，熔点为 1668℃，密度为 4.5g/cm^3，具有重量轻、比强度高、耐高温等优点。钛的电极电位低，钝化能力强，在常温下极易形成由氧化物和氮化物组成的致密的与基体结合牢固的钝化膜，在大气及淡水、海水、硝酸、碱溶液等许多介质中非常稳定，具有极高的抗蚀性。

钛在固态下具有同素异构转变。在 882.5℃以下为密排六方晶格，称为 α-Ti，强度高而塑性差，加工变形较困难。在 882.5℃以上为体心立方晶格，称为 β-Ti，塑性较好，易于进行压力加工。目前，钛及钛合金的加工条件较复杂，成本较高，这在很大程度上限制了它的应用。

工业纯钛的钛含量一般在 99.5%～99.0%，室温组织为 α 相，塑性好，具有优良的焊接性能和耐蚀性能，长期工作温度可达 300℃，可制成板材、棒材、线材等。主要用于飞机的蒙皮、构件和耐蚀的化学装置、海水淡化装置等。

工业纯钛不能进行热处理强化，实际使用中主要采用冷变形进行强化，热处理工艺主要有再结晶退火和去应力退火。

为了进一步改善钛的性能，需进行合金化。按照对钛的 α、β 转变温度的影响，所加的合金元素可分为三类：α 相稳定元素、β 相稳定元素以及对相变影响不大的中性元素。

根据钛合金在退火状态下的相组成，可将其分为 α 钛合金、β 钛合金和（α+β）钛合金，牌号分别用 TA、TB、TC 加上编号来表示，这是目前国内使用较普遍的钛合金分类方法。

常用钛合金的牌号、化学成分、热处理和力学性能见表 5-23。

α 钛合金中加入的主要元素有 Al、Sn、Zr 等，在室温和使用温度下均处于 α 单相状态，在 500～600℃时具有良好的热强性和抗氧化能力，焊接性能也好，并可利用高温锻造进行热成形加工。典型牌号是 TA7，主要用于制造导弹燃料罐、超声速飞机的涡轮机匣等部件。

β 钛合金中加入的主要元素有 Mo、V、Cr 等，有较高的强度和优良的冲压性能，可通过淬火和时效进一步强化。典型牌号是 TB2，主要用于制造压气机叶片、轴、轮盘等重载荷零件。

(α+β) 钛合金室温组织为 (α+β) 两相组织，塑性很好，容易锻造、压延和冲压成形，并可通过淬火和时效进行强化，热处理后强度可提高 50%～100%。典型牌号是 TC4，既可用于低温结构件，也可用于高温结构件，常用来制造航空发动机压气机盘和叶片以及火箭液氢燃料箱部件等。

表 5-23　常用钛合金的牌号、化学成分、热处理和力学性能

类别	牌号	化学成分/%（质量分数）	热处理	室温性能		高温度性能		
				R_m/MPa	A_5/%	试验温度/℃	R_m/MPa	R_{100}/MPa
α 钛合金	TA6	Ti-5Al	退火	685	10	350	420	390
	TA7	Ti-5Al-2. 5Sn	退火	785	10	350	490	440
β 钛合金	TB2	Ti-5Mo-5V-8Cr-3Al	固溶+时效	1370	8	—	—	—
(α+β) 钛合金	TC4	Ti-6Al-4V	固溶+时效	—	—	—	—	—
	TC3	Ti-5Al-4V	退火	800	10	—	—	—
	TC2	Ti-3Al-1. 5Mn	退火	685	12	350	420	390

注：R_{100} 是试验温度下 100h 的持久强度。

知识巩固 5-17

1. 钛合金密度较小 (4.5g/cm³)、比强度高、塑性和低温韧性好，有极高的抗腐蚀性能。(　　)

2. 纯钛主要用于 350℃以下工作、强度要求不高的零件，如石油化工用热交换器、反应器、蒸馏塔、潜水器、海水净化装置及舰船零部件。(　　)

3. α 型钛合金的主加元素有 Al、Sn、Zr，室温为单相 α 相，不能通过热处理提高强度。(　　)

4. (α+β) 型钛合金中的 β 相是体心立方结构，塑性比 α 好，可通过热处理提高强度。(　　)

5. β 型钛合金中加入合金元素 W、V、Cr 等有较高的强度和优良的冲压性能，可通过淬火和时效进一步提高强度。(　　)

5.7.4　镁合金

镁的密度小 (1.74g/cm³)，是铝的 2/3，钢铁的 1/4。镁合金是目前工业应用中最轻的工程材料，比强度和比刚度高，均优于钢和铝合金，可满足航空、航天、汽车及电子产品轻量化和环保的要求。此外，镁合金还具有铸造性能优良、阻尼减震性好、导电导热性好、电磁屏蔽性好以及原料丰富、切削加工简单和回收容易等优点，成为世界各国应用增长最快的材料之一，被誉为“21 世纪的绿色工程结构材料”。

镁的平衡电位较低（−2.34V），比铝的电位还负，在常用介质中的电位也都很低。镁表面的氧化膜一般都疏松多孔，不像氧化铝膜那样致密而有保护性，故镁及镁合金耐蚀性较差，具有极高的化学和电化学活性。其电化学腐蚀过程主要以析氢为主，以点蚀或全面腐蚀形式迅速溶解直至粉化。镁合金在酸性、中性和弱碱性溶液中都不耐蚀。在 pH 值大于 11 的碱性溶液中，由于生成稳定的钝化膜，镁合金是耐蚀的。如果碱性溶液中存在 Cl^-，使镁表面钝态破坏，镁合金也会腐蚀。在 NaCl 溶液中，镁在所有结构金属中具有最低电位。故其抗蚀能力很低，这严重制约了镁合金的应用。但是随着镁合金腐蚀防护研究的不断深入和新型耐蚀镁合金材料的开发，镁合金的应用领域必将进一步扩大。

根据生产工艺的不同，镁合金可分为铸造（包括压铸和砂型铸造）镁合金和变形镁合金。许多镁合金既可作铸造镁合金，又可作变形镁合金。经锻造和挤压后，变形镁合金比相同成分的铸造镁合金有更高的强度，可以加工成形状更复杂的零件。我国的镁合金牌号中，MB 表示变形镁合金，ZM 表示铸造镁合金，后面标以序号。

根据化学成分的不同，镁合金可分为 Mg-Al、Mg-Zn、Mg-RE、Mg-Li 系镁合金。Mg-Al 系镁合金是应用最广泛的耐热镁合金，压铸镁合金主要是 Mg-Al 系合金。以 Mg-Al 系合金为基础，添加一系列其他合金元素形成了新的 AZ（Mg-Al-Zn）、AM（Mg-Al-Mn）、AS（Mg-Al-Si）、AE（Mg-Al-RE）系列镁合金。

5.7.4.1 变形镁合金

镁为密排六方晶格，这就决定了镁的塑性低，且物理性能和力学性能均有明显的方向性，这使其在室温下的变形只能沿晶格底面（0001）进行滑移，这种单一滑移系使它的压力加工变形能力很低。镁只有在加热到 225℃以上时，才能通过滑移系的增加使其塑性显著提高。因此，镁及镁合金的压力加工都是在热状态下进行的，一般不宜进行冷加工。

常用变形镁合金的牌号和化学成分见表 5-24，主要合金系为 Mg-Mn、Mg-Zn-Zr、Mg-RE、Mg-Li 系等。

表 5-24 常用变形镁合金的化学成分 单位：%（质量分数）

牌号	Al	Zn	Mn	Zr	Th	Nd	Y
MB1			1.3～1.5				
MB2	3.0～4.0	0.2～0.8	0.15～0.5				
MB8			1.5～2.5			0.15～0.35	
MB15		5.0～6.0	0.1	0.3～0.9			
MB22		1.2～1.6		0.45～0.8			2.9～3.5
MB25		5.5～6.4	0.1	≥0.45			0.7～1.1

Mg-Mn 系合金的使用组织是退火组织，在固溶体基体上分布着少量 β-Mn 颗粒，有良好的耐蚀性和焊接性。随锰含量增加，合金的强度略有提高。MB1、MB2、MB8 合金都属于 Mg-Mn 系合金。MB1 合金高温塑性好，可生产板材、棒材、型材和锻件，其中板材用于焊接件，棒材用作汽油和润滑油系统附件及形状简单、受力不大的高抗蚀性零件。MB2 合金主要用于生产形状较复杂的锻件和模锻件。在 MB1 合金基础上加入稀土元素，就成为 MB8 合金，细化了晶粒，提高了室温和高温强度，将工作温度由 MB1 合金的低于 150℃提高了 50℃。MB8 合金有中等强度和较高的塑性（$R_{P0.2}=167\text{MPa}$，$R_m=245\text{MPa}$，$A=18\%$），可生产管材、棒材、板材和锻件，目前已取代 MB1 合金，用于飞机的蒙皮、壁板及

润滑系统的附件。

Mg-Zn-Zr 系合金是热处理强化变形镁合金，主要牌号有 MB15、MB22、MB25。MB15 合金为高强度变形镁合金，经过挤压后具有细晶组织，有较高的强度和塑性。挤压棒材经过固溶和人工时效后，$R_{P0.2}=343\text{MPa}$，$R_m=363\text{MPa}$，$A=9.5\%$，而经过挤压和人工时效后，$R_{P0.2}=324\text{MPa}$，$R_m=355\text{MPa}$，$A=16.7\%$。由于 MB15 合金强度高、耐蚀性好、无应力腐蚀倾向，且热处理工艺简单，能制造形状复杂的大型构件，如飞机上的机翼翼肋等，使用温度不得高于 150℃。在 MB15 合金的基础上加入适量的稀土元素，就成为 MB22 和 MB25 合金，它们可以取代部分中等强度铝合金，用于制造飞机受力构件。

Mg-RE 系合金是超过 200℃应用的镁合金。常用的稀土元素是 Y、Nd、Ce、Dy、Gd 等，此外还有混合稀土。加入稀土元素是提高镁合金性能最为直接的方法，可以有效提高镁合金的室温和高温力学性能，因此，稀土元素在镁合金中的应用十分广泛。

Mg-Li 系合金采用密度只有 0.53g/cm^3 的 Li 作合金元素，可得到比镁还要轻的合金，因此具有超轻合金之称。Mg-Li 合金具有较好的塑性和较高的弹性模量，且阻尼减震性好，易于切削加工，是航空工业理想的材料。

5.7.4.2 铸造镁合金

镁在高温下极易氧化，其氧化膜非但无保护性，反而会促进进一步的氧化。镁合金的熔炼都在 650℃以下进行，温度高会使氧化加剧，在 850℃以上表面有火焰出现或发生爆裂。因此镁合金熔炼前，所用各种原材料均要烘干以免带入水分；熔炼时要通入惰性气体或加覆盖剂进行保护，避免发生氧化和燃烧；浇注前要搅拌以除去氧化物和氯化物夹杂，防止其降低合金的耐蚀性，且铸型也要充分烘干，以免浇注时发生爆炸。

常用铸造镁合金的牌号和化学成分见表 5-25，主要合金系为 Mg-Zn-Zr、Mg-Al-Zn、Mg-RE、Mg-Th 系等。

Mg-Zn-Zr 系合金中含有 Mg_2Zn_3 相，其介稳相 $MgZn_2$ 有沉淀强化效果。当锌含量增加时，合金的强度升高，但锌含量超过 6%时，合金的强度提高不明显，而塑性下降较多。加入少量锆后可细化晶粒，改善力学性能。早期使用的 ZM1 合金，采用铸件直接进行人工时效，其 $R_{P0.2}=167\text{MPa}$，$R_m=275\text{MPa}$，$A=7.5\%$。在 ZM1 合金的基础上加入适量的混合稀土，使其铸造性和焊接性得到改善，就成为 ZM2 合金，其高温蠕变强度、瞬时强度和疲劳强度均得到明显提高，可在 170～200℃下工作，用于制造飞机的发动机和导弹的各种铸件。

表 5-25　常用铸造镁合金的化学成分　　单位：%（质量分数）

牌号	美国牌号	Al	Zn	Mn	Zr	Th	RE	Nd	Ag
ZM1			3.5～5.5		0.5～1.0				
ZM2	ZE41		3.5～5.0		0.5～1.0		0.7～1.7		
ZM3			0.2～0.7		0.3～1.0		2.5～4.0		
ZM5	AZ81	7.5～9.0	0.2～0.8	0.15～0.5					
ZM4	EZ33		2.0～3.0		0.5～1.0		2.5～4.0		
ZM6			0.2～0.7		0.4～1.0			2.0～2.8	
ZM8			5.5～6.0		0.5～1.0		2.0～3.0		
	HK31				0.7	3.2			
	HK32		2.2		0.7	3.2			
	QH21				0.7	1		1	2.5
	QE22				0.7			2.5	2.5

Mg-Al-Zn 系合金中的铝含量一般要高于 7%，才能保证合金有足够高的强度。加入少量锌可提高合金元素的固溶度、增加热处理强化效果，有效地提高合金的屈服强度。加入少量锰是为了提高耐蚀性，消除杂质铁对耐蚀性的不良影响。根据高锌的 Mg-Al-Zn 合金的优良铸造性能，发展了 AZ88（Mg-8Al-8Zn）合金，它比 AZ81（Mg-8Al-0.5Zn）合金和 AZ91（Mg-9Al-0.5Zn）合金有更好的耐蚀性和可铸性，用于制造压铸件。常用的 Mg-Al-Zn 合金为 ZM5，由于铝含量不高，故合金的流动性好，可以焊接。通常在 415～420℃固溶处理，在热水中或空气中冷却，再经 175℃或 200℃时效处理。其力学性能 $R_{P0.2}=118\text{MPa}$，$R_m=250\text{MPa}$，$A=3.5\%$，用于制造飞机机舱连接隔框、舱内隔框等，以及发动机、仪表和其他结构上承受载荷的零件。

知识巩固 5-18

1. 镁合金具有比强度和比刚度高、优良的铸造性能等特点。（　　）
2. Mg-Al 系合金属于中等强度、塑性较高的变形镁合金。（　　）
3. 铸造镁合金加稀土金属进行合金化，提高了镁合金熔体的流动性，降低孔隙率，减轻疏松和热裂倾向，并提高耐热性。（　）
4. 镁合金的常规热处理工艺分为两大类：退火和固溶时效。（　　）
5. 部分镁合金经过铸造或加工成形后不进行固溶处理而直接进行人工时效。（　　）

5.7.5　滑动轴承合金

用来制造轴瓦及其内衬的合金，称为**滑动轴承合金**，简称轴承合金。

滑动轴承作为轴颈的支撑件，具有承载面积大、工作平稳、无噪声、检修方便等优点，在汽车、机床及其他设备中得到广泛应用。当机器不运转时，轴停放在轴承上，对轴承施以压力。当轴高速旋转时，轴对轴承施以周期性交变载荷，有时还伴有冲击。轴与轴瓦之间还有强烈的摩擦。

为了保证轴承的运转精度和工作平稳性，同时保证轴颈处受到的磨损最小，轴瓦材料必须具有良好的减摩性、耐磨性、磨合性、工艺性、在工作温度下具有足够的抗压强度和疲劳强度以及良好的耐蚀性、导热性和较小的膨胀系数。

为此，轴承合金的基体应采用对轴颈材料钢铁互溶性小的金属，如锡、铅、铝、铜等，且金相组织应由多个相组成，如在软基体上分布着硬质点，或在硬基体上嵌镶软颗粒。

常用的轴承合金有锡基、铅基、铝基、铜基合金等，其中前两种又称为“巴氏合金”。

5.7.5.1　锡基轴承合金

锡基轴承合金是在锡锑合金基础上添加一定数量的铜，又称锡基巴氏合金。这类合金是在软基体（锑溶解于锡中形成的固溶体）上分布硬质点（以化合物 SnSb 为基的固溶体）的轴承合金，其减摩性、耐蚀性、导热性和韧性都比较好，但疲劳强度比较低，工作温度不能超过 150℃，适于制作重要的轴承。常用锡基轴承合金的牌号、化学成分、力学性能和主要用途见表 5-26。

表 5-26 常用锡基轴承合金的牌号、化学成分、力学性能和主要用途

牌号	化学成分(质量分数)/%					硬度/HBS	熔点/℃	主要用途
	Sb	Cu	Pb	Sn	杂质总量			
ZSnSb4Cu4	4.0～5.0	4.0～5.0		余量	0.5	20	225	涡轮机及内燃机高速轴承及轴衬
ZSnSb8Cu4	7.0～8.0	3.0～4.0		余量	0.55	24	238	一般大型机械轴承及轴衬
ZSnSb12Pb10Cu4	11.0～13.0	2.5～5.0	9.0～11.0	余量	0.55	29	185	一般发动机的主轴承

5.7.5.2 铜基轴承合金

许多种类的铸造青铜和铸造黄铜均可用作轴承合金，其中应用最多的为铅青铜和锡青铜，其牌号、化学成分、力学性能和主要用途见表 5-27。

铅青铜中常用的是 ZCuPb30，其室温组织为 Cu＋Pb，铜为硬基体，颗粒状铅为软质点，是硬基体上分布软质点的轴承合金，可用来制造承受高速、重载的重要轴承。

锡青铜中常用的是 ZCuSn10P1，其室温组织为 $\alpha+\delta+Cu_3P$，α 固溶体为软基体，δ 相及 Cu_3P 为硬质点，是软基体上分布硬质点的轴承合金，适合制造高速、重载机械上的轴承。

表 5-27 常用铜基轴承合金的牌号、化学成分、力学性能和主要用途

牌号	化学成分(质量分数)/%			R_m/MPa	A/%	硬度/HBS	用途
	Pb	Sn	其他				
ZCuPb30	27.0～33.0					25	高速高压航空发动机、高压柴油机轴承
ZCuPb20Sn5	18.0～23.0	4.0～6.0		150	6	44～55	高压轴承、机床、轧钢机及抽水机轴承
ZCuPb15Sn8	13.0～17.0	7.0～9.0		170～200	5～6	60～65	冷轧机轴承
ZCuSn10P1		9.0～11.5	P0.5～1.0	220～310	2～3	80～90	高速高载荷柴油机轴承
ZCu Sn5Pb5Zn5	4.0～6.0	4.0～6.0	Zn4.0～6.0	200	13	60～65	中速中载轴承

5.7.5.3 铝基轴承合金

按照化学成分的不同，铝基轴承合金可分为铝锡系、铝锑系、铝石墨系。铝锑轴承合金中，以 Al-20Sn-1Cu 合金最为常用，其组织是在硬基体铝上分布软质点锡。铝锑轴承合金的化学成分为 Sb4%、Mg0.3%～0.7%，其余为铝，其组织为软基体 α 固溶体上分布硬质点 AlSb，加入镁可提高合金的疲劳强度和韧性。铝石墨轴承合金是近年来发展起来的一种新型减摩材料，其摩擦系数与铝锡轴承合金相似。由于石墨具有良好的润滑作用和减振作用，该轴承合金在干摩擦时具有自润滑性能，工作温度达 250℃时，仍具有良好的性能。

与其他轴承合金相比，铝基轴承合金价格低廉，密度小，导热性好，疲劳强度高，抗蚀性好，并且原料丰富，目前已广泛用于高速、高负荷下工作的轴承。

知识巩固 5-19

1. 用来制造轴瓦及其内衬的合金称为滑动轴承合金。(　　)

2. 锡基轴承合金是在锡锑合金基础上添加一定数量的铜，又称为锡基巴氏合金。(　　)

3. 铝基轴承合金包括：Al-Sn、Al-Sb、Al-C（石墨）等。(　　)

4. 铜基轴承合金包括青铜和黄铜等铜合金。(　　)

5. Cu 基轴承合金强度高，可制作大载荷、高速轴承。(　　)

讨论题及提纲

针对轴类零件、齿轮类零件、刃具、热锻模具、冷作模具等通过受力分析，预测可能的失效形式，提出对性能的要求并根据实际工作应力大小等条件对选材、制定加工工艺路线等问题进行讨论。

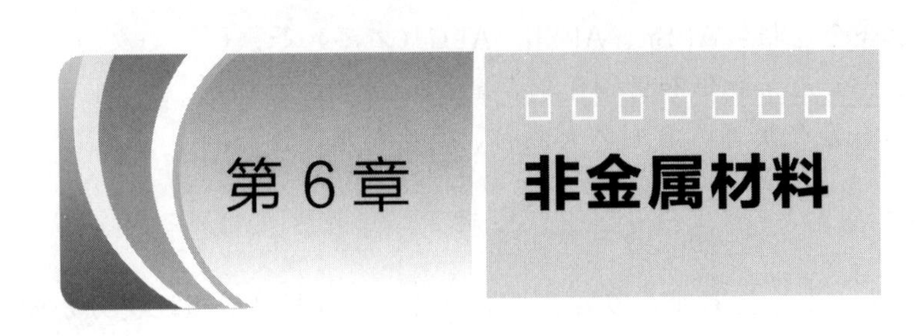

机械工程材料除传统的金属材料外，高分子聚合物（塑料和橡胶）、工程陶瓷材料、复合材料等在工程中的应用也越来越多。本章对以上材料作简要介绍，使读者对这些材料的结构特点、性能特点及其应用有初步了解。

6.1 工程塑料

工程塑料是指具有耐热、耐寒及良好的力学、电气、化学等综合性能，可以作为结构材料用来制造机器零件或工程构件的塑料的总称。塑料是以天然或合成树脂为主要成分，在一定温度、压力条件下可塑制成型，并在常温下能保持形状不变的材料。

6.1.1 塑料的组成和分类

6.1.1.1 塑料的组成

塑料的组成分为简单组分（树脂）和复杂组分（树脂+添加剂）两大类。

(1) 树脂　树脂是塑料的主要组成，一般占塑料的40%～100%。树脂分为天然树脂和合成树脂。工业上常用的是合成树脂，如聚乙烯、聚氯乙烯、聚苯乙烯、聚碳酸酯、酚醛树脂等。合成树脂是现代塑料的基本原料，其种类、性质和所占比例大小决定着塑料的性能。

(2) 填充剂　又叫填料、填充母料，占塑料组分的20%～60%，其主要作用是改变塑料的某些性能，如硬度；减少树脂用量、降低塑料成本、扩大塑料的应用范围。常用的填料有木粉、玻璃纤维、石棉、云母粉、二硫化钼和石墨粉等。

(3) 增塑剂　增塑剂是用来提高塑料的可塑性的，用量一般不高于20%。增塑剂主要通过降低分子间作用力、增大链段的动能来改善树脂大分子链的柔顺性，从而降低树脂的软化温度和硬度，提高塑性。常用增塑剂是液态或固态低容点有机化合物，与树脂相容性好，挥发性小，无色无味，是对光、热稳定的一类物质，如氧化石蜡、磷酸酯等。

(4) 润滑剂　润滑剂是为防止塑料在成型过程中粘模而加入的添加剂，用量0.5%～1.5%，常用的有硬脂酸及硬脂酸盐类。

(5) 着色剂　着色剂是使塑料制品具有美丽色彩的有机或无机颜料。常用的着色剂有铁红、铬黄、氧化铬绿、士林蓝、锌白、钛白、炭黑等。

(6) 固化剂　固化剂为热固性塑料所必需的添加剂，目的在于促使线型结构转变为体型结构，使大分子链之间产生交联，成型后获得坚硬的塑料制品。

（7）稳定剂　稳定剂为防老化添加剂，其主要作用是提高某些塑料受热或光照的稳定性。常用的稳定剂有铅化物、硬脂酸盐、酚类和胺类物质。

（8）其他添加剂　塑料添加剂除了上述几项外还有阻燃剂、抗静电剂、发泡剂、稀释剂等。

6.1.1.2　塑料的分类

① 按树脂受热时的行为分为热塑性塑料和热固性塑料两大类。**热塑性塑料**指随温度升高变软，随温度降低硬化的一类塑料，是一类可以再生的塑料。其分子链结构通常是线型［图6-1(a)］和支链线型［图6-1(b)］结构。**热固性塑料**指成型过程具有线型结构，成型后在室温或加热到一定温度保温一段时间后，内部结构转化为体型网状结构［图6-1(c)］一类塑料，如酚醛塑料、环氧树脂等。这是一类不可再生的塑料。

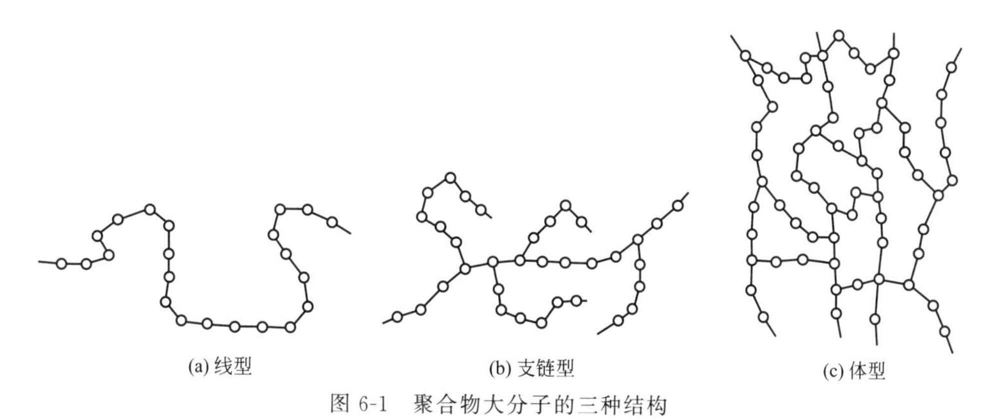

图6-1　聚合物大分子的三种结构

② 按使用范围可分为通用塑料和工程塑料两大类。**通用塑料**指产量大、成本低、用途广的聚烯烃类塑料，如聚乙烯、聚氯乙烯、聚丙烯等。**工程塑料**指应用于工业产品或在工程技术中作为结构、零件、外观或装饰的塑料，具有机械强度高或耐热、耐蚀等特点。如ABS塑料、聚四氟乙烯、聚甲醛等。

6.1.1.3　塑料的特性

（1）密度小　塑料的密度一般在0.9～2.3g/cm^{3}范围内。

（2）良好的耐蚀性能　一般塑料对酸、碱等具有良好的抵抗能力。

（3）优异的电气绝缘性能　几乎所有的塑料都具有绝缘、极小的介电损耗以及优良的耐电弧特性。

（4）减摩、耐磨和自润滑性能　大部分塑料的摩擦系数都比较小，并且耐磨性好，可以作为轴承、齿轮、活塞环和密封圈等在腐蚀性介质中或在少油、无油润滑条件下有效工作。

（5）消声吸振性　采用塑料制成的传动、摩擦零件，可以减少噪声、降低振动。

（6）独特的成型工艺性　大部分塑料都可以直接注塑和挤压成型，也可以模压成型等，易制作复杂零件，生产效率高。

6.1.2　热塑性塑料及应用

常用的热塑性塑料有聚乙烯、聚氯乙烯、聚丙烯、聚苯乙烯、ABS塑料、聚碳酸酯、有机玻璃、聚甲醛和聚酰胺（尼龙）等。

6.1.2.1 聚烯烃类塑料

聚烯烃类塑料的原料来源于石油或天然气，有丰富的原料，价格低廉，用途广泛，是世界上产量最大的塑料品种。

（1）聚乙烯　聚乙烯简称PE，聚乙烯可作为化工设备与储罐的耐腐蚀涂层衬里，化工耐腐蚀管道、阀件、衬套、滚动轴承保持器等。还可以用来制造小齿轮、轴承，电缆包皮，食品包装袋、奶瓶、食品容器等。

（2）聚氯乙烯　聚氯乙烯简称PVC，产量仅次于PE，是最早工业化生产的塑料品种之一。

硬质聚氯乙烯制品有管、板、棒、焊条、管件、离心泵、通风机等。软质聚氯乙烯用于常温电气绝缘材料和电线的绝缘层。

（3）聚丙烯　聚丙烯简称PP，是常用塑料中唯一能经受高温（130℃）消毒的品种。常用来制造各种机械零件，如法兰、接头、泵叶轮、汽车上取暖及通风系统的结构件。

（4）聚苯乙烯　聚苯乙烯简称PS，其产量仅次于PE、PVC。可作为各种仪表外壳、汽车灯罩、化工储酸槽等。

6.1.2.2 ABS塑料

ABS塑料由丙烯腈、丁二烯、苯乙烯三种主元为主共聚而成，三种主元可以按比例变化，制成各种品级的树脂。常用来制造齿轮、泵叶片、轴承、把手、管道、储槽内衬、电机外壳、仪表盘、蓄电池槽、水箱外壳、冷藏库和冰箱衬里等。

6.1.2.3 其他热塑性塑料

（1）聚碳酸酯　聚碳酸酯简称PC，强度高、刚性好、耐冲击、耐磨和尺寸稳定性好，是良好的摩擦传动零件材料，如轴承、齿轮、齿条、蜗轮，也可作金刚砂磨轮黏结剂。

（2）有机玻璃　化学名称为聚甲基丙烯酸甲酯，简称PMMA。有机玻璃较脆，易开裂，表面硬度低，易擦毛和划伤。主要用于制造具有一定透明度和强度的零件，如油标、油杯、化学镜片、设备标牌、透明管道，飞机、船舶、汽车的座窗和仪器仪表部件、电气绝缘材料以及各种文具、生活用品等。

（3）聚甲醛　聚甲醛简称POM，有均聚和共聚之分。具有优良的综合性能，其抗拉强度达到70MPa，可在104℃以下长期使用，脆化温度－40℃，吸水性极小，尺寸稳定性高，但热稳定性差，遇火会燃烧，在大气中暴晒还会老化。主要用来代替各种非铁（有色）金属和合金来支撑某些部件，如轴承、齿轮、凸轮、阀门、管道、螺帽、鼓风机叶片、汽车底盘小部件、舷梯、化工容器、配电盘等，也可用来制作外圆磨床液压套筒、农用喷雾器部件等。因其具有良好的摩擦性能，特别适用于制作某些不宜有润滑油情况下使用的轴承和齿轮。

（4）聚酰胺　聚酰胺简称PA，商品名为尼龙或锦纶，是目前机械工业中应用最广泛的一类工程塑料。机械强度很高，耐磨、减摩，自润滑性能好，而且耐油、耐蚀、消声、减振，大量用于制造小型零件，代替非铁（有色）金属及其合金。尼龙易吸水，吸水后性能和尺寸变化大。

（5）聚四氟乙烯 聚四氟乙烯简称F-4、PTFE，俗称氟塑料、塑料王，商品名称特氟隆。具有优异的耐化学腐蚀性，不受任何化学试剂的侵蚀，即使在高温下在强酸、强碱、强氧化剂中也不受腐蚀，还具有突出的耐高温和耐低温性能，而且摩擦系数小，具有突出的自润滑性，吸水性小，在极潮湿的条件下仍能保持良好的绝缘性，但其强度、硬度低，尤其是压缩强度不高；加工成型性差，加热后黏度大，只能用冷压烧结方法成型，在温度高于390℃时分解出有剧毒的气体，因此加工成型时必须严格控制温度。主要用来制作化工机械上的各种零部件，如管道、反应器、阀门、泵等，广泛用于高频电子仪器的绝缘，还可用来制作各种垫圈、阀座、阀瓣、轴承、活塞环等。

6.1.3 热固性塑料及应用

与热塑性塑料相比，热固性塑料的主要优点是硬度和强度高，刚性大，耐热性优良，使用温度范围远高于热塑性塑料，主要缺点是成型工艺较复杂，常常需要较长时间加热固化，而且不能再成型，不利于环保和资源再利用。

6.1.3.1 酚醛塑料

由酚类和醛类经过化学反应而得的树脂称为酚醛树脂，其中以苯酚与甲醛缩聚而成的酚醛树脂应用较为普遍，热固性酚醛树脂是由苯酚和过量甲醛（两者摩尔比为6∶7）在碱催化下，经过一系列的缩合反应而生成的。它与金属有较好的黏附力，有一定的机械强度，刚性大，耐热性较环氧塑料好，性脆，介电性较好，只可用于低频而不能用于高频绝缘材料，不溶于有机溶剂及酸中，耐碱性差，不易变形，不因温度、湿度的变化而扭曲皱裂。主要用于制造齿轮、凸轮、轴承、垫圈、皮带轮等结构件和各种电气绝缘零件，并可代替部分非铁金属制作的金属零件，可用来作涂料、胶黏剂和日常生活用的电木制品（插头、开关、电话机外壳等），也可制作汽车的刹车片、化学工业用耐酸泵、纺织工业用无声齿轮及制作玻璃钢、模压塑料等。

6.1.3.2 环氧塑料

环氧塑料由环氧树脂与各种添加剂混合而成，是分子中含有两个或两个以上环氧基团的一类线型高分子化合物。环氧塑料具有较高的机械强度，在较宽的频率和温度范围内具有良好的电绝缘性能，具有优良的耐碱性，良好的耐酸性和耐溶剂性，具有突出的尺寸稳定性和耐久性，以及耐霉菌性能，可在苛刻的热带条件下使用。环氧树脂对金属、塑料、玻璃、陶瓷等有良好的黏附能力，有“万能胶”之称，缺点是成本高于酚醛，所使用的某些树脂和固化剂毒性较大。主要用于制作塑料模具，精密量具、电子仪器的抗振护封的整体结构以及电气、电子元件、线圈的灌封，还可用作清漆、浇注塑料、层压塑料及电绝缘材料等。

6.1.3.3 有机硅塑料

在有机硅聚合物中，得到广泛应用的主要是有机硅单体经水解缩聚而成的，主链由硅-氧键构成，侧链通过硅与有机基团相连的聚合物，称为聚有机硅氧烷。有机硅树脂的热稳定性高，耐高温老化和耐热性很好，具有优良的电绝缘性，特别是高温下电绝缘性好，耐稀酸、稀碱，耐有机溶剂，主要用于压制工作温度达180～200℃的电绝缘零件。

知识巩固 6-1

1. 塑料是以天然或合成树脂为主要成分，在一定温度、压力条件下可塑制成型，并在常温下能保持形状不变的材料。(　　)

2. 塑料可为分为热塑性塑料和热固性塑料，前者是一类不可再生塑料，而后者是一类可再生塑料。(　　)

3. 可再生塑料的分子具有网状体型结构。(　　)

4. 不可再生塑料的分子具有线型或支链型结构。(　　)

5. ABS 塑料是由丙烯腈、丁二烯、苯乙烯三种主元为主共聚而成的，三种主元可以按比例变化，制成各种品级的树脂。(　　)

6. 软质聚氯乙烯用于常温电气绝缘材料和电线的绝缘层。(　　)

7. 聚四氟乙烯塑料主要用来制作化工机械上的各种零部件，如制作各种垫圈、阀座、阀瓣、轴承、活塞环等。(　　)

8. 由酚类和醛类经过化学反应而得的树脂称为酚醛树脂。(　　)

9. 环氧塑料由环氧树脂与各种添加剂混合而成。(　　)

10. 有机硅树脂的热稳定性高，耐高温老化和耐热性很好。(　　)

6.2 工程橡胶

橡胶是指玻璃化温度低于室温，在环境温度下能显示高弹性的高分子物质。天然橡胶就是由三叶橡胶树割胶时流出的胶乳经凝固、干燥后而制得的。合成橡胶则由各种单体经聚合反应而得。

6.2.1 橡胶的组成和性能

6.2.1.1 橡胶的组成

橡胶的组成如下。

(1) 生胶　生胶分子结构为线型，主链为柔性链，容易发生内旋转，使分子卷曲。

(2) 硫化剂　相当于热固性塑料中的固化剂，它使橡胶线型分子相互交联成为网状结构，橡胶的交联过程叫“硫化”。

(3) 促进剂　又叫硫化促进剂，其作用是缩短硫化时间，降低硫化温度，提高制品的经济性。

(4) 软化剂　增加橡胶的塑性，改善黏附力，并能降低橡胶的硬度和提高耐寒性。

(5) 补强剂　凡能提高硫化橡胶强度、硬度、耐磨性等力学性能的物质都叫补强剂，目前应用效果最好的是炭黑。

(6) 填充剂　其作用是增加橡胶的强度和降低成本，主要以粉状填料或织物填料形式加入。

(7) 着色剂　能使橡胶制品具有各种不同颜色。

橡胶品种很多，按其原料来源可分为天然橡胶和合成橡胶两大类。合成橡胶按其用途又分为通用合成橡胶和特种合成橡胶，前者主要用作轮胎、运输带、胶管、胶板、垫片、密封装置等，后者主要用作高温、低温、酸、碱、油和辐射等条件下使用的橡胶制品。

6.2.1.2 橡胶的性能

使用角度不同，对橡胶的性能要求也不同，其中最主要的性能是高弹性和力学性能。

(1) 高弹性 高弹性包括高弹态、回弹性和可塑性三个方面。高弹态是橡胶性能的主要特征。在使用温度下橡胶处在高弹态才可能具有高弹性。橡胶的回弹性能特别好，承受外力时立即产生很大的形变，外力消除后能立即恢复原状。可塑性是指在一定温度和压力下发生塑性变形，外力消除后能否保持所产生的变形的能力，塑性变形是不可逆的，所以，不希望橡胶具有可塑性。

(2) 机械强度 机械强度是决定橡胶制品使用寿命的重要因素。工业生产中常以抗撕裂强度（或拉伸强度）及定伸强度来表示。抗撕裂强度与分子结构有关，一般线型结构强度高，支链多的强度差；分子量大的强度高（超过一定范围后，强度与分子量无关），分子量低的强度低。定伸强度是指在一定伸长率下产生弹性变形所需应力大小。所以定伸强度是外力克服卷曲链状分子舒展或拉伸的阻力，分子量越大，交联键越多，定伸强度也越大。

(3) 耐磨性 耐磨性是橡胶抵抗磨损的能力。磨损与橡胶的强度成反比，强度越高，磨损量越小。

6.2.2 常用橡胶材料及应用

6.2.2.1 天然橡胶

天然橡胶是从天然植物中采集、加工出来的。胶乳中含30%～40%的橡胶，其余大部分是水，还含有少量的蛋白质、脂肪酸和无机盐等。因此胶乳一般都要经凝胶、干燥、加压等一系列工序处理后制成生胶，生胶中橡胶含量在90%以上，而后才制成各种类型的天然橡胶，天然橡胶是以聚异戊二烯为主要成分的不饱和天然高分子化合物。天然橡胶有较好的弹性、力学性能，良好的耐碱性，不耐浓强酸，具有良好的电绝缘性，加工性能好，耐寒性好，缺点是耐油性差，耐臭氧老化性差，不耐高温。广泛应用于制造轮胎，尤其是子午线轮胎、载重轮胎和工程轮胎等，并用于制造胶带、胶管、刹车皮碗等橡胶制品。

6.2.2.2 通用合成橡胶

通用合成橡胶品种很多，主要有丁苯橡胶、顺丁橡胶、氯丁橡胶和乙丙橡胶等，下面分别介绍这四类橡胶。

(1) 丁苯橡胶 丁苯橡胶是以丁二烯和苯乙烯单体，在乳液或溶液中用催化剂催化共聚而成的高分子材料，为线型非晶态聚合物。主要用于制造轮胎、胶带、胶管、工业密封件和电气绝缘材料等。

(2) 顺丁橡胶 顺丁橡胶是顺式-1、4聚丁二烯橡胶的简称，是目前橡胶中弹性最好的一种。主要用于制作轮胎、胶带、胶管、减振器、橡胶弹簧等减振部件、绝缘零件等。

(3) 氯丁橡胶 由2-氯丁二烯-[1,3]单体聚合而成，产量居合成橡胶的第三位，有“万能橡胶”之称。主要用于制作输送带、风管、电缆、输油管等，还可作为海底电缆、绝缘材料、化工防腐材料、以及地下采矿用耐燃安全橡胶制品。

(4) 乙丙橡胶 由乙烯和丙烯共聚而成。抗老化性是通用橡胶中最好的。主要用于制作轮胎、输送带、电线套管、蒸汽导管、密封圈、汽车部件等。

6.2.2.3 特种合成橡胶

（1）丁腈橡胶　由丁二烯和丙烯腈共聚而成。以优异的耐油性著称，且耐油性随丙烯腈含量增加而增加。主要用于制作耐油制品，如油桶、油槽、输油管、耐油密封件、印刷胶辊和化工设备衬里及各种耐油减震制品等。

（2）硅橡胶　由二甲基硅氧烷与其他有机硅单体共聚而成。具有独特的高耐热和耐寒性。主要用于制造各种耐高、低温橡胶制品，如各种耐热密封垫片、垫圈、透气橡胶薄膜和耐高温的电线、电缆等。

（3）氟橡胶　是主链或侧链上含有氟原子的合成高分子弹性聚合物的总称。具有耐高温、耐油和耐化学药品腐蚀的显著特点。主要用于国防和高技术中的密封件和化工设备中的油压系统、燃料系统、真空密封系统和耐化学药品的密封制品等。

知识巩固 6-2

1. 橡胶是指玻璃化温度低于室温，在环境温度下能显示高弹性的高分子物质。（　　）
2. 合成橡胶则由各种单体经聚合反应而得。（　　）
3. 通用合成橡胶品种很多，主要有丁苯橡胶、顺丁橡胶、氯丁橡胶和乙丙橡胶等。（　　）
4. 特种合成橡胶包括丁腈橡胶、硅橡胶和氟橡胶等。（　　）
5. 硅橡胶具有独特的高耐热和耐寒性。（　　）

6.3 工程陶瓷

陶瓷在国际上没有统一的定义，美国把用无机非金属物质为原料，在制造或使用过程中经高温煅烧而成的制品和材料称为陶瓷，而我国认为，凡采用传统的陶瓷生产方法制成的无机多晶产品均属陶瓷之列。陶瓷系陶器与瓷器两大类产品的总称。

6.3.1 陶瓷材料概述

6.3.1.1 陶瓷的分类

按陶瓷的组成可分为硅酸盐陶瓷、氧化物陶瓷、非氧化物陶瓷（氮化物陶瓷、碳化物陶瓷和复合陶瓷）。按陶瓷的性能可分为普通陶瓷（如日用陶瓷、建筑陶瓷、化工陶瓷等）和特种陶瓷（结构陶瓷、功能陶瓷），按用途可分为日用瓷、艺术瓷、建筑瓷、工程陶瓷等。

6.3.1.2 陶瓷的晶体结构

陶瓷是多晶体，这与金属有相似之处，但金属是以金属键将原子结合在一起，而陶瓷晶体一般是由离子键构成的离子晶体（MgO、Al_2O_3 等），也有由共价键组成的共价晶体（Si_3N_4、SiC），晶体类型远比金属材料复杂。

6.3.1.3　陶瓷的显微组织

陶瓷的性能除了取决于其化学组成和晶体结构之外，还和显微结构关系密切。不同陶瓷的显微结构各不相同，但有一点是共同的，即其显微组织均由晶相、玻璃相和气相组成。

（1）晶相　晶相是陶瓷的主要组成相。组成陶瓷晶相的晶体通常有两类物质，一类是氧化物，另一类是含氧酸盐。陶瓷材料的晶相常常不止一个，因此又将多晶相进一步分为主晶相、次晶相、第三晶相等。

（2）玻璃相　玻璃相是陶瓷烧结时，各组成物和杂质经一系列物理化学反应后形成的液相冷却而成的非晶态物质。该相有将分散的晶相黏结在一起、降低烧成温度、控制晶体长大以及填充气孔空隙的作用。

（3）气相　陶瓷的实际强度远远低于晶体的理论强度，原因是其组织中存在大量气孔。气孔是应力集中的地方，能导致机械强度降低并引起陶瓷材料介电损耗增大，抗电击穿能力下降。此外气相对光的散射影响其透明度。

6.3.1.4　陶瓷的性能

（1）力学性能　图 6-2 是陶瓷、钢和橡胶三种材料的应力-应变曲线。可以看出，陶瓷在外力作用下产生的弹性变形量小于钢，更是远远小于橡胶，但弹性模量一般都比金属大，更是橡胶所不能比拟的。陶瓷在室温下呈脆性断裂，具有很高的压缩强度和硬度，尤其是硬度远高于金属，这是陶瓷最突出的性能之一。

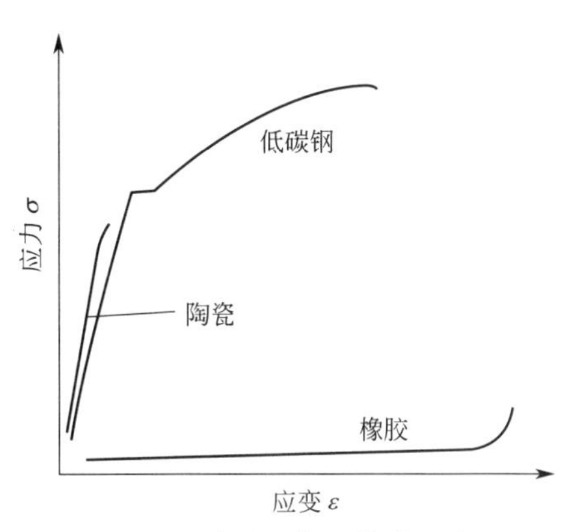

图 6-2　陶瓷、钢和橡胶的应力-应变曲线

（2）热性能　陶瓷的热容随温度升高而增大，达到一定温度后则与温度无关；热膨胀系数低于金属，与温度的关系与比热容相似；陶瓷的热导率受材料组成和结构的影响，陶瓷的热导率小于金属；脆性材料一般抗热振能力差，常在热冲击下破坏，现代陶瓷的抗热振性已有显著提高，并在尖端工业上得到了应用；陶瓷材料的熔点一般都高于金属，而且有高的高温强度，在 1000℃以上的高温下陶瓷仍能保持其室温下的强度，而且高温抗蠕变能力强，是工程上常用的耐高温材料。

（3）电学性能　陶瓷是传统的绝缘材料，只有当温度升高到熔点附近时，离子热振动加强，才表现出一定的电导能力。现代陶瓷中已出现了一批具有各种电性能的陶瓷，如压电陶瓷、磁性陶瓷、透明铁电陶瓷等，为陶瓷的应用开拓了广阔的前景。

（4）化学性能　在陶瓷晶体中，金属原子被周围的非金属元素所包围，屏蔽于非金属原子组成的晶格间隙之中，形成非常稳定的化学结构，很难再同介质中的氧发生作用，即使 1000℃以上的高温也不会氧化。此外，陶瓷对酸、碱、盐等的腐蚀也有较强的抵抗能力，也能抵抗熔融金属的侵蚀。所以陶瓷是非常好的耐蚀材料。

（5）光学性能　目前已研制出了固体激光器材料、光导纤维材料、光存储材料等陶瓷新品种，并已在通信、摄影、计算机技术等领域获得了应用。

6.3.2 常用工程陶瓷及应用

6.3.2.1 氧化铝陶瓷

氧化铝陶瓷是以 Al_2O_3 为主要成分的陶瓷，其中 Al_2O_3 含量在45%以上。根据瓷坯中主晶相的不同，可分为刚玉瓷、刚玉-莫来石瓷及莫来石瓷等，其中刚玉瓷的性能最好。常用作高温实验的容器和盛装熔融的铁、镍、钴等的坩埚，测温热电偶的绝缘套管等。近年来出现的新型氧化铝和氧化铝金属瓷等，除用于金属切削刀具外，还用于耐磨零件、腈纶纤维的起毛割刀等。

6.3.2.2 氮化硅陶瓷

氮化硅是共价化合物，原子间结合能很大，晶体结构属六方晶系，高纯氮化硅为白色或灰白色。氮化硅陶瓷极其稳定，除氢氟酸外，能耐各种无机酸（如盐酸、硝酸、硫酸和王水）和碱溶液的腐蚀，也能抵抗熔融的非铁金属的侵蚀，具有良好的耐磨性，摩擦系数小，同时还具有优良的电绝缘性能。

反应烧结氮化硅陶瓷常用于耐磨、耐腐蚀、耐高温绝缘的零件，还可用于在非铁金属高温熔液下工作的某些零件，如电磁泵的管道、阀门、热电偶套管以及高温轴承。

热压氮化硅陶瓷只能用于形状简单的制品，例如金属切削刀具，此外还可用于转子发动机中的刮片以及高温轴承等。

6.3.2.3 Sialon 陶瓷

Sialon 陶瓷是在氮化硅陶瓷中添加一定的 Al_2O_3 构成的 Si-Al-O-N 系的新型陶瓷材料，是目前所知强度最高的陶瓷材料，并兼有有益的化学稳定性、耐磨性、良好的热稳定性以及不高的密度，可用作发动机部件、耐腐蚀夹具、刀具材料等。

6.3.2.4 碳化硅陶瓷

碳化硅和氮化硅一样，是键能大而稳定的共价晶体。碳化硅是将石英、碳和木屑装在电炉里在1900～2000℃的高温下合成的。碳化硅晶体中主要包括两种晶型：一是 α-SiC，属六方晶系，是高温稳定型；另一是 β-SiC，属立方晶系，是低温稳定型。碳化硅陶瓷的最大特点是高温强度大，热压碳化硅是目前高温强度最高的陶瓷。目前主要用作某些要求高温强度高的结构材料，如用于火箭尾喷管的喷嘴、浇注金属用的喉嘴以及热电偶导管、高温电炉电热棒和炉管等，也可用于燃气轮机的叶片和轴承等，还可用作高温热交换器的材料、核燃料的包封材料等，因其耐磨，常用于制作各种泵的密封圈。

6.3.2.5 氮化硼陶瓷

BN 晶体的粉体是用硼砂和尿素通过氮的等离子气体加热而获得的。BN 晶体属六方晶系，其晶体结构与石墨相似，具有很好的润滑性和导热性，有“白石墨”之称，BN 是绝缘体，而石墨是导体。六方 BN 陶瓷常用来制作半导体散热绝缘材料、热电偶导管、冶金用的高温容器和管道、玻璃制品成型模具及高温轴承等，而立方 BN 目前只用于磨料和金属切削刀具。

6.3.2.6　碳化硼陶瓷

碳化硼为六方晶系，由一系列菱形晶系的混合晶体组成，混合晶体的组成可以从 $B_{13}C_2$ 到 $B_{12}C_3$(B_4C）连续变化。在这些结构中，硼碳组成的基元 C-B-C 沿着菱形轴方向互相连接。

B_4C 是强共价键化合物，其突出特性是非常坚硬，仅次于金刚石和立方 BN，具有很高的耐磨性，主要是用作松散的磨料，加工硬质陶瓷，烧结体可作为喷砂的喷嘴、研钵之类的研磨工具、切削工具和高温热交换器，也可用来制作防弹背心，可广泛作为原子反应堆的控制剂使用。

知识巩固 6-3

1. 陶瓷系陶器与瓷器两大类产品的总称。(　　)
2. 陶瓷的显微组织均由晶相、玻璃相和气相组成。(　　)
3. 陶瓷在外力作用下产生的弹性变形量小于钢，更是远远小于橡胶，但弹性模量一般都比金属大，更是橡胶所不能比拟的。(　　)
4. 热膨胀系数低于金属，与温度的关系与比热容相似；陶瓷的热导率受材料组成和结构的影响，陶瓷的热导率也小于金属。(　　)
5. 有多种陶瓷可用来制造金属切削刀具。(　　)

6.4　复合材料

所谓复合材料，国际标准化组织（ISO）的定义为：由两种及以上在物理和化学上不同的物质结合起来而得到的一种多相固体材料。每一种材料都有其性能上的优势与不足，通过相互复合，取长补短，可使它们的特性得以充分发挥，获得最佳经济效果。

6.4.1　复合材料概述

6.4.1.1　复合材料的性能特点

复合材料具有高比强度、高比模量；抗疲劳性能好；减摩耐磨，自润滑性能好；破损安全性能好；化学稳定性好；其他特殊性能，如隔热性，烧蚀性及特殊的电、光、磁等性能。此外复合材料适合于整体成型，具有良好的工艺性能。

目前，纤维增强复合材料存在的主要问题是：抗冲击性能低，横向强度和层间剪切强度差，成本较高等。值得指出的是复合材料通常具有很强的方向性，是一种各向异性的非均质材料。

6.4.1.2　复合材料的分类与命名

按基体材料分类，分为非金属基复合材料和金属基复合材料。非金属基复合材料包括聚合物基复合材料和陶瓷基复合材料。金属基复合材料主要是以非铁金属及其合金为基的复合材料。

按增强材料的形状分类，分为纤维复合材料、层合复合材料和颗粒复合材料。纤维复合材料如橡胶轮胎、玻璃钢、纤维增强陶瓷等。层合复合材料如钢-铜-塑料三层复合无油润滑轴承材料等。颗粒复合材料如金属陶瓷等。

复合材料的命名国内外没有统一的规定，最常用的是根据增强材料和基体材料的名称来命名，有三种情况：

① 以基体材料为主命名，如金属基复合材料、聚合物基复合材料。

② 以增强材料为主命名，如碳纤维增强复合材料、氧化铝纤维增强复合材料。

③ 基体与增强材料并用，这种方法一般是将增强材料名称放在前面，基体材料名称放在后面，最后加“复合材料”。

6.4.2 常用复合材料

6.4.2.1 玻璃纤维/聚合物复合材料

（1）玻璃纤维/聚合物复合材料的性能　玻璃纤维/聚合物复合材料俗称玻璃钢，它是以玻璃纤维作为增强材料，以热固性树脂（常用环氧、酚醛树脂）为黏结材料而得的复合材料。玻璃钢的性能主要取决于所用热固性树脂和玻璃纤维的性能、相对用量以及界面结合的情况。

玻璃钢的主要优点是：

① 质轻、比强度高，超过一般高强度钢及铝、钛等合金的比强度。

② 具有优良的电绝缘性能。

③ 具有很好的耐化学腐蚀性和耐大气腐蚀性能。

④ 能短期承受超高温的作用，抗烧蚀性好。

⑤ 具有防磁和透过微波的特殊性能。

⑥ 成型工艺简单，可以制成不同厚度和形状非常复杂的制件或大型整体件。

玻璃钢的不足之处主要是弹性模量不高，只有钢的1/5～1/10，刚性较差，不耐高温，容易老化和蠕变等，通常只能在低于300℃以下使用。

（2）热固性玻璃钢的改性　为了改进热固性玻璃钢的性能，进一步扩大其应用范围，需进行改性。例如用40%的热固性酚醛树脂和60%的环氧树脂混溶后制成的玻璃钢，不仅具有环氧树脂优良的黏结性，改善了酚醛树脂的脆性，同时还具有酚醛树脂良好的耐热性，改善了环氧树脂耐热性差的缺点。这种热稳定性好、强度更高的环氧-酚醛玻璃钢与酚醛层压玻璃钢相比，其抗拉强度从16.6MPa提高至24.5MPa，冲击吸收功从8.2J提高至28.4J。

（3）玻璃钢的用途　在车辆制造方面可用来制造汽车、机车、客车、货车和拖拉机的车身及其配件，如车顶、车门、发动机罩、仪表盘、电瓶箱、油箱等。在电机电器方面可用来制造高压绝缘子、电杆绝缘支架、印刷电路绝缘板、电机护环、电机转子、高压熔断器管、变压器零件、各种电信设备零件、开关盒、蓄电池匣、熔体箱、插座等品种繁多的电机、电气配件。在机械工业方面的应用，从简单的护罩类制品如电动机罩、皮带轮防护罩、仪器罩等，到成型复杂的结构件，如柴油机、造纸机、水轮机、风机、磁选机、拖拉机等各种部件以及轴承、轴承套、齿轮、螺钉、螺帽、法兰圈等各种机械零件，都可用玻璃钢制造。在石油、化工中可用来制造管道、阀门、泵、槽、塔器、衬里等防腐蚀制品。在国防军工方面的应用，目前从一般常规武器到火箭、导弹，从地面、海洋到空中都广泛使用玻璃钢来制造相关零部件。

6.4.2.2 碳纤维/聚合物复合材料

以碳纤维作增强材料的聚合物基复合材料是性能非常出色的新型工程材料。碳纤维/聚合物复合材料的性能同样与聚合物的性能、含量、纤维排列方向以及相互间界面结合强度等因素有关，因碳纤维比玻璃纤维具有更优良的性能，因此这种复合材料不仅保留了玻璃纤维增强塑料的许多优点，而且某些性能还远远超过了它。

碳纤维复合材料的性能特点：

① 弹性模量高；

② 比强度和比模量高；

③ 耐冲击性能好；

④ 高潮湿或高温条件下强度损失少。

碳纤维增强复合材料在宇航、航空和航海等领域有作为结构材料的趋势，以取代或部分取代某些金属材料或其他非金属材料来制造要求比强度高和比模量高的零部件。在机械工业中，碳纤维增强塑料可用于制造磨床磨头、齿轮等以提高精度和运转速度，减少电能消耗；在动力机械、矿山机械和农业机械上，用于制造要求摩擦系数低、耐磨性能好、具有自润滑性能的轴承、齿轮、活塞、连杆以及密封圈、衬垫板等；在化学工业上，则利用其耐腐蚀性制造各类罐、泵、阀及各种形式的管道等。

6.4.2.3 硼纤维/聚合物复合材料

硼纤维/聚合物复合材料是以环氧聚合物和聚酰亚胺等为基料，用硼纤维增强的新型复合材料，始于20世纪60年代中期，目前只有少数国家生产，且生产规模较小。

这种复合材料的各向异性更加明显，其纵向与横向的拉伸强度和弹性模量相差十倍甚至几十倍，因此单向叠层的复合材料很少使用，多采用各向叠层。这种材料的层间剪切强度较低，常采用陶瓷晶须来提高其剪切强度。因此目前除在航空工业上用于制造飞机的机翼、水平稳定器罩板和方向舵等外，其应用远不如玻璃纤维和碳纤维复合材料广泛。

知识巩固 6-4

1. 复合材料是由两种及以上在物理和化学上不同的物质结合起来而得到的一种多相固体材料。（　　）

2. 玻璃纤维/聚合物复合材料俗称玻璃钢，它是以玻璃纤维作为增强材料，以热固性树脂（常用环氧、酚醛树脂）为黏结材料而得的复合材料。（　　）

3. 以碳纤维作增强材料的聚合物基复合材料称为碳纤维/聚合物复合材料。（　　）

4. 硼纤维/聚合物复合材料是以环氧聚合物和聚酰亚胺等为基料，用硼纤维增强的新型复合材料。（　　）

5. 应用最广的复合材料是玻璃钢。（　　）

附录1 知识巩固题参考答案

序号	1	2	3	4	5	6	7	8	9	10	11	12	13	14	15
1-1	c	c	a	d	a	c	d	b	a	√	√	×	√	×	√
1-2	a	c	b	√	×	√	×	×	×	√					
1-3	b	a	c	b	c	b	b	c	√	√	√	√	×	√	×
1-4	b	c	b	b	b	b	a	b	a	b					
1-5	a	b	c	b	c	b	c	a	b	×	√	√	√	×	×
1-6	b	a	b	a	b	b	a	b	a	√	√	√	√	√	√
1-7	c	a	b	√	√	√	×	×	√	√					
1-8	a	b	a	b	b	c	√	√	√	×	√	×	√	√	×
2-1	a	b	d	a	b	√	√	√	√	√	√	√	×	√	×
2-2	b	a	b	c	c	d	c	d	×	×					
2-3	b	a	b	c	c	a	d	c	√	√	√	√	√	√	√
2-4	×	√	√	√	√	√	×	×	√	√					
2-5	√	√	√	√	√	√	×	×	√	√					
2-6	c	d	b	b	b	×	√	√	√	×					
2-7	√	×	×	√	×	×	√	√	×	×					
2-8	√	√	√	×	×	√	√	√	√	√					
2-9	b	a	c	a	√	×	×	√	√	√					
2-10	a	b	a	d	√	√	√	√	√	√					
2-11	b	√	×	×	√										
3-1	a	c	d	b	√	×	√	×	√	×					
3-2	√	√	√	√	√										
3-3	√	√	√	√	√	√	×	√	√	√					
3-4	√	√	√	√	×	√	√	×	√	×					
3-5	b	b	c	a	a	c	√	√	√	√					
3-6	d	b	c	d	c	√	√	√	√	√					
3-7	a	b	d	b	a	a	c	b	d	b	d	c	a	b	c
	b	a	c	d	c	√	√	√	√	√	√	√	×	√	×
3-8	√	×	×	√	×	√	√	√	√	√					
3-9	√	√	√	√	√	√	×	×	×	√					
4-1	c	b	c	c	√	√	√	√	×	√					
4-2	b	a	b	b	a	a	b	√	√	√					
4-3	b	b	a	b	c	b	c	a	√	√					
4-4	a	d	b	c	c	a	c	√	√	×					
4-5	√	√	√	√	√	√	×	×	√	√					
4-6	√	√	√	√	√	√	√	√	√	×					
4-7	√	√	√	√	×	×	√	×	√	√	√	√	√	√	√
4-8	√	√	×	×	×	√	√	√	√	√					
4-9	b	c	d	a	b	b	c	√	√	√					

续表

序号	1	2	3	4	5	6	7	8	9	10	11	12	13	14	15
4-10	b	b	b	b	b	b	b	a	b	a					
4-11	c	b	c	c	b	b	c	a	b	c					
4-12	d	b	c	d	d	c	a	a	b	d					
4-13	√	×	√	√	×	√	√	√	√	√					
4-14	√	√	√	√	√	√	×	√	√	√					
4-15	√	√	√	√	√										
4-16	√	√	√	√	√										
5-1	d	c	c	c	c	b	√	√	√	×					
5-2	c	d	c	c	d	c	a	b	√	×					
5-3	c	c	a	b	b	a	√	√	√	×					
5-4	b	c	c	d	c	c	b	c	b	b					
5-5	b	b	b	b	a	b	b	b	b	b					
5-6	b	d	b	c	c	a	c	√	√	×					
5-7	b	b	c	c	c	c	b	×	√	√					
5-8	√	√	√	√	√	√	√	√	×	√					
5-9	√	×	×	√	√	√	√	√	√	√					
5-10	√	×	√	√	√	√	√	√	√	√					
5-11	√	×	√	√	√	√	√	√	√	×					
5-12	×	√	√	√	√										
5-13	√	√	√	√	√										
5-14	√	√	×	×	×										
5-15	√	√	√	√	√										
5-16	√	√	√	√	√										
5-17	√	√	√	√	√										
5-18	√	√	√	√	√										
5-19	√	√	√	√	√										
6-1	√	×	×	×	√	√	√	√	√	√					
6-2	√	√	√	√	√										
6-3	√	√	√	√	√										
6-4	√	√	√	√	√										

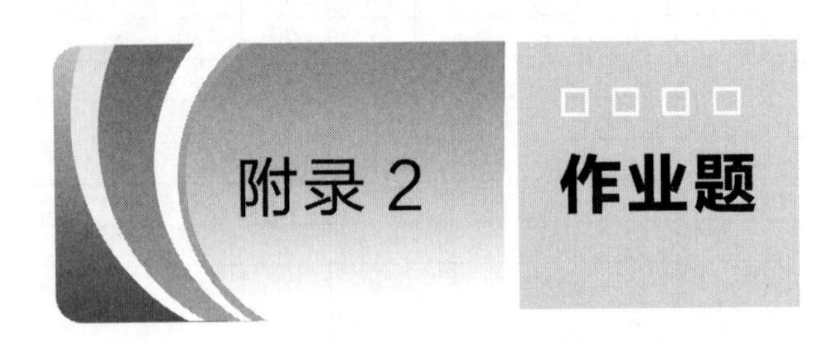

第 1 章作业

班级：____________　学号：____________　姓名：____________

题号	1	2	3	4	5	6	7	8	9	10	按时交得 5 分，迟交 0 分	总分
得分												

1. （10 分）分析三大材料的结合键类型并由此归纳其导电性、强度和塑性特点。

2. （10 分）为什么单晶体具有各向异性而多晶体在一般情况下不显示各向异性？

3. （10 分）金属常见的晶格类型有哪几种？画出它们的晶胞，每个晶胞内分别有几个原子？配位数是几？如何计算原子半径。

4. （5 分）在立方晶胞中画出下列晶面和晶向：(110)(101)、(111)、[011]、[111]。

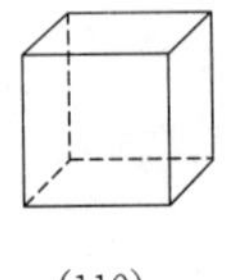
(110)

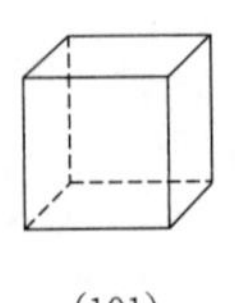
(101)

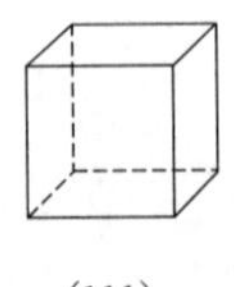
(111)

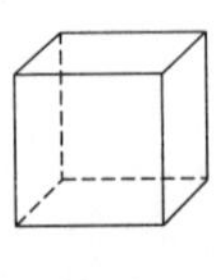
[011]

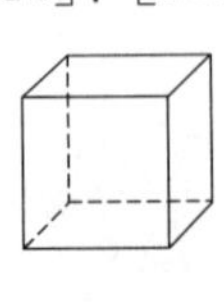
[111]

附图 1-1　第 1 章题 4

5.（10 分）分别在一个体心立方和面心立方晶胞内画出所有穿过该晶胞（不含顶点）的（111）和（110）晶面，并由此计算（111）和（110）晶面的晶面间距。（设晶格常数为 a）

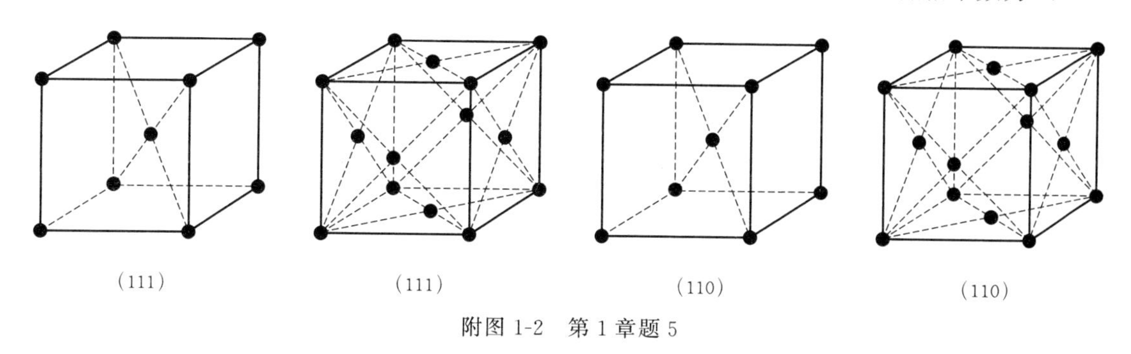

附图 1-2 第 1 章题 5

6.（10 分）α-Fe 原子间距最小的 3 个方向是哪 3 个晶向族？分别计算它们的原子间距。晶面间距最大的 3 个晶面是哪 3 个晶面族？分别计算它们的晶面间距。计算 α-Fe 的原子半径和理论密度。（自己查 α-Fe 的晶格常数）

7.（10 分）γ-Fe 原子间距最小的 3 个方向是哪 3 个晶向族？分别计算它们的原子间距。晶面间距最大的 3 个晶面是哪 3 个晶面族？分别计算它们的晶面间距。计算γ-Fe 的原子半径和理论密度。（自己查γ-Fe 的晶格常数）

8.（10 分）在实际晶体中存在哪几种晶体缺陷？分别描述它们的几何特征（定义），它们对金属的强度有何影响？

9.（10 分）已知珠光体的抗拉强度是 600MPa，铁素体的抗拉强度是 240MPa，要求抗拉强度是 420MPa，问应选用哪种钢？（钢号：10、15、20、25、30、35、40、45、50，对应的 w_C=0.1%，0.15%，0.20%……）

10.（10分）通过查资料画出石墨和金刚石的晶胞，它们分别属于哪个晶系？简要说明两者的性能特点及性能不同的原因（主要考虑结合键和晶体结构特点）。

第2章作业

班级：__________ 学号：__________ 姓名：__________

题号	1	2	3	4	5	6	按时交得5分,迟交0分	总分
得分								

1.（10分）说明材料的 R_e、$R_{P0.2}$、R_m 和 A、Z 的物理意义和工程意义。

2.（10分）塑性变形的本质是什么？它对金属的组织、强度、塑性和韧性有何影响？

3.（10分）多晶体的塑性变形与单晶体的塑形变形有何异同？为什么常温下晶粒越细小，不仅强度、硬度越高，而且塑性、韧性也越高？

4.（30分）设Al原子半径为0.143nm，临界切应力 $\tau_k=0.5MPa$。

（1）画出Al的晶胞，计算Al的晶格常数和理论密度。

（2）计算Al的{111}和{110}的晶面间距和〈111〉、〈110〉的原子间距。

（3）设拉力轴分别为 x、y 和 z 轴，分别写出滑移系并计算屈服强度 R_s。

（4）如果同时在 x 和 y 轴加同样大小的拉应力，给出可能的滑移系并计算屈服强度 R_s。

（5）如果同时在 x 轴加拉应力 R 和 y 轴加压应力 $-R$，给出可能的滑移系并计算屈服强度 R_s。

（6）如果同时在 x、y 和 z 轴加同样大小的拉应力，给出可能的滑移系并计算屈服强度 R_s。

5.（15 分）如附图 2-1 所示，两个长度相等的试棒，a 的直径为 6mm，b 的最大直径 10mm，最小直径 6mm，b 的理论应力集中系数为 2.5，用相同的材料加工而成。回答以下问题。

（1）哪个刚度最小？

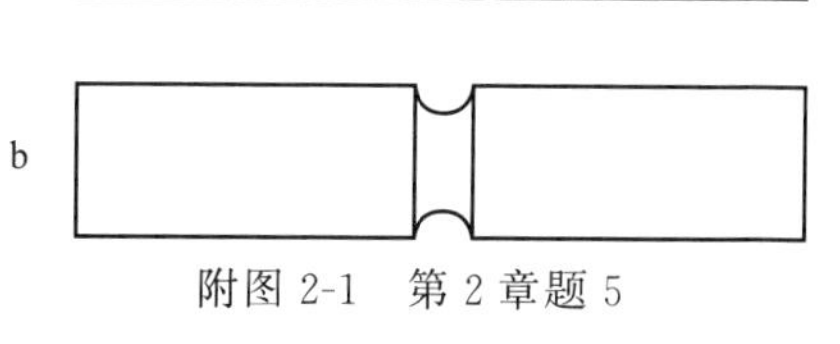

附图 2-1 第 2 章题 5

（2）材料是陶瓷材料，做拉伸试验，拉断 a 需要 50kN 力。问拉断 b 需要多大力？

（3）材料是金属材料，做拉伸试验，用 a 测得性能为 $R_{P0.2}=700\text{MPa}$，$R_m=1000\text{MPa}$，$A=15\%$。用 b 做拉伸试验，抗拉强度大概是多少？

（4）材料是金属材料，做拉伸试验，用 a 测得性能为 $R_{P0.2}=R_m=2000\text{MPa}$。b 的 R_m 大概是多少？

（5）零件上的缺口有哪些危害？

6.（20 分）直径 $d=4\text{m}$、高 4m、厚度 $t=15\text{mm}$ 的压力容器，额定压强 $p=1.5\text{MPa}$。在轴向（高度方向）的焊缝上有一半椭圆裂纹，$a=9\text{mm}$，$K_{\text{I}}=1.5\sigma a^{1/2}(\sigma=pd/2/t)$。有 A、B 两种钢板，性能为，A：$R_{P0.2}=400\text{MPa}$，$R_m=600\text{MPa}$，$K_{\text{I}c}=2000\text{MPa}\cdot\text{mm}^{1/2}$；B：$R_{P0.2}=1600\text{MPa}$，$R_m=2100\text{MPa}$，$K_{\text{I}c}=900\text{MPa}\cdot\text{mm}^{1/2}$。

（1）计算额定压强时裂纹尖端的应力场强度因子。

（2）在不考虑裂纹的情况下只考虑强度，选哪种材料好？（简要说明理由）

（3）考虑实际情况，选哪种材料好？选该材料时，当压强为多大时裂纹失稳扩展（爆炸）。

第 3 章作业

班级：__________ 学号：__________ 姓名：__________

题号	1	2	3	4	5	6	7	8	按时交得 5 分，迟交 0 分	总分
得分										

1.（15 分）已知 A 组元的熔点为 1000℃，B 组元的熔点为 700℃，B 溶解到 A 中形成 α 固溶体，其最大溶解度为 15%B，最小溶解度为 2%B，A 溶解到 B 中形成 β 固溶体，其最大溶解度为 15%A，最小溶解度为 1%A，L、α、β 三相共存温度为 500℃，且液相的成分为 50%B，600℃时各相的自由能-成分曲线如附图 3-1 所示。

（1）用作图法确定 600℃时各相的成分并标在相图上。

（2）画出完整的相图并标出各个相区。

(3) 计算 30%B 的合金钢冷到共晶转变温度时 α 和 L 的质量分数以及共晶转变结束时 α、β 相的质量分数和 $\alpha_{初}$、$(\alpha+\beta)_{共晶}$ 组织的质量分数。

(4) 计算 30%B 的合金室温时 α 和 β 相的质量分数及 $\alpha_{初}$、β_{II} 和 $(\alpha+\beta)_{共晶}$ 组织的质量分数。

2. (20 分) (1) 将 L、δ、γ、α 和 7 个两相区符号填在附图 3-2(a) 所示 $Fe\text{-}Fe_3C$ 相图内。

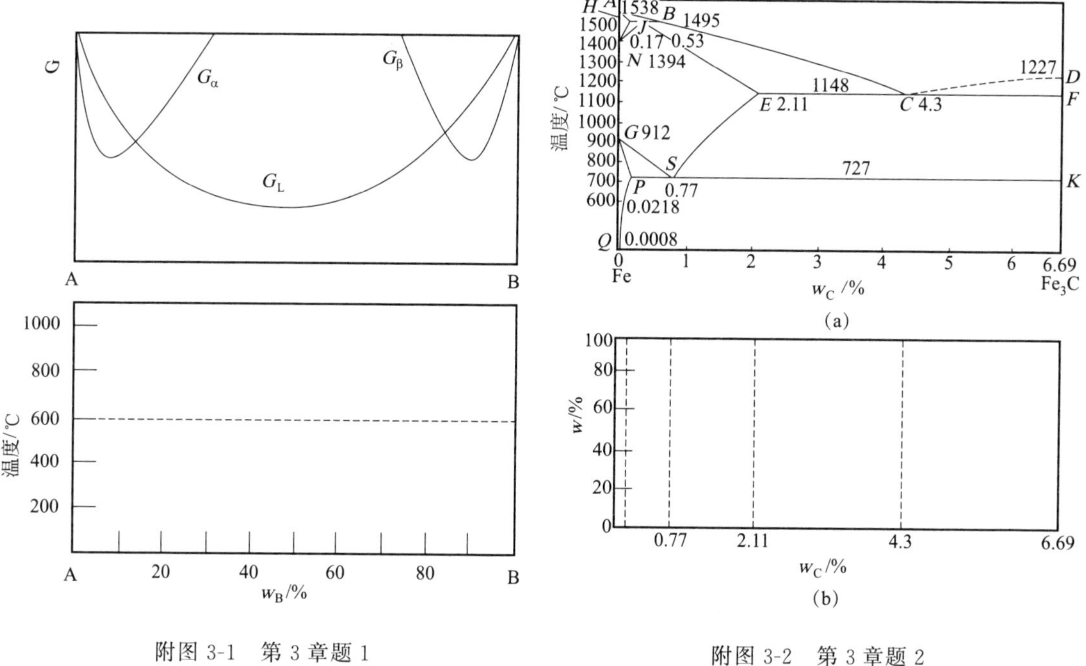

附图 3-1　第 3 章题 1　　　　附图 3-2　第 3 章题 2

(2) 将碳的质量分数范围填在空格内：工业纯铁______、亚共析钢________、共析钢_______、过共析钢________、亚共晶白口铸铁______、共晶白口铸铁____、过共晶白口铸铁________。

(3) 给出铁素体 (F)、珠光体 (P)、二次渗碳体 (Fe_3C_{II})、室温莱氏体 (Ld′) 和一次渗碳体 (Fe_3C_{I}) 含量的计算公式 (设含碳量为 w_C)，注明各公式中 w_C 的取值范围。

(4) 计算 Fe_3C_{II} 含量的最大值并将 F、P、Fe_3C_{II}、Ld′、Fe_3C_I 与 w_C 的关系画在附图 3-2(b) 中。写出恒温转变的名称、反应式和碳的质量分数范围。

3.（10 分）已知 99%Cu、0.5%Cr、0.5%Fe 合金在 1000℃为单相固溶体，950℃时 Cr 和 Fe 在 Cu 中的溶解度为 0.5%，室温下，Cr 和 Fe 均不溶解到 Cu 中。

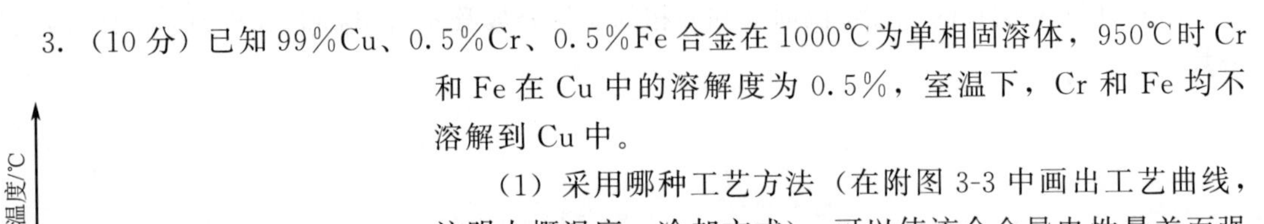

(1) 采用哪种工艺方法（在附图 3-3 中画出工艺曲线，注明大概温度、冷却方式），可以使该合金导电性最差而强度比纯铜的强度高并简要说明原因。

附图 3-3　第 3 章题 3（1）

(2) 采用哪种工艺方法（在附图 3-4 中画出工艺曲线，注明大概温度，冷却方式），可以使该合金导电性降低不多而强度比纯铜的强度有显著提高并简要说明原因。

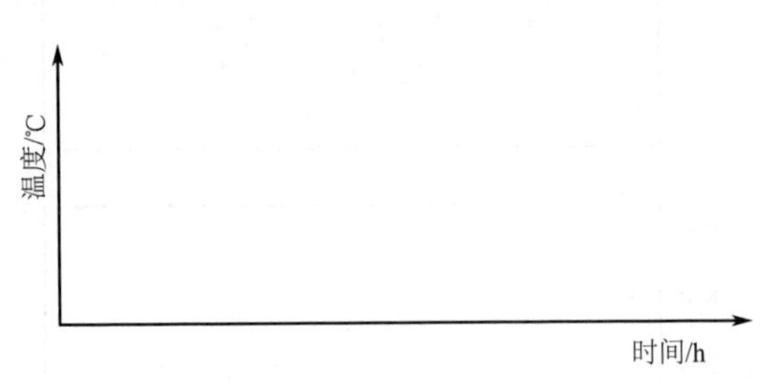

附图 3-4　第 3 章题 3（2）

4.（10 分）根据铁碳相图说明为什么钢可以进行锻造，而白口铸铁和灰口铸铁都不能进行锻造。

5.（10 分）用 45 钢制造的锻件，锻造过程中温度大概降低 150℃，计算 45 钢大概的 A_3 温度，选用多高温度开始锻造比较合适？温度高了或低了有何弊端？

6.（10 分）根据合金化原理，分析比较 15 钢和 09Mn、16Mn 和 15MnTi、15MnV 和 14MnMoTi 的强度。

7.（10 分）有直径分别为 30mm、80mm、150mm 的三种轴，用三种材料制造：45、40Cr 和 42CrMo。给出三种轴与材料的关系并简要说明理由。

8.（10 分）在淬火＋低温回火状态下，T10 钢和 CrWMn（含碳量约 1%）相比，哪个耐磨性高？哪个允许使用的温度高？哪个可以用于制造更大尺寸的工具？都要简要说明理由。

第 4 章作业

班级：__________ 学号：__________ 姓名：__________

题号	1	2	3	4	5	6	7	8	按时交得 5 分，迟交 0 分	总分
得分										

1.（10 分）分析比较固溶和淬火、时效和回火的异同点和适用范围。

2.（10 分）简述淬透性的概念、工程意义，阐述影响淬透层深度的因素以及提高淬透层深度的措施。

3.（15 分）确定下列钢件的退火方法，并指出退火目的及退火后得到的组织。

（1）ZG270-500 的铸造齿轮毛坯。（注：ZG—铸钢，数字—强度 MPa）

（2）高碳钢锻造后。

（3）经过冷轧后的工业纯铁钢板，分别要求 A 大于 3%和 30%。

4.（15 分）在附图 4-1 中画出下列钢件正火工艺曲线（标明具体温度）并说明正火的主要目的及所得组织。

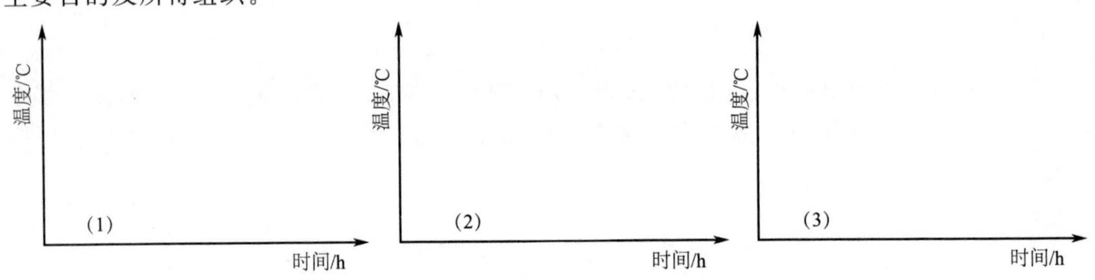

附图 4-1　第 4 章题 4

（1）45 钢锻造轴。

（2）20 钢锻造齿轮毛坯。

（3）T12 钢锉刀锻造毛坯。

5.（10 分）某 45 钢制花键轴，其加工路线为：下料→锻造→正火→粗加工→调质→精加工→花键处高频感应淬火＋低温回火。问各个热处理工序的目的是什么？分别得到什么组织？在附图 4-2 中画出调质工艺曲线。

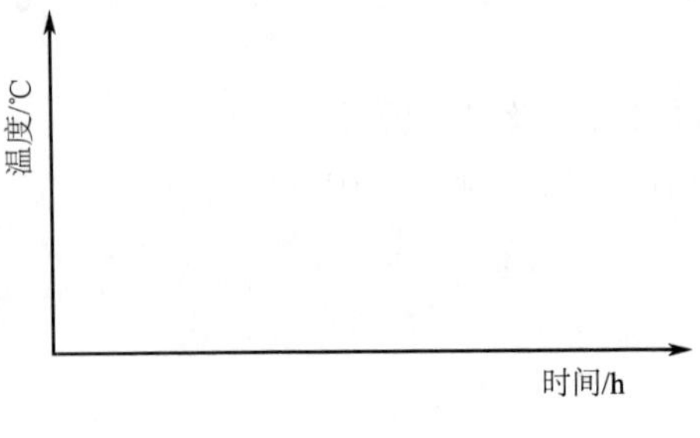

温度/℃

时间/h

附图 4-2　第 4 章题 5

6.（10分）用T10钢制造形状简单的刃具。

（1）制定工艺路线。

（2）说明各个热处理的目的，在附图4-3中画出全部热处理工艺曲线。

附图4-3 第4章题6

7.（9分）编写下列零件的简明工艺路线（各零件均选用锻造毛坯，且钢材具有足够的淬透性）。

（1）某机床变速箱齿轮（模数 $m=4$），要求齿面耐磨，心部强度和韧性要求不高，材料选用45钢。

（2）某机床主轴，要求有良好的综合力学性能，轴颈部分要求耐磨（50～55HRC），材料选用45钢。

（3）镗床镗杆，在重载荷下工作，精度要求极高，并在滑动轴承中运转，要求镗杆表面有极高的硬度，心部有较高的综合力学性能，材料选用38CrMoAl。

8.（16分）从化学热处理温度、渗层深度、耐磨性、弯曲疲劳强度、接触疲劳强度五个方面分析比较渗氮、碳氮共渗和渗碳工艺。

第5章作业

班级：____________ 学号：____________ 姓名：____________

题号	1	2	3	4	5	6	7	8	9	按时交得5分，迟交0分	总分
得分											

1.（10分）通过对40钢和40Cr、42CrMo钢的性能对比，说明Cr、Mo对钢的力学性能和热处理工艺性能（淬透性、第二类回火脆性）的影响。

2.（10分）说明渗碳钢、高速钢中合金元素的作用及其对性能的影响。

3.（15分）指出附表5-1中合金钢的类别、用途（举2～3例）及最终热处理。

附表5-1 第5章题3

钢号	类别	用途举例	最终热处理
20CrMnTi			
40Cr			
60Si2Mn			
GCr15			
9SiCr			
W18Cr4V			
5CrMnMo			
Cr12MoV			
1Cr18Ni9Ti			
2Cr13			

4.（15分）某型号柴油机的凸轮轴，要求凸轮表面有高的硬度（>50HRC），而心部具有良好的韧性（A_{KU}>40J），原采用45钢调质处理再在凸轮表面进行高频淬火，最后低温回火。如选用15钢代替，试说明：

（1）原45钢各热处理工序的作用及其热处理后得到的组织。

（2）改用15钢后，仍按原热处理工序进行能否满足性能要求？为什么？

（3）改用 15 钢后，为达到所要求的性能，在心部强度足够的前提下应采用何种热处理工艺？

5.（15 分）分析拖拉机曲轴的受力情况、失效形式和对性能的要求，根据其工作条件（功率大小等），如何选材（选用不同材料）？制定其热处理工艺路线。

6.（10 分）模数 m 为 4.5 的汽车圆柱直齿轮，承受大的冲击，要求心部性能：$R_m >$ 900MPa，$R_{P0.2} >$ 700MPa，$A_{KU} >$ 50J；要求表面硬度达到 58～60HRC，问选用哪一种钢制造为宜？其生产工艺路线如何安排？并说明其热处理工艺方法及主要目的。

7.（10 分）已知直径为 65mm 的轴，要求心部硬度为 25～40HRC，轴颈表面硬度大于 55HRC，问选用哪种钢制造为宜（说明理由）？其生产工艺路线如何安排？说明其中的热处理工序的主要目的。

8.（10 分）对于高速铣刀，回答以下问题。

（1）选用何种材料（T10A、W18Cr4V、Cr12MoV）？

（2）在附图 5-1 中画出预处理工艺曲线（注明加热温度）和最终热处理（淬火＋回火）工艺曲线（注明加热温度）。

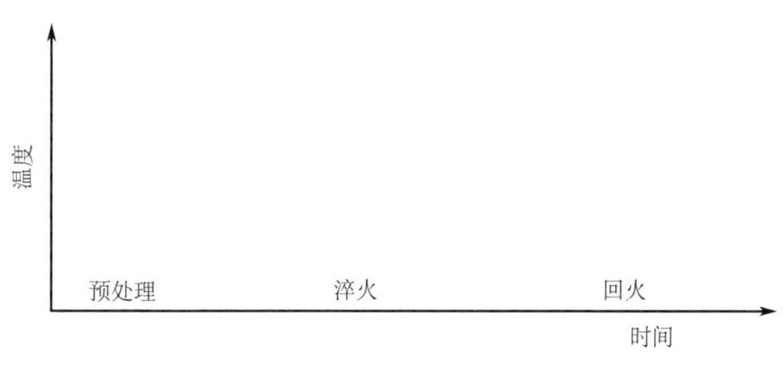

附图 5-1　第 5 章题 8

（3）为什么要采用多次回火？

9.（+20 分）针对轴类零件、齿轮类零件、刃具、热锻模具、冷作模具等（选其中一类）写一篇短文，题目：某某类零件的选材及热处理，要求如下：

（1）不少于 400 字，至少有三个不同类型的工艺曲线图（淬火+回火算一个），选用三种不同类型的材料或虽然属于同种类型但经过热处理其力学性能或工艺性能（如淬透性）存在显著差异。

（2）通过受力分析，预测可能的失效形式，提出对性能的要求；根据实际工作应力大小等条件（自己设定条件，如低应力、中等应力、高应力等），选择材料，制定加工工艺路线，对主要热处理工艺进行说明（包括对工艺的描述和目的等）。

参考文献

[1] 齐民．机械工程材料．大连：大连理工大学出版社，2011.

[2] 赵杰．材料科学基础．大连：大连理工大学出版社，2011.

[3] 石德珂．材料科学基础．北京：机械工业出版社，2015.

[4] 沈莲．机械工程材料．北京：机械工业出版社，1999.

[5] 王顺兴．金属热处理原理与工艺．哈尔滨：哈尔滨工业大学出版社，2009.

[6] 刘新佳．工程材料．北京：化学工业出版社，2006.